中国消灭马鼻疽

60年

农业部兽医局
中国动物疫病预防控制中心 编

U0272032

中国农业科学技术出版社

图书在版编目（CIP）数据

中国消灭马鼻疽 60 年 / 农业部兽医局，中国动物疫病预防
控制中心编 .—北京：中国农业科学技术出版社，2015.12
ISBN 978-7-5116-2364-5

Ⅰ . ①中…　　Ⅱ .①农…②中…　　Ⅲ .①马病 – 鼻疽 –
防治 – 工作概况 – 中国　　Ⅳ .① S858.21

中国版本图书馆 CIP 数据核字（2015）第 268692 号

责任编辑　张国锋
责任校对　贾海霞

出 版 者　中国农业科学技术出版社
　　　　　北京市中关村南大街 12 号　邮编：100081
电　　话　（010）82106636（编辑室）（010）82109702（发行部）
　　　　　（010）82109709（读者服务部）
传　　真　（010）82106631
网　　址　http : //www.castp.cn
经 销 者　各地新华书店
印 刷 者　北京科信印刷有限公司
开　　本　787mm×1 092mm 1 /16
印　　张　23
字　　数　600 千字
版　　次　2015 年 12 月第 1 版　2015 年 12 月第 1 次印刷
定　　价　98.00 元

序

马鼻疽是由鼻疽伯克霍尔德氏菌引起的马、驴、骡等动物发病的接触传染性人畜共患病，以马属动物最易感。该病在我国延续了一千多年，早在东晋时期葛洪所著的《肘后备急方》一书中就有该病的记载。

新中国成立后，马鼻疽曾经在 21 个省（区、市）流行，发病范围涉及 1034 个县，给我国农牧业生产造成重大损失，严重危害人民群众身体健康。对此，党中央、国务院高度重视，1958 年，国务院专门成立了全国马鼻疽防治委员会，各地也相应成立马鼻疽防治工作领导机构。由此，马鼻疽防控工作在全国普遍展开。

消灭马鼻疽是一项复杂的系统工程。1981 年，全国农业工作会议明确提出要在全国控制和基本消灭马鼻疽的目标，加快了马鼻疽消灭工作进程。1992 年以来，农业部颁布了马鼻疽防控规划，制定了《马鼻疽防制效果考核标准和验收办法》，出台马鼻疽防治技术法规及标准规范，指导各地开展马鼻疽控制和消灭工作。2012 年 5 月，国务院办公厅发布《国家中长期动物疫病防治规划（2012—2020 年）》，提出全国消灭马鼻疽目标，消灭马鼻疽各项工作全面启动。

60 多年来，各地农牧部门在党委政府的统一领导下，认真贯彻落实中央决策部署，坚持预防为主，加强部门合作，按照"分区域、分步骤"的马鼻疽防治策略，根据马鼻疽流行情况，通过采取监测、检疫、隔离、治疗、消毒、扑杀、无害化处理和培育健康畜群等综合防治措施，马鼻疽防治工作取得了显著成效。自 2000 年扑灭最后 2 起马鼻疽疫情以来，迄今已经 15 年没有发现马鼻疽临床病例。截至 2005 年，21 个原疫区省份全部通过农业部马鼻疽消灭工作考核达标验收。从 2006 年以来，全国再未发现马鼻疽监测阳性畜。

马鼻疽的消灭，是我国继成功消灭牛瘟、牛肺疫后消灭的第三个动物疫病，也是我国消灭的第一个人畜共患传染病，标志着我国动物疫病防控工作迈上一个新台阶，为我国控制和消灭动物疫病提供了宝贵经验。

在马鼻疽消灭之际，农业部组织编写了《中国消灭马鼻疽 60 年》一书，回顾马鼻疽控制和消灭工作艰辛历程，总结马鼻疽防治工作成就，为其他动物疫病消灭净化工作提供可借鉴的经验，对进一步做好优先防治病种的控制和消灭净化工作具有十分重要的历史和现实意义。希望各级畜牧兽医工作者以此为契机，坚持以人为本，坚持以创新、协调、绿色、开放、共享的发展理念，继续做好动物疫病防控工作，为我国兽医事业发展做出新的贡献。

2015 年 12 月 23 日

前　言

马鼻疽是我国消灭的第一个人畜共患传染病，为了纪念兽医历史上这一举世瞩目的成就，我们特编写了《中国消灭马鼻疽60年》一书。

为了编好这本书，我们从2014年底开始，组织了国内从事马鼻疽防治工作的有关专家，启动了本书的编写工作。在编写过程中，编写人员多次深入原疫区省份实际调查马鼻疽防控历史，并不辞辛劳地找到退休的老兽医深谈，为本书的编写收集了丰富的资料。之后，本着权威、经典、系统的原则，编委会多次召开该书的编写和修订研讨会，对马鼻疽防治工作各个时期的特点进行系统分析和总结，并认真核实了历年来马鼻疽防治工作的各项数据。2015年12月，在全体参编人员的共同努力下，经过一年时间，终于完成了本书的编写、审稿和定稿工作。

本书内容丰富，资料翔实，云集了新中国成立以来马鼻疽防治工作的大量材料，收录了60多年来广大兽医工作者防控马鼻疽的轨迹，总结了我国在防控、消灭马鼻疽工作方面取得的宝贵经验。全书集科学性、指导性和资料性于一体，可供畜牧兽医工作者、科技人员学习、参考，并能为我国动物疫病防控事业提供一些启示。

本书共分上、下两篇，上篇包括马鼻疽流行概况、组织领导与战略部署、马鼻疽防治技术研究、消灭马鼻疽进程和消灭马鼻疽成就与经验启示；下篇包括各原疫区省份消灭马鼻疽工作情况及部分专家回忆录等。附件包含了新中国成立以来国务院、农业部出台的各项防制马鼻疽文件、规范等以及部分马鼻疽研究报告。附表中包含了各马鼻疽原疫区通过农业部考核验收时间表、1949年以来全国各省（自治区、直辖市）马鼻疽防治情况表及2006—2014年全国各省（自治区、直辖市）马鼻疽监测情况表等。

谨以此书献给所有为消灭马鼻疽事业努力奋斗、不计得失、无私奉献的人们。

本书的编写过程中，得到各省、自治区、直辖市有关领导和同志们的大力支持，同时，也得到了中国农业科学院哈尔滨兽医研究所有关领导和同志们的鼎力协助，在此深表感谢。

由于时间仓促，书中缺点、错误和疏漏在所难免，敬请广大专家、同行、读者批评指正。

编者

2015 年 12 月

目 录

附　件 ·· 196

附　表 ·· 350

上篇

消灭马鼻疽的历程与成就

第一章
马鼻疽流行概况

马鼻疽（glanders）是鼻疽伯克霍尔德菌引起马、骡、驴等马属动物多发的一种传染病。马通常多为慢性经过，驴、骡常呈急性，骆驼、狗、猫等家畜以及虎、狮、狼等野兽也有感染本病的报道。其特征是在鼻腔和皮肤形成特异性鼻疽结节、溃疡和瘢痕，在肺脏、淋巴结和其他实质脏器内发生鼻疽性结节。该病是人畜共患传染病，人感染后的特征为急性发热，局部皮肤或淋巴管等处发生肿胀、坏死、溃疡或结节性脓肿，有时呈慢性经过。因此，预防和消灭马鼻疽对于保障公共卫生安全具有重大意义。

马鼻疽是世界上发生最早、流行最长的古老疾病之一。第一次世界大战期间，法国、挪威、丹麦、英国、德国、前南斯拉夫、希腊、瑞典、土耳其、美国、加拿大、伊朗、日本等国都曾报道该病对农牧业生产，以及军马饲养造成的危害，通过扑杀大量病畜，才基本控制了该病的进一步蔓延。在第一次世界大战后，发达国家譬如美国、加拿大及大多数欧洲国家通过采取积极有效的措施，经过多年的努力，已率先消灭了该病，此举对养马业、对人类健康安全都具有重要的意义。然而欠发达国家和地区仍深受该病的困扰，1938年罗马尼亚、波兰及前苏联均有较重的疫情，1981年该病在莫桑比克、墨西哥、土耳其、叙利亚、阿富汗、印度和缅甸仍有发生。1998年以来，巴西、埃塞俄比亚、伊朗、伊拉克、蒙古国、土耳其、阿联酋、印度等国家又有少数病例出现，甚至已消灭该病的欧盟成员国德国在2015年也发现鼻疽病畜，足见根除其难度之大。

历史上，我国东晋时代葛洪所著的《肘后备急方》一书中就描述了其特点。清朝雍正十二年（公元1734年），黑龙江索伦人为主的少数民族饲养的索伦马、蒙古马、白俄奥尔洛夫马及杂交培育的黑河马也发生过该病。

1910年我国新疆维吾尔自治区（简称新疆）首次报道了该病，随后在其他地区也陆续发现了该病，并呈猖獗蔓延的趋势。据记载，1940年前后，该病在我国东北、西北地区流行较为严重。新中国成立后，黑龙江省是受马鼻疽危害最为严重的地区，仅1950—1997年期间就波及1 206个乡镇，总计疫点22 742个，是该病发生、流行和死亡率及投入人力、物力和财力最多的省份。马鼻疽的流行给当地养马业带来极其严重的危害。此外，该病还严重威胁着军马的健康和发展。如新疆维（1942年）驻和田某骑兵团检疫1 500匹马，发现阳性马720匹，阳性率为48.0%；辽宁省（1932年）原东北军北大营检疫778匹军马，阳性马418匹，阳性率为53.7%。这些案例足以表明马鼻疽对养马业造成的冲击。

马鼻疽在我国流行范围比较广。1950—1997年，北京市、天津市、河北省、山西省、内蒙古自治区、辽宁省、吉林省、黑龙江省、陕西省、甘肃省、宁夏回族自治区、青海省、新疆维吾尔自治区、山东省、安徽省、江苏省、河南省、贵州省、四川省、云南省和西藏自治区等21个省（区、市）都发生过马鼻疽疫情，流行范围涉及1 034个县，其分布见图1-1。

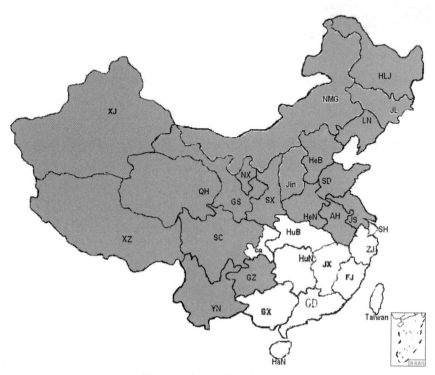

图1-1 全国马鼻疽疫情分布

马鼻疽于1956—1959年在我国21个省（区、市）呈流行高峰期，在这期间，多为散发或地方性流行，在初发地区，多呈急性、暴发性流行，不仅马发生，骡和驴也多见。急性鼻疽马主要表现为肺鼻疽、鼻腔鼻疽和皮肤鼻疽3种临床变化，后两种由于经常向外排菌，故又称开放性鼻疽，对易感动物危害极大，且对人类构成了严重的威胁。在事关我国国民经济发展和人类健康的紧要关头，国家及时并连续发布了有关加强马鼻疽防制的法律法规，要求各级政府及兽医机构加大对马鼻疽的防控力度。在国家及各级地方政府及其主管部门的领导下，我国动员了大批兽医工作者参加了消灭马鼻疽这一宏大的工程，开展的流行病学调查、诊断技术研究、疫苗研究和防制措施研究等为马鼻疽的消灭奠定了坚实的基础，至1959年马鼻疽由流行高峰期急转直下，急性马鼻疽和检测阳性马数量呈锐减态势。1970年后马鼻疽疫情趋于缓和或平稳，全国各地相继基本控制了该病散发性或地方性；1980年除内蒙古自治区和黑龙江省等个别省外，全国大部分省疫情急剧下降，从而为我国彻底消灭该病而奠定了坚实的基础。我国从1993—2005年处于消灭考核阶段，在我国所有马鼻疽原疫区中，青海省于1993年首先宣布消灭了马鼻疽，随后其他各省也频传消灭该病的捷报，至2005年西藏自治区最后消灭马鼻疽之后，我国开始转为巩固期，从而迈进了巩固消灭马鼻疽成果的时期。

第一节 流行史

一、新中国成立前马鼻疽在我国的流行史

在新中国成立前马鼻疽发生和流行非常普遍，在马匹较多和较集中的地区以及广大牧区，流行更为严重。每年因该病而倒毙的马数甚多，即使在饲养比较分散的南方各省也有不同程度的存在，在经济上造成的损失难以估计，严重制约了当时我国畜牧业的发展。据记载，新疆是新中国成立前首次报道该病发生的地区，1910 年该区的伊犁特克斯县哈拉达乡就发生和流行过马鼻疽，其后四川省（1919 年）、辽宁省（1919 年）、宁夏回族自治区（1921 年）、吉林省（1927 年）、甘肃省（1930 年）、青海省（1935 年）、黑龙江省（1938年）、江苏省（1939 年）、山东省（1940 年）、陕西省（1940 年）、内蒙古自治区（1940 年）、河南省（1945 年）、贵州省（1946 年）和云南省（1948 年）相继记载了本病的发生，西藏自治区和北京市在新中国成立前曾发生过马鼻疽，但发生时间无法考证。

（一）马鼻疽在华北地区的流行史

本病的发生、流行或因地域、经济等情况而表现各异。内蒙古自治区是该病发生最严重的省份之一，至 20 世纪 70 年代仍呈地方性流行。其近邻北京市曾发生本病，而山西省发生在运城和临汾地方也无史料可查，从中可得出该病在该地区呈地方流行。

1. 天津市

本病在部分地区流行，1949 年武清县城关镇的小屯、后屯、杨村和草茨共 12 匹马发生鼻疽。

2. 河北省

1949 年，邯郸市邯郸县 138 个村的 2 920 匹马属动物中有 156 匹发生马鼻疽，发病率5.3%，死亡 133 匹，死亡率为 85%。以后该县每年都有本病发生，并一直延续至 1957 年。

3. 山西省

在新中国成立前即有本病流行，主要分布在运城和临汾地区，可惜无史料可查。

4. 内蒙古自治区

本病流行历史已久，据伪满洲国第四次家畜卫生统计，当时兴安西省于 1940 年分别从巴林右旗 935 马匹中检出马鼻疽阳性马 310 匹，阳性率为 34.6%；阿鲁科尔沁旗 485 匹马中检出马鼻疽阳性马 71 匹，阳性率为 14.6%。同年伪满国兴农部第十二回东亚家畜防疫会议要录中发现海拉尔、陈巴尔虎等 25 个旗县（含现呼伦贝尔兴安盟、哲盟和赤峰的部分旗县）在对 344 857 匹马、骡和驴进行检疫中也检出马鼻疽阳性畜 37 531 匹，阳性率为10.88%。检测数量和暴露的鼻疽马匹数从侧面反映了本病的流行范围及严重程度。

（二）马鼻疽在东北地区的流行史

东北地区为该病流行的重灾区，是发生较早、流行较长、受害严重的区域。广袤无垠的黑土地吸引着大批马属动物在这里繁衍生息，马鼻疽也随之流行，并影响了黑土地上农牧业发展的全过程。当时伪满政府公布《家畜传染病预防法》对马鼻疽防治实行检疫、隔离、捕杀开放性鼻疽马，但未能贯彻实施，导致本病呈地方性流行。1940年左右为流行高峰，军马发病率甚至高达63%以上，这些存活的染病马有可能是新中国成立后初期该病流行的一个重要原因。

1. 黑龙江省

新中国成立前最早记载本病发生时间是20世纪初大兴安岭鄂伦春族饲养的狩猎马发生马鼻疽。1938—1949年期间，流行最为严重。该省存栏量年均达110万~120万匹，由于饲养管理不良，饲养环境恶劣，繁重使役，加之每年外购入大量马匹，造成传染源移动频繁，为病原传播及疫情扩散起到了催化作用，这是马鼻疽暴发流行的原因。在此期间大约有25万匹马发病，15万匹马死亡，发病率21.7%，死亡率为12.9%。平均阳性率为20%~25%，个别地区高达37.9%。

2. 吉林省

本病最早记载于清光绪33年（1907年）吉林省龙井曾发生过马鼻疽，据《东北经济小丛书》记载，伪康德4年（公元1934年）检测感染率为3%~4%。1937年，吉林市、延边市间岛和龙江（含白城地区7县）等感染阳性率分别为28.5%、13.6%和14.9%，并于1940年呈逐步扩大流行趋势，流行范围主要以白城地区（扶余、乾安、通榆、洮南）和长春地区（农安、榆树、德惠、九台等）马匹集中的市、县为主，以后由于从白城地区和长春市引进病马又使疫情蔓延到通化市和延边市。

3. 辽宁省

1919年，在辽宁省奉天（今沈阳市）首次发现该病，在130匹马中发现马鼻疽阳性马30匹，阳性率为23%；1932年在东北军北大营的778匹军马中，又检出马鼻疽阳性马418匹，阳性率为53.7%；同年伪中央训练所检查511匹军马，检出马鼻疽阳性马324匹，阳性率为63.4%；1939年辽宁省北镇县检疫马、骡、驴1810匹，28匹阳性畜，阳性率为1.55%。从资料分析本病严重侵袭军马的事件中，可以看出本病在该省流行的严重情况。

（三）马鼻疽在华东地区的流行史

本病在该地区记载略少，1939年江苏省宿迁市军马首次发生鼻疽，其后又蔓延到徐州和淮阴等地区，军马对该病在该省的发生、传播中或许起到了源头的作用。1940年山东省德州县发生该病，1943年省立种马牧场检出阳性马，以后呈地方流行性。

1. 山东省

本病早有发生，且流行广泛，危害严重。据记载，1940年德州县曾发现15匹鼻疽马和1943年日伪省立种马牧场在施行鼻疽菌素检疫中检出阳性马5匹，无其他可追溯的资料。

2. 江苏省

本病于1939年发生在宿迁县，有发病马200匹，并主要为军马。由于当时经济条件差，饲养管理不善，且军马饲养集中等原因，本病进一步蔓延到周边的淮阴、徐州、连云港等地，流行范围呈局部流行趋势。

（四）马鼻疽在华南地区的流行史

本病在该地区流行省份较少，除河南省报告在军马发生该病外，未见其他记载。该地区未形成流行，而呈局部性散发状态。

本病在当地民间又称"传槽鼻子"或"吊鼻"，最早发生于1945年漯河，在日本投降时接收的一批军马曾暴发过马鼻疽，由于当时对本病认识不足，未采取措施，又引发长葛县古桥乡董天龙村的2匹马发病；1948年正阳县霍唐庄有9匹骡子发病，经治疗无效先后死亡；随后在安阳县、濮阳县、柘城县、淮滨县、固始县、息县和商水县等地也有本病的发生。

（五）马鼻疽在西南地区的流行史

本地区多位于云、贵高原地带，有错综复杂的地形、地貌，这种天无三日晴，地无三尺平而著称的地域是该病流行的天然障碍。但随着马帮在该地域的流动，在一定程度上对该病的发生、流行起到了推波助澜的作用，因而具有散在或局部流行的特点。

1. 云南省

本病在该省最早记载于1948年马关县木厂乡杨茂松村一村民从集市购回一匹马发生眼屎、流脓鼻汁、鼻腔溃烂和颌结肿胀等马鼻疽的症状，经民间兽医治疗无效死亡。其后该村相继有34匹马发病，死亡17匹，死亡率为50%，并将疫情传播至文山州的马关、广南、邱北、西畴、富宁等5县16个乡，造成该地区马属动物的发病和流行。本病流行范围小与该省地形、地貌复杂，山多平地少，且交通不发达有关，流动的马帮可能是导致本病发生的主要原因。

2. 西藏自治区

新中国成立前，本病被牧民称为"大榇乃"，在封建农奴制度的统治下，由于落后的生产关系严重束缚着生产力的发展，畜牧业安全处于靠天养畜的原始状态。牧民经营畜牧业的方式逐水草而居，过着游牧半游牧的生活，常年依靠天然草场放牧，加之没有防疫机构和防治办法等常使本病呈散发性发生，处于自生自灭的状态。

3. 贵州省

本病始发年限不清，仅在《贵州农业改进所概况》中记载着民国35年（1946年）在调查兽疫中发现安顺、平坝、普定、镇和关岭等地曾发生过本病。

4. 四川省

本病1919年就有记载，其流行历史悠久，1927年甘孜州和1938年成都附近发现疑似鼻疽马，随后成为马属动物的常见病。

（六）马鼻疽在西北地区的流行史

本病在该地区首次发现虽不如东北地区早，但西北地区亦是本病的重灾区，尤其是该区域拥有天然的广阔牧场，牧民偏爱饲养马属动物以及马属动物饲养方式粗放，使本病呈地方性流行，并一直延续到新中国成立前，表现为发病率高、死亡率高。西北地区本病流行盛期要早于东北地区，尤其军马发病和死亡情况亦非常严重，据此评估军马对本病在该区域的传播可能发挥了重要的作用。

1. 新疆维吾尔自治区（以下简称新疆）

本病于1910年首次发生在伊犁特克斯县哈拉达乡，也是我国新中国成立前最早对本病的记载。在随后7年间该乡竟有5 000多匹马发生马鼻疽，从这个暴发点可见本病的严重程度。该区于1932年从各地抽检4 791马匹，发现阳性马1 760匹，阳性率为36.73%，其数据足以证明本病已流行于新疆天山南北；特克斯、霍城和巩留3个县于1937年在受检262匹马中发现阳性马110匹，阳性率为41.98%，这种结果也表明了本病流行的严重程度；和田驻军骑兵团于1942年从1 500匹军马中也检出阳性马720匹，阳性率为48%，亦证实该区军马中严重流行本病。

2. 陕西省

1940年在潼关县发现2例马鼻疽，死亡1匹，这是陕西省最早关于马鼻疽发生的记载。其流行范围位于关中及陕北地区的泾阳、三原、富平、耀县、华阴、潼关、朝邑、蒲城、铜川、宜川和横山等，呈局部流行。1946年驻铜川市国民党军队的100匹军马发病，死亡90匹，死亡率为90%；1947年蒲城县发病马10匹，死亡10匹，死亡率为100%；1944—1948年期间大荔县发病马80匹，死亡46匹；1944—1949年期间三原县发病马72匹，死亡62匹。从上述情况发现该省虽呈局部发生流行，其严重性不逊于新疆，死亡率高，尤其军马甚为突出。

3. 甘肃省

在当时前农林部西北兽疫防治处与西北马政局记载中，河西地区永登县某马场感染率达15%左右，在骑兵部队军马感染率高达60%~70%；而定西地区（现定西市）定西县（现安定区）于1943年记载了岩山和尚村在军马检出本病并扑杀了40多匹马；据高台县资料记载，高台县红崖乡红山河村发生驴感染马鼻疽而导致大批死亡。该省虽无更多的流行病学数据，但从扑杀马及大批驴死亡佐证了当时本病处于高发时期，因为驴、骡对本病相较马不易感，很少发病。如出现驴大批死亡则表明在临床表现上大多为急性鼻疽的表现形式，间接证实了该地区处于严重流行状态。

4. 青海省

据1935年国民政府卫生部西北防疫处在对该省19县、区的家畜疫病调查资料记载，在马匹疫病中以马鼻疽最为严重，这说明本病流行已久；流行范围主要位于农业区和交通沿线的城镇；仅1946年对乐都、湟中、湟源、互助等县32个自然村中的马属动物流行病学调查中，就有405匹马属动物死于本病，足见其危害的严重程度。

5. 宁夏回族自治区（以下简称宁夏）

本病在该地区最早记载于1921年，由军阀马队过境驻扎平罗县将马鼻疽传播至该县并传播开来。1925—1937年期间该县姚伏乡和下庙两乡有发病和死亡马属动物187匹；1942—1945年期间一炮兵部队曾在银川南郊陈家寨将百余匹瘸马（鼻疽马）集中隔离和治疗，但无一治愈，全部死亡。另据《甘肃畜牧志》（1958年版），1939—1949年期间固原地区隆德等县也有马鼻疽发生。这些数据说明本病在该地区呈局部流行，且军马危害较重。

二、马鼻疽在新中国成立后的流行史

本病在伴随着我国交通运输和工农业生产发展的过程而呈扩大蔓延趋势，尤其是1956年农业合作化后，马匹未经检疫合槽饲养，加速了本病的传播。1950年末，城乡物质交流日臻繁荣，各地相继建立了一些马车运输队，纷纷购进马匹。许多未经检疫的马匹引回后就开始发病，马鼻疽病马在役用饲养过程中又使本病进一步扩散蔓延。1960年后由于检疫力度削弱，马匹流动量大，使该病达到最高峰。然而该病在不同区域、不同时期发生和流行程度也不同。但都遵循着在产马区域感染率高，城镇交通要道比交通不便的偏僻地区高，草原放牧地区比丘陵山岳地区高和在城市中以畜力运输队为高的这一规律。在本病初发的地区常呈暴发性流行，并多取急性经过，在常发地区，多呈缓慢、延续传播。新中国成立初呈扩大趋势，20世纪60年代左右呈一定流行性，70年代呈地方性流行或散发流行，80年代多以零散形式发生。

（一）马鼻疽在华北地区的流行史

本地区由于紧邻东北地区，加之内蒙古自治区也是牧业大省和马产区，因此，华北也成为本病的多发地区。在20世纪60年代左右呈一定流行性；70年代除内蒙古自治区呈地方流行外，其他省、市表现为局部流行或散发；80年代除内蒙古自治区呈局部流行外，其他省、市为散在发生；90年代该地区曾零星发生。

1. 北京市

1951年，在延庆县、朝阳县和平谷县首先发现开放性鼻疽马。此后，在其他县、区陆续发生，流行范围除石景山区以外，涵盖了其他13个区县。据统计，1951—1973年发现开放性鼻疽病畜1 449匹；1958年和1960年是发生该病县、区数最多的年份，占京郊县的71.43%（10个县区）。虽1959年和1965年共发现了鼻疽马522匹，其数量约占该市20年发病数的1/3，即1958年和1965年分别形成了该病的两次流行高峰。究其原因主要是京郊农民饲养的牲口集中入社以及作为主要运输力的马属动物饲养量增加，流动频繁等为该病传播增加了机会。该市防治本病的特点是动手早，从1956年开始采取检疫净化和扑杀阳性畜的措施，逐步控制了该病的流行。1973—1990年共检疫166 705匹，检出589匹阳性畜，阳性率为0.41%。1973年后未发现开放性鼻疽马，而1980年后未发现阳性马。

2. 天津市

1949年首次在武清县城关镇（小屯、后屯、杨村、草茨）发现12匹鼻疽马。1950年和1953年又相继在静海县（西翟庄村）和蓟县（洪水庄乡）发现8匹病马。自此流行范围扩展到宁河、宝坻、武清、西青、塘沽等7个区、县的19个乡，发现开放性鼻疽马和阳性马计88匹。其间累计死亡1124匹马属动物，流行约34年。静海县自1985年发现最后1匹阳性畜起，该市再未发现该病。

3. 河北省

最早记载于1949年在邯郸县138个村2 920匹马属动物中，有156匹马发病，死亡133匹，死亡率为4.6%，一直到1957年每年都有发生。其流行范围包括邯郸市、沧州市、唐山市、张家口市、保定市、石家庄市、承德市和邢台市等地。1957年唐山市高各庄等7个村发生本病，死亡 12 匹；1961—1962 年高各庄鼻疽阳性率为 10%；1953 年张家口地区抽检了 5 县 14 个区 305 个村 21011 匹的马属动物，阳性畜 992 匹，阳性率为 5.5%；1963 年保定地区 6 个县检疫，阳性率 2.6%；1963—1968 年石家庄地区阳性率平均为 4.27%。据此推断该病发病高峰期在 1956—1963 年。据全省 1949—1998 年不完全统计，共发现马鼻疽病畜 4 780 匹，点眼调查畜数 4 565 456 匹，阳性畜 11512 匹，阳性率为 0.25%；市场检疫 2 041 383 匹，阳性畜 684 匹，阳性率为 0.03%；累计死亡 1 035 匹，扑杀 8 068 匹；1996 年至今未发现该病。另外在 20 世纪 50 年代从华北军区的军马中检出 4 000 匹鼻疽马。

4. 山西省

1951 年首次在翼城县和平遥县发现急性鼻疽和阳性畜计 51 匹。1957 年疫情蔓延，流行范围扩大到 13 市、县，发现急性鼻疽 837 匹，阳性畜 164 匹；1965 年全省检疫马属动物 88 409 匹，急性鼻疽 306 匹，阳性畜 646 匹，阳性率为 1.1%。这个阶段达到流行高峰。经过各级兽医工作者的不懈努力，使疫情逐步得到改善。1979 年仅检出 1 匹阳性马，急性鼻疽 17 匹。以后由于市场开放，牲畜流动频繁使阳性畜和急性鼻疽马有所回升。1983 年检出阳性畜 35 匹，急性鼻疽马 29 匹；1985 年平定和夏县发现病马 6 匹，病死 3 匹，扑杀 3 匹。通过加强检疫、扑杀阳性畜和病畜，本病逐年下降。1987 年检疫 29 892 匹马属动物，仅检出阳性畜 2 匹，无一急性鼻疽马；1988 年后再未发现该病。

5. 内蒙古自治区（以下简称内蒙古）

本病由于马匹的流动量增加，为其传播带来越来越多的机会。1954—1957 年呼盟海拉尔服务系统从牧区收购 7 万匹马，经检疫阳性率为 40%~50%；呼盟于 1955 年对那达慕大会参赛马匹实施检疫，其阳性率为 10%~40%；阿巴嘎旗于 1958 年检疫 16 835 匹马，阳性率 13.72%。这三组数据表明其感染率相当高。其流行范围如下：呼盟马鼻疽为最高，其次锡盟、兴安盟、赤峰市、乌盟、巴盟地区为 50% 左右；哲盟、呼市、包头约为 2%；伊盟、阿盟、乌海为 0.5% 以下。1959 年该区感染率为 5.55%，1974 年下降至 2.79%。呼盟则由 1959 年 23% 感染率下降至 1974 年 16.6%。然而，其后又出现两次波动，一是 1979 年已实现净化的巴盟五原县在 1980 年从未经检疫的乌拉特中旗调进 1 835 匹马，并分配给 18 个乡后，当年抽检 615 匹，发现阳性马 69 匹，阳性率为 11.22%；1981 年又发现阳性马 205 匹，使该县感染率骤然回升；二是通辽县木里图乡 1980 年从锡盟东乌旗引进未经检疫马 63 匹，次年检疫其中 54 匹，发现阳性马 52 匹，其中开放性鼻疽 2 匹，致使当地马、骡发病。以后呈下降趋势直至 1998 年再未发现该病。

（二）马鼻疽在东北地区的流行史

东北地区是本病发生最早、流行时间长、分布最广泛的地区，几乎有马的地方都有该病的存在，在该病发生过程中表现为多种形式，大范围流行、地方流行、局部散发和点状发生等特点。

1. 黑龙江省

本病发生、流行历史悠久，无确切记载发病时间，从 1950—1997 年期间一直呈持续暴发、流行状态。本病流行可分以下 4 个阶段。

第一阶段（1950—1958 年） 该阶段是本病暴发、流行、严重死亡的时期，从 1950 年

9.4%感染率上升至1958年13.8%。1957年马存栏151.3万匹，发病马5.1万匹，多呈鼻腔鼻疽和皮肤鼻疽等变化，死亡马2.9万匹，扑杀鼻疽马1.7万匹；检疫81万匹，检疫率为53.54%，阳性马11.1万匹，阳性率为13.8%。这是该病第一次流行高峰期。

第二阶段（1959—1965年）　由于马匹集群饲养，1958年感染率为11.64%，1959年感染率为18.37%，1960年感染率为23.78%。这是对本病第一次流行高峰期的延续。

第三阶段（1966—1980年）　1969年、1971年和1972年感染率分别为21.9%、24.5%、27.8%，即是该病的第二次流行高峰期。

第四阶段（1981—1997年）　1981年全省检疫马71万匹，其中阳性马6万匹，阳性率为8.45%。1986—1989年佳木斯市所辖13个县（市）累计检疫马199 100匹，占养马总数的92.7%，检出鼻疽阳性马543匹，全部扑杀。1989—1994年期间松花江、绥化、齐齐哈尔3个地市所辖33个县（市）累计检疫马686 948匹，阳性马显著减少。1997年完成对最后1匹阳性马扑杀工作，未再发现该病。

1958年农业部在哈尔滨召开了全国马鼻疽防治工作会议，推广了肇东县等检疫、隔离、扑杀开放性鼻疽马和培育健康幼驹等经验，撤走大车店的共用饲槽、饮水槽及村屯井旁共用饮水槽等，该病阳性率从1957年13.8%下降至1960年2.8%。国营农场从1950年44.2%下降至1960年0.26%。1961年某些地区农村生产队拆散马鼻疽阳性马隔离点，将阳性马退回原生产队，加上自然灾害的影响，该病阳性率又上升到13.03%。1963年不完全统计治疗开放性鼻疽马3万多匹，其中2.4万匹马经治疗症状消失，减轻了该病的危害。但该病仍呈流行趋势。1978年哈尔滨、齐齐哈尔、牡丹江、佳木斯、绥化5个地（市）所辖的18个县共抽检马2.18万匹，检出阳性马0.32万匹，阳性率为14.5%，但该省感染率远高于此，达到25.8%。牡丹江市辖区9个县（市）坚持10年的该病净化，从1978—1988年期间累计检疫马属动物404 110匹，扑杀阳性马累计1 465匹，达到净化区标准。由于全省开展检疫净化措施，该病疫情达到有效控制，污染率逐年降低，疫情稳定，全省马鼻疽防制进入控制期。

2．吉林省

本病流行历史较久，几乎遍布各县市，交通便利的长春地区感染率较高，东部丘陵山岳地区（通化、浑江、延边）较少流行。以白城地区的扶余、乾安、通榆、洮南，长春地区的农安、榆树、德惠、九台县（市）为鼻疽重灾区，有近30万匹马发病，检出阳性马36万余匹。据统计，1951年该部分地区马鼻疽感染率为5.84%；1953年郭前旗、德惠、扶余和两个国营农场以及21个农业合作社的感染率上升至31%；1958年疫区已增加19个县市；1959年鼻疽马达48 211匹，其流行范围以白城市和长春市等地为主；1960年后为该病的流行高峰期。1970年后由于马贩子倒卖马匹而使该病又呈局部性暴发流行；1985年开始已多年保持了稳定；1985年检疫出鼻疽马111匹，感染率为0.02%；1988年至今全省再无鼻疽发生。

3．辽宁省

本病于1950年在庄河市首先报道。1950年阳性率为0.18%（114/63 189），此后在全省各县区不断发现病畜。尤其是1956年后，各地相继成立一些马车运输队和纷纷从疫区购进马匹，许多马匹由于未经检疫集中合槽饲养，为该病加速传播提供了条件，使该病得以扩散蔓延。1956年以前多为散发，有时呈地方性流行，1963年感染率上升至0.76%（3 774/495 952），这是该地发病最多的一年。其流行范围主要发生在城镇马车队、交通沿线、建设工地和农耕重点区等马属动物集中地区。1988年阳性率为零（0/998 025），自此再未发现该病。

（三）马鼻疽在华东的流行史

本地区地处南方、地域小，且不是养马大省，马鼻疽仅在华东地区的江苏省、山东省和安徽省流行。除了山东省流行严重外，本病在江苏、安徽省呈散发或局部流行。

1. 江苏省

1962—1973年宿迁县将先后接收的南京和广州部队退役的马鼻疽528匹，集中在耿车、龙河、罗圩3个公社控制使役，至20世纪80年代中期大部分淘汰和死亡。1951—1981年期间该省共发现病畜593匹，扑杀和死亡509匹，隔离饲养、治疗22匹，治愈14匹。该病发生范围主要为淮阴、宿迁、连云港、徐州。1981年徐州扑杀最后3匹鼻疽马后，再无新的马鼻疽病例，也无鼻疽菌素阳性马。

2. 山东省

1952年山东省农业厅对广饶、利津、寿光等5个县进行马属动物重点检疫时，发现被检1100匹马中，阳性马66匹，阳性率为6%；1953年栖东县第八区接官亭村江元起农业社40匹马、驴中，有18匹发病，其中马死亡5匹、驴死亡1匹；1955年广饶县14个村检验马241匹、骡75头，阳性畜21匹，阳性率为6.64%；1956年省农业厅为了解马鼻疽感染情况，对该病发生过的市（县、区）检疫15 000多匹，阳性畜195匹，阳性率为1.3%。

1957—1959年为第一个流行高峰期。1957年山东省从内蒙古自治区、东北地区、新疆维吾尔自治区等地输入马属动物，由于缺乏有效的检疫手段和防治措施，致使21个县、48个乡发生疫情，发病马1 025匹，死亡273匹。在9个县和3个国营农场检疫马属动物2 157匹，开放性鼻疽10匹，阳性畜205匹，疑似畜64匹；1958年济宁、金乡、菏泽等6个县从内蒙古引进马属动物432匹，开放性鼻疽15匹，阳性畜101匹，疑似畜36匹；福山、博山检疫马、骡872匹，阳性畜10匹；1959年山东省组织兽医防疫人员2 000余人对9个县42 566匹马属动物进行检疫，检出阳性畜134匹，阳性率为0.31%。

1960—1978年是第二个疫情高峰期。1960年后山东省继续从外省购进病马，在缺乏有效管理的情况下使该病一直未能得到很好的控制，共1 864匹马发病；1970年惠民、茌平、招远、莘县、东阿等县从蒙古人民共和国、内蒙古自治区和新疆维吾尔自治区引进200匹马中，发现阳性马25匹，阳性率为12.5%；1977年枣庄市因从青海省购进644匹混有鼻疽马而发生疫情，并蔓延至42个公社154个生产队，226匹马、骡发病，其中99匹马死亡；1978年烟台地区检出阳性（病）马225匹，死亡（扑杀）202匹；聊城、济宁、惠民、昌潍、德州等地区均检出阳性马和病畜；1978年该省16个县（市）62个乡（镇）有发病马796匹，阳性马225匹，其后流行范围扩展至临沂市（苍山县等）、泰安市（肥城市等）、济宁市（邹县等）、烟台市（龙口市等）、威海市（荣成市等）、青岛市（胶州市等）、东营市（垦利县等）、潍坊市（寿光市等）、滨州市（惠民县等）、淄博市（高青县等）、济南市（济阳县等）、德州市（平原县等）、菏泽市（定陶县等）等地区，总计13个地、市的72个县发生过该病。

20世纪80年代以后逐年减少,1993年始再未发现病畜和阳性畜。

3.安徽省

1953年阜阳地区从青海引进的93匹役马中,发现22匹阳性马。同时在亳县农场检出8匹阳性马均作扑杀处理;1954年阜阳县因驴染病较多,对发病驴均作扑杀处理;1954—1959年太和县检出阳性马65匹,扑杀开放性鼻疽2匹;1955年临泉县驻军检出4匹阳性马;1962年临泉县从东北购进马匹,次年就发现10多匹阳性马。阜阳县1953—1970年期间在14个自然村发现急性鼻疽50匹,自然死亡6匹,扑杀23匹,对同群马属动物检疫705匹,发现阳性马68匹,扑杀50匹。1962年界首市在引进的蒙古马中发现该病,以后每年均检出阳性畜,但呈逐年下降趋势。20世纪60年代至70年代为该病的高发期,其流行原因是从青海省、内蒙古自治区、新疆维吾尔自治区等引进马所为,流行范围主要局限在淮北平原、沿淮及皖东局部养马地区,皖中、江南零星发病,呈散发或局部流行。1985年界首市在最后处置1匹阳性马后未再发现该病。

(四)马鼻疽在华中地区的流行史

在1949—1983年,华中地区只有河南省流行。1949年浚县善堂乡双庙试验场、白寺劳改场先后发现鼻疽病马8匹,死亡5匹;1951年驻商丘地区骑兵部队军马发病,相继死亡34匹,又引起该县马车运输队先后死亡马、骡23匹;1953年卢氏县从青海、甘肃购进马、骡未经检疫出售等引起马鼻疽流行,发病60匹,死亡50匹;1954年宜阳县从新疆维吾尔自治区购进83匹马,检出开放性鼻疽4匹,阳性马3匹,其余76匹转卖给当地并引起马、骡、驴发病;据河南省农林厅记载,1953—1955年先后在长葛、郾城、登封、西平、巩县、项城、民权等33个市县发生流行。1955—1965年为本病发生高峰期,该病发生和死亡呈显著增加。先后有89个县发生过该病,有病畜或阳性畜14 808匹,死亡5 723匹;其流行范围分布全省17个地、市,99个县,共发现病畜或阳性畜20 950匹,死亡7 970匹,扑杀开放性鼻疽马或阳性畜11 245匹。1970年后呈下降趋势,1983年南阳市发现1匹病畜和新乡市发现2匹阳性马并扑杀后,未再发现该病。

(五)马鼻疽在西南地区的流行史

本病在西南地区主要流行于四川省、云南省、贵州省和西藏自治区。在四川省半农半牧区呈散发,牧区为地方性流行。云南省20世纪50年代为零星发生、60年代为散发、70年代为零星发生;贵州省20世纪60年代和70年代为地方流行,80年代为零星发生;西藏自治区20世纪70年代和80年代为局部流行,90年代为散发,2000年为零星发生。

1.四川省

四川省最早发生在1948年,1995年扑杀最后1例,在这期间共检疫马匹326 513匹,扑杀5221匹。具体如下:1948—1950年甘孜州康定、道孚、炉霍等11个县因该病死亡的马属动物近4 000匹。1952—1953年驻雅安部队骑兵连的军马发生该病,在岩乡扑杀多匹病马,并进行了深埋,此后发病率和死亡率也一直居高不下。马匹多集中在该省甘孜、阿坝、凉山3个州的牧区和半农半牧区饲养,因此该病也主要在甘孜、阿坝、凉山3个州和与凉山、甘孜接壤的雅安地区部分县出现，同时，凉山州西昌县也检出阳性马。1953—1955年昭觉县发现开放性鼻疽6匹，阿坝州若尔盖县、阿坝县和茂县记录了87匹鼻疽马。1956年位于川藏公路线新都桥支前兵站检疫几十匹马，阳性率高达30%以上；同年，金川、马尔康、红原和壤塘四县发生较为严重的疫情。1958年若尔盖、阿坝、南坪、松潘四县检出的阳性率为54.5%。1959年会理和会东两县分别查出阳性马32匹和15匹。1962年阿坝州51个乡102个村发病马1 800匹，死亡141匹，其后1963—1973年期间共发病21 845匹，死亡630匹。1964年甘孜州原乾宁地区检出阳性29%。1965年甘孜州原乾宁县有一个生产队因鼻疽死亡6匹（6/24）。1966年凉山州盐源县驻地部队军马中检出阳性马。1976—1979年炉霍、道孚、雅江、康定等11个县发病数和死亡数分别为11 585匹和1 123匹。80年代后发病数和死亡数逐年下降，平均致死率为9%，占每年马匹总死亡数的7.31%~9.08%；1988—1989年阿坝、若尔盖和茂县检疫355匹马，发现阳性马22匹；1989年8月12日阿坝州阿坝县白河牧场抽查355匹，发现阳性马22匹，阳性率为6.2%；1995年在甘孜州道孚县八美镇和康定县新都桥镇扑杀最后1匹阳性马后未再发现阳性畜。

2. 云南省

本病于1949年在昆明晋宁县发现，自此在昆明地区晋宁、宜良、嵩明、寻甸、东川等5县区部分乡镇发生和流行，至1965年累计发现病马（含血清学阳性马）1172匹，死亡1086匹，以后扩大至大理市、曲靖市、玉溪市、昭通市、红河州、楚雄州、思茅市和丽江市等地。其中1958年大理市记载下关马车运输社发现该病，后又在大理、祥云、宾川、南涧等4市、县发现该病，至1979年累计发病马（含血清学阳性马）497匹，死亡362匹。1954年曲靖市在罗平县四区腊庄乡发现该病。1957年后罗平、师宗、曲靖（现在为麒麟区和沾益县）、陆良、马龙、宣威、富源等7市、县都发生该病，至1967年累计发病马（含血清学阳性马）1352匹，死亡360匹，1968年后未发现新病例或阳性马；1953年玉溪市在易门县最早发现该病，其后在易门、红塔、澄江、通海、江川、峨山、元江、华宁等8县、区陆续发现该病，至1969年累计发病马656匹，死亡142匹，1970年后未发现新病例或阳性马；1958年昭通市最早发现该病，其后在鲁甸、大关、镇雄、永善、巧家、彝良等6县发现鼻疽马，至1965年累计发病马706匹，死亡306匹，1966年后未发现新病例或阳性马；红河州仅蒙自县发生过该病，1963年该县马车队从"大理三月街"上购马18匹，发病14匹，死亡2匹，经处置后一直未发现新病例；1958年楚雄州海资马场从青海省购入种马200匹，在隔离观察期间发现个别马有鼻疽症状，经净化后再也没有发现该病；思茅市景东县于1954年和1960年分别从县联社运输队和县商业局养护段饲养马匹中的检疫中发现病马28匹（含血清学阳性马），可疑22匹，死亡5匹，经扑杀后再也没有新的病例；1955年和1964年丽江市仅从驻华坪县军马中和水工队马帮中检出阳性畜。1979年后全省再未检出阳性马。

3. 西藏自治区（以下简称西藏）

本病在军马中曾有过暴发流行。据1961年中国科学院综合考察队调查感染率为8.3%~13%，平均为9.34%；1969年军区军马所与拉萨市畜牧兽医总站联合对马车队154匹马进行检疫，发现阳性马2匹，阳性率为1.3%；1972年检疫马209匹，发现阳性马5匹，阳性率为2.4%；1974年日松区加岗乡马发病50多匹，并于1977年又发病80多匹；1977

年拉萨、日喀则和那曲检测 114 189 匹，发现疑似马 38 匹（拉萨 1 匹、日喀则 1 匹、那曲 36 匹），加岗乡地处中印边境，边民自由来往，是造成本病发生的因素。据 1977 年 12 月至 1980 年 3 月第一次家畜疫病调查表明，在山南、拉萨、那曲共抽检马 7 554 匹，阳性率为 0.25%，未发现开放性鼻疽马，且发生地区主要集中于拉萨城关区和察隅等县（区）；1989 年检疫 148 匹，发现阳性马 3 匹，阳性率为 2.08%；1989 年 8 月，该区对马术队 84 匹演艺马进行反复两次检测，发现阳性马 4 匹，阳性率为 4.76%；1999 年检测 53 023 匹，发现阳性畜 37 匹，其中阿里 16 匹，日喀则 21 匹，阳性率为 0.06%；2000 年检测 51 508 匹，发现阳性畜 35 匹，阳性率为 0.068%。该区流行区域包括拉萨市、昌都地区、那曲地区、林芝地区、山南地区、日喀则和阿里地区等，2001 年后未再发现该病。

4. 贵州省

本病主要流行于 1957 年马匹归集体所有后，以及部队的马、骡和城镇运输社、商业运输社等单位马匹集中饲养方式，才造成马鼻疽的传播流行。其流行范围包括贵阳市的花溪、乌当、白云、南明等，遵义地区的绥阳县、桐梓县、遵义市等，黔东南州的凯里、麻江、天柱等，黔南州的长顺、贵定等县、安顺地区的开阳、平坝、关岭普定、镇宁、安顺等县市，毕节地区的大方、黔西、威宁、赫章等县，黔西南州的望谟、册亨、贞丰、普安等县和六盘水市的六枝特区、盘县、水城县。呈散发性或地方性流行。贵州主要为马、骡感染，人也有感染。

据 1956 年安顺县兽医站统计，该病发病 45 匹马，死亡 13 匹。同年该省农干班举办的第一期诊断人员培训班对贵阳市南明区第三马车运输合作社 60 匹运输马进行马来因两次点眼，共检出阳性马 11 匹，阳性率为 18.33%。在从市清扫队 42 马匹中，检出阳性马 17 匹（其中 1 匹为开放性鼻疽），阳性率为 40.48%。剖检其中 1 匹强阳性马，可见肺部布满豌豆至胡豆大的鼻疽结节。1959 年贵州省兽医试验室从贵定县和普安县 717 马匹中检出阳性马 181 匹，阳性率为 25.24%。其中贵定县城关砖瓦厂 28 匹马，死亡 22 匹，其余 6 匹全部受到感染。普安县某厂 59 匹马，阳性率为 94.9%。遵义专署商业局马车队感染率为 76%。贵阳市运输马队感染率为 26%；1960 年贵州省举办鼻疽检疫培训班，对 8 个公社 1 452 匹马进行了检疫，检出阳性马 239 匹，阳性率为 16.64%；1962 年安顺县兽医防疫站对市国营运输单位马匹检疫，感染率高达 35%；1961—1979 年贵州农学院共诊疗开放性鼻疽马 464 匹；1980 年安顺兽医卫生检疫站对经铁路出境 19923 匹马和骡采用马来因点眼，检出 3 匹阳性马；1987—1989 年期间该省市场检疫 7572 匹马，仅发现 6 匹阳性马；1993—1998 年期间市场检疫 49.5 万匹，运输检疫 3.4 万匹，门诊检疫 20.8 万匹均未发现该病。

（六）马鼻疽在西北地区的流行史

西北地区主要以牧业为主，也是我国主要的产马区，故而该病的发生、流行也较为严重。20 世纪 50~60 年代该病呈一定流行性，70 年代新疆维吾尔自治区和青海省为地方性流行，宁夏回族自治区和陕西省为局部流行，80 年代新疆维吾尔自治区和青海省为散在发生，其他省为零星发生。

1. 陕西省

1950 年在岐山、乾县、富平、澄县、彬县和宜川等 6 县发现临床鼻疽发病马，呈点状发生。在横山县两个乡镇发病70匹马，均死于急性鼻疽。据1955年西北军政委员会畜牧部用马鼻疽菌素点眼揭示，其流行范围包括榆林地区（榆林、府谷）、铜川市（城区、郊区、耀县）、宝鸡市（宝鸡、凤翔、金台、渭滨）、咸阳市（兴平、武功、杨凌、泾阳、三原、永寿、渭城等）、西安市（长安、蓝田、周至、未央、阎良）、渭南市（临渭、大荔、韩城、蒲城）等6地市27个市（县、区），以后又在延安市发现该病。如1953年咸阳市兴平和武功等4县（区）共检马属动物5 300匹，其中阳性畜92匹，感染率高达1.74%，且疫情蔓延波及十几个乡镇。由于农村经济体制变革，大家畜不经检疫合槽饲养，加速了马鼻疽的传染扩散。

1956—1960年为该病第一次流行高峰期。1956—1958年该省马鼻疽防治队在关中地区27个县检疫马属动物193 124匹（受检率95.84%），发现阳性畜4 166匹，阳性率高达2.16%。其中1956年在西安市的蓝田、长安等6县（区）及咸阳市的永寿县共检马属动物50 597匹，检出阳性病畜2 058匹，检出率高达4.07%，发病最严重的蓝田县检出率高达7.76%（328/4 224）；1957年在西安的户县、周至，咸阳的兴平、武功等7县（区），宝鸡市的岐山、扶风等7县（区）共检马属动物94 445匹，检出阳性病畜1 067匹，检出率为1.13%，发病严重的咸阳市7县（区）检出率高达2.09%（530/25320）；1958年在西安高陵、户到等7县（区），咸阳市的长武、乾县等6县（区），宝鸡的扶风及眉县和延安市的洛川县共检疫马属动物48 082匹，检出阳性病畜1 041匹，检出率为2.17%，发病最严重咸阳市6县（区）检出率高达3.43%（408/1 905），其中洛川县检出率高达3.18%（118/3 714）。据统计，1957—1960年，在重点老疫区县共检马属动物8 445匹，检出阳性病畜403匹，检出率高达4.77%。发病严重的横山县1960年检出率高达10.59%（236/2 229）。这是该省最严重的暴发流行高峰期，其疫情甚至也波及了陕南养马较少的商州、平利、宁强及西乡等县市。

本病于1963—1967年为第二次流行高峰期。由于畜力不足，牲畜交易市场开放，允许牲畜自由买卖等传统交易关系恢复，马、骡价格猛涨，未经检疫的马匹大量由外省牧区进入该省市场交易，致使该病在关中一些地区再次暴发流行。1963年咸阳市武功县县联社从外购马645匹，阳性马64匹，阳性率高达9.92%；随后在该市彬县、三原、永寿等7县（区）29 685匹马属动物中，检出阳性、病畜377匹，检出率高达1.27%；渭南、宝鸡等地（市）疫情也相应回升，流行范围扩大。1964年该病疫情进一步扩大蔓延，25个县发生疫情，疫点214个，检出阳性病畜1 383匹，检出率上升为2.84%（1 383/48 687），形成陕西省马鼻疽第二次暴发流行高峰期。1968年停止了关中地区马属动物的交易，疫情再次得到控制，阳性病畜率为0.51%。

本病于1973—1976年为局部流行，仅在咸阳市乾县、武功、兴平等检出509匹。延安市富县一直无该病疫情，因1973年从外地购马将该病带入，1974年春共检马属动物1 446匹，阳性病畜15匹，1978年后疫情得到明显控制，仅从长安县检出阳性病畜6匹，检出率为0.015%。1987—1991年在关中和陕北5地市27个县抽检马属动物12 993匹，仅在铜川市郊区（1988年）有1匹阳性畜，阳性率为0.008%。1988年最后扑杀处理1匹阳性病畜，再未发现病畜和阳性鼻疽畜。

2. 甘肃省

该病流行面积大，分布广泛，1950年发生过人感染鼻疽病例。本省14个地区（州、市), 85个县均有发生和流行, 仅康县未发现本病, 也从未检出过阳性马。该病集中在饲养、使役、放牧以及马匹流动等地方, 呈地方性流行。一般来说, 牧区感染率高于农区, 交通沿线的县、乡高于偏远县、乡。

在甘肃省畜禽疫病普查资料记载 (1985年版) 中, 1949—1966年该病阳性率平均为1.84%; 1967—1975年期间平均阳性率为1.44%, 仅下降了0.4个百分点; 1978—1981年河西等地区采取"普遍检疫, 扑杀全部病马 (包括开放性病马和鼻疽菌素阳性马)"的净化措施, 其中武威、张掖、酒泉鼻疽阳性率分别下降至0.063%、0.013%和0.012%。1985年全省平均阳性率为万分之一, 1988年扑杀最后一匹病畜后再未发现该病。具体情况如下。

据临夏、天水、武威、兰州等地调查统计, 该病致死率达38.94%。1961年永登县从天祝县购进鼻疽马引发74匹马、骡发病, 死亡50匹, 死亡率达到68%; 甘南州是感染最严重的地区, 养马数占全省养马数18%, 在1982年前平均感染率为3.03%, 最高年份达18.87%。该州玛曲县和夏河县最高感染率分别高达11.9%和21.66%, 个别年份可达30%~44%; 河西永昌县1964年马鼻疽感染率为8.6%, 其中开放性鼻疽马占总病马数10.59% (331/2 482)。在全省鼻疽感染的14个地 (州、市), 严重感染区占4/14、较严重感染区占5/14, 一般感染区占5/14。而严重感染区和较严重感染区达64.3%。

3. 新疆维吾尔自治区

1950年发现该病。1953年乌鲁木齐市、伊犁地区、塔城地区、巴音郭楞州等地阳性率平均为5.0%, 其中开放性鼻疽马占阳性马8.0%。如乌鲁木齐市兽医院于1958年、1959年和1960年连续对市交通局畜力运输公司马匹进行检疫, 其阳性率分别为7.69%、9.65%和47.40%, 开放性鼻疽马比例较高, 为8%~25%; 1965年共检21 460匹马, 阳性马6 188匹, 阳性率为6.69%, 其中开放性鼻疽马570匹, 占阳性马总数9.42%; 据1960年对45个单位统计, 阳性率平均为10.80%, 最高达66.70%。为了弄清全区鼻疽流行情况, 对全疆36个县进行了调查研究, 共检疫21 460匹马, 阳性畜6 188匹, 阳性率为6.69%。其中开放性鼻疽马570匹, 占阳性畜总数9.42%。1980年有所缓和, 1981—1985年13个地、州、市共检疫马1 574 205匹, 阳性马7359匹, 阳性率为0.47%, 其中开放性鼻疽马302匹。1991年阿勒泰地区清河县扑杀处理最后1匹鼻疽阳性马后再未发现该病。

4. 新疆生产建设兵团

据统计, 1950—1989年共检疫906 594匹马, 检出阳性、鼻疽马17 011匹, 阳性率1.88%。其中自然发病6 986匹, 死亡943匹, 死亡率为13.5%, 扑杀处理鼻疽阳性马9 415匹。1990年后至今未检出鼻疽马和阳性马。本病于1950年发生在农二师马群, 在对880匹马检疫中, 阳性、鼻疽马共计24匹, 阳性率为2.7%; 1952年农一师在对561匹马检疫中, 发现阳性马38匹, 阳性率为6.8%; 1953年农八师对563匹马检疫中, 发现阳性马61匹, 阳性率为10.84%; 农六师1956—1963年间阳检率高达39.55%。因此1954—1964年是阳性数最高、发病数最多的年份, 约占历年检出总数的78.23%, 为该病发生的高峰期。1965年后各地采取了每年检疫, 阳性马隔离饲养, 开放性鼻疽马扑杀, 结合消毒、治疗措施, 开放性鼻疽马和阳性马逐年减少。

5. 青海省

1949年发现该病。1949—2008年共检马1 843 615匹 (次), 检出病马17 072匹, 平

均感染率为 0.88%；1990—1992 年共检疫马 31568 匹（次），未检出病马。2008 年对 289 个县（次）共检疫马属动物 83 754 匹（次），全为鼻疽阴性。1953 年门源马场发现 17 匹病马。1962 年天峻县民贸公司车马运输队 60 匹马有 44 匹发病。1971 年海北州门源县 14 个乡检疫 13428 匹马，发现病马 871 匹，其中开放性鼻疽 79 匹、阳性马 674 匹、疑似马 118 匹；1972 年又对该县西滩乡 1 065 匹马进行检疫，检出 219 匹病马，其中开放性鼻疽马 6 匹，阳性马 213 匹。该病流行范围分布于西宁市、海北州、海西州、海南州、海东行署、黄南州、果洛州和玉树州等地以及国营农牧场，包括门源马场、诺木洪农场、赛什克等 18 个农牧场。

6. 宁夏回族自治区

20 世纪 50 年代仅在银南地区、固原地区、银川市等 10 个县发生该病。60 年代又有 6 个县新发生疫情。1954—1956 年固原县、吴忠市、灵武市、同心县、金积县、贺兰县先后接收过部队退役的军马。其中有鼻疽阳性马 215 匹，分配到农业社做役畜使用，许多阳性马转为开放性鼻疽马，成为上述地区鼻疽发生的根源之一。1952—1958 年共抽检马属动物 16 437 匹，阳性率为 2.31%；1959—1963 年共检疫马属动物 80 273 匹，检出率为 1.65%；1963—1967 年从前苏联、蒙古人民共和国、内蒙古自治区、新疆维吾尔自治区等地调入种畜和大量耕畜分给各县市，混进带菌畜，造成 363 匹马属动物死亡。这一时期为该病的流行高峰期。1964—1974 年共检马属动物 262 543 匹次，阳性率为 1.22%。20 世纪 70 年代由于采取有效的防治措施使发病范围逐步缩小。1975—1979 年期间共检 55 744 匹，阳性率为 0.29%。1982 年最后一次扑杀鼻疽马和阳性畜以来，再未发现该病。

第二节　流行规律

受我国幅员辽阔，养马数量众多、社会因素及发生历史悠久等诸多原因影响，马鼻疽流行规律、表现形式及流行特点也各不相同，主要表现在以下几个方面。

一是时间发生上的规律性。该病随时间推移，流行强度也逐渐减弱。20 世纪 50—60 年代具有一定流行性。如北京市 1958 年和 1960 年发生的县、区最多，均为 10 个县、区，占京郊县 71.43%。该市 1959 年和 1965 年共发病 522 匹，两年该病发病数约为 20 年发病数的 1/3；新疆维吾尔自治区乌鲁木齐市兽医院对市交通局畜力运输公司马匹检疫，1960 年该病阳性率为 47.40%，1961 年为 61.60%；该病 70 年代呈地方流行，1973 年内蒙古自治区呼和浩特市该病的阳性率为 3.50%、包头市为 0.70%、乌海市为 0.79%、呼伦贝尔盟为 20.9%、哲里木盟为 0.03%、赤峰市为 0.3%、锡林郭勒盟为 1.9%、乌兰察布盟为 2.0%、巴彦淖尔盟为 1.15%，该区几乎都有本病的存在，呈地方性流行的特点；青海省 1961—1970 年全省共检疫 544 933 匹（次），检出病马 18 479 匹，平均感染率为 3.39%，与 1971—1980 年共检疫马 1 223 112 匹（次），检出病马 10 277 匹，平均感染率为 0.84% 的数据比较，该病也具备了地方流行趋势。该病 80 年代呈散发形式。陕西省仅局限于咸阳市的乾县、武功、兴平等县，由于外购马因检疫不严，加之对管制的病畜管理松懈，使该病疫情呈回升状态。

二是在地域分布上的规律性。除东南沿海部分省份无马鼻疽外，全国各省份均存在本病。其特征如下：由于黑龙江省、内蒙古自治区、吉林省、青海省、新疆维吾尔自治区等省份基本都是产马区和牧区，马属动物存栏量大而成为本病的重灾区，其次为辽宁省、四川省和河南省等。其中东北地区、内蒙古自治区和西北地区等发病最为严重。

三是在种属发生上的规律性。除感染马以外，驴、骡也能感染，并且还能感染人。1976年吉林省东丰县那丹伯乡曙光村马、骡发生鼻疽后，人群亦发生了鼻疽病例。接触鼻疽马匹的 13 人中，有 10 人发病，其中兽医 4 人，饲养员 5 人，队长 1 人，均是由于长期饲养、护理病畜而接触感染；该省前郭县查干花五井大队 1961 年死亡 1 匹鼻疽马，一名社员因剥皮吃肉染病而死；吉拉吐乡扎拉吐大队因吃鼻疽死马肉死亡 1 人。在试验室用鼻疽活菌进行试验的科研人员中，由于操作不慎，也有感染鼻疽的报道。不同品种、性别的马对鼻疽的感染性没有明显差别，但马的感染率随着年龄的增长而逐渐增加。

一、我国马匹存栏量变化

新中国成立后，马匹数量呈现先增后减的趋势。1976 年达到 1 143.8 万匹，之后数量呈现下降趋势。2013 年中国马存栏量为 602.7 万匹，与历史最高水平相比，下降了 47.2%，其中东北及西南部分地区具有较高的养殖密度。驴、骡的数量变化趋势与马类似，1989 年达到历史最高水平，存栏量分别为 1 113.6 万头和 593.1 万头，随后逐步下降。2013 年，全国驴、骡的存栏量分别为 603 万头和 230 万头，与历史最高水平相比，分别下降了 46% 和61%。马、驴、骡数量及存栏密度详见图 1-2 和图 1-3。

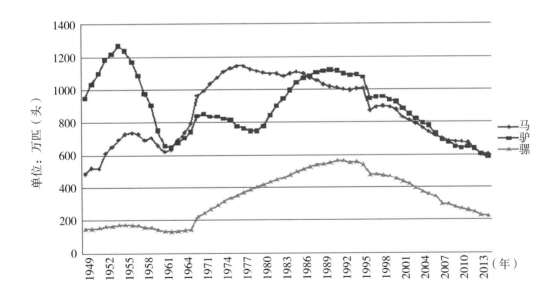

图 1-2　中国马属动物养殖量变化

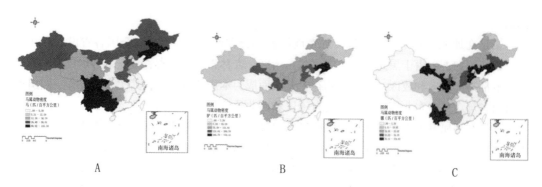

图1-3 2013年中国马属动物存栏密度
（A：马；B：驴；C：骡）

20世纪70—80年代，随中国改革开放农业机械化的推进速度加快，交通运输网络的迅猛发展，马匹从农业和运输的主要动力退居为辅助动力。到90年代马匹逐渐转向体育竞技、休闲娱乐方面发展。驴、骡也逐渐不再作为役用动物，现在除少数农村还保留使役用的驴、骡外，大部分已作为肉用。马术俱乐部主要位于北京、上海、辽宁、山东、江苏、浙江和广东等省份，详见图1-4。

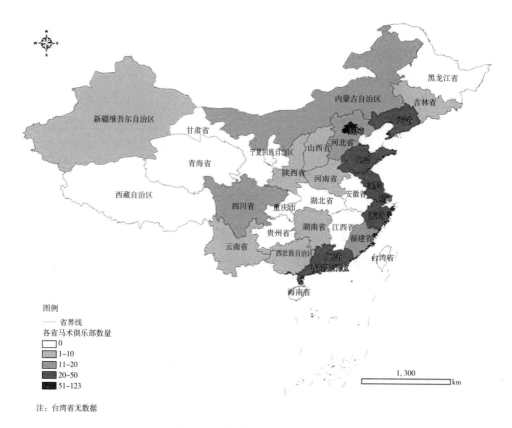

图1-4 中国马术俱乐部的分布

二、不同时期马鼻疽的流行规律

本病流行主要分为 4 个时期，20 世纪 50—60 年代是流行期；70 年代除内蒙古自治区和黑龙江省等呈地方流行外，其他均为散发形式；80 年代除内蒙古自治区和黑龙江省等呈散发流行外，其他为零星发生；90 年代全国为零星发生。

20 世纪 50—60 年代马鼻疽的发病数和检查阳性率（图 1-5，图 1-6）迅速升至高峰，60—70 年代由于缺乏监测，数据有所下降。这段时间是马鼻疽的流行期，这段时期马鼻疽病畜以隔离治疗为主。70 年代马鼻疽防控进入控制期，各级疫控部门开始进行全面的监测和防疫。从图 1-5 和图 1-6 可以看出，70 年代由于全面监测以及前一时期隔离治疗为主的防控措施遗留下的马匹等因素，我国马鼻疽发病数和阳性率再次达到最高值。

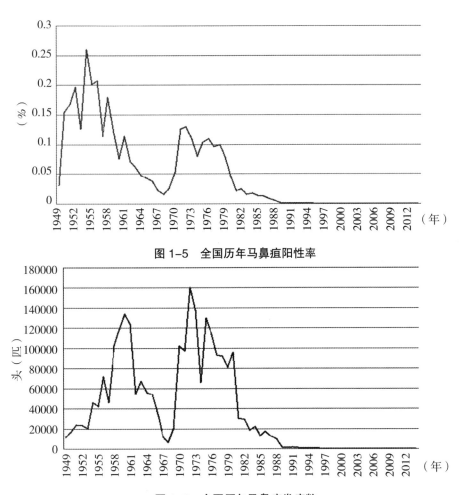

图 1-5 全国历年马鼻疽阳性率

图 1-6 全国历年马鼻疽发病数

为彻底根除马鼻疽，我国自控制期开始，实行扑杀制度（图 1-7），在 80 年代扑杀数达到顶峰。通过扑杀等防控措施，自 90 年代开始，随着检查阳性马逐渐减少，扑杀数也急剧减少。自 21 世纪开始，已经没有发现阳性马。

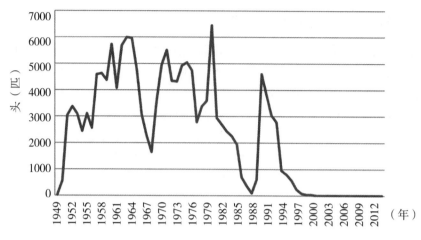

图1-7 全国历年马鼻疽扑杀数

三、不同地区马鼻疽流行规律

我国马匹分布以东北、西北和西南地区为主，马鼻疽也主要在这些地区流行。在不同地区的流行规律基本符合流行期、控制期、稳定控制期消灭期和巩固期5个阶段特点。

（一）马鼻疽在华北地区的流行规律

本地区与东北三省接壤，即使马匹数量少于东北三省地区，但也是马鼻疽多发地区，尤其内蒙古自治区是本病发生最严重的省份，也是该病发生时间早，流行广泛，流行时间最长的省份；其次为河北省于1958年发生较大面积马鼻疽；第三为山西省于1957年发生本病，涉及13个县，并在20世纪60年代中期达到高峰；北京市和天津市处于同一地域，在本病发生和流行上有异曲同工之处。

北京市在20世纪60年代中期达到发病峰值，之后多次检出马鼻疽阳性马，20世纪90年代之后，再未发现发病和检查阳性马（图1-8，图1-9）。

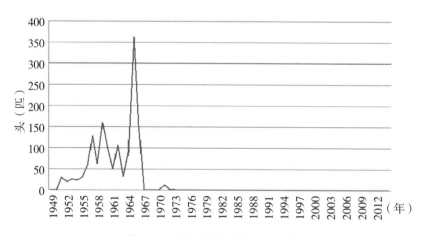

图1-8 北京市历年马鼻疽发病数

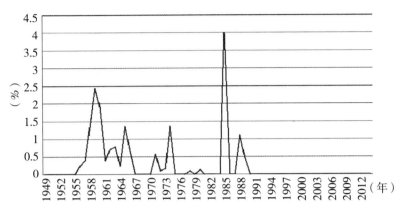

图 1-9　北京市历年马鼻疽阳性率

天津市 1960 年达到发病高峰，随着扑杀等防控手段的实施，发病数和阳性率在 70 年代出现小的波动后，均呈快速下降趋势，从 80 年代末开始逐渐减少，1986 年开始未发现病畜，1993 年降为零（图 1-10，图 1-11）。

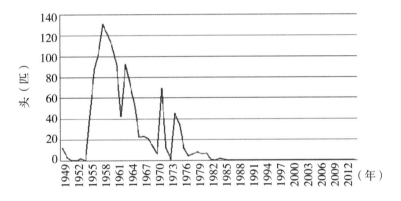

图 1-10　天津市历年马鼻疽发病数

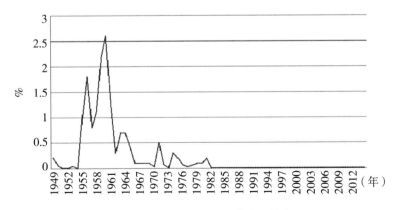

图 1-11　天津市历年马鼻疽阳性率

内蒙古自治区是我国马匹存栏较多的地区，也是该病流行比较严重的省份。在流行期时，1954年本病阳性率达到峰值，20世纪70年代末达到第二次小高峰，其后阳性率逐渐降低，20世纪90年代末期阳性率降为零（图1-12，图1-13）。

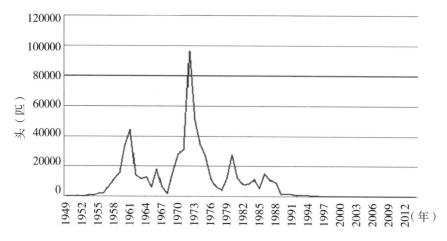

图1-12　内蒙古自治区历年马鼻疽发病数

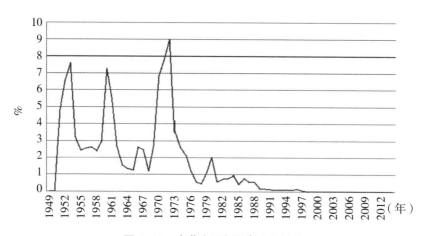

图1-13　内蒙古历年马鼻疽阳性率

河北省最早发生于1949年发生在邯郸县，1958年首次发生较大流行，分布12个县17个乡27个村；其次于1979年有9个县10个乡11个村发生马鼻疽。马鼻疽从发病数统计图（图1-14）上看出，本病发病数经常出现高低反复，发病数与阳性率（图1-15）的总体趋势是逐渐下降，从1998年开始阳性数和发病率均降至零。

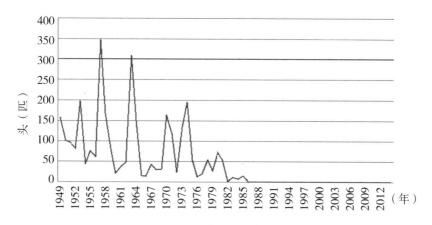

图 1-14　河北省历年马鼻疽发病数

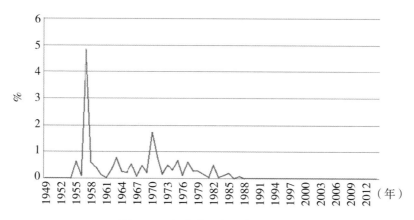

图 1-15　河北省历年马鼻疽阳性率

山西省和山东省马鼻疽发病规律相似，均在 1957 年达到高峰（图 1-16，图 1-17），在马鼻疽流行期，其阳性率出现过几次反复的峰值，从 20 世纪 70 年代开始，发病数和阳性率

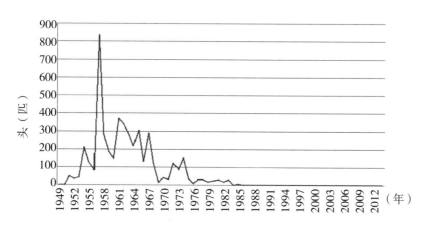

图 1-16　山西省历年马鼻疽发病数

迅速下降，山西省 1988 年和山东省 1998 年未发现本病（图 1-18，图 1-19）。

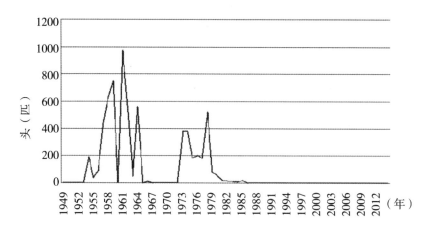

图 1-17　山东省历年马鼻疽发病数

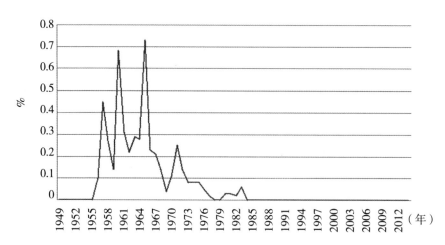

图 1-18　山西省历年马鼻疽阳性率

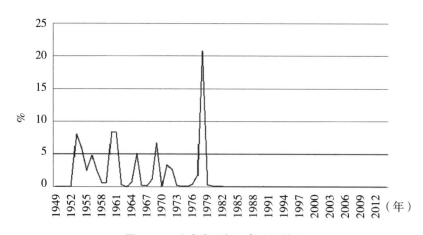

图 1-19　山东省历年马鼻疽阳性率

（二）马鼻疽在东北地区的流行规律

本病在东北地区发生最早、流行最为广泛，也是危害最严重的地区，在新中国成立前就严重流行。据记载1940年左右本病呈流行高峰，发病率高，尤其军马发病率高达63%以上。在新中国成立初期本病流行主要是在农业合作化后由于马匹集中管理、合槽饲养以及成立一些马车运输队，纷纷从疫区购进役马和马匹广泛流动等成就了新中国成立后发生的第一次流行高峰。

1970—1980年期间黑龙江省本病仍保持强劲势头，1978年对哈尔滨市、齐齐哈尔市、牡丹江市、佳木斯市和绥化5个地（市）所辖的18个县共抽检马2.18万匹，检出阳性马0.32万匹，阳性率为14.5%，但该省本病感染率远高于此，达到25.8%。1980年后黑龙江省除牡丹江市感染率为0.7%以外，其他地区仍很高，松花江地区为11.3%，绥化地区为9.4%，齐齐哈尔市为12.1%，佳木斯市为8.9%。黑龙江省于1997年扑杀最后1匹鼻疽马后，未再发现阳性马（图1-20、图1-21）。

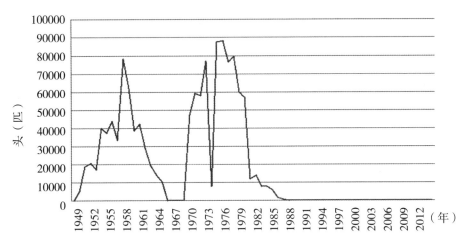

图1-20　黑龙江省历年马鼻疽发病数

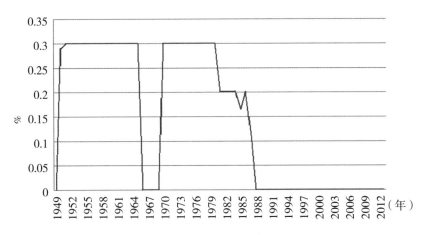

图1-21　黑龙江省历年马鼻疽阳性率

吉林省马鼻疽在 20 世纪 60 年代发病数和检查阳性率最高，经过 70 年代的控制期发病数小高峰后，在 80 年代后期开始下降，并降为零（图 1-22、图 1-23）。

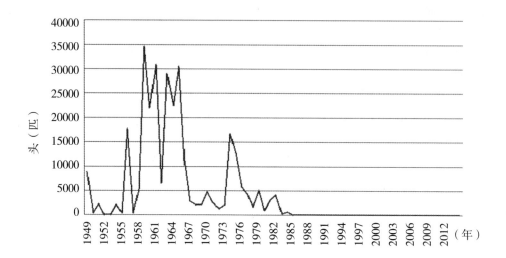

图 1-22　吉林省历年马鼻疽发病数

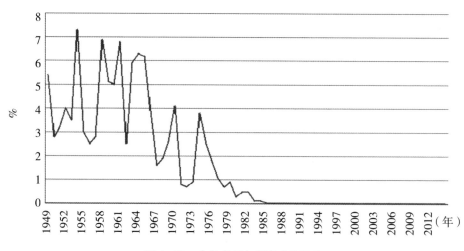

图 1-23　吉林省历年马鼻疽阳性率

辽宁省于 20 世纪 50 年代中后期，出现发病高峰，60 年代中期出现一次小高峰，其他时期均少量流行，从 80 年代后期就再未发现马鼻疽阳性马（图 1-24、图 1-25）。

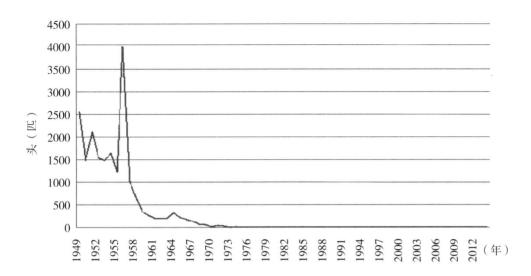

图1-24 辽宁省历年马鼻疽发病数

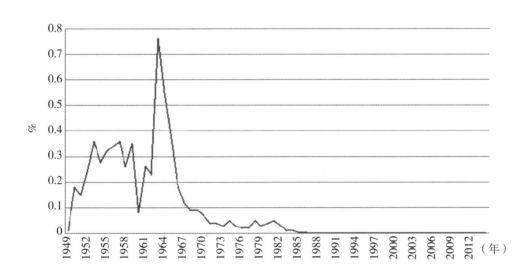

图1-25 辽宁省历年马鼻疽阳性率

(三) 马鼻疽在华东的流行规律

华东由于地理位置、气候条件、劳作方式等原因，马匹较少，鼻疽在华东地区比较少见。从发病数的规律看，安徽省（图1-26）、江苏省（图1-27）趋势一致，20世纪50年代末至60年代初为发病高峰，随后迅速下降，从80年代初期开始发病数均降为零。

安徽省马鼻疽检查阳性率在流行期和控制期始终呈锯齿状反复升降，至控制期后期（70年代末）达到高峰，之后降为零（图1-28）。

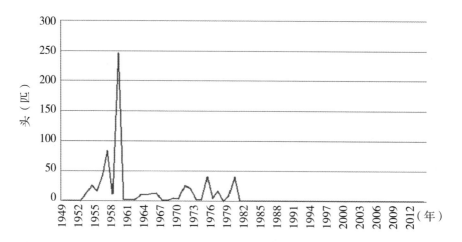

图 1-26　安徽省历年马鼻疽发病数

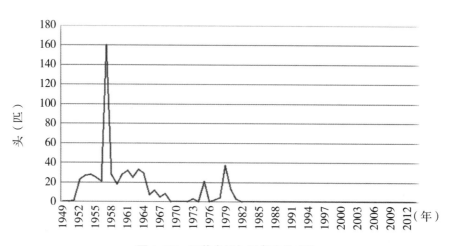

图 1-27　江苏省历年马鼻疽发病数

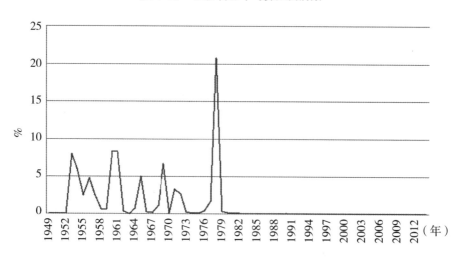

图 1-28　安徽省历年马鼻疽阳性率

（四）马鼻疽在中南地区的流行规律

河南省马鼻疽检查阳性率的变化趋势与发病数的变化趋势相同，均是在流行期和控制期出现高峰，随后至 80 年代末疫病消灭（图 1-29、图 1-30）。

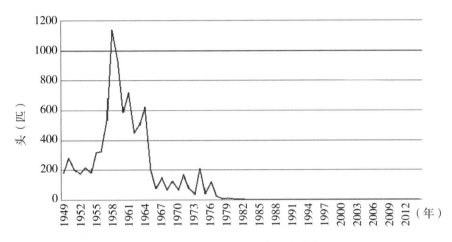

图 1-29　河南省历年马鼻疽发病数

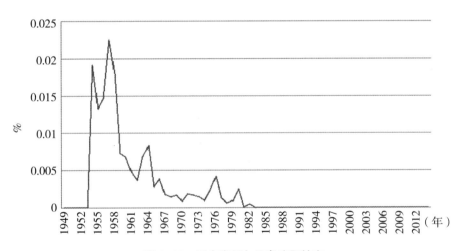

图 1-30　河南省历年马鼻疽阳性率

（五）马鼻疽在西南地区的流行规律

西南地区是本病流行较早的地区，由于具有相似的地形、地貌等特点，因而本病发生、流行等方式基本趋同。即 20 世纪 50 年代后是本病的初发阶段，基本呈散发性。20 世纪 60 年代因购病马或马帮中病马传播造成本病进一步发展，呈地方性流行。20 世纪 70 年代后趋于下降时期，20 世纪 80 年代呈明显下降时期。

四川省的马鼻疽发病数在流行期和控制期中期时，发病数均稳定升高，在控制期后期，数量迅速下降，从 90 年代开始发病数变为零（图 1-31）。

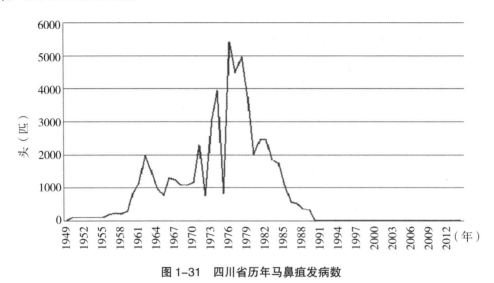

图 1-31　四川省历年马鼻疽发病数

西藏自治区对马鼻疽的检测较少，但在 1991 年前的几次检测中，均发现马鼻疽阳性牲畜，自稳定控制期开始，未发现马鼻疽阳性马。

贵州省同样检测较少，在 70 年代中期达到峰值，多次发现检测阳性（图 1-32）。

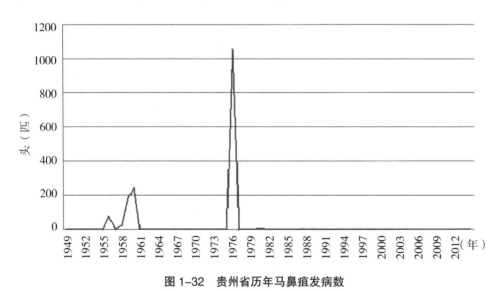

图 1-32　贵州省历年马鼻疽发病数

（六）马鼻疽在西北地区的流行规律

西北地区是本病的重灾区，其中新疆维吾尔自治区由于地域面积大，养马数量多且牧区多呈群养等方式为本病传播提供了天然条件。20 世纪 70 年代疫情有所缓和，1983 年后未发现病畜。

陕西省鼻疽的发生与其他省有区别，先后经历了 1950—1955 年为点状发生、局部流行阶段；1956—1960 年为暴发流行期和 1963—1967 年为第二次暴发流行期等阶段。

陕西省在马鼻疽流行期发病马数出现 3 次峰值，但总体呈下降趋势，在马鼻疽的控制期，1974 年出现小高峰，之后迅速降低，从 20 世纪 80 年代开始逐渐变为零（图 1-33、图 1-34）。

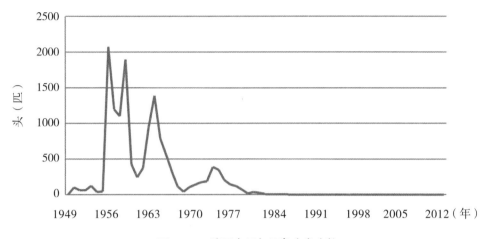

图 1-33 陕西省历年马鼻疽发病数

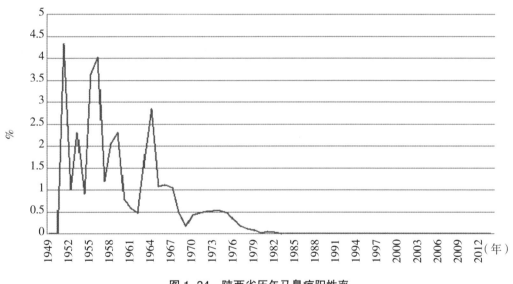

图 1-34 陕西省历年马鼻疽阳性率

甘肃省在马鼻疽流行期的趋势与陕西省相反，虽然也出现 3 次峰值，不同的是趋势为逐渐升高，但从 20 世纪 70 年代末迅速下降，从 80 年代开始变为零（图 1-35）。

新疆维吾尔自治区的马鼻疽检查阳性率的变化趋势与青海省比较相似，两个省均在 50 年代初期检查马鼻疽阳性率最高，随后逐渐降低，在控制期时，出现一次小高峰，之后逐渐降为零，从 90 年代开始未再检出马鼻疽阳性牲畜（图 1-36、图 1-37）。

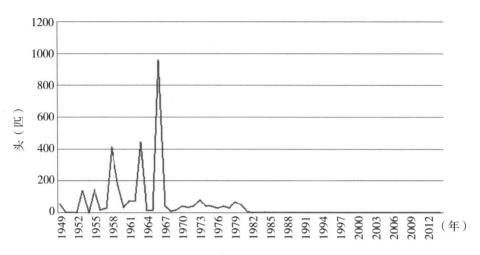

图 1-35　甘肃省历年马鼻疽发病数

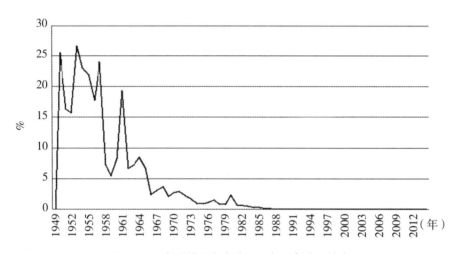

图 1-36　新疆维吾尔自治区历年马鼻疽阳性率

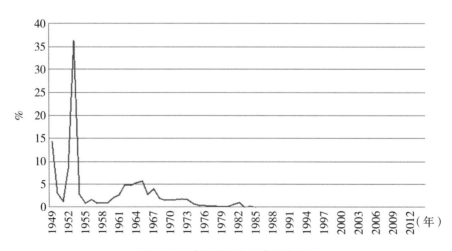

图 1-37　青海省历年马鼻疽发病率

宁夏回族自治区马鼻疽的发病规律与我国整体的马鼻疽发病规律较相似，在新中国成立初至 20 世纪 70 年代的流行期里，马鼻疽发病数逐渐升高，在 60 年代初达到峰值，随后降低，在 70 年代的疫病控制期间，再次达到峰值，到 80 年代迅速降至零（图 1-38）。

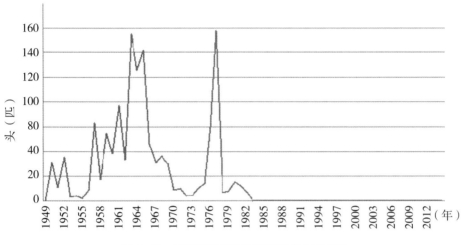

图 1-38　宁夏回族自治区历年马鼻疽发病数

第三节　流行原因

马鼻疽的发生、传播和流行不仅与鼻疽伯克霍尔德氏菌本身的致病性、感染宿主种类、环境等有关，还与动物交易的活跃度、采取的控制措施等人为因素密切相关。新中国成立初期，马作为当时主要的使役工具和运输工具，流动、交易频繁，特别是 1956 年后，马匹未经检疫合槽饲养，加速了该病的传播。其主要流行原因有以下几个方面。

（一）检疫缺位

1956 年该病传播加速是由于马匹未经检疫合槽饲养而造成的；50 年代末，有的省份相继成立一些马车运输队，纷纷从疫区购进马匹，许多未经检疫的病马引进后使其又进一步扩散蔓延；60 年代初，由于畜力不足，牲畜交易市场开放，允许牲畜自由买卖等传统交易关系恢复，马、骡价格暴涨，未经检疫的马匹大量跨地区交易，致使该病在一些地区再次暴发流行。如吉林省前郭县 1949 年感染率为 22%，到 1959 年上升到 24%。该县两家大队由于几年没有全面检疫，阳性马由 1959 年的 9.2% 上升到 1964 年的 29.2%，个别乡达 70% ~80%。

（二）病畜调运

由于病畜的交易调运等移动将该病又传播到新的地方和畜群。如 1957 年湖北省建始县三里龙蟠马车队和县土场公司储运大队从河南省、青海省等省购入 43 匹未经检疫的带病马、骡，在使役运输交往过程中将该病传播到施县城关、龙凤、白杨、芭蕉等地，仅该县城关地区就传染发病 117 匹，死亡 42 匹，直到 1964 年才随病马的淘汰而平息；1965 年江苏省沛县先后从内蒙古自治区、新疆维吾尔自治区和青海省引进役马时带进病马 19 匹，使该县南部的 6 个公社的 11 个生产队的马匹发病。

（三）隔离不严

慢性马外观一般不显异常，尚有一定的繁殖、使役能力，群众由于不认识其危害性，因而轻易放松隔离管理而继续危害其他牲畜。马匹集中饲养管理、群养、群牧、无羁放牧、病健马同槽饲喂、同桶饮水、同套出车、同犁以及集市贸易和公共场所聚集等造成互相感染，是造成慢性流行不易根除的客观原因，也是妨碍正确贯彻防制措施的关键所在。饲养管理不善、使役不合理、过劳、长途运输、寒冷、疾病等对促进本病的发生起到极大的作用。

第四节　危害

马是新中国成立初期最重要的使役动物，因此，马鼻疽的流行对国民经济具有严重的影响。以黑龙江省为例，从 1950—1997 年的 48 年间，马鼻疽暴发、流行、病死马情况相当严重，造成了巨大的经济损失，比如：① 直接经济损失，发病马 125.9 万匹、死亡病马 37.2 万匹、扑杀病马 25.9 万匹、血检阳性马 268 万匹，每匹马按平均价 500 元计算，损失 22.8 亿元；② 扑杀病马由政府补贴 200 元 / 每匹，共扑杀 25.9 万匹，补贴 0.51 亿元；③ 全省进行马鼻疽检疫，每匹马按 3 元钱计算，全省共检疫 3 389.8 万匹，检疫费约 1 亿元；④ 检杀、管制护理费，护理 1 匹马，按 5 个劳动力计算，每人每天 5 元钱，计 25 元，耗费 0.34 亿元。以上总损失 24.65 亿元。窥豹一斑可见马鼻疽在新中国成立后对我国的国计民生影响之严重。

本病还是人畜共患病，由于马与人类极为亲近，因此，极易感染人类，我国发生过多起人患鼻疽的病例。比如，1950 年张掖县（现甘州区）碱滩乡的一个农民在县城购入鼻疽马一匹，使自家饲养的 3 匹骡、1 头驴全部感染，治疗无效而死亡，又因剥皮吃肉，全家 9 口人感染鼻疽，5 人死亡。1957 年庆阳县（现庆城县）三十里铺乡兽医站种公马、驴均患鼻疽，饲养工人李某因长期饲喂病马而感染，全身溃烂，久治不愈，于 1961 年 4 月病亡。吉林省于 1978 年正式报告过人群感染病例，1978 年 6 月，吉林省东丰县那丹伯乡曙光村马、骡发生鼻疽后，人群亦发生了鼻疽病例。在 18 名接触鼻疽马、骡人员中，有 10 名发病（兽医 4 名、饲养员 5 名、队长 1 名），大部分补体结合试验为阳性，这些人均是由于长期饲养、护理、治疗病畜后接触感染此病的，未接触病畜的人则未发现感染。

第二章
组织领导与战略部署

党和国家将马鼻疽防控工作作为一项重点工作来抓，从中央到地方专门发出防制马鼻疽的规定、指示和文件等，在农业部统一领导下，全面规划，制定、颁布了许多重要的有关马鼻疽防制措施的"通知"、"办法"和"规范"等。并多次召开全国马鼻疽防制工作研谈会，统筹安排，全面部署，积极协调财政部、交通部、公安部等部门，协同作战、密切配合，保证了全国消灭马鼻疽工作的顺利进行。经地方政府及其兽医主管部门、全体兽医工作人员长期不懈的努力和广大人民群众的密切配合，至2005年，全国21个马鼻疽原疫区的省、自治区、直辖市以及新疆生产建设兵团已全部通过农业部消灭马鼻疽考核验收。时至今日，全国未再发现马鼻疽病畜和阳性畜。

第一节　政策与措施的制定

1949年9月首届中国人民政治协商会议制定的"共同纲领"的第34条规定了"保护和发展畜牧业，防治兽疫"的纲领，把防制畜禽疫病作为保护畜牧业，恢复国民经济的一项重要工作。在国家各级兽医主管部门的指导下，1952年西北军政委员会颁布了《西北区重点检验和集中扑灭鼻疽试行办法》，将消灭马鼻疽工作提上工作日程；1956年农业部制定并发布《鼻疽检疫技术操作办法》，为全国检疫本病提供了指南；1957年农业部公布《全国马鼻疽防制措施暂行方案》和《农区各省马鼻疽防制措施方案》，对防制马鼻疽工作的措施做了具体规定，这是指导全国开展马鼻疽防制工作的行动指针。

在全国防制马鼻疽工作已取得一定经验的基础上，为将马鼻疽防制工作向前推进，加速消灭进程，1958年中央农业部在哈尔滨市召开了全国马鼻疽防制工作会议，部分疫区省、市、自治区兽医主管部门、科研院校等有关部门参加了会议。这次会议在总结、推广了黑龙江省肇东和泰来两县在防制马鼻疽工作中采取的"养、隔、处"的经验，即肇东仅用一个月时间完成全县4.86万匹马属动物检疫、隔离工作；泰来县采取集中隔离病马、培养健康幼驹、扑杀开放性鼻疽马等措施，两县马鼻疽阳性率从1957年的13.8%下降到1965年的2.8%，确立了该病的防制方向和任务。

1972 年和 1979 年农业部先后颁布《鼻疽检疫技术操作方法和判定标准（草案）》《马鼻疽诊断技术及判定标准》。根据大规模检疫的特点和要求，采取鼻疽菌素点眼反应和临床诊断相结合的诊断方法，在养马区、牧区和牲畜交易市场进行了广泛的应用，并取得了较好的效果，使之在该病检疫工作中得以全面推广。

1981 年全国农业工作会议提出了"到 1985 年全国控制和基本消灭马鼻疽等 11 种畜禽传染病及寄生虫病"的目标，据此各省相继出台地方性法规。甘肃省制定了《甘肃省马鼻疽防制项目实施计划》，并进行了试点和全面的净化工作；山东省出台《山东省马鼻疽防制规划》《山东省马鼻疽防制实施方案》等。这些政策的出台和落实对各地马鼻疽消灭工作起了重要作用。1985 年国务院颁布了《家畜家禽防疫条例》，把马鼻疽列入二类疫病进行防治，各地也相应制定办法，如甘肃省出台《甘肃省家畜家禽防疫实施办法》《甘肃省畜禽及其产品运输检疫工作规范》和《甘肃省畜禽及其产品市场检疫工作规范》等。黑龙江出台《黑龙江省家畜、家禽防疫实施办法》等。在深入开展该病的"检疫、净化"过程中，提出将该病纳入地方法规约束的举措，加大了政府行为和执法力度，确保了工作的顺利进行。

1992 年农业部颁布了《马鼻疽防制效果考核标准和验收办法》（附件一），各地作出积极响应，其中青海省于 1993 年第一个通过农业部消灭马鼻疽考核验收；1996 年和 2001 年农业部先后制定和下发了《全国消灭马鼻疽规划（1996—2000 年）》（附件二）、《全国消灭马鼻疽规划（2001—2005 年）》（附件三），在各级人民政府的领导下，兽医主管部门及兽医工作人员积极行动起来，推进了马鼻疽的防制工作；2002 年农业部颁布了《马鼻疽防治技术规范》（附件四），2004 年国务院颁发《中华人民共和国传染病防治法》（附件五），各地加强了"规范"的实施，加速了该病的消灭工作；2007 年国家重新修订了《中华人民共和国动物防疫法》，2012 年国务院发布了《国家中长期动物疫病防治规划（2012—2020 年）》（附件六）。这些法律法规的颁布及其实施，有力地保障了马鼻疽防控工作的顺利开展，促进了消灭马鼻疽进程。

第二节　防治机构建设

新中国成立特别是改革开放以来，我国农业结构不断调整，畜牧业快速发展，兽医工作对保障人民群众身体健康、提高动物产品质量安全和国际竞争力、促进农业农村经济发展的重要意义日益凸显。在政府历次机构改革的大背景下，国务院注重改革和完善兽医管理体制，我国兽医机构逐步健全，职能愈加清晰，运行日趋顺畅，基础更加牢固。

一、国家兽医防疫组织、管理和机构

1949 年 9 月 29 日，中国人民政治协商会议第一次会议制定的共同纲领中，确定了"恢复和发展畜力以保护和发展农牧业，防治兽疫"的方针后，国家极其重视组织机构的建设，在农业工作不断发展的进程中，马鼻疽防治机构及其成员也发生了多次更迭。

为了加强兽医行政领导、管理和技术、业务指导，农业部和地方政府建立了一系列机构。1950 年 3 月农业部下设畜牧兽医司任命程绍迥为农业部畜牧兽医司司长，掌管全国马鼻疽疫情和防疫动态；任命赵长城为畜牧兽医司办公室主任兼兽医处处长，组织生产、调拨高免血清、疫苗、防疫药械、器材等技术设备。为组织专家，调派技术力量，协助重点疫区省（自治区）、县调查疫情，研究防疫措施，培训干部，扑灭疫病，保护农牧业顺利的发展做了大量工作。1952 年 12 月政务院任命韩一均为农业部畜牧兽医司副司长，开始施行全国产地市场检疫和运输检疫。同时建立了农业部兽医生物药品监察所。1954 年 10 月农业部实行机构改组，设畜牧兽医总局。全国各大行政区撤销后，调原东北、华东、西北大区农业、畜牧部的部分干部到农业部工作。同年 12 月任命朱敏为畜牧兽医总局局长，程绍迥和陈凌风为副局长以加强对农业和畜牧兽医事业的领导。在马鼻疽防治工作中，兽医处的兽医技师和行政干部发挥了重要的作用。1956 年原东北铁路兽医卫生处移交农业部归口领导并改称"农业部东北铁路兽医卫生检疫处"，下属各检疫站挂靠各铁路段、站管理，东北铁路运输检疫人员发展到 100 余人，由此加强了对马鼻疽在运输检疫、防疫工作中的力量。1982 年农业部建立全国畜牧兽医总站，下设防疫检疫处，加大了马鼻疽的检疫力度。2006 年，为加强兽医管理工作，兽医管理职能从畜牧兽医总局分离，成立兽医局，下设防疫处专门负责马鼻疽防控工作。在同年成立的中国动物疫病预防控制中心，下设兽医公共卫生处具体负责消灭马鼻疽工作。

二、地方兽医防疫组织、管理和机构

东北大区在新中国成立前夕成立了东北人民政府农业部，下设畜牧处及兽医科、防疫队，负责马鼻疽消灭工作。东北各省在 1949 年农业厅下设家畜防疫所。畜牧业比重大的内蒙古自治区在 1948 年就成立了农牧部，下设畜牧处、兽医科、防疫队，组织马鼻疽防控。

1950 年前后，全国各大区相继成立了农林部和畜牧部，下设畜牧兽医部门，负责各大区的马鼻疽防控工作。各省、自治区、直辖市自 1950 年陆续成立了农业厅、农林厅或畜牧厅，厅下相应设有畜牧处或科。1950 年其他各省农业厅下设了家畜保育所、防疫队或兽医诊断室、防疫站等组织，负责马鼻疽防疫工作。各专区、县陆续成立相应机构农业局（科）或农林局（科），下设兽医站或兽医院、诊疗所，负责马鼻疽防疫工作。

为加强兽医工作，2006 年后各省份、地（市）、县也相继成立动物疫病预防控制中心，从上到下建立、健全了动物疫病的防治体系，为消灭马鼻疽打下坚实基础。

第三节 综合防治策略

消灭马鼻疽的指导思想是在防控过程中逐步形成的。其主要内涵是：坚持"预防为主分阶段防控、适时净化"方针。按照"早、快、严、小"的处置原则，采取"养、检、隔、处、消"等综合防治措施，突出抓好控制和消灭传染源这一主要环节，这就是防控马鼻疽科学策略。

科学的防治策略是消灭马鼻疽的必要手段。我国从 20 世纪 90 年代起，采取隔离、治疗、扑杀等综合防治措施，切断传播途径，大大加快了消灭马鼻疽的进度。几十年的马鼻疽疫情消长现象表明，兽医防疫、检疫工作至关重要，片面强调畜牧业发展只能给疫情的传播创造机会。

新中国成立后，马鼻疽防治工作采取全国性、大规模的检疫、隔离、培育健康畜、治疗、扑杀等综合性防治措施。马鼻疽防控主要经历了 5 个阶段。

流行期（1949—1969 年）的主要措施是检疫和隔离。20 世纪 50 年代开始先搞试点，以点带面，然后全面铺开，开展鼻疽菌素点眼和补体结合反应相结合的检疫工作。阳性马打上"烙印"，同时进行马匹管制，专人饲养，限制使役，对开放性病马进行扑杀无害化处理。到 60 年代开始，更新马群，培育健康幼畜。

控制期（1970—1979 年）的主要措施是检疫和扑杀。70 年代初期开始，疫情得到基本控制。各级政府和部门加大了对阳性鼻疽马的扑杀强度，放弃了治疗措施，从而加速了该病的净化。同时，对农牧民因扑杀病马所造成的经济损失给予适当经费补贴。

稳定控制期（1980—1992 年）的主要措施是全面检疫、拔除疫点。进入 80 年代，全国马鼻疽防控全面开展以检疫、扑杀和消毒为主的综合防控措施，减少疫点，根除疫源地，扩大该病的防制效果，疫情得到有效控制。

消灭期（1993—2005 年）的主要措施是考核验收和巩固。自 90 年代起，农业部把控制和消灭马鼻疽工作作为重点列入议事日程。按照《马鼻疽防治效果考核标准和验收办法》，农业部考核组先后对 21 个疫区省（区、市）的 34 个县进行了消灭马鼻疽考核验收。共随机抽检马属动物 3691 匹，未发现临床病马，鼻疽菌素点眼试验检测结果均为阴性。1993 年青海省第一个通过农业部考核验收，2005 年西藏自治区最后一个通过了农业部达标验收。至此，全国 21 个马鼻疽原疫区全部达到部颁消灭标准，农业部及时通报了消灭马鼻疽考核验收结果，并向消灭该病的省、区、市颁发了证书。而上海市、浙江省、福建省、江西省、湖北省、湖南省、广东省、广西壮族自治区、海南省、重庆市等 10 个省（区、市）为历史上无马鼻疽疫情省（区、市），经流行病学调查和监测也未发现马鼻疽病畜和阳性畜。

巩固期（2006 至今）为监测阶段，落实各项综合防控措施，特别是调运马匹的检疫。继续开展马鼻疽监测工作，加强流动较快马匹的监测，以巩固消灭马鼻疽的成效。

第四节　马鼻疽防治的主要措施

正确的防控策略是消灭马鼻疽的必要条件。马鼻疽的防控措施既包括管理措施也包括技术措施。管理措施主要是设立专门的领导机构、完善法规及技术规范、强化防控责任制；技术措施主要包括"养、检、隔、处、消"的防控措施，同时，按照"早、快、严、小"的处置原则扑杀病马及阳性马，从而取得了消灭马鼻疽的成果。其主要措施如下。

一、加强政府领导

在马鼻疽流行的新中国成立初期，由于对马鼻疽认识不足给农业生产造成了巨大损失。各地兽医主管部门在采取防制措施的同时，积极向政府汇报马鼻疽的重要性，引起了国务院和农业部的高度重视。1958 年国务院设立"全国马鼻疽防治委员会"，统一领导全国马鼻疽防治工作。随后，农业部又历年多次召开专题会议研究部署防治工作，制定防治试行办法，强化组织领导，确保防治工作顺利进行。各省也相应成立了马鼻疽防治指挥部和防控办公室。同时建立双轨目标责任制，行政一条线，由分管市长、乡镇长、村长层层签订责任状；业务一条线，各级兽医部门与对口疫区单位领导签订责任状，将消灭马鼻疽工作和任务通过责任状形式落实到基层，并实行奖优罚劣，调动各级政府把控制和消灭马鼻疽作为重点工作列入议事日程，实行目标管理责任制；各级动物疫控机构将防控马鼻疽作为重点，做到疫区群防群控，监测以点带面，点面结合，全面开展工作。

二、建立健全法律法规

消灭一种疫病是一个国家全盘统筹部署实施的全国性规划，我国坚持"全国一盘棋，分步实施"的战略，统一规划部署，统一消灭标准。1996—2000 年和 2001—2005 年，农业部先后制定和下发了《全国消灭马鼻疽规划》。

各省（区、市）政府高度重视，分别制定了防治规划和办法，强化组织领导，确保防治工作顺利进行。1952 年西北军政委员会颁布了《西北区重点检验和集中扑灭鼻疽试行办法》，对该病的防治提出了具体的任务和要求。1956 年、1972 年和 1979 年农业部先后颁布《鼻疽检疫技术操作方法和判定标准（草案）》《马鼻疽诊断技术及判定标准》等。由于该病的重要性，1985 年国务院在颁布的《家畜家禽防疫条例》中将马鼻疽列入二类疫病防治。同时在《中华人民共和国传染病防治法》中要求加强对马鼻疽的防控。1992 年农业部颁布了《马鼻疽防制效果考核标准和验收办法》，各地相继进入消灭该病的准备阶段。1996 年和 2001 年，农业部先后制定和下发了《全国消灭马鼻疽规划（1996—2000）》。2002 年，农业部颁布了《马鼻疽防治技术规范》《全国消灭马鼻疽规划（2001—2005）》。这些规范和规划等为该病的消灭进程提出了具体的要求。2007 年重新修订的《中华人民共和国动物防疫法》为促进该病的消灭提出了纲领性文件。

各省、市、区也制定了相应的规章制度。如新疆维吾尔自治区 1962 年在自治区畜牧兽医工作会议上通过《新疆维吾尔自治区兽医站工作规定（草案）》，明确要求对马鼻疽要加强定期检疫工作，将病畜及可疑病畜及时挑出来予以隔离，并逐步处理。为加强马鼻疽防制工作的领导，1963 年新疆维吾尔自治区畜牧厅又签发了《关于开展马鼻疽防制工作中的几点意见》，要求各地积极开展检疫，坚决处理开放性病马。

三、认真落实技术措施

1. 开展普查，掌握疫情

20 世纪初创立的鼻疽点眼变态反应和补体结合反应一直被用于对马群的鼻疽检疫。虽然后来发展起了许多快速灵敏和特异性更好的鼻疽诊断检验方法，但以临床检查、变态反应相结合，辅以补体结合反应的鼻疽检疫手段是行之有效的方法，许多国家借此控制和消灭了鼻疽。我国一直沿用这一通用检疫方法，将检疫清群作为主要技术手段用于马鼻疽防制。

50年代起，我国各地坚持分类指导，抓好重点的原则，定期或不定期对马鼻疽进行检疫清群，及时发现传染源、消灭传染源。然而，1956年后，马鼻疽疫情逐渐呈扩散趋势。以内蒙古自治区通辽县四区温家窝卜先进一社为例，半年时间内，21匹马就有19匹感染马鼻疽，44头驴有2头发生急性鼻疽；登台农社32匹马中有10匹感染鼻疽，19头驴感染了12头，12头驴全部急性死亡；河南省1956年起为了恢复农业生产，各供销社农业生产资料部门先后从内蒙古自治区、青海省、辽宁省、吉林省、黑龙江省、新疆维吾尔自治区、贵州省、四川等省份大批量采购马匹，由于检疫不严，致使大量病畜流入；河南省安阳市流入的病畜数量甚至占到同期病畜数量的77.1%，成为历史上发病高发期。

60年代初期按照国务院和农业部统一部署，各级动物防疫机构积极开展了鼻疽菌素点眼和补体结合反应试验相结合的检疫调查工作，逐步摸清了马鼻疽疫情流行区域和流行状况。将马鼻疽疫情逐级上报，并及时向邻近地区通报，实行区域省、县联合防控马鼻疽。如1953—1990年安徽省几乎每年都进行鼻疽菌素点眼检疫，累计点眼检疫58 244匹，检出阳性畜446匹；1950—1985年新疆维吾尔自治区共计检疫马匹5 253 650匹，检出开放性病马和血检阳性马115 902匹，扑杀开放性病马和血检阳性马27 093匹，隔离饲养、自然淘汰病马88 809匹；据不完全统计，1984—1992年青海省各州、县、站共有1 772人（次），乡（镇）站有4 742人（次），民间兽医、防疫员15 517人（次）参加了马鼻疽疫情普查工作。

通过几次大规模、大范围的检疫清群，加上其他技术措施，使马鼻疽疫情在我国得到了有效控制，鼻疽阳性率逐步下降，可检出阳性畜越来越少，最大限度地检出了鼻疽病马，挖出了隐患。

2. 隔离病畜，控制传染源

我国在临床检查、变态反应的基础上，辅以补反试验，逐步检出临床开放性鼻疽病畜和活动型病畜，并作扑杀处理。进入20世纪60年代，检疫面、检疫规模扩大，检出的阳性畜较多，当时的经济条件和农业生产形势都不允许全部予以扑杀，从实用观点出发，除扑杀开放性和活动型病畜外，在疫区远离交通要道的偏僻地区相继建立了一批鼻疽病、阳性畜隔离区。对尚存使役价值、体况较好的阳性畜，烙上印记，在隔离区内实行集中管理，划地使役。在隔离集中区制定了一套饲养管理、限制使役制度及兽医卫生管理制度。如在远离村庄和其他家畜单独建圈盖棚，固定专门饲养人员管理，固定专用饲养工具，专井饮水，不得在渠、沟、河里饮水，棚圈场地、用具定期消毒，粪便和吃剩的饲料经生物热处理后方可运出肥田，固定使役套具，划定耕作农田区，不准外出搞副业，不准搞运输，不准外出配种，不准离场窜队等。如1963年青海省开始专门成立马鼻疽管制站，建立鼻疽检疫队，严格控制病畜。管制站一般设在偏僻山区，将这些地区健康马匹按市价调拨出去，病畜无价调入管制区，由管制站监督使用，充分利用劳动力并逐步扑杀恶化病畜。健康牲畜每3年复检一次，阳性反应者送往管制区，以达到彻底肃清传染源。1983年青海省共建立马鼻疽隔离场20多处，集中病马2.6万匹，全省马鼻疽感染率和危害性明显下降。青海省同德县1964年建立鼻疽马场后，该县马鼻疽感染率由当年7.89%下降到1979年的0.03%；刚察县由1972年的3.64%下降到1979年的0.06%；天峻县由1973年的2.67%下降到1979年的0.01%；

门源县由 1973 年的 12.35% 下降到 1989 年的 0.09%；山西省采用鼻疽菌素连续多次点眼的检疫方法，对检出的所有病马隔离使役；北京市用鼻疽菌素点眼检出阳性马，再采血做补体结合试验，检出的阳性马全部集中隔离饲养。

马鼻疽隔离场是当时畜力不足而采取的办法，因其是主要运输力，对群众生活和生产有着重要的作用，而且阳性马数量较大，扑杀所有阳性马困难比较大。因此，各省均相继建立鼻疽马隔离区。选择这种作法，既保证了防止鼻疽疫情扩大化，又符合国情，两者兼顾，在当时这种选择是完全正确的。

3. 开展试验，治疗病畜

世界各国对鼻疽病畜都做过不同程度的试验治疗工作，但无特效疗法，只能控制病情发展，不能完全根治。我国也对鼻疽病畜进行了试验治疗。试用土霉素盐溶液治疗马鼻疽，这一疗法的优点是治疗后症状消失迅速而明显，疗程短，一般治疗 15~20 天可达到临床治愈。病马在治疗过程中停止使役，隔离饲养管理，给予优质足量的饲草。治疗结束后仍需 15~30 天的复壮，方可轻度使役，再逐步正常使役。这种使役仍在隔离区内进行，并注意防止过劳再度引起病情恶化。通过试治，使得被检出隔离的病畜仍能发挥使役作用，为农业生产服务，减少损失。1962 年全国召开了"马鼻疽研究工作会议"，确定采用土霉素和磺胺类药对开放性马鼻疽病马进行治疗。如 1961—1963 年黑龙江省治愈 3 万余匹，其中 2.4 万匹经治疗后症状消失；内蒙古自治区兽医研究所在应用土霉素治疗过程中配合注射鼻疽死菌液，降低了康复病马临床复发率；1962 年山东省将该方法推广全省，对急性活动型鼻疽的疗效达 90%；60 年代青海省用盐酸土霉素等药物对开放性鼻疽马进行试验性治疗，经过 1~2 个疗程治疗，多数病马可达到临床治愈；60 年代中期新疆维吾尔自治区开始试验性治疗开放性病马；河南省在马鼻疽阳性畜管制使役过程中，积极进行药物治疗，一是用盐酸土霉素静脉注射，二是用磺胺嘧啶及重要疗法，据不完全统计，1949—1983 年累计治愈 1 737 匹马属动物。通过上述数据表明，治疗具有一定效果并对农牧业生产起到了积极的作用。

4. 大力培育健康群

1960 年起采取培育健康畜群措施。对临床健康马所产的幼驹加强培育和饲养管理。即对鼻疽阳性马所产幼驹，经两次检疫阴性者，隔离饲养加强培育，逐渐更新畜群，培育健康幼畜。禁止从疫区引进马属动物。如吉林省农安县建立了 8 个培育场，共培育健康幼驹 226 匹；青海省鼻疽马场充分利用适龄母马繁殖培育健康幼驹，在同德、刚察、门源、天峻、海晏、祁连 6 个县共培育健康幼驹 1 137 匹，经检疫确认为健康驹后，返还给社队使役；1949—1996 年河南省累计临床诊断检疫 2 506 100 匹马属动物，检出病畜 6 316 匹，鼻疽菌素点眼检疫 4 335 900 匹，检出阳性畜 13 914 匹。这些措施的实施在很大程度上促进了农牧业的发展。

5. 扑杀病畜，根除传染源

历年来对检疫查出的阳性畜，经逐头（匹）临床复查诊断后，对开放性鼻疽病畜均采取坚决扑杀深埋消毒的措施，根除病原，杜绝后患。后来对完全或部分丧失使役价值的老、弱鼻疽菌素点眼阳性畜也予以坚决扑杀，对净化马群、消除病原、拔除疫点起到了关键性的作用。在搞好防检措施的同时，重点对隔离区内的马属动物进行复查检疫，彻底扑杀开放性病畜和治疗无效或无治疗价值的阳性畜，这样逐步减少鼻疽集中区，拔除疫点。如河南省人民政府下发的《关于控制和消灭马鼻疽的暂行办法》，抽调人员成立"防制马鼻疽领导小组"，积极协调公安等有关部门积极配合，强制扑杀开放性马鼻疽和部分阳性畜。扑杀一匹病畜补贴 200~500 元不等，仅处理病畜一项，投入资金近 500 万元，从而确保了马鼻疽防治措施落实到位，对控制马鼻疽的发生和流行起到了重要作用。据不完全统计，河南省 1949—1983 年共检出 6 316 匹开放性病畜和鼻疽菌素点眼检出 14 636 匹阳性畜，扑杀 11 245 匹；青海省畜牧厅下发《关于认真搞好马鼻疽、马传贫检疫、考核工作的通知》，要求各县连续检疫 3 年，每年的检疫密度必须达到马属家畜存栏数的 85% 以上，对检出的病马强制扑杀、无害化处理。1984—1989 年共检出阳性病马 997 匹，全部进行了无害化处理，1990 年以后再未检出阳性病马。青海省也由此成为我国第一个消灭该病的省。

6. 加强检疫监管，防止疫源扩散

在监管方面，农业部多次派出防控督导组指导、检查和考核验收马鼻疽防治效果工作。20 世纪 50—60 年代在农业生产所用畜力主要是马属动物情况下，各省牲畜市场交易十分活跃，为防止鼻疽病畜在各省间传入传出，农业部要求各地牲畜交易市场，要认真开展鼻疽检疫，并加强运输检疫，凡是市场交易和运输病畜必须有鼻疽检疫证明，否则不能交易和运输。如河南省农林厅下文规定，凡从外省购买马匹，除在产地严格检疫外，运回本省后，必须隔离饲养一个月，并连续两侧鼻疽菌素点眼，阴性畜方可卖给群众饲养使役。其中仅漯河市牲畜交易市场 1961—1971 年就检疫马属动物 187184 匹，检出开放性病畜 8 匹，阳性畜 477 匹，可疑畜 2 217 匹。1949—1996 年全省累计市场检疫 883 002 匹，检出开放性病畜和阳性畜 633 匹，运输检疫 357 380 匹，检出阳性畜 89 匹。

四、加强队伍建设，提高人员业务素质

在检疫过程中，严格防止错判是一个极其关键的问题。判定过宽容易把应该管制的病畜放过去，达不到控制和消灭的目的；判定过严又容易发生错杀现象，造成不应有的损失。各省份一开始对这项工作经验并不多，点眼操作也不熟练。为此，1956 年农业部颁发《鼻疽检验技术操作方法及标准（草案）》（农牧伟字第 138 号）和《中华人民共和国农业部鼻疽检疫技术操作规程（草案）》，各地开展学习马鼻疽检疫操作规程，各级业务机构层层举办培训班，通过讲授、现场实习等方式使每个参与工作人员能确实掌握操作技术，并组织民间兽医共同学习，分片召开防疫员训练。在现场检疫时，要求点眼前要对被检牲畜做好检查工作，以便判定时作为参照而提高临床判定的准确性。同时在综合判定时，要做一次全面细致的复审工作。对判为阳性的病畜，为达到不错不漏，在烙印集中管制前，组织一批技术熟练的检疫人员再复检一次，为顺利完成检疫工作打下了基础。如 1984—1991 年青海省举办了以检疫诊断为主要内容的培训班 13 期，培训学员 264 名，为州、县全面开展马鼻疽防制工作培养了技术骨干和师资。各地州也相继举办检疫培训班 229 期，培训县、乡两级兽医站技术人员 3 877 名；河南省农林厅在 1958 年举办马鼻疽检疫技术师资培训班 3 期，为地方培训了师资力量 120 人。在省培训班结束后，各市、县为尽快普及马鼻疽检疫技术，也都举办了培训班。1958—1959 年全省共举办马鼻疽检疫防制技术培训班 63 期，培训技术骨干 1 915 人次，为普遍开展马鼻疽检疫工作打下了坚实的基础。

马鼻疽是人畜共患病，全体兽医工作者在面临着被感染的风险中，勇担消灭该病的使

命，持之以恒地奋斗在工作的前线，铸就了一支政治素质强、业务素质精的防控队伍，为消灭该病做出了重大贡献。

第五节　其他保障措施

一、加强宣传工作

马鼻疽消灭工作不仅是一项技术工作，而且涉及了方方面面，只有发动群众，依靠群众，才能解决工作中遇到的困难和问题。如黑龙江省哈尔滨市在关于隔离鼻疽马的问题上展开了专项辩论，群众提出了很多办法，仅用两个小时就把722匹阳性马以社分队的形式隔离起来。有的省份由于宣传教育工作没做好，群众对马鼻疽的危害性认识不足，在设立马鼻疽管制区以后，仍有群众从管制区外购买健康牲畜与病畜同槽喂养，造成健畜感染死亡。更有甚者，不少鼻疽牲畜死亡和扑杀掩埋后，又被群众偷着扒皮吃肉，造成鼻疽感染，甚至死亡。有的省份在工作开始前就进行了宣传教育，但在工作中仍遇到许多思想阻碍，部分群众对鼻疽检疫持怀疑态度，担心把健康马检成鼻疽马，怕烙上印不能从事运输。有的百姓说"这么膘满肉肥的马，哪来的什么马鼻疽，还不是干活累，上了火"，还有的百姓说"这马驾辕就能干活，怎么会是马鼻疽病马"。有的百姓甚至在检疫前请兽医打"消火针"。针对这些思想顾虑，各省都先后利用报纸、广播和电视进行有关控制和消灭马鼻疽的宣传，通过具体事例向群众说明马鼻疽的危害。如哈尔滨市在检疫同时，组织群众展开专题讨论，梳理群众的思想问题；黑龙江省克山县小泉子乡采取大辩论的方法把群众发动起来，只用1个小时就把全乡的阳性马隔离完了；在内蒙古自治区，马鼻疽工作小组直接深入生产队，大力开展政策宣传和充分的思想动员工作，结合生产、深入田间，利用各种形式的群众会议，采取多开小会、入户漫谈等多种方法，交代政策，统一思想，消除顾虑，增进了广大群众对马鼻疽危害的意识并从中获得了大力支持。60年来，各省坚持宣传马鼻疽的防控知识，加大群防群控的工作力度，使马鼻疽防治工作在疫区家喻户晓，开创了马鼻疽群防群控的局面。

二、积极开展科学研究

马鼻疽防治技术研究为我国最终消灭马鼻疽提供了有力的技术保证，在相关科研单位的大力配合下，研究成功了马鼻疽诊断技术和治疗药物，并在全国疫区省推广。

第一是我国科研人员和各级兽医防疫人员开展了流行病学研究。首先对本病的流行进行了全面、系统的调查。东汉时期本病就已存在，流行时间长；在马匹较少、饲养比较分散的东南及南方各省也有不同程度的存在，流行范围广；在马匹较多和较集中的地区以及广大的牧区流行严重，每年因鼻疽而倒毙的马数甚多。在对该病的发生、流行和分布的流行规律的调查和研究中，分析了特点，获取了大量马鼻疽流行态势、地区分布等数据，对我国制定科学、合理的防治策略意义重大。

第二是建立了我国切实可行的马鼻疽诊断方法，在该病的消灭中发挥了积极的促进作用。在新中国成立初期，当务之急是建立该病的诊断技术，因其是防治该病措施中不可或缺的最基本要素。在国家统一部署下，在借鉴前苏联工作的基础上，我国科研院校及各地兽医部门的兽医科技人员，开展密切合作，攻坚克难，进行了大量试验室和现地工作，确定了适于我国国情的可靠、稳定和便于操作的马鼻疽诊断技术并推广应用，为防控和消灭该病提供了重要的技术保障。

第三是建立了以药物治疗为主的综合防控技术。在百废待兴的新中国成立初期，我国科研人员在借鉴国外治疗研究经验的基础上，找出缩短病程、降低成本、简化手续的治疗方法，确定了采用土霉素和磺胺类药物对开放性鼻疽病马进行治疗的标准方案，并经全国推广，在培育无鼻疽健康马群、减少畜主损失、促进该病疫情在全国的稳定控制方面起到重要作用。但随着全国的马鼻疽防控进入以全面检疫、扑杀和消毒为主的综合防控阶段的启动，药物治疗也退出了其在历史上扮演的重要角色。

第四是创新性地制定了马鼻疽的防治策略，提出了切实可行的防治措施。防治策略的制定在防控过程中起到了重要的作用。在流行病学调查、诊断技术、免疫研究、药物治疗研发等基础上，全国马鼻疽防治委员会，制定了控制和消灭全国马鼻疽的"两个草案"、"两个标准"、"规范"和"规划"等具体方案，并指导了该病的防制工作。由此确立了我国马鼻疽防治技术体系，即"养、检、隔、封、消、处"等综合性防制措施。在全国普遍进行该病检疫，包括骡、驴及幼驹，对检出的开放性鼻疽马应予扑杀，鼻疽菌素点眼和补体结合反应双阳性马和鼻疽菌素点眼反应阳性而未作补体结合反应或补体结合反应阴性的马匹进行隔离管制以杜绝传染，加强市镇马鼻疽病马的管制和牧业管理，检疫隔离同时立即对厩舍等进行彻底消毒，被扑杀或病死的开放性鼻疽马，包括皮鼻疽及因鼻疽病死的阳性马一律禁止剥皮吃肉，应深埋或烧毁，这些技术的使用和推广加速了该病的消灭进程。

三、加大经费投入

普遍检疫，扑杀全部病马，彻底根除传染源是消灭马鼻疽的有效途径。60年来，中央和地方财政加大专项经费投入，用于马鼻疽监测和病马扑杀。在"八五"至"十五"防治和消灭马鼻疽期间，中央财政先后投入2亿多元，各省也投入了大量经费。据不完全统计，各省共投入895.3万元用于马鼻疽防治工作。其中，河南省投入达500万元。

第三章
马鼻疽防治技术研究

新中国成立前畜牧业发展落后，家畜疾病广泛散播，其中尤以本病更为猖獗。解放初期，由于本病严重流行，影响了我国的养马产业和经济建设。同时由于该病也会感染人类，并对人类健康造成很大的危害。因此在 1958 年 7 月 10 日我国在中国农业科学院召开第一次马鼻疽研究座谈会，全面总结了本病防制和研究经验，并确定了该病的防制和研究工作的方向。正是在这样一个背景下，在党和国家政府及兽医主管部门的正确领导下，组织全国科研院校及各省兽医部门的精兵强将，合力攻关，建立了我国马鼻疽防治技术体系。

在消灭该病的历史进程中，我们也不能忘记老一辈兽医工作者不畏艰辛，在该病的免疫研究工作中开展的大量有益尝试和辛勤努力。虽未能攻克这一世界性科学难题，但在工作中取得的丰富研究数据，对于科学界未来深入认识该病的致病机理，积累疫苗免疫学研究经验，仍具有深远意义。

第一节　流行病学的研究

新中国成立之初，面对严峻的马鼻疽疫情，在农业部门的统一安排下，各级兽医防疫人员分工合作，人民群众群策群力、始终坚持"科学规范、责任明确、组织有力、高效推进"的原则，开展了大量调查研究工作，获得了大量翔实的本病发生、流行和分布数据，为制定马鼻疽防治策略提供了重要的科学数据。在该病的流行病学研究方面，主要开展了包括理清该病的流行史、明确流行现状及制定和及时调整科学合理的防控策略等几方面重要工作，从而获得了该病流行溯源、流行现状及动态变化，并由此而制定出科学、合理的防控策略和防控措施。

一、新中国成立前马鼻疽流行病学的调查研究

追溯新中国成立前该病的流行史，其意义在于明史图新，对该病史的调查研究，以期了解是新发病还是古已有之，是国外引入还是本国原发及严重程度，这对研究该病的流行病学等是不可或缺的一个重要步骤。

可获得的关于该病发生记载的史料，大多集中于 20 世纪初清朝灭亡至 1949 年新中国成立前这一时期。这些历史资料对于新中国成立后在全国马鼻疽疫情流行病学的全面了解和防控策略的制定产生了积极的作用。该病除广东省、广西壮族自治区、上海市、江西省、福建省等东南沿海 5 个省区市无发生本病的史料记载外，其他各省均有史志或其他佐证材料记载了本病的发生。从发生时间上，新疆维吾尔自治区为最早记载马鼻疽疫情发生的省份。其后依次为四川省（1919 年）、辽宁省（1919 年）、宁夏回族自治区（1921 年）、吉林省（1927 年）、甘肃省（1930 年）、青海省（1935 年）、黑龙江省（1938 年）、江苏省（1939 年）、山东省（1940 年）、陕西省（1940 年）、内蒙古自治区（1940 年）、河南省（1945 年）、贵州省（1946 年）和云南省（1948 年）。西藏自治区和北京市新中国成立前发生过马鼻疽，但发生时间上无法考证。在产马区和牧业区本病疫情较为严重，流行也较为广泛。黑龙江省作为农业大省在 1938—1949 年有鼻疽马 25 万匹，死亡 15 万匹，平均发病率 21.7%，死亡率为 12.9%。马鼻疽阳性率平均在 20%~25%，个别地区高达 37.9%。这种严重程度尤以在农业区和交通沿线的城镇为甚。从目前技术角度分析这种情况可能与当时东北地区处于特殊历史阶段有关，如地域辽阔且可耕作急需马匹作为交通工具和劳作，在饲养管理不良、使役繁重、环境恶劣下，加之每年从省外购入大量病马，造成传染源移动等各种原因而导致东北地区是该病受害最严重的地区之一。加之当时疫病检疫和控制措施的严重缺失，致使该病在全国大面积、无特定规律的严重流行。在中国国力衰弱、连年战乱、民生尚不能保证的情况下，动物疫病的防控更无从谈起。而伴随着 1949 年新中国的成立，动物疫病防控事业则翻开了崭新的一页，使全国马鼻疽科学、系统的防控工作得以全面展开。

二、新中国成立后马鼻疽流行病学的调查研究

新中国成立伊始，积极恢复农业生产是第一要务，在当时机械化程度不发达的情况下，马作为重要的农业使役工具和运输工具，在保障农业生产过程中发挥着不可替代的重要作用。然而随着交通运输和工农业的发展，该病呈逐渐扩大蔓延趋势。尤其是 1956 年全国农业合作社后，马匹未经检疫合槽饲养，加速了该病的传播。50 年代末城镇物质交流越加频繁，各地相继建立了马车运输队，纷纷从疫区购进役马，许多未经检疫的马匹引回后就开始发病，病马在役用过程中又使该病进一步扩散蔓延。该病带来的隐患加之养马业迅猛发展，为该病暴发流行带来最佳的机会，由此该病成为新中国成立后危害马属动物的第一传染病。从该病发生地域和严重程度的角度分析，我国马匹较集中的农业或畜牧业大省如新疆维吾尔自治区、吉林省和黑龙江省、内蒙古自治区和青海省发病较为严重，其次为辽宁省、四川省、河南省、甘肃省、山西省、河北省等，尤其在产马区和牧业区的发病表现尤为严重。产马区以黑龙江省为例，据对 1958 年 56 市县检疫 1 097 569 匹马的统计，污染率为 13.8%，1950—1997 年累计检疫 1 410 857 匹马，阳性马 3 706 匹，扑杀 3 706 匹。在车马运输频繁的城镇，哈尔滨市 1958 年检疫 6 902 匹马，感染率为 40.4%。当时东北地区有鼻疽马 56 万匹，开放性鼻疽马就有 3 万匹左右，其严重性可想而知。在牧业大省内蒙古自治区记载着呼盟海拉尔于 1954—1957 年期间从牧区收购 7 万匹马，经检疫该病阳性率为 40%~50%。云南省 1955—1956 年在昆明运输队检疫 808 匹马，其感染率为 16.3%。这个时期的流行病学研究获得的另一个重要数据就是鼻疽感染骡及驴的情况。骡和驴对鼻疽比较钝感，一旦发病

则表明该病基本处于急性发作阶段。在上述流行病学调查研究的基础上，认定本病初发地区呈暴发性流行，并多取急性经过。在常发地区，马群多呈缓慢、延续传播。20世纪50—60年代具有一定流行性，70年代转为地方流行性，80年代多数以散发形式存在，90年代处于零散发生。

本病发生过程及发展规律等流行病学调查研究，为科学合理地制定马鼻疽防治技术规范并推广实施，奠定了坚实的基础。

第二节　防治技术的研究

新中国成立初期，我国尚没有成熟的马鼻疽诊断、治疗技术，严重影响了马鼻疽防制工作的顺利开展。为此，我国动员了大量科研院校及各地兽医部门的兽医科技人员，在借鉴前苏联工作的基础上，密切合作，攻坚克难，进行了了大量试验室研究和现地工作，确定了适于我国国情的可靠、稳定和便于操作的马鼻疽诊断技术并推广应用，为防控和消灭马鼻疽提供了重要的技术保障；同时，我国科研人员在借鉴国外治疗研究经验的基础上，找出了缩短病程、降低成本、简化手续的治疗方法，并经全国推广，在促进疫情稳定控制方面起到重要作用。

一、马鼻疽诊断技术研究及应用

建立可靠的马鼻疽诊断技术，有助于准确监测本病疫情，获得流行病学数据，掌握流行现状，为科学执行和适时调整防治策略提供科学数据支撑。因此，20世纪50年代为有效控制该病在我国的严重流行（据不完全统计，该病当时的污染率平均为14.4%），中国农业科学院哈尔滨兽医研究所、中国人民解放军兽医大学（现并入吉林大学）、中国兽药监察所和其他科研院所以及各省兽医相关部门等进行了联合攻关。在学习苏联先进经验并结合我国实际情况的基础上，中国农业科学院哈尔滨兽医研究所于1953年利用淘汰的所谓马来因反应阳性马330匹进行了马鼻疽检疫方法的研究，拟为马鼻疽检疫工作制定规范。在这项工作中形成了鼻疽诊断技术以鼻疽菌素点眼为主，必要时进行补体结合反应试验、鼻疽菌素皮下注射反应或眼睑皮内注射反应试验以及凡鼻疽临床症状显著的马、骡、驴，确认为开放性鼻疽不需进行检疫即可处理的标准。同时又开展了其他血清学试验以及鼻疽伯氏菌的涂片检查和分离鉴定等。

1.变态反应试验［鼻疽菌素（马来因，Mallein）试验］

包括鼻疽菌素点眼法、眼睑皮内注射法、颈侧皮内注射法及皮内热反应法。其中鼻疽菌素点眼法是我国常用于检查鼻疽的敏感而特异试验。鼻疽菌素点眼反应操作简便易行，特异性及检出率均较高，适合于大批集中检疫。对于急性、开放性或慢性鼻疽马都有较高的诊断价值，特别是以5~6天的间隔反复点眼检疫时，检出率更高。阳性反应的特征是眼睑明显肿胀，从内眼角或结膜流出脓性分泌物，同时伴有体温升高。阴性反应通常为不出现变化或下眼睑轻微肿胀。马来因试验对急性和慢性病例动物阳性准确率达92%，对老年病例的阴性结果的准确率为 96%。但在临床老年病例中，假阳性反应可能与链球菌等感染有关。而眼睑皮内注射法是在靠近下部眼睑的皮肤内注射 0.1mL 鼻疽菌素，阳性反应通常在 24~48 小时内出现，其特征是眼睑显著的水肿，眼睑痉挛，严重的脓性结膜炎。该方法是检查单蹄兽感染的一种最敏感、可靠和特异性的方法。C.H. 维舍列斯基等试验结果认为马来因点眼反应无论在急性、慢性和潜伏期以及初愈的鼻疽马都能有一定的反应，以此表明马来因点眼反应的诊断价值颇大。其依据是慢性鼻疽马的试验成绩是假设对已知 10 匹慢性鼻疽马，第一次点眼就有 60% 出现反应，第二次点眼有 95% 出现反应，第三次点眼出现反应数可达 98% 以上，证明该方法检测鼻疽马的重要价值。因此主张在马鼻疽检疫时进行反复点眼 3 次，并被苏联在马鼻疽防制上所采用（附件七）。我国制定的马来因点眼试验的标准规程其试验结果表明，反复点眼对鼻疽的检出率为：第一次点眼是 76.36%；第 2 次为 90.91%；第 3 次为 98.18%；第 4 次达 99.09%。这与苏联学者的试验结果相近似。由于反复点眼显著提高了检出率，使鼻疽马在检疫过程中之遗漏缩小到最小限度，因而减少了传染源。当时我国马、骡的鼻疽检疫一般采取点眼 3 次，每次间隔 5~6 天或第 2 次与第 3 次间隔 15 天。反复点眼不仅可显著提高检出率，同时随点眼次数的增加，反应出现时间加快，持续时间延长，以及反应程度也随之加剧。因此认为马匹点眼后的观察越勤越好，按 3~6~9~24 小时进行 4 次观察最为妥当。并在全国进行了广泛的推广应用。在实际应用中有详细记载如下。黑龙江做到"三步三个一"，即检疫马一次点眼，点眼阳性马，一次测温，高温马一次采血，血检阳性马、点眼 3 次阳性马扑杀。甘肃采取一次两回点眼，间隔 5~6 天，以反应最高的一次为判定结果，若两次均为疑似反应，再间隔 5~6 天进行第 3 次点眼，以此判定结果，并取了良好的效果。

2. 热反应

采取了前苏联的方法，即首先测量体温 3 次，平均体温在 38.5℃以下，其中任何一次的最高体温均未超过 39℃时，即在马匹颈侧或胸前皮下注射马来因菌素，注射后使马匹充分休息，在 20~24 小时内禁止饮凉水。于注射后第 6 小时起每隔 2 小时检温一次直检至第 24 小时，于 36 小时再测温一次，并观察局部及全身反应，最后综合判定之。阳性反应是指马匹体温上升到 30.6~40℃及以上，同时伴有明显的局部及全身反应者；而疑似反应是体温上升至 39℃，但不超过 39.6℃，有不明显全身及局部反应者或体温升至 40℃而无局部反应者；阴性反应是体温在 39℃以下无局部及全身反应者。关于热反应的应用价值问题学者们的主张有些不同，Hutyra Marek 认为热反应是马来因反应中最敏感的一种反应；茨英维地科夫认为当马来因点眼反应消失时热反应较点眼反应敏感；弗拉季米和马特维叶夫提出点眼反应不显著或不肯定时应当采用热反应；但是 O.H 维舍列斯基认为热反应没有任何超过点眼反应的优点，而且不如点眼反应检出率那样高及方法简便。鉴于上述情况，当时苏联仅在双目失明马、点眼反应交错马及点眼反应阴性而补体结合反应阳性马的诊断时应用热反应。我国关于该试验结果是：用热反应检测为阴性反应的 9 匹马中，在剖检 8 匹马后发现有 1 匹马肺脏有大豆大且在中心呈现黄色干酪化，其周围备有灰白色结缔组织包裹的 3 个结节的病变，但未分离出鼻疽伯氏菌。由于试验的例数少，据此很难评价热反应的效果，故该法在我国未有实际应用的数据。

3. 血清学诊断

包括琼脂凝胶免疫扩散试验（AGID）、反向免疫电泳试验（CIE）、荧光抗体试验（IFA）、间接血凝试验（HA）、补体结合反应（CFT）和酶联免疫吸附试验（ELISA）等。其中补体结合反应（CFT）是 OIE 推荐的用于马鼻疽检测的血清学诊断方法。该法是诊断马鼻疽的可靠方法，但其敏感性低于马来因试验，滴度 1：32 判为阳性。通常认为，CFT 优于其他血清学诊断方法。然而，瘦弱的马未感染马鼻疽时，采用 CFT 检测可能与马腺疫、马流感等有阳性交叉反应出现。我国制定了用于马鼻疽检测的 CFT 法的标准规程（附件八）。

（1）补体结合反应　我国借鉴了苏联的经验，并发现该法为鼻疽各种诊断法中剖检阳性率最高之方法，也就是一旦用该法检出的阳性马，将其解剖后 100% 有鼻疽病变。由此表明该方法在检测马鼻疽中的可靠性。20 世纪 50 年代费恩阁等即对鼻疽补体结合反应中抗原与抗体间的反应开展了相关研究。该研究结果明确了补体结合反应中抗原、抗体的滴度，为补体反应的准确使用提供了重要的试验数据支撑。这一项研究为 20 世纪 50 年代初期"鼻疽补体结合反应抗原与阴阳性血清制造及检验规程"的制定发挥了重要作用。但由于该法操作繁琐及当时现地条件等因素而限制了其使用，仅有黑龙江省等在马鼻疽防治中有应用该法的报道，在检出和扑杀的 25.9 万匹鼻疽马，其中点眼和补体双阳性马占 5.4 万匹，为准确诊断并避免错杀或许起到了一定的作用。但我们也不能以此低估该法的效果，以苏联为例，在缺乏或无鼻疽临床症状的马匹，用马来因反复点眼 3~4 次及补体结合反应两次，点眼及补体结合反应阳性马判为鼻疽而扑杀之；补体结合反应阴性但点眼反应持续阳性马，则于皮下接种马来因 2 毫升，经 9~12 天再进行两次补体结合反应检查，阳性马判为活动性鼻疽而捕杀，阴性马则判为马来因阳性马；两次补体结合反应阴性而点眼反应交错者实施热反应检查阳性者为马来因阳性马。苏联由于采取这样的系统防治措施，因此很快消灭了马鼻疽。综合上述结果，我们认为补体结合反应适宜于该病的急性阶段，尤其对急性鼻疽骡和驴的检测效果为佳（附件九）。

（2）间接血凝试验　20 世纪 70 年代军马卫生研究所的马从林等将间接血凝试验应用于马鼻疽诊断的研究。其技术路线是采用鞣酸法将鼻疽抗原吸附在醛化血球上，先后对健康马、马来因马、鼻疽马（包括开放性鼻疽马和马来因点眼与补反均呈阳性的马）及人工感染马等 762 份血清中相应的抗体进行了检测，并与补体结合反应作了比较。试验结果显示：对健康马 39 匹、牛 19 头进行检测均为阴性；对 232 匹马来因点眼阳性马检测，血凝检出 161 匹，补反检出 60 匹；对鼻疽马 34 匹血凝均为阳性，补反 25 匹为阳性，对病理学确诊的 14 匹鼻疽马，间接血凝均为阳性；补反检测 11 匹，8 匹阳性。证明间接血凝的检出率高于补反。对 7 匹人工感染马第一、二组检测 39 周，第三组检测了 12 周间接血凝均阳性（附件十）。从上述比对试验发现，虽然补体结合反应也是诊断急性型鼻疽的方法，但要逊于血凝法，并未发现我国各省实际应用该法的记录，从现今角度解释可能是反映了当时的客观因素或未对该技术进行标定等所致。

（3）对流免疫电泳和琼脂双扩散试验　20 世纪 70 年代军马研究所的崔青山等尝试将该方法应用到鼻疽的检测诊断上。他们认为，在鼻疽菌核糖体抗原的抽提试验中，以超声波打碎法和高速离心法制备鼻疽菌可溶性抗原，对马鼻疽病马（包括开放性活动性马、马来因马）、类鼻疽马和其他病马及健马、骡、驴的血清，进行了免疫对流电泳和琼脂双扩散试验的结果表明，其特异性强、对活动性马鼻疽病马的检出率明显高于补体结合反应，尤其对流电泳法能在短时间内（60~90分钟）快速、准确地判定马鼻疽病马。除了客观因素外未能普及这种方法，主要针对的都是活动鼻疽马，在当时通过临床变化可判定的马鼻疽病马而无须用这种烦琐的方法，因此也未见各省的应用数据（附件十一）。

4. 促进反应

对于反复点眼持续阳性而补体结合反应两次阴性的马匹，在实施促进反应以揭发其中的活动性鼻疽的试验中，其结果是阳性者占51.8%，疑似占11.9%，阴性占36.3%。但据剖检后病变的检出率、病变性质以及细菌学检查结果表明，在用促进反应呈现阳性及阴性者之间并无显著的差别。同时其发病表现皆以渗出增性者占最多数，这很可能由于注射马来因菌素激发而引起病变的活动化，因此，在马鼻疽检疫中，尚不建议使用该方法（附件十二）。

5. 细菌分离和检查

将病菌接种于豚鼠，待豚鼠病发死亡，取脓汁作细菌培养分离检查，可获得阳性结果。许多培养基上都可以生长该菌，脑心浸润琼脂添加3%甘油，用来大量培养鼻疽伯氏菌。脓性分泌物拭子接种甘油琼脂后，会出现小的、圆形的、无定型的、半透明的菌落。通过革兰染色、形态学、生物化学活性、雄性豚鼠接种试验能够鉴定该菌。对雄性豚鼠腹腔内注射疑似的感染物质，可以引起典型的睾丸炎，称为施特劳斯（Strauss）反应。该种方法多用于科学研究工作，考虑本病为人畜共患病等故建议不用该法。在剖检阳性马92匹的细菌学检查结果显示：其中68匹分离出鼻疽杆菌，占73.91%：其中培养及动物接种试验两者阳性者占58.70%，只培养阳性者占27.8%，仅接种阳性者占5.43%。这说明培养或动物试验不能互相代替，并用时可提高检出率。但考虑该病对人类威胁应放弃使用该方法（附件十三）。

6. 临床诊断研究

急性鼻疽马，尤其开放性鼻疽对本病诊断具有重要价值。其表现体温升高（39~41℃），呈不整热，颌下淋巴结肿胀。主要表现为肺鼻疽、鼻腔鼻疽和皮肤鼻疽三种临床变化。有的病马鼻黏膜潮红，呈泛发性鼻炎。一侧或两侧鼻孔流出浆液性或黏液性鼻汁，其后鼻黏膜上有小米粒至高粱米粒大的小结节，突出于黏膜面，呈黄白色，其周围绕以红晕。结节迅速坏死崩解，形成溃疡，边缘不整（如被虫蛀）而稍隆起，底部凹陷，溃疡面呈灰白色或黄白色（如猪脂样）。溃疡愈合后可形成放射状或冰花状疤痕。在鼻腔发病的同时，同侧颌下淋巴结肿胀。初期有痛感而能移动，以后变硬无痛，表面凹凸不平，若与周围组织愈合，则不能移动，其大小可达核桃到鸡蛋大，一般很少化脓或破溃。有的病马局部皮肤突然发生有热有痛的炎性肿胀，主要发生于四肢、胸侧及腹下，尤以后肢较多见。经3~4天后，在肿胀中心部出现结节，或一开始就在病畜的皮肤或皮下组织发生结节。结节破溃后，形成深陷的溃疡，边缘不整，如火山口状，底部呈黄白色肥肉样，不易愈合。结节常沿淋巴管径路向附近蔓延，形成串珠样囊肿。病肢常在发生结节的同时出现浮肿，使后肢变粗形成所谓"象皮腿"。有的病马主要以肺部患病为特点，常可突然发生鼻出血，或咳出带血黏液，同时常发生干性无力短咳，呼吸次数增加。根据急性鼻疽的特点，河南省在马鼻疽防治中，通过对病畜临床表现进行诊断开放性鼻疽取得了很好的经验，即是对某些变态性消失的鼻疽马和不呈现变态反应的开放性鼻疽骡、驴病畜有重要的诊断意义。此次试验剖检马中有110匹发现了鼻疽病变，其病变分布全身，但以肺脏被侵害为最多，占95.45%；肺门淋巴结次之，占 41.82%；肝脏再次之，占 40.0%；脾脏更次之，占 33.63%。咽背淋巴结占 30.0%，颌下淋巴结占 18.72%，鼻腔占 15.45%。从病性来看，以渗出大于增生性者为最多，占 29.09%；渗出小于增生性者次之，占 22.27%；渗出性者再次之，占 20.91%；增生性者占 14.55%；以渗出等于增生性者为最少，占 8.18%。肺脏有鼻疽病变的 100 匹鼻疽马，其肺脏出现有小叶性肺炎、增生性鼻疽结节、增生性粟粒鼻疽结节、胶样肺炎、慢性支气管周围炎、渗出性粟粒性鼻疽结节、大叶性肺炎、肺空洞、肺硬结及胸肋膜炎等 10 种病型，其中以小叶性肺炎为最多，占 48.0%；增生性鼻疽结节次之，占 46.0%；增生性粟粒性鼻疽结节再次之，占 27.0%；以胸肋膜炎为最少，仅占 1%。我们认为一旦从临床上确定为急性鼻疽马，要坚决杜绝解剖，以免发生人类感染（附件十四）。

上述鼻疽诊断技术研究得不断推进，从技术角度支撑了我国对该病防制工作的准确性和有效性，同时也促进了我国动物疫病试验室诊断技术的良好发展。在全国最终确定鼻疽菌素点眼和补体结合反应试验相结合用于全国马鼻疽监测后，按照国务院和农业部统一部署，各级动物防疫机构积极开展马鼻疽疫情的监测和鼻疽病马检疫工作，逐步摸清了该病的流行区域和严重程度，为最后消灭该病起到了重要作用。

二、马鼻疽的药物治疗及应用

马属动物作为重要的使役和交通运输工具在我国农业生产中发挥着举足轻重的作用。在马属动物数量相对较少，与农业生产匹配尚存在一定的缺口情况下，如果将鼻疽病马全部进行捕杀，势必进一步减少可使役马属动物的数量，进而严重影响农业生产。而对于马鼻疽，通过药物治疗治愈患畜，是完全可能的，痊愈后的患畜重新从事农业生产也是完全可以的。因此，在这一特殊历史时期，对鼻疽病马进行必要的隔离治疗，对于马鼻疽疫情的防控具有现实必要性，并发挥了重要的作用。

1953 年，伊朗 Hessarek 研究所的 Fathi 等以磺胺嘧啶与安那莫夫（Anamorve）及磺胺双甲基嘧啶与鼻疽菌素等联合疗法，治疗各种类型鼻疽马，获得了 96% 的治愈率。这是最早的抗生素有效治疗马鼻疽的临床报告。

中国农业科学院哈尔滨兽医研究所胡祥璧等用磺胺 - 鼻疽菌素疗法对各种类型的鼻疽马进行了治疗性的试验研究（附件十九）。取得以下试验结果：对人工感染鼻疽的驴和马以及初发急性鼻疽的自然病例，磺胺 - 鼻疽菌素疗法表现了一定的疗效。磺胺 - 鼻疽菌素疗法对于初期感染的急性病例具有一定的使用价值，但对农村中一般慢性鼻疽患马是不宜应用的。

在中西医结合治疗马鼻疽方面，科研人员进行了探索，中国农业科学院哈尔滨兽医研究所朱进国等（附件二十、附件二十一），借鉴治疗马鼻疽的经验并结合中国兽医治疗学辨证施治的特点，在临床工作中尝试开展以价格较廉的磺胺噻唑配合中药试治急性活动性鼻疽马，初步摸索了中西医结合治疗鼻疽的方法。在应用磺胺噻唑结合中药治疗急性活动性鼻疽马 30 例，其中 27 例达到临床治愈，治愈率为 90%。此种疗法成本较低且简单易行，治疗 1 例患马需要医药费 35 元左右，较原磺胺 - 鼻疽菌素（SMT-M）联合疗法可降低 2/3 的成本，可以广泛试用于现地。此外，科研人员还尝试开展了单独使用中草药进行鼻疽治疗的相关研究。这种疗法在当时是一种较好的疗法，并做了推广应用，收到了一定的效果。不仅挽回了由于鼻疽病而造成的经济颓势，并对农业生产也起到了一定的作用（附件二十二）。中国农业科学院哈尔滨兽医研究所李维义（附件二十三）应用金霉素和土霉素对马鼻疽感染试验动物治疗中发现，两种药物在试管试验中对鼻疽伯氏菌都有抑菌力，金霉素的抑菌力似较强于土霉素。两种抗生素对试验动物的试验性鼻疽都有较明显的疗效。这种方法为应用广谱抗生素治疗鼻疽病开辟了新的途径，特别是在当时有些人感染了鼻疽，为医学治疗人鼻疽提出了很好的方法，并在哈尔滨医科大学应用获得了显著的效果。

徐邦祯等应用土霉素盐酸盐治疗开放性马鼻疽（1961—1962年），以每日1.5~3.0g的土霉素盐酸盐，肌内注射，疗程20天，治疗开放性鼻疽马。共治疗215匹病马，获得了86.9%~92.28%的疗效。这种方法的特点是疗效高，方法简便易行，经过劳役考验复发率很低。应用此法治疗开放性鼻疽马比任何方法均疗效高，受群众欢迎，对增加农耕动力，支援农业生产具有很大意义，为治疗鼻疽开辟了新的途径。

在这些试验结果中发现，土霉素疗法的优点是治疗后症状消失迅速而且明显，对肺鼻疽、鼻腔鼻疽和皮肤鼻疽病畜都有明显的疗效，疗程短，一般治疗15~20天可达到治愈，而磺胺类药物的疗效则不如前者显著。这些治疗成功试验为全国治疗鼻疽马起到了很好的铺垫作用，在1962年全国召开的"马鼻疽研究工作会议"上确定了采用土霉素和磺胺类药对开放性马鼻疽病马进行治疗的方案，并在全国各地采用土霉素或磺胺类药物治疗本病的过程中发挥了积极的影响。

黑龙江省于1961—1963年在望奎县首先开展了马鼻疽治疗试点，共治疗隔离点的阳性马360匹，临诊治愈率达95%以上。大部分治疗马经复壮后投入使役，据此推广了治疗鼻疽马的经验。据不完全统计，全省应用土霉素盐酸盐治疗肺鼻疽、鼻腔鼻疽和皮肤鼻疽病马3万多匹，其中2.4万匹马达临诊治愈，有80%的病马达到临诊治愈。宁夏回族自治区于1959年开始在自治区农科所和固原地区农科所的主持下对中宁、泾源县检出的阳性鼻疽马进行了试验治疗。主要采用中药配方，配以抗生素（如土霉素碱），结合增强营养，分疗程施治，但疗效不显著。

在1962年农业部畜牧局发出了试用土霉素盐溶液治疗马鼻疽病马后，宁夏回族自治区首次试用土霉素盐治疗鼻疽病马，效果显著并推广到全区。1974年由宁夏回族自治区兽医站、宁夏农学院牧医系和平罗县兽医站等单位，在永宁和平罗两地用土霉素和链霉素配合鼻疽菌素皮下注射激发的方法进行治疗鼻疽马。经对两县28匹鼻疽菌素阳性马试验性治疗后，21匹马鼻疽菌素试验为阴性，转阴率为75%。自此再对病畜进行隔离、治疗及检疫后培育出健康群。河南省在对马鼻疽阳性病畜管制使役过程中，采取药物治疗的措施，探索治疗鼻疽马方法，并取得了一些治疗经验。如用盐酸土霉素2~3克，溶于5%葡萄糖生理盐水中，静脉注射，隔日1次，治疗20~30天。同时皮下注射鼻疽菌素，以0.5毫升递增量，每隔5日注射1次，可使鼻疽病灶激化，便于药物发挥作用，促进了治愈，也有配合链霉素，其效果更好。另外用磺胺嘧啶及中药疗法，用磺胺嘧啶10~15克，同时内服黄芪等中药材，有一定疗效。据不完全统计，该省1949—1983年累计治愈1737匹马属动物。马鼻疽药物治疗工作的开展，在培育无鼻疽健康马群，减少畜主损失，促进马鼻疽疫情在全国的稳定控制方面，发挥了重要作用。云南省农业厅于1962年，以农畜字〔1962〕第28号文的形式转发了农业部畜牧兽医局医字〔1962〕第68号"请试用土霉素盐酸盐治疗鼻疽马的通知"。该省兽医研究所张念祖等在陆良县用土霉素治疗开放性鼻疽马 23 匹，治愈 20 匹，治愈率达 86.9%。据不完全统计，该省共治疗鼻疽马 3 024 匹，治愈 900 匹，治愈率为 29.76%。内蒙古自治区农牧学院兽医系 60 年代研制成磺胺加鼻疽菌灭菌液治疗鼻疽病马 1 000 余匹。其后内蒙古自治区畜牧兽医研究所采用土霉素治疗鼻疽马，在乌盟等地治疗鼻疽马 8 952 匹，及呼盟、锡盟等地区治疗鼻疽病马 63 986 匹。这些试验性治疗，均达到了临床治愈，补反转阴，临床上复发率较低，前者为 9.7%，后者为 15.9%。经解剖治疗后 3 个月以上的临床治愈马 18 例，只有 1 例检出鼻疽伯氏菌，其彻底治愈率达 87.5%。这对当时减少传染、保护健康群、培育健康幼驹具有一定的积极作用。新疆维吾尔自治区、山东省、青海省和山西省等于 60 年代中期开始在各地相继试验性治疗开放性马鼻疽病马，通过临床观察、病理学、劳役考核以及同槽感染等方法观察治疗效果，并取得了一定的治疗经验。西藏自治区、四川省、河北省、江苏省等记载了治疗鼻疽马的事件，未见详尽的表述，而安徽省、北京市、天津市等多为点状发生马鼻疽，均采取了扑杀措施。

以上大量的关于鼻疽治疗药物相关研究工作的开展，验证了磺胺类抗生素在鼻疽治疗中的作用，同时基于对不同类型鼻疽分类治疗的研究数据，扩展和丰富了磺胺类药物用于鼻疽治疗的临床研究数据。此外，在磺胺类药物联合使用马鼻疽菌素进行治疗的方案上，结合中国医学优势，创造性地开展了磺胺类药物联合中药进行鼻疽治疗的临床研究，并取得了一定的成果。20 世纪 80 年代后，随着马鼻疽疫情的全面控制，马属动物鼻疽发生数量明显下降，全国的马鼻疽防控进入以全面检疫、扑杀和消毒为主的综合防控阶段。此时对于发现的病马全面扑杀，不再进行任何治疗。药物治疗不再被列入马鼻疽防控工作中，其发挥的历史作用亦告一段落。

三、马鼻疽疫苗的研究

疫苗接种是预防传染病发生的最有效手段之一。为有效防制全国范围内严重流行的马鼻疽疫情，以中国农业科学院哈尔滨兽医研究所和原解放军兽医大学为核心的多个单位、部门，联合攻关，克服了研究基础薄弱、物资补给匮乏等许多不利条件，对马鼻疽免疫和疫苗进行了大量有益尝试。主要采取的方法是将该菌通过钝感动物体内传代、用化学药物促进该菌的变异、高温培养致弱及灭活疫苗等措施进行了疫苗的研究。取得了丰富的研究数据，积累了宝贵的科学经验。

1. 马鼻疽伯氏菌在钝感动物体内传代致弱

科研人员将马鼻疽伯氏菌在牛、绵羊、家兔、小白鼠和海猪等多种钝感动物体内进行传代、驯化，对驯化菌株回归继代宿主和原宿主马检验其致病性，主要重点评价驯化毒株的免疫原性、是否具有保护马匹抵抗鼻疽感染的能力。其结果表明，经牛体和羊体驯化的菌种未发现其毒力有任何的改变；原始菌株对家兔致病性较差，经家兔多次传代、驯化后其毒力有显著增强的趋势；经小白鼠传代、驯化致使鼻疽菌毒力减弱的方式是将通过家兔 55 代菌种在小白鼠进行一系列的免疫试验，其试验结果证明对小白鼠有一定的免疫原性。但获得的这些弱毒株，对于接种马匹，虽然大部分毒力获得明显减弱，但未能有效诱导免疫保护（附件十五）。

2.马鼻疽伯氏菌经化学药物致弱

科研人员曾尝试用多种药物致弱筛选试验，包括将鼻疽菌在含有锥黄素、孔雀绿、煌绿、胆汁（牛）、结晶紫等色素，重铬酸钾、氯霉素、磺胺嘧啶钠盐 [SD（Na）] 和链霉素等抗生素的培养基中生长和继代，发现可诱导发生一系列的变异，多数菌种在通过一定代数以后毒力减弱。但用所获得的弱毒菌体对试验动物作免疫力试验时，均未能有效诱导对鼻疽致病菌株感染的有效保护。唯有中国农业科学院哈尔滨兽医研究所龚成章等在重铬酸钾对鼻疽菌变异影响的研究中发现，鼻疽伯氏菌在添加重铬酸钾的培养基中生长过程中虽然保持了大部分 S 型集落型，但在不同代次间，出现了变异型集落群，尤其兔化毒（R18、R41 两株）在 15 代后都变为 D 型细菌集落型，在接种小白鼠和驴的免疫试验后，用强毒株攻毒试验则表现出一定程度的免疫力。这不啻为是马鼻疽伯氏菌致弱的一个主要策略（附件十六至附件十八）。

3.高温培养致弱

20 世纪 90 年初，解放军兽医大学的姚春燕等人对高温传代致弱的多株鼻疽弱毒菌株的免疫原性进行了试验评价。研究发现，一些弱毒菌株接种马匹后，可诱导马体产生一定的免疫力。当用鼻疽强毒菌攻击后，免疫组的 4 匹马中有 2 匹未发现任何鼻疽性病变，其余 2 匹马出现鼻疽病变，而对照组的 2 匹马均出现鼻疽性病变。由此说明经弱毒菌苗免疫的试验马再用马鼻疽强毒菌攻击可获得一定的保护力，但保护力有限，稳定性也有待进一步深入研究。

4.灭活疫苗研究策略

主要有固体及液体混合疫苗、通气及通氧培养疫苗和石蜡疫苗研究，均用地鼠、海猪和小白鼠作免疫效果的评价试验，其结果均不理想。同时，在此期间还开展了动物感染、致病模型的建立，鼻疽菌体外培养和大量生产培养方法的优化，免疫机制的研究等。这些工作的开展有效促进了对鼻疽菌感染、致病及其生物学特性的深入了解。

综上，虽然我国科研人员进行了大量有关马鼻疽疫苗免疫研究的有益尝试，付出了超乎寻常的辛勤努力，最终仍未能攻克这一世界科学难题。但工作开展中取得的丰富研究数据，对于科学界深入认识马鼻疽的致病机理，继续开展该疫苗的免疫学研究，仍具有重要意义。

第三节　防制措施的研究

在马鼻疽防制进程中对于不同时期及其防制对策是随着该病流行程度和国家综合实力的提高而采取了相应的对策。在前期防制措施的研究中主要制定了该病防制措施的两个版本：《全国马鼻疽防制措施暂行方案（草案）（初稿）》和《农区各省马鼻疽防制措施方案（草案）》，简称"两个方案"；中期研究中制定了《鼻疽检疫技术操作方法和判定标准（草案）》和《马鼻疽诊断技术及判定标准》，简称"两个标准"；后期研究中制定了《马鼻疽防制效果考核标准和验收办法》简称"办法"、《全国消灭马鼻疽规划（1996—2000 年）》《全国消灭马鼻疽规划（2001—2005 年）》，简称"两个规划"、《马鼻疽防治技术规范》，简称"规范"以及采取了"预防为主"方针，实行"分类指导、分阶段防控"的指导原则。这种在不同时期有其不同的工作着力点以便对该病防制的动态变化而进行适时调整的措施，起到了事半功倍的效果。

一、"两个方案"的出台及其作用

1958 年我国制定的《全国马鼻疽防制措施暂行方案（草案）初稿》，这是为了迅速消灭该病，保证农畜业的发展，根据农业发展纲要的要求而制定的方案。该方案明确规定各省、自治区、直辖市在有马匹（包括驴、骡）的地区，根据此原则结合当地具体情况制定出控制和消灭该病的防制措施方案。随着农业化机械化的实现，应有计划地使鼻疽马的集中管制点由多到少，使鼻疽由控制到消灭，这是具有指导性意义的全国消灭马鼻疽措施。《农区各省马鼻疽防制措施方案（草案）》是根据我国农业机械化的发展速度，要求各省马鼻疽的防制工作必须适应新形势发展的需要，在已取得成绩的有利基础上，有计划地作出全面规划，进一步强化防制措施，以期提前实现消灭马鼻疽的规划，促进农牧业生产的进步而制定的草案。两个《草案》的中心内涵就是"养、检、隔、封、消、处"等马鼻疽综合性防治措施，也是形成新中国成立初期以及对后来消灭该病具有深刻影响的基本构架的雏形。然而随着马鼻疽消灭的进程，这"两个方案"也不断地进行了修订以适应该病防制中的实际需要。

在"两个方案"指导下，面对新中国成立初期鼻疽马数量较多，感染本底不清，而大量扑杀阳性马又不利于当时农业生产恢复的情况下，综合考虑多方面因素基本采取了以全面普查和隔离治疗为主的措施，仅是对开放性鼻疽予以扑杀。该阶段目标是明确发病范围和流行程度，以检疫、隔离、治疗鼻疽马以及培育健康幼驹的方法。在流行病学研究中发现该病仍延续了新中国发生前发生的态势，这些省份有黑龙江省、吉林省、辽宁省、新疆维吾尔自治区、宁夏回族自治区、青海省、甘肃省、陕西省、内蒙古自治区、北京市、山西省、河南省、西藏自治区、四川省、云南省、贵州省、山东省、江苏省等。而安徽省、天津市、河北省是新中国成立后才有本病发生的记载。这些省、区、市按照《方案》要求根据各省的具体情况采取相应的措施，并取得了显著的成效。黑龙江省 1956 年提出"专队饲养、划地使役"，全面检疫隔离，检出阳性马，烙"+"字形印等措施；辽宁省在 44 个市、县建立了 54 个隔离区，1963—1971 年先后收容了 8 280 匹马鼻疽病马，并培育了 3 490 匹健康驹。1971 年后逐渐缩小和撤销隔离区范围，1983 年撤销了马鼻疽隔离区；云南省在严格隔离该病的情况下，按照农业部畜牧兽医局农畜字〔1962〕第 68 号《请试用土霉素盐治疗鼻疽马的通知》的精神，在全省各地疫区都试用土霉素治疗鼻疽马。该省兽医研究所张念祖等在陆良县开展用土霉素治疗开放性鼻疽马，治愈率为 86.9%。这个时期全国马鼻疽发病省均执行了"养、检、隔、封、消、处"等而扑杀为辅的综合性防制措施，使全国范围内马鼻疽疫情得到了一定控制，致使发病马数明显减少。

二、"两个标准"的出台及其作用

1972 年和 1979 年农业部先后出台《鼻疽检疫技术操作方法和判定标准（草案）》和《马鼻疽诊断技术及判定标准》，目的是加强该病检疫的规范性，提升保证扑杀鼻疽马的准确性。该标准也是伴随着农业机械化的发展，即处置一定数量的马匹也不至于严重影响农业生产，同时又能更好消灭传染源和根除隐患的情况下而产生的。这时除扑杀急性鼻疽马外而对鼻疽菌素点眼阳性马也采取了扑杀措施。内蒙古自治区发现只扑杀开放性鼻疽马远不能切断鼻疽马的再传染和扩大蔓延，因此于 1975 年后调整了防治策略，明确了以"检、处"为主的防治措施，即对马来因阳性马一律予以扑杀。据统计仅 1975—1979 年全区扑杀鼻疽马 2.0 万匹，使得该病的防制出现了重大的转机；宁夏回族自治区在消灭马鼻疽方面分为 3 个阶段。其中 1975—1982 年为"检疫、扑杀"阶段，重点对隔离区内的马属动物进行复检，彻底扑杀开放性鼻疽马和阳性马，逐步减少鼻疽马隔离区，拔掉疫点，不再新建隔离区，共扑杀病、阳性畜 177 匹。该阶段该病疫情在基本控制基础上，进一步获得有效控制，使全国马鼻疽疫情全面进入稳定控制阶段。我们发现通过执行该"标准"后，提高了马鼻疽病马的检出率，为全面推进该病控制提供了切实可行的手段，使得该病控制有序地转入了全国稳定控制阶段。

1980—1990 年初该病疫情的发生已明显减少，仅在有限省份散在或零星发生，为促进该病的全面稳定控制，向最终净化的目标前进，决定将防治规划调整为采取"全面检疫、扑杀和消毒为主的综合防控措施"，加强饲养管理，加强检疫。陕西省于 1982—1984 年对户县等 3 县连续开展检疫工作，受检率为当时存栏数的 85% 以上，仅检出阳性马 6 匹，阳性率为 0.05%；山西省于 1984—1987 年共检疫 136 538 匹马，检出阳性马 5 匹。该阶段加大了检疫和扑杀马鼻疽病马的力度，全国各省、区基本都达到了稳定控制阶段。辽宁省和新疆维吾尔自治区于 1989 年、吉林省和山西省于 1988 年后未发现阳性马，使该病进一步得到控制，全面进入净化阶段。

三、"办法、规划和规范"的出台及其作用

1992 年农业部制定并颁布了《马鼻疽防制效果考核标准和验收办法》，这标志着对全国各省已转入马鼻疽防治效果的考核评价时期，为进一步在全国范围内消灭马鼻疽提出了可行性办法。各省、区、市也相应制定了相关的马鼻疽防制措施和规划等，从而拉开了消灭马鼻疽的序幕，进而在全国范围内迅速展开。从 1993 起全国马鼻疽防控工作全面进入考核验收阶段。1993 年青海省率先通过消灭标准。1996 年和 2001 年农业部又先后制定和下发了《全国消灭马鼻疽规划（1996—2000 年）》《全国消灭马鼻疽规划（2001—2005 年）》，从而推进了消灭本病的进程。1996 年河南省、辽宁省和新疆维吾尔自治区通过消灭标准，1998 年宁夏回族自治区、北京市、甘肃省和吉林省相继通过考核验收消灭标准；1999 年内蒙古自治区、陕西省、山西省、天津市、四川省和黑龙江省相继通过考核验收消灭标准；2000 年安徽省、河北省、贵州省、云南省、山东省和江苏省相继通过消灭标准；2005 年西藏自治区通过考核验收消灭标准。自此全国各省、直辖市、自治区全面达到农业部规定的马鼻疽消灭标准。一度在中国大地大范围肆虐的马鼻疽得到全面控制，这是我国继消灭牛瘟、牛肺疫之后，又成功消灭的一个重要的动物传染病，是我国消灭的第一个人畜共患传染病，这是我国兽医界的荣誉和骄傲。

第四章
消灭马鼻疽进程

马鼻疽是重要的人畜共患病，在我国发生早且广泛，新中国成立以后该病逐渐呈扩大蔓延趋势。20世纪60年代，该病的疫情达到最高峰。70年代经采取多项防控措施，疫情得到基本控制，但个别省疫情仍呈地方性流行。80年代多数省以散发形式存在。90年代仅个别省出现散发。2005年全国消灭了该病。

根据该病流行状况和采取的防控措施，我国马鼻疽的防控可分为流行期、控制期、稳定控制期、消灭期和巩固期5个阶段。针对不同期的流行情况，采取了不同的防控策略，确立了该病"检、隔、培、治、处"的综合防制措施，为消灭该病提供了技术保障。

第一节　流行期

这一时期的时间是1949—1969年。新中国成立后，马鼻疽疫情流行比较重，畜力缺乏、流动范围比较大。这一时期采取了畜群检疫、定点隔离管制、药物治疗、培育健康幼畜、扑杀开放型鼻疽马的综合防制措施，概括为"检、隔、培、治、处"。具体做法为：一是加强了流通马匹的检疫力度，异地调运马匹需经检疫合格；二是各地先后建立了一批鼻疽马管制区，在管制区内固定专人饲养、限制使役，防治病原扩散，对病畜厩舍、饲槽及鞍具等进行洗刷、消毒；三是各地大力培育健康幼驹，对马鼻疽阳性马所产幼驹，经两次检疫阴性者，隔离饲养加强培育，逐渐更新畜群；四是积极推广土霉素等药物治疗措施，病马在治疗过程中停止使役，并隔离饲养管理，给予优质足量的饲草，治疗完毕后经半月到一个月以上的复壮方可轻度使役，再逐步正常使役，临床治愈的马仍隔离饲养使役；五是对未治愈的和开放性马鼻疽病马一律扑杀深埋或烧毁。使该病到60年代末得到基本控制。

一、流行范围及程度

1949—1969年，疫情流行较重，流行范围广，发病率较高。北京市、河北省、内蒙古自治区等21个省（区、市）均有该病发生（表4–1）。

在不同地区该病分布差异较大。如甘肃省流行面积大，分布十分广泛，全省14个地区

（州、市），85个县均有发生和流行，占全省86个县的98.9%。内蒙古自治区以呼伦贝尔盟最多，占全区病畜总数的60%，采取疫区隔离、治疗，非疫区检疫净化的措施。一般而言，产马区域的感染率高；城镇交通要道比交通不便的偏僻地区高；草原放牧地区比丘陵山岳地区高；在城市中，以畜力运输队为高。

表4-1　1949—1969年全国马鼻疽病的发病数、病死数和阳性数

省份	项目			
	检疫数（匹）	阳性数（匹）	发病数（匹）	病死数（匹）
北京市	69600	499	1433	58
天津市	189125	1049	1048	65
河北省	303081	860	2104	1244
山西省	875979	2616	4092	1291
内蒙古	7033969	206837	206837	—
辽宁省	6263465	17493	19943	2868
吉林省	5614569	291756	231294	1036
黑龙江省	12615600	1696700	510946	153224
江苏省	—		510	402
安徽省	9676	338	493	214
山东省	241457	2865	4233	728
河南省	2016830	12165	7977	7977
四川省	38848	3986	13609	1174
云南省	96270	5798	5798	1861
贵州省	—	—	516	13
西藏自治区	154	2	—	—
陕西省	773839	11761	11860	2196
甘肃省	—	—	2618	1182
青海省	771543	22548	13406	11014
宁夏回族自治区	275727	3933	883	883
新疆维吾尔自治区	1849674	75571	43388	1966
新疆生产建设兵团	271169	11445	4237	309
全国总计	39310575	2368222	1087225	189705

二、采取的措施

（一）建立马鼻疽防控队伍

在兽医队伍的建设上，一些疫区省成立了专门的马鼻疽防控机构和队伍。如1956年陕西省成立了马鼻疽防治队，开展马鼻疽防控相关工作；1957年甘肃省成立了50多人的马鼻疽检疫专业队，在农区的14个重点市、县开展了马鼻疽检疫工作。

（二）健全制度法规

1954年农业部颁发了《马鼻疽防制暂行办法》，1958年又重新颁发了《全国马鼻疽防制暂行措施（草案）》。各疫区省份亦先后制定了扑灭马鼻疽的试行办法。如1956年陕西省颁发了《陕西省处理马鼻疽病马试行办法》；1958年河南省制定颁发了《关于控制和消灭马鼻疽病的暂行办法》；黑龙江省颁发了《消灭马鼻疽的规划方案》。这些法规性文件为消灭该病奠定了基础。

（三）落实综合防控措施

各疫区省份分别采取了一系列防治措施。1954年农业部颁发《马鼻疽防制暂行办法》，以后全省各地相继开展防治马鼻疽工作。全国普遍执行"检、隔、培、治、处"的综合防制措施，即对健康畜群检疫，对检出的阳性畜定点隔离管制，培育健康幼畜，药物治疗，扑杀开放性鼻疽畜等五方面措施。这是消灭该病的最基本性的纲要，是消灭该病的决定性技术措施。

1. 畜群检疫

1951年起主要通过临床观察等方法开展检疫工作。同时部分动物防疫机构也积极开展了鼻疽菌素点眼和补体结合反应试验相结合的检疫监测工作，摸清了马鼻疽疫情流行区域和流行状况。西北军政委员会兽牧部以陕西省兴平县为试点开展了鼻疽菌素点眼和补体结合反应相结合的检疫工作；内蒙古等地亦对马匹进行检疫摸底，并重点清除国营种马场及牧场鼻疽病马；1957年甘肃省成立了50多人的马鼻疽检疫专业队，在农区的14个重点市、县开展了马鼻疽检疫工作，共检疫马属家畜33 041匹，阳性536匹，检出率1.62%，1958年对30个县实行了普遍检疫，检出率0.39%（2 286/582 529），对38个县实行了重点检疫，共检疫马类家畜674 553匹，占全省马属家畜的43%；河北省在畜群检疫方面开展了对调进调出的马属动物检疫、牲畜交易市场检疫和跑运输的马车队的马属动物检疫等3方面工作。

2. 定点隔离管制

对检疫出的非开放性病畜，一些地区建立了隔离管制制度，统一进行管理。如河北省在张家口、承德、唐山、沧州等地区将病畜集中到崇礼县等13个隔离区进行管制。在各管制区内，对阳性病畜所产的幼畜经过两次检疫，均为阴性的视为健康幼畜，可迁出管制区。各管制区统一执行严格封锁，区内的马属动物及产品严禁出境，彻底深埋死畜尸体，加强饲养管理和用药物治疗病畜等四项措施。

3. 药物治疗

1962年全国召开了"马鼻疽研究工作会议"，确定采用研究新成果"土霉素和磺胺类药"治疗马鼻疽病马。内蒙古自治区兽医研究所推广用土霉素治疗马鼻疽，同时配合注射马鼻疽死菌液，降低了康复病马临床复发率；1961—1963年黑龙江省应用土霉素盐酸盐治疗开放性鼻疽病马3万余匹，有80%的病马达到临床治愈，有52匹临床治愈马经10年以上未见复发。土霉素疗法的优点是治疗后症状消失迅速而明显，对急性、慢性呼吸道性开放型和皮肤开放型病畜有明显的疗效，疗程短，一般治疗15~20天可达临床治愈。

4. 培育健康幼畜

1960 年起一些疫区省份相继采取培育健康畜群的措施，对健康马所产幼驹加强饲养管理。而对马鼻疽阳性马所产幼驹，经两次检疫阴性者，隔离饲养加强培育，逐渐更新畜群，培育健康幼畜，禁止从疫区引进马属动物。黑龙江省和吉林省等从阳性马的后代中培育出大批健康幼驹。吉林省农安县就建立了 8 个培育场，共培育健康幼驹 226 匹。

5. 扑杀开放型鼻疽马

各省对检出的阳性病畜和门诊发现的开放性鼻疽病畜，均采取扑杀措施。受当时经济条件和畜力的限制，有的省份扑杀部分阳性畜和开放型马鼻疽病马；有的省份扑杀检出的全部病马。甘肃省统一了病马扑杀和处理技术要求，制定了《甘肃省扑杀鼻疽马工作程序》。扑杀方式主要采用不放血的扑杀方法，如静脉注射来苏尔药液 30~50 毫升，进行扑杀。尸体普遍选择偏远高燥地点，采取两米以上深埋无害化处理。国家对扑杀马按当时市场价实行部分补偿，平均每匹补偿 150~200 元，少数价值高的骡马可补偿 500 元。从而减少检疫和扑杀病马的阻力，保证了扑杀工作顺利进行。

（四）人才培养

针对新中国成立初期，我国兽医人才奇缺，我国培养了许多临床兽医，奔赴马鼻疽防控工作一线。随着我国兽医教育的普及，逐步开展了基层技术人员的技能培训和马鼻疽防控的专业技能培训，充实了马鼻疽防控人才队伍。同时，利用宣传队、海报等形式加强宣传工作，向群众普及防控马鼻疽工作。

（五）防控技术研究

为了提高防控技术水平，在中央、省、市级等科研单位成立了马鼻疽防控技术研究团队，开展马鼻疽防控技术研究，为马鼻疽防控奠定了基础。中国农业科学院哈尔滨兽医研究所等单位组建了马鼻疽防控技术研究团队，开展鼻疽菌素点眼和补体结合反应等相关研究；1956 年 9 月陕西省成立了马鼻疽研究室，开展马鼻疽防控技术试验研究。

三、防控成效

各疫区省采取"检、隔、培、治、处"的综合防制措施，有效遏制了疫情的蔓延。如 20 世纪 50 年代中期，内蒙古自治区一些国营大型牧场如大雁马场、三河马场、巨流河马场等采取综合防制措施已达到净化标准，为全面开展马鼻疽防制工作起到了示范作用；甘肃省通过严格落实综合防控措施，马鼻疽感染率由 1957 年的 1.62% 下降到 1959 年的 0.31%。但各省区的防控成效也不平衡。

第二节　控制期

经过 20 世纪 50—60 年代的综合防制，该病疫情得到了有效遏制，发病范围逐渐缩小，仅局部地区呈地方性流行。自 1970 年起，全国在继续采取"检、隔、培、治、处"的综合防制措施基础上大胆创新，在病畜检疫管理上加大了检疫力度，由以往的一年一次检疫改为一年检疫两次，由以临床检查的被动检疫改为以鼻疽菌素点眼为主的主动检疫，增加了集市检疫，扑杀发病马，拔点灭源，对检出的开放性鼻疽马、活动型鼻疽马一律扑杀。开展分区防控，进行分类指导，各疫区省采取先搞试点，以点带面的全面铺开的方式在全国开展。

一、发病范围和程度

20 世纪 70 年代，疫情较重的为内蒙古自治区和黑龙江省，其次为新疆维吾尔自治区、吉林省、青海省、河南省和陕西省。1970—1979 年全国马鼻疽发病情况见表 4-2。

表 4-2　1970—1979 年马鼻疽发病数、死亡数和阳性数

省份	项目			
	检疫数（匹）	阳性数（匹）	发病数（匹）	病死数（匹）
北京市	64800	101	16	0
天津市	132644	195	198	0
河北省	113632	623	800	257
山西省	552640	430	557	288
内蒙古自治区	9955620	302286	302286	—
辽宁省	8512525	3272	122	41
吉林省	3887951	61228	57056	715
黑龙江省	9729700	2338000	641671	192531
江苏省	—	—	67	0
安徽省	2458	113	126	44
山东省	922422	383	1926	825
河南省	1326586	2194	766	766
四川省	15245	607	30686	2006
云南省	7593	17	17	3
贵州省	—	—	1052	258
西藏自治区	5877	21	170	—
陕西省	597014	1855	1855	488
甘肃省	—	—	425	246
青海省	1162430	11146	9830	0
宁夏回族自治区	139630	1144	265	265
新疆维吾尔自治区	2433830	28572	19326	198

（续表）

省份	项目			
	检疫数（匹）	阳性数（匹）	发病数（匹）	病死数（匹）
新疆生产建设兵团	436668	3905	2577	537
全国总计	39999265	2756092	1071794	199468

二、采取的措施

在继续沿用"检、隔、培、治、处"的综合防制措施的基础上，对防控措施作了适时调整，在定期检疫中加大了检疫和扑杀力度。

1.加大检疫力度

各省采用马鼻疽菌素连续多次点眼的检疫方法，对检出病马，检出的阳性马全部集中隔离饲养。开放性鼻疽马一律扑杀深埋或焚毁处理。对病畜周围环境进行彻底消毒。同时扑杀一部分危害严重的阳性畜。在农业部统一部署下，各地开展了一系列的创新工作：一是定期检疫与疫病普查相结合，多数地方采取了一年春、秋各检疫一次，同时采取不定期疫病普查，及时扑杀病畜；二是集市检疫与门诊检测相结合，对大牲畜交易市场，每逢集市检疫，各兽医站、兽医院在临床诊断治疗病畜时，注意及时发现病畜；三是产地检疫与定点检疫结合，对调出的牲畜在产地进行检疫，对铁路、公路调入购进的牲畜进行定点检疫。

2.加大处置力度

对发病动物和阳性动物，各地根据实际情况，及时有效进行了处置。河北省、四川省等省份采取扑杀与隔离相结合的处置方式，开放性鼻疽马予以扑杀处理，对检测出的阳性畜实行限期淘汰。

3.分区防控

四川省等根据流行程度分为重度流行区、轻度流行区和净化区，对不同流行区分别采取不同防治措施，进行分类指导。对重度流行区实行"定期检疫、分群隔离、划地放牧、使役"；对轻度流行区实行"严格检疫、隔离病马、集中管理、切断疫源"等措施；对净化区实行"严格检疫、严格扑杀、严管进出"的科学防治原则，对各地的开放性鼻疽马匹坚决予以扑杀，对检测出的阳性畜实行限期淘汰。

4.以点带面，推进马鼻疽的净化

各省严格按照农业部制定的净化措施开展净化工作，同时积极探索"试点"经验情况，总结经验加以推广。甘肃省以河西三地区为重点，在部分地、县采取"普遍检疫，扑杀全部病马（包括开放性病马和鼻疽菌素阳性马）"，进行疫区净化试点。到1980年，该试点武威、张掖、酒泉三地区阳性检出率分别下降到0.063%、0.013%、0.012%。在当时甘肃省经济力量薄弱、役畜缺乏等情况下，对控制该病流行，降低感染率起了一定作用。

三、阶段性效果

这一阶段的防控措施有效地控制了马鼻疽的进一步流行，各省发病范围也大为缩小。马鼻疽防控形势也趋于稳定。

第三节　稳定控制期

马鼻疽得到了较好的控制，发病范围逐渐缩小，发病率较低。随着我国农业机械化的推进速度加快，交通运输网络的迅猛发展，马属动物作为农业和交通运输功能逐渐被现代化工具取代，马匹流动性降低。马匹逐渐转向体育竞技、休闲娱乐方面发展。另外，我国改革开放以后，动物疫病防控基础设施逐步完善，法律法规更加健全，防疫经费保障有力，技术力量进一步加强。其客观条件促进了马鼻疽净化的过程。

按照"早、快、严、小"的处置原则，在农业部的统一部署下，各省先后采取全面检疫、扑杀和消毒为主的综合防控措施，以净化为主，坚决扑杀阳性马，切断传播途径；在监管方面，加强产地、市场、运输等环节方面的检疫监管，保证各项措施的落实；农牧、财政和公安等有关部门配合控制该病的流行和蔓延；农业部多次派出防控督导组指导、检查和考核验收马鼻疽防治效果工作。经过各级动物疫病防控部门的共同努力，本病净化工作达到了非常理想的效果。

（一）分布情况

马鼻疽的发病率已下降到较低水平，仅在内蒙古自治区、黑龙江省、天津市、河北省、辽宁省、吉林省、山东省、河南省、四川省、西藏自治区、贵州省、陕西省、甘肃省、青海省、宁夏回族自治区、新疆维吾尔自治区、安徽省等省份部分地区呈点状散发。其中四川省、内蒙古自治区、黑龙江省和新疆维吾尔自治区发病率较高。1980—1989 年全国马鼻疽的发病情况见表 4-3。

表 4-3　1980—1989 年马鼻疽发病数、死亡数和阳性数

省份	项目			
	检疫数（匹）	阳性数（匹）	发病数（匹）	病死数（匹）
北京市	31796	76	0	0
天津市	201220	17	17	0
河北省	149398	117	161	139
山西省	544036	125	106	62
内蒙古自治区	14932381	110930	110930	—
辽宁省	9432520	1364	0	0
吉林省	5450873	10655	9328	1041
黑龙江省	7818400	528000	106801	26843
江苏省	—	—	16	0
安徽省	62251	88	40	0
山东省	62578	177	134	68

（续表）

省份	项 目			
	检疫数（匹）	阳性数（匹）	发病数（匹）	病死数（匹）
河南省	1014329	277	19	19
四川省	44817	532	13425	1021
云南省	27007	0	0	0
贵州省	8933	6	12	0
西藏自治区	2118	10	0	0
陕西省	505533	86	86	15
甘肃省	5011742	1206	63	22
青海省	2222795	1857	1901	0
宁夏回族自治区	10032	36	34	34
新疆维吾尔自治区	2502966	12156	7618	62
新疆生产建设兵团	160563	341	122	97
全国总计	50196288	668056	250813	29423

（二）采取的措施

农业部制定了以检疫净化为主的综合防制措施，指导各省开展马鼻疽净化工作，使马鼻疽的发病率处于较低水平。

1. 检疫方法标准化

1979 年农业部制定了《马鼻疽诊断技术及判定标准》（第一版），以规范马鼻疽检疫净化方法。各省按照该标准并根据实际情况，制定了相应的净化标准。1982 年甘肃省制定了《甘肃省以县为单位控制和消灭马鼻疽病的标准》（试行），并由省畜牧厅颁发执行，1984 年对上述《标准》（试行）进行了修改；1990 年经专家讨论对《甘肃省马鼻疽病防治效果考核标准》进行了技术论证，于 1990 年正式由省畜牧厅颁布执行。各省按照农业部的统一部署，依据该病的净化标准，开始了马鼻疽的净化工作。

2. 检疫措施系统化

农业部根据实际情况制定了马鼻疽春秋检疫计划。各省参照该计划分春秋两次有计划、系统性地执行马鼻疽检疫。20 世纪 80 年代，全国共检疫马属动物 50 196 288 匹，检出阳性 668 056 匹。

3. 病马处置无害化

为彻底消灭传染源，对检出的全部病畜，包括开放性病马和鼻疽菌素阳性马全部扑杀，真正实现了拔点灭源的目的。各地采用电击或静脉注射来苏尔药液的方法进行扑杀。尸体普遍选择偏远高燥地点，采取两米以上深埋等无害化处理。为统一病马扑杀和处理技术要求，各省制定相关处置程序，如甘肃省制定了《甘肃省扑杀鼻疽马工作程序》。农牧、财政和公安等有关部门配合执行病马及检疫阳性马的扑杀工作，为减少农民的损失和扑杀病马的阻力，国家和地方对扑杀马进行补偿。

4.疫点消毒彻底化

为消灭环境中存在着污染的病原菌，对病马厩舍、运动场地、饲养用具、挽具等被污染的环境及用具，应用生石灰、10%~20% 新鲜石灰乳剂、3%~5% 来苏尔、3% 烧碱等消毒剂进行彻底消毒。焚烧处理垫草和剩余草料等污染物。病畜粪便铲除、发酵两个月后用作肥料。

5.移动监管法制化

国家制定了《家畜家禽防疫条例》，对动物的移动监管做出了明确要求，由此减少了传染源的扩散传播。各省参照《家畜家禽防疫条例》的要求，制定了相关实施办法，细化了马属动物移动监管的措施，为控制病马的流动，防止新的疫情传入和扩散，发挥了重要作用。如甘肃省制定了《甘肃省家畜家禽防疫实施办法》《甘肃省畜禽及其产品市场检疫工作规范》（试行）和《甘肃省畜禽及其产品运输检疫工作规范》（试行），规定凡上市或运输的马属动物必须持产地检疫证或运输检疫证，无证或证物不符者需补检或重检。马匹必须经临床检查和鼻疽菌素点眼，证明无鼻疽者，方出具检疫证，准予上市交易或运输。外地（包括外县、外省区）运入的马匹必须复检，无鼻疽者方予放行。检疫中发现鼻疽病马应立即隔离，经县以上兽医检疫员复检确诊后就地扑杀处理等。

（三）防制效果

20 世纪 80 年代，农业部组织各省（区、市）开展了高密度的马鼻疽检疫净化工作。到 80 年代末期，在我国大部分省已经基本消灭该病，仅在北方和牧区以及西南地区等仍有阳性马存在，全国马鼻疽处于稳定控制状态。

第四节 消灭期

各省根据农业部《马鼻疽防治效果考核标准》及消灭马鼻疽规划，积极开展检疫和临床检查相结合的消灭马鼻疽工作。

（一）分布状况

我国绝大部分省份已没有发病畜和检疫阳性畜，仅在内蒙古自治区和黑龙江省尚存在阳性病例，其他如西藏自治区、贵州省、四川省和新疆维吾尔自治区等地在检疫过程中有零星发生的阳性畜。

（二）防控措施

1.继续强化检疫

为进一步巩固防控成果，在农业部的统一部署和督导下，依据《中华人民共和国动物防疫法》，各省按照 2002 年农业部颁发的《马鼻疽防治技术规范》，认真执行产地、市场、运输等环节的检疫、隔离、消毒等措施，防范该病的传播。

2.科学开展监测

在农业部的部署下，各省按规定的监测范围、监测时间、采样方法、采样数量等采样，检测监测结果报送农业部。各省组织人员，落实设施设备和经费，开展科学、系统的监测工作，及时掌握疫情的现状并进行分析评估。如1993—1997年陕西省共检马属家畜132 326头（匹），全部为阴性。临床检查1 623 699头（区、次）未发现临床病畜。

3.适时组织验收

农业部启动对各省消灭马鼻疽验收的程序。按照《马鼻疽防治效果考核标准验收和办法》，1993—2005年农业部组织考核组先后对21个疫区省（区、市）进行了考核验收。考核工作由农业部兽医局组织，中国动物疫病预防控制中心负责具体实施，各省（区、市）动物疫病预防控制部门配合考核验收工作。按照成熟一个、考核一个、验收一个的原则，采取听取汇报和座谈，审查资料，现场试验检测和判定结果，专家组讨论，公布考核验收结果等程序进行了逐级验收。

（三）防控效果

在2006—2014年，全国共抽检马属动物691 799匹，未发现临床病马，鼻疽菌素点眼试验均为阴性。1993年青海省第一个通过农业部考核达标验收，2005年西藏自治区最后通过了农业部考核达标验收。各省通过农业部验收时间见附表1。在全国21个马鼻疽原疫区省（区、市）全部达到部颁消灭标准后，农业部及时向全国通报了有关省消灭马鼻疽考核验收结果，并颁发了消灭马鼻疽证书。上海市、浙江省、福建省、江西省、湖北省、湖南省、广东省、广西壮族自治区、海南省、重庆市等历史上非马鼻疽疫情省（区、市），经流行病学调查及监测，也未发现病畜和阳性畜。

第五节　巩固期

各省区市在达到部颁马鼻疽消灭标准以后，继续按照农业部的统一部署，每年春秋两次进行本病监测工作。2013年以前按照消灭区每县每年鼻疽菌素试验抽查马属动物100匹（不足100匹的全检）的数量监测。为增强采样方法的科学性和样品的代表性，2013年后，中国动物疫病预防控制中心按照证明无疫的抽样方法计算采样数量，各地采取随机抽样的办法进行抽样监测，提高了监测结果的可靠性。2006—2015年，全国继续开展马鼻疽监测工作，未发现临床病畜和阳性畜。至今，全国达到消灭马鼻疽标准已接近10年。2015年，在农业部兽医局的领导下，中国动物疫病预防控制中心组织对全国消灭马鼻疽情况进行了评估，证实我国消灭马鼻疽工作达到了世界动物卫生组织（OIE）消灭马鼻疽的标准。从此，我国消灭了马鼻疽，几代动物防疫人员的梦想得以实现。全国马鼻疽防控情况汇总表见附表2。

第五章
消灭马鼻疽的成就与经验启示

第一节　消灭马鼻疽的成就

经过 60 多年艰辛探索和努力奋斗，我国消灭马鼻疽工作取得了一系列丰硕成果，有力地促进了我国养马产业发展，保障了畜牧业持续健康成长，达到了社会效益、经济效益和生态效益协同发展的要求。为保障我国公共卫生安全、提升国际形象、维护社会稳定、净化自然生态环境做出了巨大的贡献，表现在以下几个方面。

一、马鼻疽是我国消灭的第一个人畜共患传染病

马鼻疽曾在我国长期流行，为农牧业生产带来巨大损失，给人民健康带来重大危害。经过几代兽医工作者 60 年如一日的努力，我们消灭了马鼻疽，这是我国消灭的第一个人畜共患病、第三个动物疫病。这表明我国马鼻疽防控进入了一个新阶段，为人畜共患病防控摸索出了一条新路子。对其他动物疫病的消灭具有重要的指导意义，产生了巨大的社会效应、经济效益和生态效益。

二、社会效益显著
（一）提高了公共卫生水平

马鼻疽是人畜共患病，可以感染人，严重时可以引起死亡。历史上，由于接触、食用马鼻疽病马造成人类感染、死亡的案例时有发生。马鼻疽的消灭消除了对人构成的极大威胁，保护了原疫区人民身体健康，提高了公共卫生安全水平，同时，改善了农村生产生活条件。

（二）保障了农业健康发展

在我国农业发展进程当中，马属动物曾经是农业生产、交通运输等活动的主要动力。在马鼻疽流行期间，我国每年都有大量动物发病、死亡，严重影响了养马、用马的安全，削弱了农耕动力和运输动力，一些生产队常常出现套不出车，拉不出犁的现象，大片耕地因缺少

马匹无法及时应季耕作，粮食也因此减产。马鼻疽的一度肆虐对我国农业生产造成了不可忽视的影响。

马鼻疽的成功防控和消灭，保障了养马产业的健康发展，促进了我国农业生产稳定发展。

（三）维护了社会稳定

目前，马鼻疽尚无有效的疫苗和可以根除的药物，只能采取扑杀手段控制疫情。虽然我国对马属动物的扑杀给予一定的补贴，但补贴价格仍低于动物的市场价格，一旦感染马鼻疽，对靠马匹生活的家庭来说无异于一场灾难。特别对部分偏远地区的少数民族同胞，丧失马匹很可能使他们失去生产、生活的主要来源。因此，消灭马鼻疽这一历史成就，使他们的生活得到了保障，保护了他们的生存环境、巩固了民族团结、促进了当地经济发展。

（四）提升了国际影响力

马鼻疽是可以跨境传播的传染病，从流行国家或地区进口患病马属动物或肉产品，都可能引起马鼻疽的传入和流行。在全球动物疫病跨界传播不断发生的今天，马鼻疽一旦流行，不但影响我国养马产业，也将对周边国家产生威胁，对国家声誉造成负面影响。因此，我国实现消灭马鼻疽这一目标，不仅提升了我国兽医工作的国际地位，同时增强了我国在地区兽医事务中的话语权。

（五）推进了生态文明建设

患马鼻疽的病马是本病的主要传染源，开放性鼻疽马更具危险性。自然感染通过病畜的鼻分泌液、咳出液和溃疡的脓液传播，通常在同槽饲养、同桶饮水时随着受鼻疽菌污染的饲料、饮水传播。含有马鼻疽的污染物如污水、污草、农具等进入周围环境，必然给当地生态环境带来严重的威胁。此外，在治疗鼻疽病马时需大量使用抗生素，这会造成更强的耐药菌产生，让耐药菌在细菌、动物和人类之间循环传播，增加鼻疽杆菌的致病性。而且，残余的抗生素最终会通过土壤、河流、雨水等进入地下水或河流，并且很难被化解或分解，成为环境污染的祸首。

据统计，2013 年中国抗生素总使用量约为 16.2 万吨，其中 52% 为兽用抗生素。在污染水体的 36 种常见抗生素中，兽用抗生素的比例高达 84.3%。

随着人们环保意识日益增强，人们对环境质量的要求越来越高，在这个背景下消灭马鼻疽，不仅改善了养殖业生态环境，同时促进了农业、农村的可持续发展，具有重要的生态效益。

三、经济效益

马鼻疽曾是威胁我国马属动物最主要的传染病。据统计，新中国成立以来，全国 21 个原疫区省（区、市）马属动物累计发病 241.7 多万匹，死亡 41.9 万匹，扑杀 15.6 万匹，仅自然死亡和扑杀一项所造成的直接经济损失达数十亿元。而诊断、检疫、治疗病马、环境消毒、无害化处理、工作人员防护、人员培训、农业减产等间接损失更为巨大。

马鼻疽的消灭，减少了马属动物发病的概率、提高了马属动物的生产性能和健康水平，减少了疫病防控的开支，为保障农业生产、农民增收、促进社会经济发展做出了重大的贡献。

四、科研成果

科学技术是有效推进动物疫病防控的重要支撑。在全国马鼻疽防控过程中，我国科研人员攻坚克难、合力攻关，在马鼻疽的检测、监测和防治方面开展了大量科研工作，共形成了3项发明专利、3个防治技术标准、13项科研成果以及1 400多篇研究论文。

在科研攻关过程中，我国科研人员开展了多层次、多角度的防治技术研究，覆盖临床诊断、试验室诊断、疫苗研发、药物研发、致病机制等多个方面。在借鉴前苏联工作的基础上，确定了适于我国国情的可靠、稳定和便于操作的马鼻疽诊断技术，并将其作为检疫清群的重要技术手段。此外，各省兽医工作人员勇于实践、大胆尝试，摸索出了治疗鼻疽马的新方法，缓解了鼻疽马病情、减轻了开放性鼻疽马症状，对农牧业发展和疫情控制发挥了积极的作用。

全国各省（区、市）、县各级政府相关部门，在总结各地马鼻疽防控工作中经验得失的基础上，因地制宜、敢于创新，形成了适用于当地的马鼻疽防治技术并推广应用，在各地区的马鼻疽消灭过程中发挥了重要作用。部分省份将马鼻疽治疗方法、马鼻疽综合防治技术整合成动物疫病防控领域的重要成果，进行奖项申报，获得了相关部门的认可。

第二节　经验与启示

新中国成立以来，我国马鼻疽防治工作，在党中央、国务院的正确领导下和大力支持下，各级政府和兽医机构始终贯彻"预防为主、防重于治"的方针，坚持"检、隔、治、处、消"的综合防治措施，经60多年的努力，彻底消灭了马鼻疽，不仅保障了人民身体健康，也为促进畜牧业发展做出了卓越贡献。在消灭马鼻疽过程中，各地积累了不少经验，也为今后的动物防疫工作带来很多启示。

一、组织领导　建立机制

新中国成立后，各级政府高度重视马鼻疽防治工作。1958年国务院设立"全国马鼻疽防治委员会"，统一领导全国马鼻疽防治工作。各有关省区纷纷成立了马鼻疽工作领导小组和防控办公室，把控制和消灭马鼻疽作为重点工作列入议事日程，组织相关部门结合本地实际，制定防控规划，研究落实办法，统一认识，明确任务，制定计划，认真组织实施。

建立、健全各项制度，实行目标管理责任制，落实业务实施经费，做到行政人员层层负责、业务人员指标到人。各级兽医部门层层签订防控责任状，专业技术人员深入基层一线指导、督促、检查、检疫工作，发现问题及时协调解决，做到年初有计划、中期有检查、年终有总结，确保各项工作按期完成，形成了一套有领导、有组织、有措施、有人员的疫病防控机制。各省级兽医行政主管部门定期召开马鼻疽防治工作会议，研判、通报疫情形势和工作进展，修订完善防治策略和防控措施。

60多年来，国务院和农业部多次召开会议，从组织领导、设计规划、队伍建设、技术指导、科普宣传等多方面部署马鼻疽防控工作，广大兽医工作者不畏艰辛、深入一线，使得马鼻疽消灭工作得以顺利完成，这为今后消灭其他动物疫病提供了宝贵的经验。

二、科学规划 依法防治

消灭一种疫病是一个国家全盘统筹部署实施的全国性规划，我国坚持"全国一盘棋"的战略，统一规划部署，统一消灭标准。1981年在全国农业工作会议提出了"到1985年全国控制和基本消灭马鼻疽等11种畜禽传染病及寄生虫病"的目标，统一部署马鼻疽消灭工作；1996年和2001年，农业部又先后制定和下发了《全国消灭马鼻疽规划》，督促各省加快马鼻疽消灭进程。各省（区、市）政府高度重视，分别制定了相应的防治规划和办法，强化组织领导，确保马鼻疽消灭工作顺利进行。

为统一全国消灭马鼻疽考核标准，1992年农业部颁布了《马鼻疽防制效果考核标准和验收办法》，明确了马鼻疽诊断方法、判定标准以及达到国家考核验收标准的条件。各省相继转发，并按要求加速对本地区马鼻疽实施考核验收。1993年，青海省率先通过农业部考核验收，至2005年，西藏自治区通过农业部考核验收后，我国正式进入马鼻疽巩固期。

60年来，国务院、农业部制定一系列"规划"、"草案"、"标准"、"规范"等具体方案，指导马鼻疽消灭工作的全面实施。这些法律法规的颁布和规划的实施，有力地保障了马鼻疽防控工作的顺利开展。

从马鼻疽消灭60年的历程来看，在经济高速发展的大环境下，单靠发动宣传、经济手段和行政手段推动动物疫病防控还远远不够，必须与法制管理紧紧结合在一起，实现依法行政、依法防控，只有这样，才能确保动物疫病防控的各项任务目标如期实现。

三、落实经费 保障有力

马鼻疽的防制工作涉及千家万户，工作量大，为保证工作的顺利开展，中央和地方财政每年都投入大量的人力、物力和财力。60年来，国家和地方将马鼻疽防控经费列入每年财政预算，有效保证了防治经费的及时、足额到位。在"八五"至"十五"防治和消灭马鼻疽期间，中央财政总计投入2亿多元，各省也相应投入了大量经费，用于疫病监测、患病动物扑杀等，为加快消灭马鼻疽进程提供了有力保障，确保了马鼻疽防治工作科学、系统、有序、有效地开展。

经费投入是完成马鼻疽消灭任务的根本保障。从20世纪起，按照"国家、地方、个人分级负担"的原则，疫区各级政府把马鼻疽消灭工作纳入当地财政预算。同时，广泛动员和争取企业、个人和社会力量提供资金和物质支持。这启示我们，增加投入是动物疫病防治工作顺利开展的有力保障，各级政府要把动物疫病防治经费纳入当地国民经济和社会发展规划，按照经济发展速度逐年增加对动物疫病防控工作的投入，并依照相关政策广泛调动社会资金，投入动物疫病防控事业，保障我国动物疫病防控目标顺利完成。

四、依靠科技　技术支撑

科学技术是第一生产力，马鼻疽防控工作中的每一项突破，都对消灭马鼻疽工作带来新的飞跃。

一是防治策略研究。针对不同历史时期马鼻疽防治出现的新情况、新问题，不断调整马鼻疽防治策略。根据不同流行地区马鼻疽流行特点，因地制宜地提出各项防治策略，确保了消灭马鼻疽目标的顺利实现。

二是诊断、检疫和监测技术研究。马鼻疽检测技术在不同时期马鼻疽防治工作中发挥了主要作用，特别是在检疫净化中发挥了重要作用。1956年、1972年和1979年，农业部先后颁布《鼻疽检疫技术操作方法和判定标准（草案）》《马鼻疽诊断技术及判定标准》，为全国马鼻疽检测提供了统一标准。

三是治疗药物研究。在百废待兴的新中国成立初期，我国科研人员在借鉴国外治疗研究经验的基础上，找出缩短病程、降低成本、简化手续的治疗方法，确定了采用土霉素和磺胺类药物对开放性鼻疽病马进行治疗的标准方案，并经全国推广，在培育无鼻疽健康马群、减少畜主损失、控制全国疫情方面起到重要作用。

在党中央、国务院高度重视下，经过60多年几代人的不懈努力和顽强拼搏，我国马鼻疽防控工作取得了举世瞩目的巨大成就。但是，动物疫病防控是一项艰巨复杂的系统工程，随着我国经济的发展和社会的变革，以前一些行之有效的防控技术和措施，有的难以为继或无法实施，这就要求我们发挥科学技术的重要作用，不断创新、充实，丰富动物疫病防控事业的内涵。

五、大力宣传　群防群控

加强宣传工作是做好马鼻疽群防群控的基础。60年来，各级政府坚持宣传马鼻疽的防控知识，利用广播、电视、简报、图片展览和各种会议、集会等多种方式反复宣传马鼻疽的危害、防治措施及养马卫生等知识，突出马鼻疽防治工作重要性及防控马鼻疽的重要意义，使马鼻疽防治工作在疫区家喻户晓，形成了一个能防、能控、能制的防疫体系，开创了群防群控马鼻疽的局面。

在马鼻疽防控历程中，各级政府始终高度重视宣传思想工作，从最早的宣传队、印刷海报到后来的广播、报纸再到现在的电视、互联网，宣传媒介不断更新，但马鼻疽的宣传工作始终贯穿着60多年的防控历程。事实证明，只有让群众了解疫情状况、知晓防控知识，才能动员群众自觉参与到疫病的防控工作中，才能充分发挥群众的力量，及时控制疫情的发生发展。

六、政府牵头　联防联控

马鼻疽的成功消灭，证明了多部门合作的重要性，证明了卫生部门、兽医部门、公安部门、交通部门等相互配合、协调的必要性。公共卫生事件涉及多系统、多部门，要建立密切的合作机制，特别是加强卫生和兽医部门沟通与协作，充分发挥各自优势。实践证明，兽医和人医的交叉和融合有利于动物疫病的防控和公共卫生安全。

正如消灭马鼻疽工作是一项复杂的系统工程，涉及面广，如果没有地方政府牵头，仅靠兽医部门远远不够，需要卫生、交通、公安、宣传等部门共同配合才能控制本病的流行蔓延。尤其在60年代实施检疫、隔离、扑杀等措施，若无各级政府部门的支持、组织、管理和对扑杀赔偿问题的处理，很难实施扑杀、淘汰等有效措施。

马鼻疽的成功消灭，关键是采取了"组织领导、依靠科技、依法防治、群防群控和联防联控"的综合防控战略，这一宝贵经验必须继续坚持。根据综合防控的战略，今后我国的动物防疫工作既要采取科学合理的技术措施和责任明确的管理措施，也要充分发挥社会力量广泛参与，全社会参与，全社会防疫；既要加大检疫、检测和监测力度，将疫病扼杀在萌芽状态，也要加强防疫基础工作，统筹规划，依法防治，加快构建动物疫病控制的长效机制；既要大力加强组织机构建设，统一思想，明确任务，又要在政府的领导下协调各部门力量，形成防控合力，切实提高我国动物防疫工作水平。

下篇

疫区省份消灭
马鼻疽情况及
专家回忆录

第六章
疫区省份消灭马鼻疽情况

第一节　北京市

1999 年，北京市通过了农业部马鼻疽消灭标准的验收，马鼻疽的防治工作取得了阶段性的成果。此后每年北京市按照相关防治技术规范对达标地区后续工作要求，继续坚持在每年的春、秋两季集中动物防疫期间，在做好综合防治措施基础上，对全市 14 个有马属动物存栏的区县开展抽检，以巩固北京市马鼻疽消灭成果，实现区域无疫的维持。

一、马鼻疽流行概况

1949 年以前广泛蔓延和流行，1949 年以后几年基本得到控制，但 1956—1966 年发病率增高，1973 年以后基本得到控制。1951—1971 年，全市累计马属动物发病 1 445 匹，1956—1989 年检疫阳性 589 匹，扑杀 411 匹。自 1999 年以来未再检出阳性马属动物。

二、马鼻疽防控情况

1. 流行期

据对京郊农村的调查了解，北京市在新中国成立前就有马鼻疽的发生，但无书面记录。新中国成立后，随着兽医机构的建立和完善，马鼻疽防制工作逐渐列入兽医工作的议事日程。据统计，1951 年以来全市共发生开放性鼻疽病畜 1 449 匹，除石景山以外的 13 个郊区县均有发生，1958 年和 1960 年发病县区数最多，为 10 个县区，占京郊县的 71.43%；1959年和 1965 年发病数最多，共发病 522 匹。从 1956 年开始，北京市实行检疫净化和扑杀阳性畜相结合的措施，逐步控制了马鼻疽在我市的流行。

2. 控制期

截至 1990 年，全市共检疫 166 705 匹，检出 689 匹阳性畜，阳性率 0.41%，对阳性畜全部进行了扑杀处理。全市累计病死和扑杀马匹 2 138 匹，马鼻疽在北京市得到了有效的控制。

3. 稳定控制期

1990 年以来，马鼻疽已在全国范围达到了稳定控制标准，北京市继续坚持检疫净化和扑杀阳性畜相结合的措施，维持北京市马鼻疽稳定控制状态。

4. 消灭期

农业部依据该病发生的特点及实际情况，制定了《1996—2000 年全国消灭马鼻疽规划》，要求北京市到 1998 年达到马鼻疽防制消灭标准。北京市动物疫控部门由此开展以消灭马鼻疽为目标的马鼻疽综合防制技术推广工作。

1996—1998 年，北京市动物疫控部门组织开展全市大规模的检疫净化工作。每年春秋各进行一次，对各县所有乡、马场按比例进行抽检，重点是对原疫点和北京周边地区，全市 3 年累计检疫 52 533 匹次，其中市站抽检 13 703 匹次，全部阴性。

同时，各级兽医部门深入宣传马鼻疽的危害性，强调强制检疫的重大意义。通过宣传，畜主不但能主动配合检疫工作，而且也能积极配合兽医做好淘汰阳性畜的工作，对灭源工作起到了保证作用。

为确保病畜的不再流入，全市各公路检查站、铁路检查站加强对出入北京市的马属动物进行查证验物。同时，全市马属动物饲养场加强饲养管理和环境消毒，并对新购入的马属动物严格隔离和检疫，防止病原传入，尽力减少传播机会。这一措施及时巩固了检疫净化的成绩。

各县区于 1998 年 8 月 11 日至 25 日向市畜牧兽医总站提出考核验收申请，市总站根据各县区申请材料，按照考核验收标准组成验收小组，于 1998 年 9 月对 13 个县区进行了考核验收。

北京市畜牧兽医总站对各县区的消灭马鼻疽资料进行分类汇总，并结合全市历年的防制资料，形成了北京市关于马鼻疽防制工作的全面总结。按照农业部的要求和标准，于 1999 年 3 月 3 日通过北京市畜牧管理办公室，正式向农业部提出消灭马鼻疽考核验收的申请。同年 5 月，农业部考核专家组对北京市马鼻疽消灭工作进行考核，依据《关于马鼻疽防制效果考核标准及验收办法》，认定北京市已达到消灭标准。

5. 巩固期

消灭马鼻疽后，针对马鼻疽防制工作现状，北京市提出综合防制和加强监测的防制措施，形成了以后全市开展马鼻疽防制工作的指导性意见。

（1）继续落实"检疫并扑杀阳性畜"的方法，加强定期监测 按照农业部的要求，每个县（区）每年按比例进行抽检，各县（区）的每个乡都要有一定数量，重点是马属动物存栏大的乡、历史疫点、马匹流动大的地区和旅游区。一旦检出阳性畜立即上报，并紧急扑杀处理，不留隐患，并对该地区重新普检和考核，加强周边地区的检疫。

（2）加强引进畜的隔离检疫 一般不要引进牲口，必需引进时，必须报畜牧主管部门审批，引进马匹必须来自经农业部考核已消灭马鼻疽的省份。基层畜牧兽医站检查引进马的原产地的检疫证明，并监督做好隔离饲养和复检，确实为阴性者，方可饲养。公路、铁路检查站做好查证验物，加强过往车辆和马匹的消毒和补检工作，以免外来的病畜进入北京市。

（3）加强对马场和旅游景点娱乐用畜的检疫工作，防止人被本病感染 马场和旅游景点的人流动性大、密度高，人畜及畜间接触多，明确要求马场和旅游景点，每年都要对旅游用马进行鼻疽、传贫检疫，未经检的马匹不得使用。

（4）稳定对马属动物传染病的人力、物力、财力投入，深入开展专项疫病同步监测，加强综合防制　每年春、秋两季对辖区马及马属动物按照15%比例抽检，确保抽检数量不低于100匹，存栏不足100匹的实施全部检疫。市动物疫病预防控制中心负责统一提供诊断试剂，区、县负责按照国家标准进行诊断，同时进一步加强养殖环境治理和消毒灭源等工作，净化环境，清除病原和传播媒介。

三、消灭马鼻疽的成果

（一）经济效益

北京市马鼻疽从1973年以后基本得到控制，1990年至今未再检出阳性。相比1951—1971年流行高峰期，减少发病和扑杀马属动物近1 794匹，每匹按3 000元估算，减少直接经济损失538万元。在马鼻疽防控的投入方面，如减少疫苗、消毒药、诊断与监测所需人力物力投入等所产生的间接经济效益，更是无法估算。

（二）社会效益

消灭马鼻疽，有效保障了北京市马属动物养殖业的健康发展，尤其是随着北京市旅游业的不断发展，马匹的价值不断提高，马属动物养殖业的稳定发展，对于农民经济创收和与马匹相关的旅游业的健康发展具有重要意义。而马鼻疽可以由畜传染人，所以消灭马鼻疽可以有效防止人感染马鼻疽，更具有重要的公共卫生意义，其社会效益显著。

四、防控经验

（一）组织保障

自2005年兽医体制改革以来，北京市进一步健全兽医工作体系，市级兽医部门形成了以北京市农业局为兽医行政主管部门，北京市动物卫生监督所为执法机构，北京市动物疫病预防控制中心为技术支撑单位的兽医工作格局，为马鼻疽的防治和消灭提供了强有力的组织保障。

（二）防治机构健全

北京市动物疫病预防控制中心承担北京市马鼻疽的防治和消灭工作的具体实施和技术指导。与区县兽医行政部门、执法机构和技术支撑单位、乡镇兽医派出机构、村级防疫员，共同形成了市县乡村四级兽医工作体系，是马鼻疽防治和消灭的具体实施机构。

（三）法律法规保障

法律法规不断完善，兽医体系队伍健全工作有力，是消灭马鼻疽的重要基础。从马鼻疽防治工作实践来看，《中华人民共和国动物防疫法》《北京市实施中华人民共和国动物防疫法办法》等法律法规，以及《马鼻疽防治技术规范》《马鼻疽防制效果考核标准和验收办法》等部门规章的颁布实施，有力说明了将动物防疫工作纳入法制化管理轨道，既是做好动物防疫工作的前提，更是提高畜牧兽医工作人员工作能力和水平的关键性措施。同时，北京市市县乡村四级动物防疫体系队伍的建立健全和工作机制的不断完善，也为消灭马鼻疽工作提供了强有力的组织保障，是取得此项工作全面胜利的重要基础。

第二节 天津市

天津市在新中国成立前及新中国成立后一段时间内也曾是马鼻疽流行地区，对该病防控一度成为天津市兽医工作的重点。多年来在市政府的领导和农业部指导下，天津市马鼻疽防制工作，充分发挥了畜牧兽医部门组织、协调和综合服务的职能，实施了以检疫净化为主的防疫措施。采取拔除疫点与搞净化区、普查与常年检疫相结合的方法，使该病得到全面控制，并于 1998 年通过农业部考核验收，达到部颁消灭标准。近年来，天津市继续高度重视马鼻疽防控工作，至今没有新的疫情发生，抽样监测结果全为阴性，防控成效显著。

一、马鼻疽流行情况

（一）流行概况

据调查，新中国成立前，天津市部分地区存在马鼻疽流行情况，而有发病最早的记录，是 1949 年在武清县城关镇，该镇的小屯、后屯、桥村屯、草茨 4 个村共发病 12 匹。1950、1953 年又相继在静海县的西翟庄乡西翟庄村、蓟县的洪水庄乡东道峪村发病 5 匹，至 1956 年疫情扩展到蓟县、宁河、宝坻、武清、东郊、西郊、塘沽等 7 个区县 19 个乡，发现病畜或鼻疽菌素点眼阳性畜有 88 匹，市内各区马车运输社饲养的马匹发病也相当严重。此后，该病一直在天津市散发，直到 1985 年最后一次发生在静海县，发现 1 匹阳性畜，进行了扑杀。马鼻疽在天津市流行长达 34 年之久，累计死亡 1 124 匹。期间该病成为危害天津市马属动物的一种主要疫病之一，给天津市农业造成了很大经济损失。

（二）流行特点

病畜特别是开放性鼻疽病畜是本病的传染源。天津市马鼻疽疫源：一是 20 世纪 50—60 年代，每年需从内蒙古自治区、新疆维吾尔自治区等省区大量调入役畜，由于检疫不严，马鼻疽病畜流入天津市；二是各区县牲畜交易频繁，市场检疫不严，病畜混入，造成传染。其感染途径主要是经消化道，也可经呼吸道或损伤的皮肤、黏膜感染。

（三）流行因素

1. 外购牲畜是马鼻疽病传入天津市的主要因素

20 世纪 50—60 年代，由于天津市役畜大量不足，每年都通过各区县的农资公司，大量从内蒙古、新疆等调入牲畜。由于产地检疫不严格，致使病畜流入天津市，造成传染流行。

2. 大牲畜交易频繁，造成疫源传播

50、60 年代，由于国内兽医机构不健全，对市场检疫不严，致使一部分马鼻疽病畜混入市场，一方面感染市场牲畜，另一方面把疫病原带到新的地区，造成疫区的扩大。

3. 集中饲养、使设是造成本病流行的另一原因

1978 年农村体制改革以前，牲畜以村为单位集中饲养，由于同槽饲喂、饮水，很易造

成全群发病。在农村搞运输的牲畜接触面广，感染机会多。

4.饲养管理不良，牲畜体质虚弱，也易感染发病

此外，在该病流行初期，对开放性病畜处理不果断，也是造成流行因素之一。

（四）疫病分布

本病在天津市范围分布较广。西郊、东郊两区流行较为严重，武清、静海、蓟县、南郊为一般流行，宝坻、宁河、塘沽等区县只是零星散发。大港区原属南郊，无详细资料记载。该病在天津市一年四季均可发生，部分品种、性别、年龄都可发病。

（五）发病特点

从天津市临床发病的牲畜中，分急性和慢性马鼻疽，以慢性较多。根据马鼻疽侵害的部位不同，又分为肺鼻疽、鼻鼻疽和皮鼻疽，临床特点各异。

二、马鼻疽防控情况
（一）防控基本情况

在新中国成立后的马鼻疽防治工作中，天津市认真贯彻"预防为主、防重于治"的方针，在各级政府的正确领导下，各级业务部门坚持综合防治几十年。1953年开始采取了以检疫净化为主的防治措施，至1956年全市每年春秋两次普查，对病畜或阳性畜进行立即扑杀，并做好无害化处理措施。马鼻疽阳性畜逐年减少，阳性率控制在0.005%~0.01%。1986年开始至今未见马鼻疽的发生。

天津市在1993—1995年，连续3年按马属动物存栏的90%进行普查，结果全部阴性；1996—1998年，全市抽检亦全为阴性。1998年天津市通过了农业部考核验收，达到了部颁马鼻疽消灭标准。

1998年至今，天津市对马鼻疽防控工作高度重视，按照农业部的要求和部署，坚持"预防为主，以检促防"的方针，因地制宜开展防控工作，巩固了天津市马鼻疽的消灭成果。

（二）防控时间进度

1.流行初期

这期间，主要是在个别地区零星散发，发病范围小，病畜数量少。发病率在0.013%~0.284%，危害程度不大。

2.流行高峰期

期间该病流行范围扩大，发病率高，危害严重。每年都有3~7个区县的13~24个乡镇发病，发病率在0.45%~1.049%，病死率在0.05%~0.09%。其中1958年有7个区县24个乡镇的131匹（头）牲畜发病，发病率高达1.049%，是历史最高峰。

3.稳定下降期

这16年间，是天津市马鼻疽疫病稳定下降时期。发病范围在逐渐缩小，发病数量也稳定下降。每年发病区县在1~5个，发病率为0.006%~0.453%。

4. 控制期

天津市控制期发病数量低，范围小，发病率仅 0.005%~0.011%。

5. 稳定控制期

1986—1989 年，天津市马鼻疽防治进入了稳定控制期，连续 4 年全市没有发现马鼻疽病畜，基本控制了该病。1990—1995 年，天津市连续 3 年按马属动物存栏的 90% 进行普查，结果全部阴性。

6. 消灭期

天津市连续 3 年抽检亦全为阴性。1998 年天津市通过了农业部考核验收，达到了部颁马鼻疽消灭标准。

7. 巩固期

天津市马鼻疽自 1998 年达到部颁消灭标准后，至今仍按照农业部和市局要求，认真做好该病的抽检和流调工作，确保无疫病发生，巩固了消灭成果。

三、消灭马鼻疽的成果

（一）经济效益

天津市自 1949 年出现马鼻疽病例以来，1953 年全市开始采取以检疫净化为主的综合防控措施，逐步扩大范围，直至 1986 年无疫病发生，1998 年达到部颁马鼻疽消灭标准，取得了显著的经济效益。经分析计算，取得的直接经济效益达 9 233.1 万元。

（二）社会效益

20 世纪，马属动物是我国农村农业生产及运输等主要畜力之一，发生马鼻疽造成畜力严重不足，极大地影响了农业生产的发展，给农村的生产、生活造成了很大困难。天津市新中国成立后至 1985 年，疫情先后波及全市 11 个区县，大批病马死亡或被扑杀，而且马繁殖、生产能力降低或丧失，严重阻碍了养马业的发展，给农牧业生产造成严重损失。此外，马鼻疽作为一种人畜共患传染病，给人民群众身体健康造成严重威胁。因此，消灭马鼻疽，不仅对畜牧业生产意义重大，而且具有重要的公共卫生意义。另外，马鼻疽的消灭，为我国成功消灭动物疫病树立了典范，同时也成为今后消灭人畜共患传染病的一个里程碑，社会及生态效益十分显著。

四、防控经验

1950 年以来，天津市马鼻疽防治工作，在各级政府的正确领导和大力支持下，各级畜牧兽医部门在"预防为主、防重于治"方针指导下，采取"检疫、隔离、治疗、处理病畜、消毒"相结合的综合防控措施，疫区、疫点逐年减少，成效显著。

（一）加强领导，大力宣传

近年来，天津市领导对马鼻疽防控工作非常重视。市畜牧兽医管理部门（原市兽医局）专门成立了"马鼻疽防制工作指挥部"，认真制定防控实施方案和目标管理考核验收制度；市疫控中心（原市畜牧兽医站）安排 1 个副站长专门负责马鼻疽的监测和消灭工作。全市兽医部门积极开展防控工作，坚持日常监测，同时对外引入马属动物严格执行检疫检测。与此同时，大力加强对群众的宣传教育工作，把马鼻疽的危害性、给畜牧业带来的损失，通过广播、电视、报纸、刊物、宣传栏等途径进行宣传，大大提高了政府和群众对防治该病重要性的认识，增强了人们的防范心理；督促群众做好平时的防疫、检疫工作，使他们了解在引进和外调牲畜时要向当地畜牧部门报检，经过严格检疫，并且知道对阳性畜要进行扑杀处理。通过宣传教育，马鼻疽的防治工作得到了各级政府部门和群众的重视和配合，许多乡镇政府积极配合并参与到检疫、普查工作中，使天津市马鼻疽的防治工作进行得顺利，并且卓有成效。

（二）落实责任，强化技术措施

根据农业部〔1992〕农（牧）字第46号文和农牧发〔1996〕1号文精神，天津市一直把马鼻疽防治工作作为动物防疫工作的一个重点。按照农业部《马鼻疽防治效果考核标准及验收办法》《1996—2000年全国消灭马鼻疽规划》要求，制定了全市的防治规划。每年召开一次会议，部署安排马鼻疽的监测考核工作，将检疫、监测任务指标分解落实到位，分期分批进行检疫监测，做到了有措施、有制度、有落实、有检查。各区县也都按照要求，成立了领导班子，指定专人负责，积极筹集防治经费，积极开展工作。召开马鼻疽检疫监测及考核验收专题工作会议，部署工作任务，切实保证了天津市马鼻疽防治工作的顺利进行。

天津市每年举办兽医诊断技术培训班，为各地培训动物疫情普查监测技术人员，对马鼻疽的普查监测提出具体要求和操作规范；为培训检疫、监测人员，制定利用鼻疽菌素点眼试验检查马鼻疽的普查方法，确定检疫时间和检疫范围；印制诊断马鼻疽的技术规程、检疫记录表样，为马鼻疽的防治和考核验收奠定了扎实的基础。

（三）加强疫情监测，达到消灭标准

要做好马鼻疽防治效果考核验收，首先要做好马鼻疽疫情的监测和普查。根据部里的规划要求和各地实际情况，天津市每年进行疫情普查、监测，没有病畜、鼻疽菌素点眼没有阳性的县连续监测两年，所用诊断液全部由市里统一免费供应。由于马属动物数量不多，大多数地方都采取了把一个村或几个村的马属动物集中到一个点，由村干部负责登记，业务人员负责检疫的办法，两次点眼，连续观察12~24小时。

在做好疫情普查、检疫监测的基础上，各区县都成立了马鼻疽防治效果考核验收领导小组，从1995年开始，陆续进行了防治效果考核验收。

（四）采取"检疫、隔离、治疗、处理病畜、消毒"相结合的综合防控措施

1.加强检疫，消除疫源

几十年来，天津市通过检疫，及时处理阳性病畜，消除疫源，在有效控制及消灭马鼻疽方面发挥了巨大作用。坚持至少每年进行一次马鼻疽全面检疫工作，并对检出的阳性畜进行隔离管制和扑杀处理，消除了疫源，防止了疫情扩散。

2.严格消毒制度，减少疫病传播

根据马鼻疽传播途径多样性特点，在防治工作中，各地及时制定了切实可行的马鼻疽消毒制度，严格消毒，加强防范。消毒制度的建立及实施，为有效控制和消灭马鼻疽起到了积极的促进作用。

3.坚持疫情监测，加强疫情防范

从 1985 年最后 1 头病畜被扑杀处理至今，天津市马鼻疽防控度过了消灭期，一直处在巩固期中。为巩固取得的防治成果，各地坚持以检疫和临床检查相结合的方法，积极开展疫情监测工作，加强疫情防范。到目前为止，未检出阳性畜及无临床病畜，为天津市马鼻疽的消灭提供了可靠的科学依据。

（五）持续监测巩固马鼻疽消灭成果

自 1998 年，天津市通过马鼻疽消灭标准验收合格后，多年来，天津市一直按农业部要求持续开展监测工作，持续巩固马鼻疽消灭成果，为在全国范围内达到马鼻疽消灭标准奠定了坚实基础。

第三节　河北省

河北省的马鼻疽病最早发生于 1949 年的邯郸市邯郸县。20 世纪 50—70 年代全省马鼻疽疫情达到最高峰，80 年代疫情得到有效控制，90 年代全省 11 个区市达到了农业部马鼻疽消灭标准。

2000 年 6 月，农业部《关于安徽、江苏、贵州、河北四省达到马鼻疽消灭标准和天津、贵州、河北三省（市）达到马传贫稳定控制区标准的通报》（农牧发〔2000〕7 号），确认河北省马鼻疽达到消灭标准。2000 年以来，河北省一直按照马鼻疽防治技术规范要求，对马属动物进行抽检，均未检出阳性畜。

一、马鼻疽流行概况

根据历史资料记载，河北省马鼻疽病最早于 1949 年发生在邯郸县。138 个村 2 920 匹马属畜中，发病畜 156 匹，发病率 5.3%，死亡 133 匹，死亡率 4.6%，至 1957 年，该县每年都有病畜发生。

20 世纪五六十年代，马鼻疽在全省是发展蔓延的趋势。50 年代，华北军区在军马中检出 4 000 匹鼻疽马，集中隔离饲养在沧州地区献县 84 个自然村，划分为 5 个鼻疽管制区。1957 年唐山市高各庄等 7 个村发生本病，死亡 12 匹。1961—1962 年高各庄检疫马属牲畜时，阳性鼻疽检出率达 10%。张家口地区 1953 年抽检 5 县 14 个区 305 个村，检疫 21 011 匹，检出阳性畜 992 匹，阳性率 5.5%。1963 年张家口铁路检疫站检出阳性率 6.8%。保定地区 1963 年在 6 个县检疫，阳性率 2.6%。1959 年，定县生产资料公司在购进马中检出 34 匹病畜，由于对病马没管制好，1961 年扩散到周围 6 个村，新发生病畜 21 匹，死亡 7

匹。石家庄地区 1963—1968 年阳性畜检出率 4.27%。

在河北省 28 个疫病普查县中，24 个县发生马鼻疽，发病高峰集中在 1956—1963 年，发病率按年顺序分别为 7.4%、9.8%、10.7%、10.3%、11.2%、13.5%、9.9%、29.2%。1970 年、1971 年、1974 年、1983 年发病率分别为 7.3%、10.6%、20.6%、11.5%。据这 28 个县统计，1949—1985 年，有 175 个县次、370 个乡次、946 个村次，累计发生病畜 3 065 匹，占累计存栏数 67 279 匹的 4.55%，累计死亡 1 640 匹，占累计存栏数的 2.43%。

根据全省 1949—1998 年不完全统计，临床调查 361 个县次，9 483 个乡次，123 065 个村次，共发现马鼻疽病畜 4 780 匹，占临床调查畜数（7 397 496 匹）的 0.06%。点眼调查畜数 4 565 456 匹，检出阳性畜 11 512 匹，阳性率 0.25%。市场检疫 2 041 383 匹，检出阳性 684 匹，阳性率 0.03%。运输检疫 907 933 匹，检出阳性 203 匹，阳性率 0.02%，累计死亡 1 035 匹，扑杀 8 068 匹，隔离治疗 3 803 匹。

全省较大面积发生马鼻疽，首次在 1958 年，有 12 个县、17 个乡、27 个村，发生病畜 167 匹。其次在 1979 年，有 9 个县、10 个乡、11 个村，发生病畜 55 匹。

90 年代初全省统计，共有 84 个县（市、区）发生马鼻疽病。

80 年代中期以后，农民生活水平提高，农业和运输业逐步机械化，马属畜被拖拉机、汽车、农用三轮车所取代，全省马、骡、驴饲养量锐减，平原地区很少饲养，农村又实行了联产承包责任制，大牲畜分户精心喂养，减少了传染传播机会，从此马鼻疽病在河北省近乎绝迹。据各市兽医站报告，到 1998 年底，全省 11 个市中有 5 个市已连续 18 年没有发现本病。有 4 个市连续 14~16 年没发现本病，2 个市分别为 11 年、9 年未发现本病。

按农业部对马鼻疽病考核验收要求，各市从 1996 年开始，对本病进行自我考核。承德市 1996 年、1997 两年抽检马属畜 7 万余头，均为阴性。张家口市在 62 个老疫点村用鼻疽菌素点眼检疫 3 746 匹，占存栏数的 99.9%，均为阴性。唐山市在各县（市、区、场）共 90 个村 270 户 176 头马属畜和 20 个交易市场 46 匹马属畜点眼检疫，也未发现鼻疽病畜。廊坊市 1998 年组织各县在 43 个乡、481 个村点眼检疫 8 350 匹，均为阴性。保定市在过去发生过鼻疽病的 5 个县、14 个乡、16 个行政村抽检 180 匹，均为阴性。邢台市 1996 年、1997 年在原发的 4 个县点眼检疫 2 690 匹，未发现阳性。邯郸市在 16 个县 16 个乡点眼检疫 456 匹，未发现阳性。沧州市在 16 个县（市）295 个乡 2 390 个村点眼检疫 70 037 匹，均为阴性。衡水市在 11 个县 90 个乡 657 个村检疫 11 675 匹，全部为阴性。

2000 年 4 月，农业部考核组对河北省马鼻疽防制工作进行了考核，考核组在严格审查全省历年来马鼻疽防制工作的原始资料，并对张家口的张北县和保定市的徐水县进行现场检测，认为河北省马鼻疽达到消灭标准。2000 年 6 月，农业部《关于安徽、江苏、贵州、河北四省达到马鼻疽消灭标准和天津、贵州、河北三省（市）达到马传贫稳定控制区标准的通报》（农牧发〔2000〕7 号），确认河北省马鼻疽达到消灭标准。2000 年以来，河北省一直按照马鼻疽防治技术规范要求，对马属动物进行抽检，均未检出阳性畜。

二、马鼻疽防控情况

新中国成立以后，河北省各级政府对马鼻疽防制非常重视。省、市、县均成立了专门组织——马鼻疽管制委员会。在管制委员会的统一指挥下，负责马属动物的检疫、病畜扑杀、管制、治疗和消毒等工作，每个地区确定 2~3 个县，设立鼻疽管制区，对全地区阳性鼻疽马集中管理。1962 年，保定专员公署颁发了《控制和消灭鼻疽病暂行办法》，1980 年成立了由副专员任组长，畜牧、公安、商业、交通部门负责人为成员的马鼻疽防制领导小组，设立联合办公室，制定了宣传发动、人员培训、检疫扑杀、隔离管制等一系列防治措施。石家庄市成立了马鼻疽防制工作领导小组，设置了办公室。廊坊市的永清、文安等县由县政府组织，成立《马鼻疽管制委员会》，制定了"鼻疽牲畜管制暂行规定"，规定中要求：① 严格封锁，加强检疫；② 彻底处理死畜尸体；③ 马厩消毒；④ 病畜隔离治疗。张家口、承德、唐山等马属畜较多的地区都成立了"马鼻疽防治领导小组"或畜禽疫病防治领导小组，制定了防治计划。在各级领导关怀支持下，各地普遍建立了鼻疽病畜管制区，对检出的病畜实行定点管制。

1. 流行期

1954 年，农业部颁发《马鼻疽防制暂行办法》后，全省各地相继开展防治马鼻疽工作。防治措施概括为 5 个方面：一是对健康畜群检疫；二是扑杀开放性鼻疽畜；三是对检出的阳性畜定点隔离管制；四是培育健康幼畜；五是药物治疗。

在畜群检疫方面，开展 3 个方面工作，一是对调进调出的马属畜检疫；二是在牲畜交易市场检疫；三是对跑运输的马车队的马属畜检疫。例如，原唐山地区 1951—1983 年对各县供销社马库经销的马属畜共检 1.43 万匹，检出阳性畜 479 匹。原廊坊地区 1960—1982 年检疫跑运输的马属畜 11.4 万匹，未检出阳性畜。张家口地区 1952—1997 年在牲畜交易市场检疫 222 113 匹，检出阳性畜 247 匹。对检出的阳性病畜和门诊揭发出的病畜，属于开放性鼻疽的，一律扑杀，张家口地区共扑杀开放性鼻疽畜 1 344 匹。28 个疫病普查县在检出的 1 600 匹阳性病畜中，共扑杀开放性鼻疽畜 1 290 匹，占 80.6%。

对非开放性鼻疽畜，各地都建立了鼻疽病畜管制区，统一进行管理。张家口集中到崇礼县六间房等 4 个区，承德集中到围场县莫里莫乡等 4 个区，唐山集中到滦县、乐亭、迁安、开平 4 个管制区。沧州集中到献县管制区。在各管制区内，对阳性病畜所产的幼畜经过两次检疫，均为阴性的视为健康幼畜，可迁出管制区。全省各鼻疽管制区统一执行四项措施：① 严格封锁，区内的马属畜及产品严禁出境；② 彻底深埋死畜尸体；③ 加强饲养管理；④ 用药物治疗病畜。由于实行了上述措施，经过数年以后，许多病畜转为阴性，有些已经康复迁出了管制区。

2. 控制期

全省主要实施 5 个结合防控措施：一是定期检疫与疫病普查相结合，多数地方采取了每年春、秋各检疫一次，同时采取不定期疫病普查，及时扑杀病畜；二是集市检疫与门诊检测相结合，对大牲畜交易市场，每逢集市检疫，各兽医站、兽医院在临床诊断治疗病畜时，注意及时发现病畜；三是产地检疫与定点检疫相结合，对调出的牲畜在产地进行检疫，对铁路、公路调入购进的牲畜进行定点检疫；四是扑杀与隔离相结合，对开放性鼻疽马坚决扑杀；五是加强饲养管理与环境消毒相结合。

3. 稳定控制期

此期的主要措施就是对健康畜群进行检疫、扑杀阳性畜，同时加强饲养管理与环境消毒。

4.消灭期

此期的主要措施就是对健康畜群进行检疫、加强饲养管理与环境消毒，同时全省开始了消灭标准考核验收。

1996 年 11 月，河北省畜牧兽医站根据全国消灭马鼻疽规划要求，制定了河北省 1996—2000 年消灭马鼻疽规划，计划 1996—1997 年，张家口、唐山、廊坊、承德、保定、秦皇岛、沧州、衡水 8 个市达到消灭标准，1998 年石家庄、邯郸、邢台 3 个市达到消灭标准。到 1998 年底，经全省 11 个设区市自查，有 5 个市连续 18 年未发现马鼻疽疫情，4 个市连续 14 年未发现疫情，2 个市连续 9 年未发现疫情。1996—1997 年全省共调查 53.696 8 万匹马属动物，均未发现病畜，鼻疽菌素点眼检疫 46.870 9 万匹，结果全部为阴性。

从 1998 年 11 月至 1999 年 9 月，省畜牧局对 11 个设区市进行了马鼻疽消灭标准考核验收，共对 11 个设区市的 18 个县 22 个乡 25 个村用鼻疽菌素点眼检疫 849 匹马属动物，结果均为阴性，11 个设区市顺利通过了省畜牧局考核验收。2000 年 4 月全省通过了农业部考核组的考核验收，2000 年 6 月农业部发布公告，宣布河北省马鼻疽防控工作达到消灭标准。

5.巩固期

2000 年全省马鼻疽达到消灭标准以来，河北省一直按照马鼻疽防治技术规范要求，对马属动物进行抽检，均未检出阳性畜，有效地巩固了全省防控效果。

三、消灭马鼻疽的成果

（一）经济效益

通过对马属动物的检疫、病畜扑杀、管制、治疗、消毒和加强饲养管理等工作，从 1949 年首次发生本病以来，直到 2000 年全省范围内消灭该病，共检疫马属动物 751.477 万匹。按平均发病率 4.55%（参照原 28 个疫区县普查平均发病率 4.55%）计算，结合河北省科技成果经济效益计算方法，消灭该病经济效益：累计新增社会总量 21.54 万匹；累计新增社会纯收益值 107 700 万元。

（二）社会效益

新中国成立后，马属动物是我国农业和运输业的主要动力，本病的消灭为农业发展和国民经济的发展发挥着重大作用。本病又是人畜共患病，所以为保障畜牧业发展及维护公共卫生安全也发挥了重要作用。同时，本病的消灭又为消灭其他疫病提供了现实经验。

四、防控经验

政府成立由农业、财政、公安、卫生等相关部门为成员单位的专门防控机构是消灭本病的重要保障。如马鼻疽疫情发生后，河北省、市、县相继成立的马鼻疽管制委员会，统一领导辖区马属动物的检疫、病畜的扑杀、非开放性鼻疽畜管制等工作，为本病的消灭发挥了组织领导作用。科学合理的综合性技术措施是消灭本病的关键，如合理的检疫、扑杀开放性鼻疽病畜、加强环境消毒和饲养管理，同时对非开放性鼻疽畜进行强制隔离管制，设置管制区，并在管制区内培育健康幼畜等。此外，广大养殖场户的支持与兽医人员的刻苦努力、辛勤劳动，也是消灭本病的重要基础。

第四节 山西省

1951 年以来，马鼻疽曾先后在山西省 68 个县市发生流行，严重影响了山西省畜牧业的发展。几十年来，在农业部和山西省委、省政府的正确领导下，全省广大兽医人员克服重重困难，采取"检、隔、消、杀"等综合防控措施，终使疫情得以控制，1983 年山西省达到控制标准。后经 1984—1987 年的连续检疫净化，共检疫马 136 538 匹，其中检出阳性马 5 匹，已全部扑杀。在 1988—1995 年，加大抽检比率，连续八年在全省抽检马属动物 338 400 匹，抽检率为 39.84%，均为阴性。按照农业部《马鼻疽防制效果考核标准及验收办法》（农（牧）函字〔1992〕第 46 号），至 1997 年，山西省 11 个地市所辖的 68 个马鼻疽疫区县通过考核，达到消灭标准。1999 年 6 月和 9 月，山西省消灭马鼻疽病考核验收组和农业部马鼻疽病考核验收组，先后对山西省 11 个地市马鼻疽病进行考核，考核组认为山西省马鼻疽病流行史基本清楚，防治措施得力，考核结果可信，确认山西省达到农业部规定的马鼻疽消灭标准。1999 年 12 月，农业部颁发了山西省马鼻疽达到消灭标准的证书。

一、马鼻疽病流行史

山西省早在新中国成立前即有本病流行的说法，主要分布在运城、临汾一带，可惜无史料可查。1951 年以来，曾先后在山西省运城、万荣、永济、芮城、临猗、夏县、新绛、稷山、平陆、垣曲、翼城、襄汾、侯马、洪洞、蒲县、闻喜、曲沃、大宁、乡宁、浮山、隰县、临汾、平遥、太谷、和顺、介休、左权、榆次、祁县、原平、河曲、定襄、岚县、神池、忻州、代县、宁武、静乐、五台、繁峙、岢岚、潞城、长治、平顺、黎城、沁县、屯留、武乡、长子、襄垣、壶关、孝义、临县、文水、交城、汾阳、高平、晋城郊区、阳城、朔城区、应县、右玉、大同县、太原南郊、太原北郊、清徐、阳曲、平定共 68 个县市发生流行。

山西省首次确诊该病是 1951 年在翼城县和平遥县，共发现病畜和阳性畜 51 匹，扑杀 30 匹，病死率 41.1%。1957 年，发病范围扩大到 13 个县，临床病畜 837 匹，阳性畜 164 匹。60 年代中期，该病达到流行高峰，1965 年，全省共检疫马属动物 88 409 匹，检出阳性畜 646 匹，临床病畜 306 匹，阳性率 1.1%。为了控制马鼻疽流行，1963 年成立了山西省防制五大疫病指挥部，经过全省各级兽医工作者的不懈努力，使疫情逐步得到有效控制，阳性率逐年下降。1979 年，检疫马属动物 43 605 匹，检出阳性马 1 匹，临床病畜 17 匹；80 年代，由于市场的放开，牲畜流通频繁，阳性畜和病畜数又有所回升；1983 年检出阳性畜 35 匹，发现临床病畜 29 匹。从 1984 年开始，通过强化检疫和加大扑杀工作力度，再度使阳性畜和临床病畜逐年下降，1985 年仅在山西省平定和夏县发现病马 6 匹，病死 3 匹，扑杀 3 匹。1987 年全省检疫马属动物 29 892 匹，检出阳性畜 2 匹，无一开放性马鼻疽患畜。1988—2015 年，连续多年检疫未发现阳性畜和临床病畜。

二、主要防制措施

60 多年来，山西省始终将马鼻疽病作为一个重要疫病进行防制，在机构、经费、技术到位的前提下，采取"检、隔、消、杀"等综合防制措施，取得了理想的防制效果。

（一）流行期防控措施

山西省 1951 年首次确诊马鼻疽病，1983 年达到控制标准，1951—1983 年为马鼻疽病流行期，这一阶段是防制马鼻疽病的攻坚阶段，主要采取了以下措施。

1. 开展普查

1956 年，农业部颁发《鼻疽检验技术操作方法及标准（草案）》（农牧字第 138 号）和《中华人民共和国农业部鼻疽检疫技术操作规程（草案）》后，山西省开展了对马鼻疽病的普查工作，要求在每年的春、秋防疫两季对各社队以及国营农牧场的马、骡及同槽饲养的驴，采用鼻疽菌素两次点眼的方法判定是否为阳性畜。

2. 严格审批和检疫

开展普查的同时，山西省积极提倡自繁自养的饲养管理方法。五六十年代，需从外地调运牲畜者，省内、省外均要经革委农、商两部门批准，并进行产、销两地检疫后，方可引进。新引进的马匹，要隔离检查一个月以上（具体办法由省农、商两部门研究安排），确实无病者，方可分配。

3. 认真落实综合防控措施

为了尽快控制马鼻疽病的传染，切断传播途径，控制和扑灭马鼻疽病的发生，从 50 年代开始，山西省采取了严格的封锁、隔离、消毒以及治疗和扑杀措施。一经发现开放性鼻疽病畜和检疫阳性畜，一律烙"+"字印，以便辨认。对尚有使役能力的鼻疽病畜，发病数量少的，以县为单位选偏僻山区划为鼻疽区，集中管制。在鼻疽疫区周围的山坡，路口设立标志，坚决杜绝患畜外出，外地的马属动物不得进入管制区；患鼻疽病死亡的马匹，进行深埋，不得解剖和利用；对管制区的圈舍、饲槽、水桶，用石灰乳、热碱水、漂白粉等消毒，患畜鼻腔与皮肤用 3% 来苏尔消毒。一般地区清除鼻疽病后每年进行两次全面检疫，发现病畜，随时送管制区进行管制；鼻疽管制区，在病畜全部处理或死亡后，方可解除封锁。没有条件集中隔离使役的鼻疽病畜全部扑杀处理。进入 80 年代，鼻疽病基本得到控制。

4. 积极开展病畜治疗，提高治愈率

1962 年，农业部畜牧兽医局综合全国治疗开放性马鼻疽病的研究成果和经验，提出了《应用土霉素盐酸盐治疗开放性马鼻疽的技术操作方法（草案）》。之后，山西省对管制区的病畜集中治疗，根据病畜发病程度不同，用不同剂量的土霉素盐酸盐加以治疗，每 5~10 克土霉素盐酸盐用加热到 60~70℃的 100 毫升蒸馏水稀释，一次肌内注射，每一周左右用药一次，连用 3~4 次；或者每 1.0~2.0 克土霉素盐酸盐和 5~10 克葡萄糖粉用加热到 60~70℃的 100 毫升蒸馏水稀释，一次静脉注射，连用 20 天。1962—1964 年，472 匹病马中治愈了 250 匹，治愈率达到 52.96%。到 80 年代，临床病马和检疫阳性马全部扑杀。1988 年后，再未出现开放性和阳性马鼻疽病畜。

（二）控制期防控措施

1983—1988 年为马鼻疽病控制期。经过 1956—1983 年连续 28 年检疫后，山西省的马鼻疽病达到控制标准。后经 1984—1987 年的进一步检疫净化，基本消除了阳性畜临床病畜。

80 年代，由于市场的开放，牲畜流通频繁，阳性畜和病畜又有所回升。从 1984 年开始，利用集镇、庙会、牲畜交易会，每月至少抽查 100 匹马属动物，并做好工作记录。对重点地区要求用补体结合反应检查 1 000 头马属动物进行血清抗体监测，对阳性畜或临床疑似病畜扑杀解剖，进行病理学诊断和病原分离培养。通过强化检疫和扑杀工作力度，再度使阳性畜和临床病畜逐年下降。

（三）稳定控制期防控措施

1988—1995 年为马鼻疽病稳定控制期。为了巩固已有成果，1988—1995 年连续八年用马鼻疽菌素点眼，全省共抽检马 338 400 匹，未检出 1 例鼻疽阳性畜。

1990 年山西省下发了《关于马鼻疽防制效果考核工作安排》（晋农牧（医）字第 3 号）文件，在全省范围内对马鼻疽防制工作进行了一次系统考核；1992 年，农业部下发了《马鼻疽防制考核标准及验收办法》后，各地（市）严格按照农业部文件精神，完成了自我考核任务。

（四）消灭期防控措施

1996—1997 年，山西省根据《"九五"期间全国消灭马鼻疽规划》（农业部（1996）第 12 号文件）精神积极组织，省、地两级均成立了由业务部门领导和具有较高兽医业务水平的专家组成的消灭马鼻疽病考核验收组，圆满完成全省 68 个马鼻疽疫区县的考核验收。1998 年各地市提出验收申请，要求省考核组考核鉴定。1999 年 6 月山西省消灭马鼻疽考核验收组，分赴 11 个地市进行了省级马鼻疽防制效果考核验收。同年 9 月农业部马鼻疽病考核验收组，对山西省 11 个地市马鼻疽病进行了考核，确认山西省已达到农业部规定的马鼻疽消灭标准。1999 年，农业部向山西省颁发了马鼻疽达到消灭标准的证书。

（五）巩固期防控措施

2000—2015 年为山西省马鼻疽病巩固期。由于经济发展，役用动物减少，马属动物饲养量减少，马鼻疽病也随着减少。这一阶段主要采取马鼻疽菌素点眼检疫措施，2008 年按照《关于对北京等 21 个省（区、市）消灭马鼻疽效果进行监测的通知》（疫控（卫）〔2008〕64 号）文件要求，山西省下发了《关于消灭马鼻疽效果进行监测的通知》，各市严格按照要求完成监测 1 800 份，并总结上报。2011—2014 年共检疫马属动物 880 匹，全部为阴性。

三、消灭马鼻疽的成果
（一）经济效益

1980—1999 年间，全省共饲养马属动物 2662 万匹次，以全国 21 个马鼻疽病的整体发病率 0.53% 计算，共减少发病马 14.07 万匹，经济效益增加 29 650.5 万元。

2000—2015 年，全省共饲养马属动物 873 万匹次，无一发病动物，减少病畜治疗费用及人工费，节省了开支，创造了间接经济效益。

（二）社会效益

马鼻疽病的消灭，对于山西省动物防疫事业的整体推进，积极有效地为养殖业保驾护航都起到无法估量的作用。在山西省动物防疫史上具有划时代的里程碑意义，对于国际国内消灭动物传染病都具有一定的参考价值。

四、防控经验
（一）组织领导

成立指挥部，协同作战。从 1963 年开始，山西省即成立了省防制牲畜五大疫病指挥部，当时指挥长由省政府刘开基副省长担任。同时，各地、县亦都成立了相应的领导组，指挥长由分管农业的副专员、副市长、副县长等担任。各级指挥部均设有相应的办公室，并由专人负责办公室工作。成员单位有卫生、供销、公安、交通、商业、银行等部门，一旦有重大疫情协同处理。同时，省、地（市）、县等层层设立了家畜防疫队，深入疫区，坐镇指导，由此马鼻疽疫情很快由 1965 年的高峰逐年下降回落。进入 80 年代后，该病在山西省逐步得到控制。但是，山西省对该病的防制没有半点松懈，每年春秋防疫时都部署该病的普检工作，一旦检出病畜，坚决扑杀。

（二）防治机构

成立家畜检疫机构，加强检疫工作。防疫检疫工作是畜禽健康发展的坚强后盾。新中国成立后，党和政府非常重视畜牧业的发展。五六十年代由于外购马匹频繁，检疫不严，致使马鼻疽病在山西省大面积流行。为了切断传播途径，防止疫源流入山西省，山西省于 1956 年成立了"家畜检疫站"。1972 年，根据《山西省革命委员会关于发展畜牧业若干问题的补充规定》（晋革发〔1972〕147 号）文件，在省界的交通要道恢复了家畜检疫站 10 处，并在省、地、市畜牧部门层层组建了家畜防疫队。

（三）加强兽医队伍建设

要搞好兽医工作，特别是消灭一个重要疫病，必须要有一支训练有素的专业队伍。山西省 20 世纪 50 年代开始就在全省各乡镇陆续建立了乡镇兽医站，至 60 年代，省、地、县、乡兽医队伍基本健全，为消灭该病奠定了技术基础。进入 90 年代后，国家对乡镇畜牧兽医站实行了"定性、定编、定员"的三定工作，空前地激发了广大兽医人员的工作积极性。当时全省共有九千多名兽医被聘为国家聘用制干部，各县、区程度不同地将兽医人员工资纳入财政预算，为消灭该病奠定了良好的基础。

第五节　内蒙古自治区

马鼻疽是内蒙古自治区（以下简称内蒙古）历史上长期流行的主要传染病，是养马业发展的一大病害。从 1951 年开始，特别是 1975 年以后采取"检疫、清群、处理病马"为主的防制措施。经过 40 多年的综合防制，取得了举世瞩目的防制成果，至 1997 年，全区 12 个盟市全部达到了部颁马鼻疽消灭标准，并于 1999 年通过了农业部的达标验收，全区实现了国家规定的消灭标准目标。

一、马鼻疽流行概况

马鼻疽在内蒙古流行广泛，历史已久。据伪满洲国第四次家畜卫生统计，1940 年兴安西省巴林右旗检疫马 935 匹，检出阳性马 310 匹，阳性率 34.6%。阿鲁科尔沁旗检疫马 485 匹，检出阳性马 71 匹，阳性率为 14.6%。同年伪满洲国兴农部第十二回东亚家畜防疫会议要录记载：在海拉尔、陈巴尔虎等 25 个旗县（含：兴、哲盟和赤峰的部分旗县）实施鼻疽检疫 344 857 匹马、骡、驴，检出阳性畜 37 531 匹，阳性率 10.88%。

新中国成立后，马匹的流动量大大增加，马鼻疽传染的机会越来越多，各项畜禽疫病防制工作迫在眉睫。新诞生的人民政府非常重视疫病防制工作，及时组织技术力量开展马鼻疽检疫。呼盟海拉尔服务系统 1954—1957 年从牧区收购约 7 万匹马，经鼻疽检疫其阳性率在 40%~50%；1955 年呼盟那达慕大会期间，对马匹实施检疫，阳性率达 10%~40%；阿巴嘎旗于 1958 年检疫马 16 835 匹，阳性率 13.72%，东苏旗为 19.4%。

历史上呼盟马鼻疽感染率最高，其次为锡盟、兴安盟、赤峰市、乌盟、巴盟地区鼻疽感染在 50% 左右，哲盟、呼市、包头约在 2%，伊盟、阿盟、乌海感染率最低，在 0.5% 以下。

马鼻疽在内蒙古长期流行，对畜牧业生产的发展和广大群众生产、生活水平的提高影响很大，这是由种种因素造成的，主要有以下几点。

1. 五字综合措施落实不到位

1975 年以前，全区贯彻"检、隔、培、治、处"五字综合措施防制马鼻疽，在当时历史条件下，起到了积极作用，也收到了一定效果。但是，五字综合措施不可能从根本上解决马鼻疽的控制和消灭问题。五字措施中隔离病马是重要一环，是"培、治、处"的前提。从 1960—1975 年 15 年的实践看，真正做到隔离病马场（区、点）的是少数，多数地区是无法隔离或者隔而不离，病、健康马经常混群，使马鼻疽继续传播、蔓延。

2. 扑杀病马阻力大

马鼻疽的传染源是病马，开放性病马和活动性病马是危险的传染源，病马的扑杀处理是控制和消灭马鼻疽的关键。但是，在当时的内蒙古病马却不能及时扑杀处理。马鼻疽重灾区的呼盟从 1953—1956 年，全盟仅仅扑杀开放性病马百余匹，大部分未做处理。1980—1982 年全盟检出阳性马 28 925 匹，只扑杀了 12 672 匹，占 43.8%。其他盟市也不同程度地地存在类似问题。病马不能得到及时处理的主要原因：一是 1975 年以前规定扑杀处理开放性鼻疽马，而包括活动性病马在内的大部分病马不在扑杀处理之列，这是当时的历史条件造成的。二是广大基层干部和农牧民对鼻疽病的危害性认识不足，对防制工作不够重视，不大欢迎，对扑杀病马等各项措施的实施阻力很大。

1980 年自治区人民政府发出消灭鼻疽病的通知后，各地马鼻疽防制工作的积极性调动起来了，防制效果也很显著。但是，由于商业、外贸、供销等有关部门未能尽到责任，仅扑杀病马每匹补贴 40 元也难以起到扶持生产的作用，使马鼻疽防制处于停滞状态。

1985 年，自治区农委、财政厅联合发出《关于处理鼻疽病畜的通知》（以下简称《通知》），扑杀病畜的补贴标准提高到每匹 150 元之后，来自群众的阻力基本消除，再次掀起了防制新高潮，防制工作取得了突破性进展。

3. 引进未经检疫的病马造成疫情扩散

未经检疫，引进廉价病马，造成马鼻疽疫情暴发的事例随处都有。1979 年实现鼻疽病清净的巴盟五原县，于 1980 年从乌拉特中旗未经检疫调进 1 835 匹马，分配给 18 个乡后，当年抽检 615 匹，检出阳性 69 匹，阳性率为 11.22%。1981 年再次检疫，又检出阳性马 205匹，使五原县马鼻疽感染率骤然回升。1980 年 9 月，通辽县木里图乡从锡盟东乌旗引进未经检疫的马 63 匹，1981 年检疫其中的 54 匹，检出阳性马 52 匹，其中开放性 2 匹，又感染当地马、骡 13 匹。盲目引进未经检疫的病马，造成疫情回升和暴发的教训值得永远记取。

二、马鼻疽防控情况

内蒙古马鼻疽防制工作，1975 年前主要采取以检、隔、治、处为内容的综合防制措施，收到了一定效果。全区马鼻疽感染率由 1959 年的 5.55% 下降到 1974 年的 2.79%，感染率最高的呼盟也由 1959 年的 23% 下降到 1974 年 16.6%。1975 年以后，采取以"检、处"为主要内容的防制措施。1978 年国务院（78）95 号文件批转了内蒙古关于集中处理鼻疽马的步伐，1980 年底感染率由 1974 年的 2.79% 下降到 1.97%，1985 年又降到 0.44%，到 1990年继续降到 0.17%，直到 1998 年全区范围消灭马鼻疽。

1. 流行期

从 1951 年起，各地陆续开展马鼻疽抽查摸底工作。据不完全统计，1951—1960 年全区共检疫马 2 007 240 匹，初步掌握了疫情，为以后开展防制工作打下了基础。

1960 年以后，农业部、自治区政府和畜牧厅多次发出的马鼻疽防制《办法》、《通知》中强调了隔离病马的意义，规定了种种具体办法。许多地方纷纷行动起来，因陋就简，办起了鼻疽隔离区（场、点）。据统计，全区共设鼻疽马隔离区 40 处，办隔离场 69 个、隔离点 72 个，培育出健康驹 10 723 匹。1968 年，自治区与呼盟、额尔古纳左旗（今根河市）协商，在额尔古纳左旗哈达岭（后改为静岭）以北地区建立了鼻疽、传贫马大隔离区，对各盟市检出的鼻疽、传贫病马统一隔离。据根河林业局统计，大隔离区的病马每匹经济效益 3 000 元。在此，呼盟、根河市对全区马鼻疽防控做出了贡献。20 世纪 60—70 年代，锡盟前后共建鼻疽马隔离场 25 处，其中有 5 处培育出健康幼驹 3 462 匹，取得了较好的防制成果。

早在 60 年代，内蒙古就开展了鼻疽马的试验治疗。内蒙古农牧学院兽医系研制的磺胺加鼻疽菌死菌液治疗鼻疽病马 1 000 余匹。70 年代，内蒙古畜牧兽医研究所采用土霉素治疗鼻疽马,在乌盟四子王旗、达茂旗、武川县、锡盟蓝旗、呼市土左旗、托县、郊区等地治疗鼻疽马 8 952 匹,呼盟、锡盟、乌盟、巴盟、呼市等地区治疗鼻疽马 63 986 匹,这些试验治疗,均达到临床治愈、补反阴性。对于减少传染、保护健康马、培育健康驹具有一定的积极作用。但是,治疗过的病马大部分变态反应(马来因点眼)不消失,随着环境条件的变化和饲养管理跟不上,病情复发,出现典型的临床症状。因此,从 70 年代中期以后,各地逐渐停止了病马的治疗,转入以"检、处"为主的防制阶段。

2. 控制期

1975 年自治区对防制措施进行了必要的调整,明确了以"检、处"为主的防制措施,即对马来因阳性马(含开放性鼻疽马和活动性鼻疽马)一律予以扑杀。防制措施的重要调整,使得马鼻疽防制出现了转机,1975—1979 年全区扑杀病马 2.0 万匹。

1980 年,自治区人民政府发出《关于在 1980 年内全区消灭鼻疽病马的通知》,决定年底前将全部鼻疽病马处理掉,要求各盟市、旗县包干负责,按期完成。并由财政部门按每匹平均不超过 40 元的差额给予补贴。这个决定鼓舞了人心,极大地调动了各地基层干部、群众和畜牧兽医技术人员的积极性,再次掀起了检、处鼻疽马的高潮,从 1980—1984 年扑杀处理 24 471 匹病马。

1985 年 5 月 3 日,自治区农委、财政厅经自治区人民政府同意,发出《关于加快处理鼻疽病马的通知》,(以下简称《通知》)要求各地在四年内将鼻疽病马处理完毕,并规定在限定的时间内,每处理 1 匹鼻疽病马,财政部门按 150 元给予补贴。这个《通知》下达后,在马鼻疽防制史上出现了前所未有的大好形势,各地行动快、抓得紧、效果好。据统计,从 1985—1988 年的 4 年内,全区共检疫马 7 078 337 匹,年平均检疫 177 万匹,检出阳性马 47 785 匹,全部进行了扑杀处理。

3. 稳定控制期

1989—1998 年的 10 年中,各地重点开展了马鼻疽防制扫尾工作和防制成果的考核验收工作。在扫尾阶段,又扑杀处理了残余病马 9 258 匹,其中呼盟处理病马 8 196 匹,占全区处理病马数的 88.5%。

4. 消灭期

1998 年 7—8 月,自治区组织以畜牧厅郝斗林副厅长为组长,官布、许燕辉为副组长的马鼻疽防制成果考核验收专家小组,负责对各盟市马鼻疽防制成果的考核验收工作,并派出专家组对全区 12 个盟市的 14 个旗县 23 个乡(苏木)2 139 匹马进行现场抽检,结果全部为阴性。

通过盟市和自治区现场考核验收,证实内蒙古 88 个旗县全部实现了部颁马鼻疽消灭标准。按照农业部《马鼻疽防制效果考核标准及验收办法》中关于省消灭标准的规定,内蒙古已实现了消灭标准。

1999 年,经农业部专家组验收通过,12 月 29 日农业部以农牧函〔1999〕21 号文件形式发布内蒙古自治区达到马鼻疽消灭标准。

5. 巩固期

各地为巩固马鼻疽防制成果,按照《鼻疽病防制技术规程》中关于监测的具体规定,凡实现鼻疽消灭标准的旗县从实现消灭之年起转入疫情监测,以掌握疫情动态。如出现反复,及时采取措施，巩固防制成果。从 2000 年起，哲、乌、伊、阿盟和呼市、乌海开展疫情监测，直到 2009 年，全区 12 个盟市先后开展了疫情监测，共抽查马 315 491 匹，全部阴性。证明内蒙古马鼻疽防制成果是巩固的。

三、消灭马鼻疽的成果

1. 经济效益

内蒙古新中国成立前就有发生马鼻疽报告，发病数量到 1959 年达到高峰，由此防制工作全面展开。经过 40 多年的防制到 1998 年全区达到消灭马鼻疽国家标准，取得了显著的经济效益。经计算，共取得直接经济效益 106 276.717 万元。

2. 社会效益

消灭马鼻疽，促进了内蒙古自治区畜牧业的健康发展，是内蒙古自新中国成立以来继消灭了牛瘟和牛肺疫之后，取得的又一项疫病防制新成果，具有重大的历史意义。它凝聚着内蒙古几代兽医工作者的辛勤汗水，标志着内蒙古兽医工作取得了可喜的成绩。

四、防控经验

1. 加强组织领导

自治区政府多年来非常重视马鼻疽病的防制，加强了对该项工作的领导，特别是自 1985 年以来，各级政府相继成立了畜禽防疫指挥部，将鼻疽检处工作列入每年工作的议事日程，及时召开会议研究部署，将上级业务部门的要求传达到牧户。根据本地区鼻疽病流行情况制定防制规划，统筹安排本辖区内林、地、铁和农场局系统的防制。各级畜牧局签订防制任务责任状，层层落实防制任务，年终通过深入实地检查任务完成的情况兑现责任状。在地方财政经费紧张的情况下，各级政府对每匹扑杀病马增加补贴费，促进了病马的扑杀工作，对净化鼻疽病起到了至关重要的作用。

2. 依法防制马鼻疽病

认真贯彻落实国务院发布的《条例》《细则》和自治区的《实施办法》及《鼻疽病防制技术规程》等一系列法律法规，做到了依法制疫。每年开展对马属动物的普查和检出病马无偿扑杀的措施，取得了良好效果。后又随着《中华人民共和国动物防疫法》的颁布实施，使鼻疽病的净化工作完全走上了法制化轨道，有力地保障了防制工作的进行。

3. 坚定不移地实施有效防制办法

从 50 年代开始，内蒙古马鼻疽防制在不同历史时期采用不同的防制办法。如调查疫情，重点防制；"检、隔、培、治、处"五字防制；检验和土霉素治疗；"检、处"为主综合防制。每种办法对内蒙古当时的鼻疽病都起到了很好的防治作用。

4. 加大宣传力度

各地利用广播、电视讲座和简报等形式宣传动员干部群众，技术人员深入到基层的嘎查村屯，向农牧民宣传马鼻疽病的危害及防制的重要意义。一些地区开展宣传进万家活动，将鼻疽病防制工作宣传给每个农牧民，做到家喻户晓，人人皆知，提高了牧民的思想认识水平，绝大部分牧民都能积极配合防制工作开展。

5. 与有关部门密切合作

各地在开展防制工作时，根据工作需要，与公安、交通、运输等部门密切配合，通过协作，扫除检处阻碍，多方配合形成会战合力，从而加快了防制进度。

6. 稳定和加强基层防疫队伍建设

基层防疫机构是检处工作第一线的主力军，加强基层体系和队伍建设，稳定兽医队伍是保证马鼻疽防制的关键。近年来自治区各级政府，非常重视基层体系和队伍建设，每年都下拨一定的资金用于房舍修建和器材购置，为各项防疫工作开展创造了条件。特别是"三定"工作的开展，整顿了基层兽医站，健全了规章制度，加强了培训，保证了兽医人员工资收入，稳定了防疫队伍，对促进马鼻疽防制工作发挥了重要作用。

第六节　辽宁省

多年来，在农业部兽医局的正确领导下，在中国动物疫病预防控制中心、哈尔滨兽医研究所等相关部门的大力支持下，辽宁省不但消灭了马鼻疽，而且还巩固了马鼻疽消灭成果，目前，马鼻疽检疫监测等防控工作依然扎实开展，且成效明显。

一、总体概况

马鼻疽病史在辽宁省历史悠久，从1950年省内检出第一例马鼻疽病畜开始，辽宁省马鼻疽防制工作历经了从暴发流行、检疫控制、稳定控制再到全面消灭四个主要阶段。经过全省几代兽医工作者的不懈努力，采取综合性防制手段，于1995年顺利通过农业部专家组消灭马鼻疽验收。至此，辽宁省历经45年，全面达到消灭马鼻疽标准。目前，辽宁省每年依照农业部《国家动物疫病监测与流行病学调查计划》《动物疫病流行病学监测实施方案》和《马鼻疽防治技术规范》等要求，在全省范围内持续对马鼻疽开展检疫监测。1996—2014年间辽宁省共检疫监测马属动物 4 116 672 匹，监测结果均为阴性。

二、马鼻疽流行概况

1. 新中国成立前马鼻疽是辽宁省马属动物最严重的传染病之一

1919年奉天马车社检查130匹马，阳性率为23%（30/130）。1932年东北军北大营检查778匹军马，阳性率53.7%（418/778）。同年伪中央训练所检查511匹军马，阳性率63.4%（324/511）。1939年北镇县检疫马、骡、驴1 810匹（头），阳性率1.55%（28/1 810）。

2. 新中国成立后辽宁省马鼻疽流行情况大致可概况为暴发流行、检疫控制、稳定控制再到全面消灭4个阶段

（1）流行阶段　1950年庄河市首先报道有马鼻疽病例，此后在全省各县区不断出现病畜。尤其是1956年农业合作化后，马匹未经检疫合槽饲养，加速了本病的传播。50年代末，各地相继成立一些马车运输队，纷纷从疫区购进马匹，许多未经检疫的病马引进后使本病进一步扩散蔓延。阳性率由1950年的0.18%（114/63 189）上升到1963年0.76%

（3 774/495 952），是历史上发病最多的一年。

（2）检疫控制阶段　从 1963 年开始，全省普遍开展了马鼻疽检疫工作，并以县为单位建立马鼻疽集中隔离管制区。1963—1970 年共检疫马匹 5 012 221 匹，检出阳性畜 12 646 匹，全部集中到马鼻疽管制区，实行集中管制。之后，全省病畜逐年减少，1970 年阳性率降到了 0.07%（518/721 121）。

（3）稳定控制阶段　通过制定防治法规、建立病畜隔离管制区、培育健康马驹等多项措施，采取检疫、监测、扑杀的方法，并连续多年开展了马鼻疽防控先进县区考核评比工作，使辽宁省马鼻疽检测数量逐年增加，阳性率逐年降低。1970 年马鼻疽阳性率为 0.04%。1971 年根据全省疫情情况，省政府决定撤销马鼻疽管制区，扑杀病马，其污染率迅速下降。1988 年阳性率为零（0/998 025）。

（4）消灭阶段　1994 年按〔1992〕农（牧）函字第 46 号文件精神，省畜牧局对全省 14 个市进行了考核验收，全省所有县均达到消灭标准。

三、流行特点

1. 流行形式

1956 年以前多为散发，有时呈地方性流行。1956 年以后牲畜由散养改为集中饲养，呈点状发生。马鼻疽常在多个地区散发，呈慢性型，清净区引入病畜后呈点状暴发，多数为急性型。

2. 地区分布

辽宁省马鼻疽的流行与病马的存在及其流动相一致。20 世纪 70 年代以前主要发生在城镇郊车队、交通沿线、建筑工地、农耕重点区等马属动物集中的地区。1957—1958 年对部分市、县马匹进行点眼检查，城镇感染率为 15.8%~24.9%，农村为 9.8%~10.3%。80 年代以后，由于生产体制的变化，病畜多数分布在个体饲养户中。

四、流行因素

1. 马匹流动频繁，私自外购引入病畜，这是辽宁省各地发生疫情的主要原因

辽宁地区沿海，交通方便，马匹流动频繁，为马鼻疽的传播与蔓延提供了良好的外部环境。1956 年农村养马由散养改为集中饲养，马匹未经检疫就合群，造成阳性率大幅度上升，由 1950 年的 0.18% 升到 0.6%。

2. 检出的病畜不能及时处理，成为新的疫源

辽宁省各地在 50 年代检出的病畜不能及时处理，隔离不严格，时常出现再传染蔓延的现象。

3. 检疫不彻底或漏检，留下隐患，也是原因之一

50 年代及 60 年代初，由于检疫机构不够健全，群众对马鼻疽检疫认识不足，导致每年检疫数量少。1949—1962 年全省平均检疫头数为 14 万匹，与应检头数有较大差距，病畜与健康畜混群，疫情得不到有效控制。1963 年马鼻疽阳性率上升到 0.76%，病畜 2179 匹，死亡 1416 头，是发病最多的年份。

五、马鼻疽防制情况

1. 防制措施

新中国成立后，辽宁省结合本省实际情况，实行了检、隔、培、治、处综合防制措施，以检、隔、处为中心。为了控制疫情，早在 1950 年，原东北人民政府就发布了《家畜防疫暂行条例》，实施重点检疫，就地隔离使役的办法。但由于诸多原因的影响，防制效果不大，1950—1963 年平均阳性率仍为 0.3%。

1963 年辽宁省制定了《辽宁省马鼻疽病防制工作细则》，推出了普遍检疫、集中隔离管制、扑杀阳性畜的新举措。为揭发控制传染源，规定全省每年春、秋各进行一次全面检疫，外购畜进行跟踪检疫。从 1963 年开始，检疫范围由 6 个重点市扩大到全省 13 个市，每年检疫头数由不足 20 万匹（头）增加到 80 万匹（头）以上，检疫密度每年均达到 90% 以上。阳性畜经烙印后，送马鼻疽管制区，集中隔离饲养，扑杀了开放性阳性畜。1971 年阳性率已经降到 0.04% 以下，收到了良好的防制效果。

针对每年检出的阳性畜，辽宁省在 44 个县区内建立了 54 个鼻疽管制区，1963—1971年先后收容了 8 280 匹病畜，并培育了 3 490 匹健康驹。由于多年的检疫，马鼻疽的污染率已明显下降，1971 年省里决定不再向管制区调入病畜并逐步撤销、缩小马鼻疽管制区范围，于 1983 年前撤销了全省所有的鼻疽管制区，并扑杀了管制区内全部病畜，清除了集中污染源。

1971 年辽宁省又出台规定，凡检出的阳性畜一律扑杀，发现一个消灭一个。1971—1987 年共扑杀了 3 407 匹（头）阳性畜，防止了病原扩散。除以上措施外，还采取、推广了取消公用饲槽，自繁自养，评选防制马鼻疽先进县区等办法，对消灭马鼻疽也起到了一定的积极作用。

2. 马鼻疽防制效果

经全省广大防制人员的不懈努力，辽宁省马鼻疽阳性率逐年降低。1970 年阳性率已降到 0.04% 以下，1983 年阳性率降至 0.01%，1988 年阳性率为零。1992—1995 年又经连续检疫 4 年未发现病畜，马鼻疽在辽宁省已基本被消灭。

六、消灭马鼻疽的成果

1994 年为贯彻落实农业部农（牧）函字〔1992〕第 46 号文件，省畜牧局组织有关人员对全省 14 个申报马鼻疽消灭标准的市进行了实地考核验收。共抽检了 24 个县区，检疫马（骡）2 400 匹次，均未检出阳性畜。全省所有县区均达到了消灭标准，同时表明辽宁省已迈进了马鼻疽省级消灭标准的先进行列。

1995 年 10 月 4 日，辽宁省畜牧局向农业部提出了对马鼻疽防制效果考核验收的申请，部考核验收组于 1995 年 10 月 25—31 日，认真听取了辽宁省马鼻疽防制工作汇报，审查了辽宁省历年马鼻疽防制工作和检疫的原始资料，抽检了黑山县 201 匹马属动物。根据农业部《关于马鼻疽防治效果考核标准和验收方法》规定，考核验收组一致认为辽宁省各级人民政府和畜牧兽医主管部门对消灭马鼻疽非常重视，措施有力，各种材料齐全，数据翔实、可靠，完成了消灭马鼻疽的历史使命，通过了辽宁省消灭马鼻疽部级验收。

七、成果巩固

1996 年，辽宁省为巩固消灭马鼻疽成果，制定了《辽宁省 1996—2000 年期间马鼻疽防制规划》，并确定了总体目标。继续对马（骡）进行检疫监测，本地畜检疫密度不低于 50%，外购检疫密度 100%。1996—2000 年间共检疫马（骡）204.2 万匹（头）。

2000 年至今，辽宁省没有放松马鼻疽的防制工作，把马鼻疽的检疫净化工作纳入每年的动物防疫目标量化考核，实行目标量化管理。对本地马属动物采取随机检疫净化的措施，每年对全省 84 个涉农县各随机选取 100 匹马进行检疫，不足 100 匹马的全部检疫。对外购的马属动物 100% 进行跟踪检疫。通过每年的监测，截至目前未发现阳性马属动物。

2008 年，辽宁省根据中国动物疫病预防控制中心《关于对北京等 21 个省区消灭马鼻疽效果进行监测的通知》要求，认真组织，周密部署，及时下发了《关于开展马鼻疽抽样监测的通知》（辽动疫控〔2008〕35 号）。并根据现有马属动物养殖分布情况及历史疫情发生情况，确定抽测县和备选县，并对每个抽检县派出一名技术骨干进行技术指导和监督。此次监测也得到了市、县两级业务部门的高度重视，并召开专门会议，成立工作领导小组，制定了抽测实施方案。此次抽测 4 个县 16 个乡（镇），监测马属动物 2 097 匹，严格按照技术规范进行操作，监测结果均为阴性。

辽宁省马鼻疽防制工作，从省内发现第一起病例到全面通过消灭验收历经 45 年，耗费了大量人力、物力和财力，也付出了巨大的代价。从 1963 年一年当中检出 3 774 匹阳性畜，到 1988 年阳性畜检出率为零的突破，其中凝集着全省几代兽医工作人员的智慧与汗水。实践证明，在各级领导重视的基础上，重点加强检疫监测，着力加强法制规范化管理以及各项措施的有效落实，马鼻疽等其他动物疫病在全国范围内的消灭，是完全可以实现的。

第七节　吉林省

在吉林省委、省政府的正确领导下，在中国动物疫病预防控制中心的指导下，吉林省认真贯彻执行马鼻疽防制工作有关的法律法规，采取"定期检疫、分群隔离、划地使役、扑杀病畜"等综合性防控措施。经过多年努力，于 1997 年达到消灭马鼻疽的标准。1998 年以来，吉林省再接再厉，继续做好马鼻疽的监测工作。

一、马鼻疽流行概况

吉林省的马鼻疽始发年代无据可查，据《东北经济小丛书》介绍，伪康德 4 年（公元 1943 年）应用马来因点眼法检查，其感染率为 3%~4%。据 1940 年不完全统计，全省感染率为 6.4%，可见 20 世纪 30 年代吉林省就有马鼻疽。从 40 年代始，该病呈扩大流行趋势，主要以白城和长春地区马匹集中的县流行为主。以后通过疫区引进马，该病蔓延到通化、延边等地。60 年代该病达到高峰。疫情最严重的扶余市检出阳性率分别是：1960 年 36.49%，1961 年 31%，1964 年 41.68%，全市 85% 的社有鼻疽马。全省平均阳性率 50 年代为 4.21%，60 年代为 4.37%，70 年代为 1.73%，80 年代为 0.19%。疫情在 60 年代达到高峰后，80 年代基本得到控制。此时，吉林省共有 63 个县发生过马鼻疽疫情。到 1988 年，全省已无开放性鼻疽马。1992 年鼻疽菌素点眼检出白城市镇赉县 7 匹，长春市九台 1 匹阳性畜。全部扑杀后，全省检疫未再发现阳性畜。

二、马鼻疽防控情况

马鼻疽流行及防控情况在吉林省大概分为五个阶段。

（一）流行期

根据档案记载，吉林省在 1949—1957 年这几年为第一次暴发流行时期，共有 37 个县的 199 乡发生马鼻疽疫情，发病马属动物数为 37 200 匹，出现马鼻疽病例死亡数 256 匹。其中，1949 年仅德惠、吉林市郊、乾安三地，就有 10 个乡发生疫情，发病马属动物为 8 776 匹，死亡 22 匹。1956 年龙井、靖宇、乾安、通榆四县 24 乡发生疫情，发病马属动物 17 682 匹，死亡 194 匹。一直到 1958 年该病蔓延到 8 县 60 乡。从 1958—1966 年期间该病大规模暴发，期间马属动物发病数为 192 177 匹，死亡 481 匹。发病县、乡数直线上升，1963 年发病县数达到 18 个，乡 221 个。1967—1973 年全省马鼻疽疫情得到有效控制，发病县乡数有所下降，仅 34 465 匹马属动物发病，死亡 22 匹。1974—1978 年期间疫情反弹，仅 1974 年、1975 年两年共有 24 县 230 乡发生疫情，马属动物发病数为 29 406 匹。在该病流行期间，依据相关文件要求，对病马进行烙印、隔离，严重者进行扑杀处理。同时通过县、公社、生产大队、生产小队相关兽医工作人员的报告，随时掌握马匹的病情，并开展相应的检疫，处理病畜。从临床、检疫两方面进行马鼻疽的防制。

（二）控制期

在这 4 年时间里，吉林省马属动物存栏 4 019 274 匹，共检疫马属动物 1 687 353 匹次，阳性畜 17 278 匹，扑杀 246 匹。这段时间的阳性率为 1.73%。采取的主要措施是坚持"预防为主、防检结合、隔离扑杀"的原则。全省范围内对马属动物认真开展了马鼻疽菌素点眼工作，对于检出的阳性价值较高的非开放性种马进行隔离治疗，通过培育无该病的健康幼驹而逐渐更新马群；病畜污染的饲草、圈舍进行严格消毒，病死马进行无害化处理。同时，还加强了市场检疫和牲畜进出境检疫工作，杜绝患病牲畜交易和进出境。

（三）稳定控制期

80 年代初，吉林省由于措施得当，检疫及扑杀力度加大，基本控制了本病。1980 年开始到 1987 年，8 年时间吉林省的马属动物发病数为 9 328 匹，阳性检出率下降到 0.19%。

（四）消灭期

1988 年以后，全省各疫区县坚持以检疫和临床检查为主的马鼻疽疫情监测工作。8 年间共检疫马类家畜 6 113 210 匹，结果显示有 20 匹阳性马，经临床检查未发现开放性临床症状。1996 年，吉林省 9 个地区对所辖区域抽检了 56 县 126 乡，共计抽检了马属动物 6 581 匹，未发现马鼻疽阳性畜。1997 年下半年，吉林省又对 9 个地区的考核结果进行了验收抽查，共抽查了 10 县 18 乡 1 093 匹马，都未检出开放性马鼻疽及阳性畜。吉林省马鼻疽防治工作顺利通过了农业部考核验收，达到马鼻疽消灭标准。

（五）巩固期

吉林省达到消灭标准以来，继续做好马鼻疽监测工作。一是加强马属动物临床健康检查，就诊时的排查工作；二是定期开展常规流行病学调查工作；三是用鼻疽菌素点眼方法进行检测。1998—2015 年，共监测马属动物 144 072 匹，结果均为阴性。

三、消灭马鼻疽的成果
（一）经济效益

从 1960 年开始，吉林省各级政府投入了大量的人力物力财力全面开展防治工作，到 1997 年初消灭了马鼻疽，取得了显著的经济效益。经分析计算，1960—1997 年底取得的直接经济效益达 21 894.868 万元。

（二）社会效益

马鼻疽不但造成了农牧业生产和发展的严重损失，而且为人畜共患传染病，给人民群众身体健康造成重大威胁。因此，吉林省各级政府高度重视该病的综合防制工作，通过不懈努力控制和扑灭了该病，为今后消灭人畜共患传染病，保障人民群众的身体健康，积累了重要经验；对提高动物产品的质量安全水平和国际竞争力，促进农业和农村经济发展，均具有十分重要的意义。

四、防控经验
（一）加强组织领导

吉林省高度重视消灭马鼻疽工作，各级政府把该项工作列入议事日程，周密安排部署，成立领导小组，制定消灭方案，建立目标责任制，逐级签订责任状，健全马鼻疽消灭工作的各项工作制度，形成统一指导、分工明确、齐抓共管的工作格局，确保了马鼻疽消灭工作的有序实施。

（二）健全防制机构

吉林省有完善的防疫体系，省畜牧兽医工作总站及市、县级畜牧兽医站（后更名为疫控中心）先后建立，在此基础上，吉林省为马鼻疽消灭工作更好地完成，成立了"吉林省马鼻疽防制效果考核领导小组"，下设办公室。组长由省牧业局主管防疫副局长担任，防疫处处长及畜牧兽医工作总站负责人担任副组长，办公室设在畜牧兽医工作总站。各市、县也相应成立了马鼻疽防制效果考核领导小组，从组织机构和人员方面为消灭马鼻疽工作提供了保障。

（三）出台相关文件

按农业部《关于印发〈1996—2000 年全国消灭马鼻疽规划〉的通知》牧函〔1996〕24 号等文件的要求，吉林省下发了吉牧函字〔1996〕号《关于下发〈1996 年全国动物防检疫工作安排意见〉的通知》，并转发了农业部《马鼻疽防制效果考核标准及验收办法》，省畜牧兽医工作总站下发了《关于对各市、州进行马鼻疽考核验收的通知》（吉牧医站字〔1997〕第 22 号）等文件。

（四）落实防检措施

吉林省在防制本病上，始终贯彻"预防为主，防检结合，隔离捕杀"的防控措施，早在 1961 年吉林省就制定了《吉林省防制马鼻疽暂行措施（草案）》，并且在实践中不断完善，采取了一些集体措施。一是广泛宣传马鼻疽的危害和防制马鼻疽的常识，提高认识，做到群防群治。二是抓好定期检疫，对检出的开放性鼻疽马一律扑杀深埋或销毁。确诊阳性马一律烙印、隔离饲养，划地使役。三是严禁不经检疫买卖、换串马匹。四是大力培养健康幼驹，60 年代初就采取这项措施，对鼻疽阳性马的幼驹两次检疫，阳性驹隔离饲养，加强培育，逐渐更新畜群。五是撤销公用饲槽、饮水工具，马属动物外出自备水桶、饲槽，避免交叉感染。

第八节　黑龙江省

1982 年，黑龙江省兽医卫生防疫站根据全省控制畜禽传染病的战略，制定了在全省范围内实施"以检疫净化"为主的控制和消灭马鼻疽的防制规划。经过全站 31 名技术人员的艰苦努力和全省广大基层兽医技术人员的配合，历时 16 年采取了流行病学调查、检疫和诊断，消灭传染病原，净化疫点等有力措施，终于在 1997 年完成了对最后一匹鼻疽马的处杀工作。又经过一年多的检疫，没有发现鼻疽阳性马。1998 年 8 月 13 日，经农业部消灭马鼻疽考核验收组的验收，认定黑龙江省达到了消灭马鼻疽标准。这是黑龙江省新中国成立以来消灭的第三个重大传染病，也是黑龙江省广大畜牧兽医工作者在战胜家畜传染病中取得的又一重大成果。

一、马鼻疽流行概况

黑龙江省马鼻疽病的发生、流行由来已久。据史料记载：清雍正十二年（公元 1735 年），以索伦人为主的少数民族饲养的索伦马、蒙古马、白俄奥尔洛夫马及杂交培育的黑河马就发生过马鼻疽。20 世纪初，大兴安岭鄂伦春族饲养的狩猎马也有马鼻疽的发生。尤为严重的是在 1938—1949 年，由于马匹饲养管理不良，繁重的使役，恶劣的环境，加之每年从省外购入大量病马，造成传染源移动，疫情扩散，使马鼻疽暴发流行，造成大批死亡。

据记载，1938—1949 年黑龙江省养马年平均饲养量 110 万 ~120 万匹，发病马 25 万匹，死亡鼻疽马 15 万匹，平均发病率 21.7%，死亡率为 12.9%。马鼻疽阳性率平均在 20%~25%，个别地区高达 37.9%。

从 1950—1997 年 47 年间，黑龙江省马鼻疽出现两次大流行，15 次地方流行，其余零星散发。出现两次大流行都因社会和自然因素影响，1958—1961 年农村合作化马匹集群，受自然灾害影响，马鼻疽污染率三年分别为 11.64%、18.37%、23.78%。1969—1972 年，马鼻疽防治工作放任自流，污染率三年分别为 21.9%、24.5%、27.8%。

1981 年全省试点检疫马 71 万匹，检出阳性马 6 万匹，阳性率为 8.45%。除已开展检疫净化 4 年的牡丹江市污染率最低为 0.7%，其余地区污染率均很高，佳木斯市污染率 8.9%，绥化地区污染率 9.4%，松花江地区污染率 11.3%，齐齐哈尔市污染率 12.1%。

1984 年以后，马鼻疽防制工作全面进入"检疫净化"阶段，全省以地区为单位，对所辖县（市）自己逐个净化。然后由地区验收，分期分批扑杀所有阳性马，直接消灭传染源。通过"检疫净化"办法，大大加快了黑龙江省马鼻疽防制工作进程。

二、马鼻疽防控情况

1. 流行期

新中国成立后，黑龙江省人民政府十分重视马鼻疽防制工作，组织技术人员对疫情进行调查，同时开展检疫、定性、扑杀、隔离、治疗等工作，使马鼻疽防制工作取得显著成绩。1956 年黑龙江省人民委员会颁布了《消灭马鼻疽规划方案》，并提出"专队饲养、划地使役"，全面检疫隔离，检出阳性马，在右侧臀部烙"+"字形印等措施。1957 年全省马存栏 151.3 万匹，检疫 81 万匹，检疫率 53.54%，检出阳性马 11.1 万匹，阳性率 13.8%，发病马 5.1 万匹，死亡马 2.9 万匹，扑杀病马 1.7 万匹，治疗 1.2 万匹。

1958 年全省召开了马鼻疽防制工作会议。同年农业部在黑龙江省哈尔滨市召开了全国马鼻疽防制工作会议，推广了肇东、泰来两县经验。肇东仅用一个月时间完成全县 4.86 万匹检疫、隔离工作，隔离阳性马 1.42 万匹。泰来县一年两次检疫，采取集中隔离病马、培育健康幼驹，处杀开放性鼻疽马，撤走大车店的公用饲槽、饮水槽及村屯井旁共用饮水槽等措施，降低了马鼻疽阳性率。通过采取上述措施，两县马鼻疽阳性率从 1957 年的 13.8%，下降到 1965 年的 2.8%，国营农场马鼻疽阳性率由 1950 年的 44.2%，下降到 1960 年的 0.26%，并从阳性马的后代中培育出大批健康幼驹。

1961 年，农村纠正"平调"错误时，有些地区农村生产队拆散马鼻疽阳性马隔离点，把阳性马退回原生产队，加上自然灾害的影响，马鼻疽阳性率又上升到 13.03%。

1963 年，黑龙江省在望奎县首先开展了马鼻疽治疗试点，共治疗隔离点的阳性马 360 匹，临床症状消失率达 95% 以上，大部分治疗马经复壮后投入使役。省畜牧厅在望奎县召开的全省马鼻疽防制现场会上，推广了治疗鼻疽马的经验。据 1963 年不完全统计，全省治疗开放性鼻疽马 3 万多匹，其中 2.4 万匹马经治疗症状消失，减轻了马鼻疽危害。

1965—1970 年期间，停止马鼻疽检疫、隔离工作，马鼻疽防制工作处于瘫痪状态。

1978 年，黑龙江省农牧局责成黑龙江省兽医卫生防疫站对全省马鼻疽污染、流行发病、死亡情况进行专题调查。调查结果表明：黑龙江省马鼻疽污染率高，危害十分严重。在对哈尔滨、齐齐哈尔、牡丹江、佳木斯、绥化 5 个地（市）所辖的泰来、富裕、讷河、龙江、肇东、安达、望奎、青冈、双城、五常、尚志、宾县、海林、虎林、林口、富锦、密山、宝清等 18 个县进行调查，共抽检马 2.18 万匹，检出阳性马 0.32 万匹，阳性率 14.5%。从全省检疫情况看，污染率达到 25.8%。

2. 控制期

1978—1997 年，省财政与地方财政实施扑杀病马补贴经费办法。1981 年全省试点检疫马 71 万匹，检出阳性马 6 万匹，阳性率为 8.45%。佳木斯市污染率 8.9%，绥化地区污染率 9.4%，松花江地区污染率 11.3%，齐齐哈尔市污染率为 12.1%。牡丹江市辖区 9 个县（市）坚持 10 年净化，从 1978—1988 年累计检疫马属动物 404 110 匹，分批扑杀阳性马累计 1465 匹，率先达到净化区。由于全省开展检疫净化措施，马鼻疽疫情达到有效控制，污染率逐年降低，疫情稳定，全省马鼻疽防制进入控制期。

3. 稳定控制期

1986—1989 年，黑龙江省佳木斯市所辖 13 个县（市）坚持三年检疫，累计检疫马 199 100 匹，占养马总数的 92.7%，检出鼻疽阳性马 543 匹，全部扑杀。1989—1994 年黑龙江省松花江、绥化、齐齐哈尔 3 个地市所辖 33 个县（市），6 年累计检疫马 686 948 匹，占养马总数的 95.9%，检出阳性马 1 570 匹全部扑杀。其他 25 个县（市），于 1994—1996 年全面开展了马鼻疽检疫净化工作，累计检疫马 125 757 匹，占养马总数的 92.3%，检出的阳性马 128 匹全部扑杀。

4. 消灭期

按照农业部《关于下发〈马鼻疽防制效果考核标准及验收办法〉的通知》（农（牧）函字〔1992〕第 46 号），结合黑龙江省消灭马鼻疽进程，1995 年，黑龙江省下发了《关于巩固马鼻疽净化成果全面完成考核验收工作的通知》（黑兽卫防字〔1995〕第 25 号）。1997 年，按照农业部下发《关于马鼻疽防制考核验收工作的通知》（农牧医发〔1997〕120 号），1998 年，黑龙江省下发了《关于在全省开展马鼻疽防制效果考核验收工作的通知》（黑兽卫防字〔1998〕第 9 号）。1998 年 6 月，黑龙江省安排 12 名专业技术人员组成 6 个考核验收组，分赴省内 12 个县（市）抽查了 24 个乡（镇）马属动物 1208 匹，进行了现地临床鼻疽菌素点眼监测，结果全部为阴性，并对历年来马鼻疽检疫档案、年度总结等有关材料进行了验收。7 月，黑龙江省向农业部申报《关于黑龙江省消灭马鼻疽申请考核验收工作的报告》（黑兽卫防字〔1998〕第 15 号）。8 月，农业部专家组来黑龙江省抽检青冈、海林 2 个县，用鼻疽菌素点眼法监测马属动物 234 匹，检疫结果全部阴性。至此，黑龙江省马鼻疽防制效果达到了部颁消灭标准。

5. 巩固期

黑龙江省消灭马鼻疽防治工作，自 1998 年达到部颁消灭标准后，按照国家马鼻疽消灭标准规定，制定了马鼻疽监测计划。并坚持每年下发监测通知，要求各地有计划地对本辖区内的马属动物在开展马鼻疽流行病学调查的同时，进行临床鼻疽菌素点眼检测。检测比例占存栏马属动物 1.5% 以上，发现临床疑似病马和鼻疽菌素点眼检测阳性马，立即上报省动物疫病预防与控制中心。经中心派出技术组现地复检定性后，进行监督扑杀并做无害化处理，确保黑龙江省马鼻疽消灭效果。

据统计，全省 79 个县（市），1999 年有 38 个县（市）开展了马鼻疽监测工作，应用鼻疽菌素点眼检测 6 724 匹，占监测县（市）存栏马属动物 322 473 匹的 2.02%，占全省马属动物存栏 685 775 匹的 0.98%。

2000 年全省 79 个县（市），应用鼻疽菌素点眼检测 18 439 匹，占监测县（市）存栏马属动物，768 316 匹的 2.4%。

2001 年有 38 个县（市）应用鼻疽菌素点眼检测 6 742 匹，占监测县（市）存栏马属动物 322 473 匹的 2.09%，占全省马属动物存栏 598 000 匹的 1.12%。

2002 年，由于黑龙江省生物制品一厂没有生产马鼻疽菌素，所以，在马鼻疽监测工作安排上，黑龙江省有 39 个县（市）开展了马鼻疽流行病学调查与临床检查 30 000 匹，占开展县（市）马属动物存栏 276 541 匹的 10.85%，占全省马属动物存栏 469 755 匹的 6.3%。

2003 年马鼻疽监测情况同 2002 年一样，也因马鼻疽菌素的缺乏而没有点眼检测，全省共有 39 个县（市）开展了马鼻疽流行病学调查与临床检查计 35 000 匹，占开展县（市）马属动物存栏 259 276 匹的 13.5%，占全省马属动物存栏 379 276 匹的 9.22%。

2004 年有 40 个县（市）开展了马鼻疽流行病学调查与临床检查计 32 000 匹，应用鼻疽菌素点眼检测 4 320 匹。调查与临床检查比率占监测县（市）存栏马属动物 257 616 匹的 12.42%，点眼比率占 1.64%，占全省马属动物存栏 358 616 匹的 8.92%，点眼比率占 1.18%。

2005 年有 47 个县（市）开展了马鼻疽监测工作，应用鼻疽菌素点眼检测 11 500 匹，占监测县（市）马属动物存栏 280 488 匹的 4.10%，占全省马属动物存栏 331 137 匹的 3.47%。

2006 年有 31 个县（市）应用鼻疽菌素点眼检测 4 218 匹，占监测县（市）马属动物存栏 239 659 匹的 1.76%，占全省马属动物存栏 305 726 匹的 1.38%。

2007 年有 57 个县（市）应用鼻疽菌素点眼检测 3 586 匹，占监测县（市）马属动物存栏 407 500 匹的 0.88%，占全省马属动物存栏 413 256 匹的 0.86%。

2008 年全省存栏马属动物 400 255 匹，通过流行病学调查、临床检查马属动物 5 079 匹。22 个县（市）马属动物存栏 111 653 匹，每个县（市）完成 100 匹马属动物监测任务，共计鼻疽菌素点眼检测 2 200 匹，检测率为 1.97%。

2009 年，各地对本辖区内的马属动物开展一次流行病学调查。同时，选择 24 个县（市）作为省级马鼻疽流行病学调查和临床鼻疽菌素点眼检测重点县。据统计：全省累计监测马属动物 14 562 匹，占养马属动物存栏 316 577 匹的 4.6%，没发现鼻疽马。24 个监测县（市）按要求各自完成了本辖区 100 匹马的监测任务，共计鼻疽菌素点眼检测马属动物 2400 匹，检测率为 2.8%。

2010 年，各地仍然对本辖区内的马属动物在开展马鼻疽流行病学调查，并选择 24 个县（市），作为省级马鼻疽流行病学调查和临床鼻疽菌素点眼检测重点县。全省累计马鼻疽监测 9 428 匹，占马属动物存栏 294 636 匹的 3.2%，没发现鼻疽马。另外 24 个监测县（市）按要求各自完成了本辖区 100 匹马的监测任务，共计鼻疽菌素点眼检测马属动物 2 400 匹，检测率为 1.7%。

2011 年，黑龙江省 79 个县（市）全面开展马鼻疽监测工作，黑龙江省组织科技人员对勃利县、富裕县、尚志市、海林县 4 个县（市）的国家级监测点，进行了流行病学调查和抽检监测，共监测马属动物 212 匹，马鼻疽菌素点眼检测全部阴性。其他县份开展抽检监测 3 662 匹，检测结果全部阴性。

2012 年，根据黑龙江省畜牧兽医局下发《关于印发〈2012 年黑龙江省动物疫病监测计划〉的通知》（黑牧疾控〔2012〕110 号）。黑龙江省五常、阿城、尚志、巴彦、龙江、富裕、东宁、穆棱、桦南、汤原、肇东、海伦、肇源、杜蒙、加格达奇、塔河、瑷辉、嫩江、集贤、宝清、铁力、勃利等 22 个县（市、区）为省级马鼻疽重点监测县。勃利县、富裕县、尚志市、海林县 4 个县（市）为国家级监测点。同年 8 月，由农业部专家组对尚志市、海林县 2 个县进行了流行病学调查和抽检监测，共监测马属动物 212 匹，马鼻疽菌素点眼检测全部阴性，其他县份开展抽检监测 3 662 匹，也没有发现鼻疽马。

2013 年，黑龙江省有计划地安排五常、宁安、双城、肇源、肇州、泰来、龙江、杜蒙、齐齐哈尔市本级 9 个县（市、区）为省级重点马鼻疽监测点。根据《2013 年黑龙江省动物疫病监测计划》，勃利县、桦南县、尚志市、海林县 4 个县（市）为国家级监测点。同年 8 月，由农业部专家组对桦南、勃利 2 个县，进行了流行病学调查和临床应用鼻疽菌素点眼共检测马属动物 210 匹，检测结果全部阴性。省级监测点 9 个县（市、区）开展抽检监测 450 匹，也没有发现鼻疽马。

2014 年，按照《2014 年国家动物疫病监测与流行病学调查计划》的总体部署和黑龙江省畜牧兽医局《关于印发〈2014 年黑龙江省动物疫病监测与流行病学调查计划〉的通知》（黑牧疾控〔2014〕56 号）要求，黑龙江省有计划地安排宝清县、集贤县、穆棱市、海林市、尚志市为马鼻疽监测县。采取每个县（市）上半年与下半年对马属动物进行流行病学调查和马鼻疽菌素临床点眼检测，共检测马属动物 400 匹，检测结果全部为阴性。同年 11 月，农业部专家组来累龙江省五常市、巴彦县开展马鼻疽监测，采取每个县（市）抽检 50 匹马属动物进行流行病学调查与现场鼻疽菌素临床点眼检测，共检测马属动物 100 匹，检测结果全部为阴性，巩固了马鼻疽消灭成果。

三、消灭马鼻疽的成果

（一）经济效益

黑龙江省从 1950—1997 年 48 年间，马鼻疽暴发、流行、病死马是相当严重的，造成的经济损失如下。

1. 直接经济损失

发病马 125.9 万匹、死亡病马 37.2 万匹、扑杀病马 25.9 万匹、血检阳性马 268 万匹，每匹马按平均价 500 元计算，损失 22.8 亿元。

2. 扑杀病马

扑杀病马黑龙江省补贴 200 元／每匹，共扑杀 25.9 万匹，损失 0.51 亿元。

3. 检疫费

检疫费每匹马按 3 元钱计算，全省共检疫 3389.8 万匹，损失 1 亿元。

4. 检杀、管制护理费

护理 1 匹马，按 5 个劳动力计算，每人每天 5 元钱，计 25 元，损失 0.34 亿元，总损失 24.65 亿元。

新增经济效益：1950—1982 年平均每年损失病马 19.9 万匹，1982 年以后，全省实施"检疫净化"为主的综合性防制措施，平均每年损失马 2.5 万匹，比 1982 年以前平均每年少损失马 17.4 万匹。每匹马按市场开放价平均 800 元计算，16 年间少损失马 308 万匹，相当于新增经济效益 25 亿元。

（二）社会效益

黑龙江省从 1982 年至 1997 年，全面推行"马鼻疽检疫净化为主的综合性防制办法"，加快了传染源病马处杀和管制，控制了疫情的流行、蔓延，净化了马群，从而加快了马鼻疽防制的步伐。历经 17 年的马鼻疽防制工作收到显著效果，不但在全省范围内消灭了马鼻疽，同时也保护了农耕动力，使黑龙江省养马业健康、稳步发展。黑龙江省制定的"马鼻疽检疫净化为主的综合性防制办法"已在全国推广，每年可为社会新增产值百亿元以上。

四、防控经验

（一）组织领导

1.加强领导，把防制工作纳入日程

47 年防制工作中，一直坚持行政与技术措施相结合。各级领导把防制工作纳入日程，制定防制方案、办法、规定等有关文件，成立了县、乡、村领导小组。主管领导亲自抓，深入一线指导，检查并增加编制、加强队伍建设、层层办班，培训业务骨干，提高人员素质。建立岗位责任制和奖惩制度。1950—1997 年，省委、省政府、省畜牧局、省兽医卫生防疫站先后下发防制文件 35 个，有力指导了黑龙江省的马鼻疽防制工作，使防制马鼻疽走向制度化、科学化、规范化、法制化轨道。

2.发动群众，开展群防群治

实践证明，依靠群众，开展群防群治是搞好马鼻疽防制的基础。广泛宣传马鼻疽的危害和防制的重要性，进一步提高干部群众对防制工作的责任感、紧迫感，使群众主动配合、接受检疫、扑杀病马，促进了马鼻疽防制工作的顺利开展。

3.培训骨干，发挥业务人员的作用

广大业务人员尤其是基层兽医人员是防制马鼻疽的骨干力量。他们既是战斗队又是宣传队，在防制工作中长年累月地工作在第一线，进行马鼻疽检疫、定性、扑杀、隔离、封锁、消毒工作，掌握着第一手材料。与专家、科研教学、技术人员密切配合，把实践经验与科研成果及时应用于防制实践，才能有效指导防制工作。

4.密切配合搞好联防工作

这项工作涉及面广，任务重，科学技术性强，所以加强各部门之间的协同配合，建立毗邻省市、县联防的协作，是防控马鼻疽的重要手段和保证。

（二）防治机构

（1）各级畜牧兽医行政主管部门建立了马鼻疽检疫净化领导小组，加强领导，纳入日程，具体实施。

（2）建立县、乡、村三级防疫网，防疫人员实行岗位责任制，奖罚分明，任务落实到人。

（3）加强队伍建设、基础设施建设，保证检疫净化工作顺利完成。

（4）认真贯彻农业部、省委、省政府有关规定，依法制疫，坚决处杀病马。

（三）法律法规

各级政府结合马鼻疽防制情况，及时制定有关政策、法规、方案、办法等，以政府行为指导马鼻疽防制工作。

（1）1956 年黑龙江省人民委员会制定并颁布《消灭马鼻疽规划方案》，同时转发农业部 1956 年《鼻疽检疫技术操作办法》，对发展养马业、保护农耕动力、巩固农村经济起到积极作用。

（2）1958 年国务院设立"全国马鼻疽防制委员会"，制定了防制消灭马鼻疽的规划、方案，领导全国消灭马鼻疽防制工作，按照农业部颁发的《全国马鼻疽防制措施暂行方案》和《农区各省马鼻疽防制措施暂行方案（草案）》要求，黑龙江省也成立了相应机构，积极开展马鼻疽防制工作。

（3）1971 年 6 月，黑龙江省革命委员会农牧局下发了《关于加强兽医院（诊室）诊断消毒工作紧急通知》（龙革农牧（71）27 号文件）。重点指出了由于消毒观念不强，在实施防疫检疫过程中，造成马鼻疽、马传贫疫情扩散的危险性，强调加强兽医诊所的管理。

（4）为加快黑龙江省马鼻疽防制的进程，尽早控制、消灭马鼻疽。1971 年 9 月出台了《黑龙江省马鼻疽防制办法（草案）》，对发展黑龙江省牧业生产、加强国防建设有着重要意义。该办法明确指出以"检验、隔离、处杀病马"，培养健康幼驹、控制传染源、严格消毒等为内容的综合性防制措施，对黑龙江省防制马鼻疽工作起到了积极作用。

（5）1982 年，在黑龙江省泰来县召开了黑龙江省马传贫、马鼻疽防制工作会议。泰来县是马鼻疽防制工作先进县，是农业部、省政府命名的"防制马鼻疽先进样板县"。从 1956 年泰来县政府主抓马鼻疽防制工作以来，历届领导都把马鼻疽防制工作作为政府一项重要内容来抓，始终把坚持"检验、隔离、处杀病马"的综合性防制措施落到实处，一抓到底，抓出成效。多年来，累计处杀病马 2 746 匹，培育健康幼驹 1 172 匹，马鼻疽污染率常年控制在 0.1% 以下。会议肯定了泰来经验，出台了《黑龙江省马传贫、马鼻疽防制实施办法》，这个文件除强调对两病实行检疫（免疫）、处杀、传染源管制的综合性防制办法外，更突出的是决定以县为单位制定"七五、八五"防制规划，并从行政、业务两方面保证规划实施，力争在两病防制上有新突破。

（6）1985 年国务院颁布了《家畜家禽防疫条例》《家畜家禽防疫实施细则》。黑龙江省在 1986 年制定地方法规《黑龙江省家畜家禽防疫实施办法》，把马鼻疽防制纳入地方法规约束。1984—1997 年，随着全省对马鼻疽"检疫、净化"深入开展，及时总结经验，以文件形式提出下一步工作意见，指导马鼻疽防制工作，加大了政府行为和执法力度。

（四）黑龙江省消灭马鼻疽具备的条件和技术措施

（1）县（市）畜牧部门有防制马鼻疽的长远规划和年度计划。

（2）有健全马鼻疽检疫、扑杀、马匹流动、死亡的登记卡和检疫卡，每马一份。

（3）县乡（镇）有专职化验人员和设备，并有专人负责此项工作。

（4）县、乡、村三级有保存诊断液，采血血清的冷藏系统，并正常运输。

（5）县、乡、村三级防疫网健全，有责任心强、技术过硬的专业人员，每月进行例会。

（6）建立健全行政业务双轨责任制，层层签订责任状，指标任务到人并同奖惩挂钩。

（7）认真贯彻以"检疫、净化"为主的综合性防制办法，按本地区制定的"六五"、"七五"、"八五"规划，对马鼻疽实施净化，要求每年春秋二次检疫，并登记造册，将检疫结果填写在畜照上。阳性马进行复查，确认无异，通过资金补助办法，将病马扑杀。补贴原则是省政府每年给各县（市）投入部分资金作为马鼻疽检疫净化业务经费，并按每匹马投入200元作为扑杀病马补贴经费，各县（市）采取地方财政拿一半、畜主承担一半的办法进行扑杀阳性病马，大大加快了消灭马鼻疽的进程。

（8）对马鼻疽检疫做到充分准备、适时检疫、保证密度，达到检疫马匹县不漏乡、乡不漏村、村不漏户、匹匹检疫。检出的活动性鼻疽马（点眼、补反）、开放性鼻疽马、鼻疽点眼三次阳性马，坚决扑杀。

（9）检疫时做到"三步三个一"和"四清楚"，即检疫马一次点眼，点眼阳性马一次测温，高温马一次采血，血检阳性马、点眼三次阳性马扑杀。马鼻疽点眼阳性阴性要清楚，"补反"阳性、阴性要清楚，开放性、活动性鼻疽马要清楚，检疫、未检疫要清楚。

黑龙江省从1950—1997年，历经47年，尤其是从1984—1997年以检疫净化为主的课题开展以来，加快了黑龙江省马鼻疽防制步伐，科学认识到只有消灭传染源，才是本病控制的唯一所在。经过不懈努力，黑龙江省终于于1998年完全消灭了马鼻疽。

第九节　江苏省

20世纪30年代至80年代，江苏省淮阴、宿迁、连云港、徐州四个地区的部分县曾有马鼻疽疫病发生，个别地区造成局部流行。起初原因是由于当地驻军的军马有马鼻疽病马，有些地方接收和调进了部队的马鼻疽阳性退役军马，后来也有部分疫情是由于从北方购进了未经检疫的阳性马。

江苏省农牧部门和各级政府对该病十分重视，积极开展防控工作，认真落实检疫、隔离、扑杀和治疗等综合措施。至60年代中期，该病在淮阴、连云港、宿迁地区已得到有效的控制，临床病马基本绝迹，徐州地区也基本平息。后来由于各种历史原因，放松了检疫及马鼻疽防制工作，徐州地区少数社、队购入了未经检疫的病马，导致个别县的疫情又有反复。至20世纪70年代后期，由于进一步加强了检疫、隔离、扑杀、消毒和治疗等综合防治措施，至1981年再未发生新的病例。1999年经过农业部考核验收，全省达到马鼻疽消灭标准。

一、马鼻疽流行概况

马鼻疽主要发生在马匹较多、较集中的地区和广大牧区，江苏相对较少，主要集中在苏北的宿迁、淮阴、连云港、徐州等部分地区。该病最早记载是1939年，宿迁县发病200匹，主要为军马。由于当时经济条件较差，饲养管理不善，且军马饲养集中等原因，该病后来进一步蔓延到周边的淮阴、徐州、连云港等地区。1962—1973年，当时的宿迁县先后接收了南京和广州部队的528匹鼻疽菌素阳性马，集中在耿车、龙河、罗圩3个公社控制使役，后至20世纪80年代中期，该批马匹大部分因马鼻疽淘汰和死亡。

从20世纪50年代开始，江苏全面采取马鼻疽检疫、隔离、治疗和扑杀等综合性防控措施。每年使用鼻疽菌素点眼检疫，检出的阳性马采取隔离集中使役，并辅以土霉素治疗，对开放性病马进行扑杀等方法，使该病得到有效控制。至20世纪70年代，除宿迁隔离控制区和徐州外，原淮阴地区各县和连云港市及江苏驻军，已没有了该病。自1981年徐州最后3匹马鼻疽病马扑杀淘汰后，再无新马鼻疽病例发生，也无鼻疽菌素阳性马，至今全省已连续34年保持清净无疫。

二、马鼻疽防控情况

20世纪50年代开始，江苏省农牧部门根据马鼻疽病的流行因素及流行特点，结合实际情况，制定了点眼和临诊检查相结合的普查方案，积极做好马鼻疽综合防控工作。至1999年年底，江苏省通过了农业部消灭马鼻疽考核验收。全省马鼻疽防控大致分为流行期（1939—1983年）、控制期（1984—1995年）、消灭期（1996—1999年）和巩固期（2000—2015年）4个阶段。

（一）流行期

针对马鼻疽疫情重点做好检疫、隔离治疗、扑杀并深埋阳性病马等防控措施。一是开展检疫调查，摸清情况。自1951年开始，各级动物防疫机构积极开展了鼻疽点眼和补体结合试验相结合的检疫调查工作，摸清马鼻疽疫情流行区域和流行状况，调查结果逐级上报，并向邻近地区通报，实行联合防控。二是隔离治疗病马。自1962年开始，根据全国"马鼻疽研究工作会议"决定，对检查发现的阳性病马进行隔离饲养和集中使役，防止疫情扩散蔓延。同时对慢性鼻疽采用土霉素和磺胺类药物进行治疗，对急性开放性的鼻疽病马，进行扑杀深埋，对病马污染圈舍、饲草等进行彻底消毒，杀灭病原。三是检疫扑杀阳性病马，拔点灭源。自1970年开始，采取对阳性病马先打"烙印"，同时进行马匹管制，专人饲养，限制使役，严格实行落实隔离、扑杀政策。1970—1981年期间，累计扑杀并深埋鼻疽病马72匹。四是加强检疫监管，防止马鼻疽外源性输入。为杜绝病马或可疑马上市，严防从外地购进检疫不严和没有复检的马匹，全省加强了产地、市场、运输等环节方面的检疫监管，保证各项措施落实。同时农牧、财政、公安等部门密切配合，严格控制马鼻疽的流行和蔓延，省农林厅还多次派出督导组指导、检查和考核马鼻疽防治效果。1951—1981年全省共发现病畜593匹，扑杀和死亡509匹，隔离饲养、治疗22匹，治愈14匹。

（二）控制期

马鼻疽防治工作取得了阶段性成果，疫情得到有效控制，已无临床病例发生。在继续做好检疫监管的同时，还重点开展了全面普查，消除防治死角。1981年和1986年全省组织了两次大规模疫病普查，均未发现阳性病畜。

（三）消灭期

1996 年农业部下发了《关于征求"九五"期间全国消灭马鼻疽规划意见的函》，江苏省被列为"九五"期间第一批达到马鼻消灭标准的省份。同年，农业部又下发了农医发〔1996〕24 号文。根据农业部要求，省农牧部门指定专人负责此项工作，并依据江苏省的具体情况认真研究后，制定了《江苏省消灭马鼻疽方案》，向全省下达了消灭马鼻疽考核验收方案，部署了具体实施办法。各地迅速开展工作，对辖区内的马属动物全面进行了登记并进行临床检查，对历史上的疫区乡镇进行了有侧重的鼻疽菌素点眼检查。1997 年 10 月下发了苏农牧医便字（97）10 号函，要求各有关市、县继续做好马鼻疽临床检查和鼻疽菌素点眼工作，并将历年检疫、病畜处理、监测、考核验收总结等原始材料收集齐全并整理、装订。1998 年 12 月，江苏省召集各有关市、县，进行了第一次消灭马鼻疽考核验收准备情况汇报和材料会审。1999 年 7 月进行了第二次准备工作和材料会审。8 月，省农牧部门组织了由有关专家、教授及高级兽医师组成的考核验收小组，按农业部《马鼻疽防制效果考核标准及验收办法》和江苏省《消灭马鼻疽方案》，对徐州市、连云港市、宿迁市、淮阴市进行了消灭马鼻疽达标市的考核验收。考核结果认为，江苏省已达消灭马鼻疽省的标准，后经农业部考核验收，确认江苏省达到消灭标准。

（四）巩固期

继续做好检疫监管，重点做好马鼻疽跟踪监测工作，监视疫情，防止疫病再次传入。2000—2014 年累计完成马鼻疽跟踪监测 12 495 匹次，结果均为阴性。

三、消灭马鼻疽的成果

（一）经济效益

马鼻疽可导致马、驴、骡等马属动物发病死亡和使役能力下降，并可导致人的感染，给养马业和农村经济带来巨大损失。该病自 1939 年传入江苏以来，在淮安、宿迁、徐州、连云港等局部地区导致近千匹马属动物发病，数百匹死亡和扑杀淘汰，给当地的农业造成较大经济损失。江苏通过及时采取"防、检、消、杀"等综合防控措施，将疫病控制在局部范围内，防止了疫情的扩散蔓延，消除了省内其他地区的感染风险。特别是 1999 年成功消灭了马鼻疽后，减少了疫病防控经费开支，创造了较高的经济效益。

（二）社会效益

马鼻疽是严重影响人、畜健康的传染病，也是新中国成立以来江苏省消灭的第一个动物疫病。该病的消灭为江苏开展动物疫病分类管理、分级防治提供借鉴和支持，也为维护养马业健康发展和相关人员的公共卫生安全提供了保障，社会效益良好。

四、防控经验

（1）强化宣传　防制工作得到地方政府的重视和当地人民群众的广泛支持。省农牧部门在 50 年代编写了通俗易懂的马鼻疽防制知识小册子，深入疫区，印发到社、队，促进当地政府进一步重视马鼻疽的防制工作，并将此工作列入重要的工作日程，定期组织业务人员，深入疫区督促检查各项防制工作的落实情况，解决问题。通过宣传教育，广大疫区群众对防制马鼻疽的重要性在认识上有了很大提高，对马鼻疽的防制方法和措施有了科学的认识，大大减轻了扑杀、深埋处理阳性马等工作的难度，较好支持和配合了各项综合防治措施的落实。

（2）加强技术培训　提高基层兽医的技术水平。为提高各级兽医工作者马鼻疽病的临床诊断技术和马鼻疽点眼技术，省农牧部门组织专家、教授深入基层，系统讲授马鼻疽病的诊断技术及防制办法，定期开展马鼻疽疫情分析和防制经验交流。近十几年，随着老兽医陆续离岗，一些年轻兽医人员对马鼻疽防制工作不熟悉，一度出现了防治人员断档。针对这一情况，由省里统一部署，疫区各县（市、区）组织了马鼻疽临诊检查和点眼技术的培训，将马鼻疽临诊检查技术要点和点眼试验的操作程序及判断标准印成技术资料，对骨干兽医进行了轮训，显著提高了基层防治工作能力。

第十节　安徽省

在20世纪50年代初到80年代末，安徽省淮北及沿淮局部地区曾是马鼻疽病的流行区，发病范围涉及阜阳、淮北、宿县、蚌埠等地。多年来，流行区畜牧兽医部门对检出的阳性畜及临床确诊的病畜及时进行有效处理。加上80年代后，由于农业生产方式转变和农业机械化的发展，安徽省马属动物存栏数量锐减，流向改变，饲养方式由集体集中饲养变为一家一户的分散饲养，鼻疽疫情已得到有效控制。

为配合农业部"1996—2000年全国消灭马鼻疽"的统一部署，安徽省根据农业部《马鼻疽防制效果考核标准及验收办法》（农（牧）函字〔1992〕第46号文）及农业部《1996—2000年全国消灭马鼻疽规划》（农牧函〔1996〕24号文）制定了《安徽省马鼻疽防制效果考核实施方案》，对安徽省马鼻疽防制效果考核作了具体的部署和安排，并开展系列工作。

一、马鼻疽流行概况

1953年阜阳地区（现阜阳市）从青海引进役马93匹，以鼻疽菌素点眼进行检疫，查出阳性反应马22匹，阳性率23.6%（阜阳县3/8，颍上县2/39，亳县14/30，太和县3/16），同年在亳县（现亳州市）农场也检出8匹阳性马，这些均作扑杀处理。1954年，阜阳县（现分为颍泉、颍东、颍州三区）因驴染病较多，以40元1头收购宰杀，有效制止了疫情发展，翌年仅见1匹病马。太和县1954—1959年先后查出阳性马65匹，计1954年4/64（阳性数/检验数），1955年4匹，1957年8/131，1958年29/1 976，1959年20/3 609，扑杀开放型病马2匹；1966年又检出阳性马13匹，隔离使役。1955年，临泉县驻军查出4匹病马。1962年，临泉县从东北引进马匹，1963年初检出阳性病马，以鼻疽菌素点眼检疫马120匹，检出阳性病马10多匹，对开放性病马全部扑杀。阜阳县从1953—1970年先后在14个自然村，发现鼻疽临床病畜50头，自然死亡6匹，扑杀23匹，对同群马属动物进行鼻疽菌素点眼，共检疫 705 匹，阳性 68 匹，扑杀 50 匹，其余隔离饲养。蒙城县 1955 年 4 月在三义区用鼻疽菌素点眼查出阳性驴 2 头，马 3 匹。1968 年，涡阳县石弓区兽医门诊发现 1 匹疑似病马，到 1975 年该县县乡兽医门诊共检疫诊断阳性马匹 7 匹，死亡 1 匹，其余的作扑杀处理。界首市于 1962 年首次发现马鼻疽，是由引进蒙古马传入的，以后从 1963—1985 年，每年均检出阳性病畜（大多数为慢性病马，零星发生），但阳性率逐年下降，1985 年检出阳性率仅为 0.02%，1986 年以后检疫中就未再发现阳性畜。

1955 年前，寿县双河桥乡接收一批退役军马，其中少数发生鼻疽，经扑杀阻断了疫情的发展。1955 年安徽省从新疆购入一批未经检疫的马分配到各地后，出现了鼻疽临床症状，1956 年省里迅速组织技术力量进行普查、扑杀，很快平息了疫情。1956 年后宿县、濉溪县、五河县、怀远县、凤台县、蚌埠市郊区及滁县（今南谯区）等地有少数发生。淮南市、定远县、滁县的马车社鼻疽发病率与检出率颇高。1956 年后淮南市马车社饲养在洞山乡、黑泥洼乡及汪陈大乡的 120 匹马陆续发病，1959 年临床确诊后，因姑息治疗未断病原，1963 年死去大部分，仅余 4、5 匹亦于 1964 年死绝。定远县马车队在炉桥于 1964 年受检 85 匹马，检出阳性 31 匹。滁县滁城三八巷马车社的 3 匹马，在 1973 年患病，经地区兽医站与当地驻军会诊定为鼻疽。天长县（现为天长市）商业局运输队于 1958 年发现 1 匹病马，后又查出 3 匹，均作扑杀处理。

1957—1958 年，凤阳县到内蒙古、新疆调回 100 匹马，1959 年该县板桥乡新春村（前小阳农场）3 匹马和 1 头驴点眼阳性，就地扑杀。1976 年，凤阳县城北乡自淮北购回驴 1 头，与本地 3 头驴同槽饲养，点眼均为阳性，扑杀后深埋。

宿县地区（今宿州市）的灵璧县高楼 1957 年从内蒙古引进马匹中检出阳性 19 匹，后死亡 18 匹；九顶区查出 41 匹，死亡 37 匹，用鼻疽菌素点眼检疫 120 匹，阳性 12 匹，阳性率 10.0%，可疑 20 匹，全部扑杀，1973 年又查出阳性马 2 匹。1971 年 11 月宿县符离区夹山大队，有 13 匹马发生鼻疽，死亡 12 匹，1 匹扑杀，全部焚烧、深埋。

安徽军区所属部队 1967 年检疫 415 匹马，1973—1978 年检疫 2 511 匹次，仅 1975 年驻六安某部 2 匹马阳性。

濉溪县 1972 年和 1980 年均作过鼻疽菌素点眼检疫，1972 年发现阳性马属动物 17 头（匹），1980 年没有检出阳性马。

固镇县 1971 年前后，县供销社从新疆购入大约 200 匹马，经县兽医站检疫（鼻疽菌素点眼）检出 20 匹左右阳性马，经县革命委员会批准准备扑杀。但由于认识和管理问题，20 匹阳性马被社员哄抢走（因当时使役马缺乏），造成鼻疽在该县扩散，陆续发现临床病马。1975 年，固镇县自内蒙古锡林浩特军马场购回 1991 匹马，检出阳性 5 匹，阳性率 0.25%。同年县兽医院及乡兽医站门诊发现有疑似鼻疽病畜，当年全县组织普查，查出可疑病畜 51 头匹，确诊阳性病畜 35 头匹，全部扑杀、深埋。

1978 年，五河县检疫马 37 匹，阳性 11 匹，阳性率 29.7%。1978 年 3 月，检疫怀远县双桥公社路心大队庙西城生产队马 13 匹、驴 3 头、骡 3 头，检出阳性马 2 匹。

1987—1990 年疫病普查期间，对马进行检疫（鼻疽菌素点眼），结果为：太和县 0/101（阳性数/检疫数），灵璧县 1/100，蒙城县 1/100，萧县 0/52，共检疫马 353 匹，阳性 2 匹，阳性率 0.56%；检疫驴：太和县 0/100，蒙城县 0/101，萧县 0/40，共检疫驴 241 头，无阳性；萧县查骡 40 头，无阳性。

从 1953—1990 年，全省共检疫马属动物 58 244 匹，阳性 443 匹，临床病畜 555 匹，扑杀 215 匹，病死 232 匹，自然淘汰 531 匹，隔离处理 30 匹阳性畜。

从全省马鼻疽疫情情况看，从 1953 年出现输入性病例到 1980 年发现最后 40 匹临床病畜（淮北市郊），自然淘汰处理；1990 年检出最后 1 匹阳性畜（蒙城县）并淘汰处理后，再未发现临床病畜，检疫中也再未检出阳性畜。

二、马鼻疽防控情况

经过全省几代兽医工作者历经 37 年的努力，安徽省采取切实有效的综合防制手段，终于消灭了鼻疽在安徽省的危害。安徽省消灭马鼻疽大约经历了流行期、控制期、稳定控制期、消灭期和巩固期。在流行期、控制期、稳定控制期和消灭期，安徽省消灭马鼻疽的主要措施如下。

1. 加强饲养管理，增强牲畜的抵抗力

从鼻疽的发生和流行来看，马匹饲养密集、抵抗力差的发病较多，因而在群众中广泛宣传鼻疽防制知识，加强饲养管理，增强牲畜的抗病能力。

2. 严格检疫

安徽省从 1953—1990 年，几乎每年都进行鼻疽菌素点眼检疫。累计点眼检疫 58 244 匹，检出阳性畜 446 匹。如界首市从 1963—1986 年每年都进行了马鼻疽的检疫工作。固镇县县供销社 1971 年前后从新疆购进 200 多匹马，到固镇后经县兽医站以鼻疽菌素点眼检疫，检出阳性马 20 多匹，县兽医站当即向县革命委员会做了汇报，并对病马提出如下处理意见：（1）不准销售；（2）立即予以隔离；（3）全部扑杀。但因当时畜力缺乏，加之当地群众对马鼻疽的危害性认识不足，20 多匹病马全部被群众哄抢走，致使马鼻疽疫情在当地扩散、蔓延。疫情发生以后，引起当地政府和县供销社的重视，自此以后，县供销社每次从外地调马都要求县兽医站派人同往，在产地进行现场检疫，这项措施有效地阻断了疫源的传入和扩散。

3. 扑杀

阜阳市 1962 年以前检出的病畜全部扑杀，尸体烧毁或深埋。1954 年，阜阳县因驴染病较多，以每头 40 元收购宰杀，制止了疫情的发展，翌年仅见 1 匹病马。1962 年以后由于土霉素在兽医临床上普遍地使用，部分阳性畜也进行了隔离治疗、集中使役。据不完全统计，1953—1985 年共扑杀 215 头（匹）阳性畜及病畜。

4. 隔离

1954—1978 年，阜阳地区太和县太和农场专门用于鼻疽病马和阳性马隔离。阜阳地区当时检出的病马或阳性畜部分送往该场集中使役，这是由于当时畜力不足采取的不得已的办法，对本病的控制也起到很好的作用，据说该农场的病畜最后自然消亡。由于当时安徽省普遍畜力不足，马发病又多为慢性和隐性过程，因此，规模不等的隔离、治疗、限制使役，是安徽省采取的主要控制措施之一。

5. 消毒

对疫区的环境、排泄物、污染物品，用 10% 石灰水或 3%~4% 的氢氧化钠溶液进行消

毒，粪便深埋、堆积发酵，有效地消灭传染源、切断传播途径。

6.封锁

由于安徽省马鼻疽多为零星散发，少见暴发和大流行，因此极少采取封锁措施，仅于1972年固镇县的濠城镇由于鼻疽疫情严重，曾经进行了封锁，病马全部扑杀。

7.宣传

疫区积极宣传，提高广大群众对马鼻疽危害的认识，提倡自繁自养，不从疫区引进马，确保无疫病传入。

在巩固期，安徽省防控马鼻疽的措施主要有：一是加强监测，掌握疫情动态；二是加强检疫工作尤其是加强运输检疫工作，严防马鼻疽病例输入；三是加强饲养管理，增强牲畜的抵抗力；四是加强宣传，提高广大群众对马鼻疽危害的认识，杜绝从疫区引进马，确保无疫病传入。

三、消灭马鼻疽的成果

马属动物在20世纪50年代至80年代是安徽省北方平原地区主要役畜之一，自1953年以后由于从外省（区）引进马匹，马鼻疽陆续传入安徽省淮北平原及沿淮的养马区，造成极大的损失。从1953—1985年全省扑杀病畜和马属动物自然死亡共447头匹，自然淘汰540匹，直接损失至少300多万元（当时马匹单价2000~8000元）。鼻疽防治消耗的人力、物力，病畜的扑杀、死亡造成部分地区役畜奇缺，严重影响当时农业生产。

随着安徽省经济社会的快速发展，在20世纪90年代，马属动物在农业生产中的作用逐渐被机械代替，安徽省马属动物的饲养量在急剧下降。到2013年年底，安徽省马属动物的存栏量4163头。现在马属动物仅分布在安徽省少数公园作为观赏动物。

四、防控经验

安徽省防控马鼻疽工作的经验如下。

一是政府领导，部门协作，高度重视。从省畜牧兽医行政管理部门到马鼻疽疫区市、县（市、区）成立马鼻疽防治工作领导小组，统一组织领导辖区内马鼻疽防治工作。领导小组成员主要由政府、农业和卫生等相关部门及相应领导组成。

二是召开会议、制定方案。按照农业部《马鼻疽防制效果考核标准及验收办法》（农（牧）函字〔1992〕第46号文）及农业部《1996—2000年全国消灭马鼻疽规划》（农牧函〔1996〕24号文）的要求，结合安徽省实际情况制定了《安徽省马鼻疽防制效果考核实施方案》。该方案对安徽省马鼻疽防制效果考核工作在组织领导、考核验收的内容、方法、时间等方面，做了具体的安排、布置，确定了安徽省马鼻疽防制效果考核范围为4地市的13个县（市、区）：即阜阳市的亳州市、太和县、临泉县、涡阳县、界首市、颍州区、颍东区、颍泉区、蒙城县；宿州市（原宿县地区）的埇桥区（原宿州市）、灵璧县；淮北市的濉溪县；蚌埠市的固镇县。

三是加强督查。每年在开展鼻疽菌素点眼检疫工作之前，省站均以农业厅局发文件形式下达年度鼻疽菌素点眼任务，要求有关地、市、县、区工作结束后上报年度总结。年终省站派人到有关地、市了解检疫情况、督促考核工作。

四是稳定队伍，培训人员，提高效率。由于当时工作的同志，大多未接触过此病，对于鼻疽菌素点眼检疫的操作术式亦不熟悉，为使检疫工作顺利开展，许多地、市、县召开了专门会议，进行了技术培训。每年检疫时组织专业技术人员到现场巡视，进行技术指导。

五是统一标准，分别考核。安徽省1996—1998年连续3年在被考核县进行了鼻疽菌素点眼试验，共检疫马属动物77 005头匹，无一阳性病畜。点眼的同时进行了临床观察，也未见疑似病例。考核组在淮北市的濉溪县和阜阳市的界首市进行了现场点眼试验，两地共点眼试验54头（匹）马属动物，结果全为阴性。按照农业部《马鼻疽防制效果考核标准及验收办法》（农牧函字〔1992〕第46号文），考核小组为4地、市都达到了马鼻疽消灭标准，即安徽省都达到了消灭标准。

第十一节　山东省

根据农业部《1996—2000年全国消灭马鼻疽规划》以及《马鼻疽防制效果考核标准》《消灭马鼻疽考核标准和验收办法》等文件要求，结合实际，山东省制定了马鼻疽防制规划和实施方案，及时开展了防制效果考核验收工作。从1996—1999年，山东省对马鼻疽防制效果进行了全面考核，在13个市地72个历史疫区县，连续三年共进行临床检查和监测马属动物200万匹（次），鼻疽菌素点眼185 760匹，全部为阴性，全省无马鼻疽疫情发生。并于2000年7月通过农业部消灭马鼻疽考核验收，达到消灭马鼻疽标准。2007年3月通过了农业部的复查。根据每年监测计划要求进行监测，到目前为止，未发现马鼻疽监测阳性，也无马鼻疽疫情发生。

一、马鼻疽流行概况

本病在山东省早有发生，且流行广泛，危害严重。据有关资料记载：1940年德县曾发生马鼻疽马15匹，1943年日伪省立种马牧场施行鼻疽菌素检疫检出阳性马5匹。

1952年省农业厅曾组织兽医人员对广饶、利津、寿光等5个县进行重点检疫，在被检马1100匹中，鼻疽阳性反应66匹，阳性率6%。1953年，栖东县第八区接官亭村江元起农业社养马35匹、驴5头，感染本病18匹，其中死亡马5匹、驴1头。此外，平度县和莱西县也有检出病马的报告。

1955年在广饶县14个村检验马241匹、骡75头，阳性反应21头，占6.64%。1956年省农业厅为了解本省当时马鼻疽感染情况，对发生过该病的县（市、区）施行鼻疽菌素检疫15 000多匹，阳性反应195匹，阳性率1.3%。

1957—1959年是山东省马鼻疽发病的最高峰时期，由于大量从蒙古人民共和国、东北地区、新疆维吾尔自治区等地输入马属动物，缺乏有效的检疫手段和防制措施，疫情越演越烈。1957年禹城县某公社购进鼻疽病马18匹，结果传染该社马，死亡24匹；金乡县由内蒙古引进病马，传染本地马发病104匹，死亡51匹，致死率为49%。当年全省21个县、48个乡，发病马1 025匹，死亡273匹。同时对9个县3个农场检疫马属动物2 157

匹，开放性鼻疽马 10 匹，阳性反应的 205 匹，可疑反应的 64 匹，分别占检疫数的 0.06%、0.95%、0.29%；1958 年济宁、金乡、菏泽等六个县从蒙古人民共和国引进马属动物 432 匹，经检疫开放性鼻疽马 15 匹，阳性反应的 101 匹，可疑反应的 36 匹；福山、博山两县检疫当地马骡 872 匹，阳性反应的 10 匹。1959 年省里组织兽医防疫人员 2 000 余人，在 9 个县检疫马属动物 42 566 匹，检出阳性动物 134 匹，阳性率为 0.31%。

山东省自 1957 年开展鼻疽检疫到 1959 年三年期间，累计检疫马属动物 205 357 匹，检出病畜 2 060 匹，阳性率为 1.0%。

进入 20 世纪 60 年代，虽然加强了马鼻疽的检疫和防制工作，但由于种种原因，特别是在从外省购马的过程中带进病马，加上当时对病马、阳性马处理不彻底，使其成为新的传染源，因此虽经多次普查净化，一直未能完全控制，共发病 1 864 匹。

1970 年惠民、荏平、招远、莘县、东阿等县，分别从蒙古、内蒙古和新疆先后引进马 200 匹，检出阳性马 25 匹，阳性率为 12.5%。1977 年 9—10 月，枣庄市从青海省购进马 644 匹，因检疫制度执行不严，将疫情带入，到 1978 年 3 月疫情蔓延至 42 个公社 154 个生产队，购进马及传染当地马骡共发病 226 匹，其中死亡（扑杀）99。1978 年烟台地区检出阳性（病）马 225 匹，死亡（扑杀）202 匹，聊城、济宁、惠民、昌潍、德州等地区均检出有阳性反应马和病马。并在 1978 年出现 16 个县（市）、62 个乡（镇）出现该病，发病 796 匹，阳性马 225 匹，成为山东省马鼻疽的第二个发病高峰期。

80 年代以后，从外地购马逐渐减少，各地严格执行《山东省防制马鼻疽试行办法》，鼻疽发病逐年减少，到 1990 年共发病 107 匹。1992 年，潍坊市未经畜牧部门检疫，将内蒙古友好城市赠送的 24 匹跑马运进浮烟山管理处，带进鼻疽病马，被畜牧部门及时发现，经检疫其中 20 匹阳性马，当地政府迅速下令，全部予以扑杀，彻底销毁。从 1993 年开始至今，连续多年全省历史疫区普遍开展检疫，未再发现病畜和阳性畜。

二、马鼻疽防控情况

山东省从 1953 年开始对引进的马属动物进行鼻疽菌素检疫工作，1957 年农业部公布《全国马鼻疽防制措施暂行方案》，山东省根据此方案规定结合本省具体情况制定了山东省防制马鼻疽措施，并明文规定：对养马较多的地区应用鼻疽菌素点眼检疫，检出阳性畜集中在没有马属动物的偏僻山区进行隔离饲养管制使役；对开放性病马予以扑杀，并给予适当补偿，当时取得了一定的防治效果。1960 年下半年全国有 6 个单位应用土霉素盐酸盐油质注射液治疗鼻疽病马，试治 549 匹，治愈 482 匹，治愈率为 87.7%。1962 年省农业厅介绍了此种方法并转发了《应用土霉素盐酸盐治疗马鼻疽的操作方法（草案）》，经试验本方法证明，对急性活动性鼻疽的疗效在 90% 左右。1963 年在全省应用土霉素碱油注射液对马鼻疽进行了治疗，收到了较好的疗效。

70 年代，山东省坚持对重点疫区县进行检疫，每年一次，检出的病马和阳性马全部进行淘汰处理，并大力提倡自繁、自养、自用的方法。以后从省外引进马属动物逐年减少，发病率和检出率也越来越低。1979 年农业部制定了《马鼻疽诊断技术及判定标准》，根据这一标准，山东省在养马区以产地检疫为重点，以原疫区和牲畜重点交易市场为重心，开展了检疫工作。从 1979—1989 年，全省共检疫 98.5 万匹，检出阳性 287 匹，全部进行了扑杀处理。监测工作的开展，防止了疫情的再次传入和扩散，巩固了防制效果。

1988年在15个疫病普查重点县，对1 962匹马属动物进行了鼻疽菌素变态反应检疫，检出阳性马3匹，阳性率仅为0.15%。

进入90年代以后，山东省以产地检疫为重点，以大型牲畜交易市场为依托，有计划地开展马属动物的检疫和监测，凡上市交易的马属动物必须凭产地检疫证明，外省的必须持运输检疫证明入市，无检疫证明的要进行补检。凡从外省调入马属动物，调入单位必须先向农牧部门申请，获准后才能调入，调入后到当地动物检疫部门登记备案，验证查物。证物相符时，经隔离观察，确认健康后方准使用或销售。同时加强了运输检疫，利用各主要道路临时运输检疫站的条件，对出入境的马属动物进行检疫。共检疫2万多匹，未再发现病畜和阳性畜。

从2000年到目前为止，每年根据国家监测计划制定山东省《马鼻疽监测方案》，为了证明全省马鼻疽无疫状态，对全省范围内的马场、马术队、马术俱乐部以及养殖驴、骡等马属动物的场（户）进行监测。主要采取：被动监测（全年持续进行）和主动监测（4—5月、10—11月，开展两次主动监测）相结合的方式，同时要求德州、聊城、东营、滨州四个市每个市每次抽检15头/匹马（驴、骡）进行检测。通过检测未发现马鼻疽监测阳性，也无马鼻疽疫情发生。《山东省中长期动物疫病防治规划（2013—2020年）》也把马鼻疽消灭列入其中，开展持续监测，对马属动物开展重点监测。完善扑杀补贴政策，严格实施阳性动物扑杀措施。严格检疫监管，建立申报检疫制度。《山东省动物疫病流行病学调查方案》也制定了专项调查方案，对马鼻疽和马传贫进行专项调查。山东省马鼻疽防制分以下阶段，即流行期（1953—1979年）；控制期（1980—1989年）；稳定控制期（1990—1992年）；消灭期（1993—2000年）；巩固期（2000年至今）。

三、消灭马鼻疽的成果

经几十年的马鼻疽防制，到2000年全省消灭了马鼻疽，取得了显著的社会效益和经济效益。经计算，1953—2000年7月，减少的直接经济损失大约为470亿元。

四、防控经验

新中国成立以来，山东省马鼻疽防制工作，在各级政府的正确领导和大力支持下，各级畜牧兽医部门在"预防为主、防重于治"方针指导下，采取"检疫、隔离、治疗、处理病畜、消毒"相结合的综合防控措施，疫区、疫点逐年减少，成效显著。回顾几十年来的防制史，山东省的防控经验如下。

（一）加强领导、宣传群众、争取全面配合

政府支持是工作的保障，群众配合是工作的基础。山东省先后颁发了《山东省马鼻疽防制规划》《山东省马鼻疽防制实施方案》《山东省防制马鼻疽试行办法》和《山东省防制马鼻疽措施》等。防制办法的颁发实施，有效保证了不同时期马鼻疽防治工作的顺利开展。与此同时，在马鼻疽防制工作中，始终争取当地政府的支持，大力加强对群众的宣传教育工作，把马鼻疽的危害性、给畜牧业带来的损失，通过广播、电视、报纸、刊物、宣传栏等途径进

行宣传。大大提高了政府和群众对防制该病重要性的认识，增强了人们的防范心理，督促群众做好平时的防疫、检疫工作，使他们了解在引进和外调牲畜时要向当地畜牧部门报检，要经严格检疫，并且知道对阳性畜要进行扑杀处理。通过宣传教育，马鼻疽的防制工作得到了各级政府部门和群众的重视和配合，许多乡镇政府积极配合并参与到检疫、普查工作中，使山东省马鼻疽的防制工作进行得顺利，卓有成效。

（二）健全机构、落实责任、强化技术措施

根据农业部农（牧）字〔1992〕第 46 号文和农牧发〔1996〕1 号文精神，山东省一直把马鼻疽防制工作作为动物防疫工作的一个重点。1993 年，省里成立了专门的马鼻疽防制工作领导小组，畜牧兽医总站固定一名站长组织领导，防疫科具体负责，统一组织安排全省的疫情普查、监测工作。

按照农业部《马鼻疽防制效果考核标准及验收办法》《1996—2000 年全国消灭马鼻疽规划》要求，制定了全省的防治规划。省里每年召开一次会议，部署安排马鼻疽的监测考核工作，将检疫、监测任务指标分解落实到所有的历史疫区县，分期分批进行检疫监测，做到了有措施、有制度、有落实、有检查。各地市业务部门也都按照要求，成立了领导班子，指定专人负责，积极筹集防制经费，积极开展工作。召开马鼻疽检疫监测及考核验收专题工作会议，部署工作任务，切实保证了山东省马鼻疽防制工作的顺利进行。

省里每年举办兽医诊断技术培训班，为各地培训动物疫情普查监测技术人员，对马鼻疽的普查监测提出具体要求和操作规范。各市地也根据省里的计划，为各县（市、区）培训检疫、监测人员，制定利用鼻疽菌素点眼试验检查马鼻疽的普查方法，确定检疫时间和检疫范围。印制诊断马鼻疽的技术规程、检疫记录表样，为马鼻疽的防制和考核验收奠定了扎实的基础。

（三）疫情监测、自查考核、达到消灭标准

要做好马鼻疽防制效果考核验收，首先搞好马鼻疽疫情的监测和普查。根据部里的规划要求和各地实际情况，省里每年拿出专项经费，安排 3~5 个市地，进行疫情普查、监测。没有病畜、鼻疽菌素点眼没有阳性的县连续监测两年，所用诊断液全部由省里统一免费供应。

各市地按照省里的计划，组织专门的技术小组，深入基层，分片包干，具体负责各县检疫监测工作的落实。由于马属动物数量不多，大多数地方都采取了把一个村或几个村的马属动物，集中到一个点，由村干部负责登记，业务人员负责检疫的办法，两次点眼，连续观察 12~24 小时。全省在 13 地市 72 个县共普查马属动物近 105 万批次，鼻疽菌素点眼 104 606 匹，全部为阴性。

在做好疫情普查、检疫监测的基础上，各地市都成立了马鼻疽防制效果考核验收领导小组。从 1997 年开始，陆续对所辖历史疫区县进行了防制效果考核验收，全部通过验收以后，地市向省畜牧兽医总站写出工作总结和申请验收报告。

全省 13 个历史疫区地市全部自行考核验收结束后，省里组织了以省畜牧局分管局长为组长的考核领导小组和技术考核班子，对各市地进行考核验收。验收的方法是：每地市抽

查 1~2 个历史疫区县，考核小组到县里听取汇报，查看历史疫情资料和 1996 年以来疫情普查资料，到村到户现场随机抽查。全省共考核了 13 个市地、13 个县、26 个乡镇，抽查 26 个村，300 多匹马，经检疫全部为阴性，鼻疽菌素点眼 29 匹（因马属动物太少），全部为阴性。认为山东省的马鼻疽防制工作达到了农业部颁布的消灭标准。

（四）采取"检疫、隔离、治疗、处理病畜、消毒"相结合的综合防控措施

1. 加强检疫，处理好阳性病畜

通过检疫及时处理阳性病畜，消除疫源，在有效控制及消灭马鼻疽方面发挥了巨大作用。几十年来，山东省坚持至少每年进行一次马鼻疽全面检疫工作，并对检出阳性畜进行隔离管制和扑杀处理，消除了疫源，防止了疫情扩散，防制工作成绩显著。

2. 加强病畜隔离管制，杜绝疫源扩散

随着 50 年代后期马鼻疽检疫工作的全面展开，检出的阳性畜也越来越多，在当时特定社会历史条件下，要对全部的阳性畜扑杀处理很不实际。因此，对养马较多的地区应用鼻疽菌素点眼检疫后，检出的阳性畜集中到没有马属动物的偏僻山区进行隔离饲养管制使役；对开放性病马予以扑杀，并给予适当的补偿损失费。同时在 60 年代开始试治，有效地杜绝了疫源扩散。

3. 严格消毒制度，减少疫病传播

根据马鼻疽传播途径多样性特点，在防制工作中，各地及时制定了切实可行的马鼻疽消毒制度，严格消毒，加强防范。消毒制度的建立及实施，为有效控制和消灭马鼻疽起到了积极的促进作用。

4. 坚持疫情监测，加强疫情防范

从 1992 年最后一头病畜被扑杀处理至今，山东省马鼻疽防控度过了消灭期，一直处在巩固期中。为巩固取得的防制成果，各地坚持以检疫和临床检查相结合的方法，积极开展疫情监测工作，加强疫情防范。到目前为止，未检出阳性畜及无临床病畜，为山东省马鼻疽的消灭提供了可靠的科学依据。

（五）加强配合，增强情况交流，协力防控

根据农业部《关于印发〈2014 年国家动物疫病监测与流行病学调查计划〉的通知》（农医发〔2014〕12 号）要求，每年配合中国农科院哈尔滨兽医研究所马鼻疽马传贫试验室做好马鼻疽和马传贫的采样监测工作，同时及时进行信息交流，及时反馈，形成合力。

（六）强化疫情报告制度，严格落实疫情报告和疫情举报核查制度

要求各市、县应及时做好马鼻疽和马传贫病例流行病学调查工作，写出流调总结报告，并逐级上报，同时通过全国动物卫生监测信息平台进行上报。

第十二节　河南省

马鼻疽是一种严重危害马属动物的传染病。河南省马鼻疽于 1996 年经农业部考核验收已达到消灭标准。为巩固防制成果，河南省马鼻疽防制工作在中国动物疫病预防控制中心的指导下，在各级政府领导下，河南省各级防控机构严格按照《中华人民共和国动物防疫法》《中华人民共和国畜牧法》《重大动物疫情应急条例》等法律法规的要求，加强疫情监测和流行病学调查，维持马鼻疽消灭状态。

一、马鼻疽流行概况

据历史资料记载，本病在河南省最早发生于 1949 年，后来疫情蔓延到全省 17 个省辖市、99 个县。1949—1996 年全省总发病数 8 762 匹，病死数 5416 匹，病死率 61.81%，共扑杀了 12 245 匹阳性畜。20 世纪 50 年代至 60 年代早期马鼻疽发病和死亡率进入高峰期，60 年代后期逐步下降，70 年代末疫情得到了控制。自 1983 年在南阳市唐河县发现 1 匹病畜，在新乡市原阳县检出 2 匹阳性畜，当年都进行了扑杀，1984 年至今全省未再有马鼻疽发生。

二、马鼻疽防控情况

（一）流行期

新中国成立后，随着交通运输和工农业生产的发展，牲畜流动和交易频繁，加之当时防制技术落后，致使本病不断发生和流行，疫情不断扩大。1956 年成立了农业合作社，马属动物未经检疫，合槽喂养，加速了本病的传播。1955—1965 年间，为了恢复农业生产，各地供销社农业生产资料部门先后从外省大批量采购马匹。据不完全统计，十年间从外省引进马属动物近 30 000 匹。由于检疫不严使大批病畜流入河南省。这十年间马鼻疽发病和死亡率显著增加，成为历史上发病高峰期。全省先后有 89 个县发生过马鼻疽，发现病畜或阳性畜 14 808 匹，占历年发病总数的 70.68%，死亡 5 723 匹，占历年死亡总数的 71.81%。随着疫情的加重，河南省马鼻疽防制工作拉开了帷幕。

1. 加强领导，政府和业务部门齐抓共管，合力灭病

新中国成立初期，民间兽医组织起来成立了"家畜保育所"。业务部门在积极采取技术防制措施的同时，积极向各级政府汇报控制和消灭马鼻疽病的重要性，引起了各级政府的重视。1958 年河南省人民政府下发了《关于控制和消灭马鼻疽的暂行办法》，抽调人员成立"防制马鼻疽领导小组"，制定防制规划，解决防制过程中遇到的困难和问题。并由政府协调公安等有关部门积极配合，拨出专款，强制扑杀开放性马鼻疽和部分阳性畜，并做无害化处理。扑杀 1 匹病畜一般补贴 200~500 元，据不完全统计，仅处理病畜一项，投入资金近 500 万元。

2. 大力宣传，发动群众积极配合

在防制马鼻疽领导小组的统一部署下，利用会议培训，印发宣传资料，有条件的地方用广播等进行宣传教育，做到防制马鼻疽的重要性和措施家喻户晓，使广大群众积极支持和密切配合。

3. 做实技术培训，全面开展检疫，加强传染源管理

1958 年河南省农林厅在新乡、灵宝等地分别举办了马鼻疽检疫技术师资培训班 3 期，推广鼻疽菌素点眼技术，为各地培训了师资力量 120 人。全面开展产地检疫、市场检疫和引进马属动物检疫，扑杀、隔离、治疗病畜和阳性畜。严格消毒，切断传播途径，使外来疫情的传入得到有效控制。

4. 大力培育健康幼驹，逐渐更新畜群

为了有效控制病畜数量的增加，河南省将培育健康幼驹作为流行时期的一项重要举措，以保证幼驹在出生后能远离传染源，避免感染的风险。对病畜也及时进行更新和调整，不断扩大健康群，从而为疫情的控制奠定了基础。

（二）控制期

1. 严格市场检疫和运输检疫

20 世纪 60 年代，农业生产所用畜力主要是马属动物。为防止鼻疽病畜的传入和传出，省农林厅要求，各牲畜交易市场要认真开展鼻疽检疫，加强运输检疫。凡市场交易和运输牲畜必须有鼻疽检疫证明，否则不能交易和运输。市场检疫和运输检疫的开展，对防制马鼻疽的传播起到了重大作用。

2. 政府重视，多部门联合坚决处置阳性畜

各级政府高度重视马鼻疽防制工作，在公安等部门配合，使以检疫、扑杀为主的拔点灭源综合防制工作在全省普遍开展。对检出的开放性鼻疽病畜坚决扑杀深埋，有效地控制了传染源的再次传播。

3. 严格消毒，切断传播途径

为防止病原的扩散，对疫点周围环境、病畜厩舍、饲槽及鞍具、排泄物进行严格消毒，对当时防止疫情蔓延、控制马鼻疽起到了积极作用。

（三）稳定控制期

1. 加强疫情监测

20 世纪 70 年代末，河南省马鼻疽疫情得到了控制，但河南省对马鼻疽防制并没有放松，要求各疫区县加强疫情监测，认真抓好市场检疫及运输检疫，稳定控制疫情。

2. 扑杀阳性畜

1980 年以后，鼻疽疫情基本上得到了控制，为彻底净化畜群，对检出的阳性畜采取了坚决扑杀深埋处理。据不完全统计，截至 1983 年，全省扑杀开放性病畜和阳性畜 11 245 匹。

3. 加强疫点消毒

对疫点周围环境、病畜厩舍、饲槽及鞍具、排泄物进行严格消毒，防止疫情蔓延。

（四）消灭期

1. 加强疫情监测

1983 年在南阳市唐河县发现 1 匹病畜，在新乡市原阳县检出 2 匹阳性畜，当年都进行了扑杀；1984 年以来再未发现临床病畜和鼻疽菌素点眼阳性畜，但河南省对马鼻疽防制并没

有放松，各疫区县继续开展疫情监测，全面落实市场检疫及运输检疫。1987—1989 年，全省疫病普查，未发现马鼻疽病畜和阳性畜。据 1984—1996 年 13 年间不完全统计，全省累计临床调查 940 524 匹马属动物，未发现临床病畜；鼻疽菌素点眼抽查 683 252 匹马属动物，未检出阳性畜。

2. 考核验收马鼻疽防制效果

1992 年农业部下发了农牧函字 46 号《马鼻疽防制效果考核及验收办法》。河南省成立了马鼻疽防制效果考核验收组，对历史上曾发生过马鼻疽的 99 个疫区县进行考核，各市都达到了消灭标准，并经农业部考核验收达到马鼻疽消灭标准。由省畜牧局正式宣布全省消灭马鼻疽。1996 年在全省范围内彻底消灭了马鼻疽。

（五）巩固期

1. 坚持不懈地做好马鼻疽防制工作

1996 年以来，为巩固消灭马鼻疽的防制成果，河南省各级防控机构高度警惕，密切关注国内外马鼻疽的发展态势。各地严格按照《中华人民共和国动物防疫法》《中华人民共和国畜牧法》《重大动物疫情应急条例》等法律法规的要求加强马鼻疽的防控工作。同时结合连续数年河南省无马鼻疽防控工作的实际，按照"高度警惕，密切关注，普遍调查，重点检测，突出检疫，严防死灰复燃"的指导意见，完善了马鼻疽控制工作方案，加强了对马鼻疽防治工作的领导，加大了防控工作力度，巩固了防控成果。

2. 认真开展疫情监测工作

为保持马鼻疽的消灭状态，及时、准确地掌握疫情隐患，河南省将马鼻疽监测工作列入每年的监测计划，并明确规定了监测时间、监测频率和监测任务，把历史疫情较严重的乡（镇）、村、旅游景点的马匹等作为监测重点。1997—2014 年间全省 99 个县用鼻疽菌素点眼监测 73 550 匹，全为阴性。

3. 全面开展流行病学调查

为弥补鼻疽菌素点眼数量的不足，1999 年以来，在全省全面开展了流行病学调查，共在 101 县（市）、303 个乡（镇）、939 个行政村，调查马属动物 20 750 匹。经访问畜主、兽医、村防疫员，查阅门诊登记，临床检查，未发现病畜。

4. 加强检疫

对外购马属动物，必须经隔离观察，鼻疽菌素点眼，确认无病，方可混群饲养。

截至 2015 年 3 月，河南省继续保持了马鼻疽的清净无疫。

三、消灭马鼻疽的成果
（一）经济效益

马鼻疽的消灭，增强了马属动物的自身抵抗力，减少了马属动物其他疫病发生的几率，提高了幼驹成活率、成马繁殖性能，显著提高了马属动物的整体生产性能和健康水平，为保障农业生产、农民增收，促进社会经济发展做出了贡献，创造间接经济效益 10 亿元。

（二）社会效益

六七十年代，在有效控制马鼻疽的同时，为新中国的农业生产提供了畜力，保障了农业生产顺利进行，减少了病原体在空气中的生存和传播；八九十年代，随着马鼻疽的消灭，净化了马属动物群体，防止了鼻疽病畜的传出，促使了马属动物交易的增加，保障了公共卫生安全；90年代后期至今，在维持马鼻疽防制效果的同时，为马属动物的保种做出了重要贡献。

四、防控经验

（一）加强组织领导

60多年来，河南省马鼻疽防制工作在农业部畜牧兽医局和全国畜牧兽医总站指导下，在河南省人民政府高度重视下，政府和业务部门齐抓共管，多部门联合，消灭了马鼻疽并维持清净无疫。据不完全统计，1949—1983年，省政府先后划拨500万元专款用于马鼻疽阳性畜的处置和各项防制措施的落实。自1996年消灭马鼻疽以来，在河南省畜牧局每年下发的"河南省动物疫病防治工作意见"中，均对马鼻疽的防治任务、目标提出了具体要求，并安排了专项防治经费。

（二）健全防治机构

新中国成立初期，民间兽医组织成立了"家畜保育所"。随着马鼻疽的流行，给畜牧业和农业生产造成的损失越来越大，引起了各级政府的重视，1958年河南省人民政府下发了《关于控制和消灭马鼻疽的暂行办法》。根据本办法业务部门抽调人员成立了"防制马鼻疽领导小组"，制定防制规划，解决技术难题，培训师资力量。通过监测、检疫、扑杀阳性畜，消灭了马鼻疽，净化了畜群。1992年，根据农业部下发的《马鼻疽防制效果考核及验收办法》，河南省成立了相应的领导小组及考核验收组，对17个市（地）进行了考核验收。考核组根据考核验收结果，提出书面申请，经省畜牧局审核，下发了《豫牧医关于郑州等市（地）达到马鼻疽消灭标准的通知》，并颁发了马鼻疽防制效果考核证书。1996年以来为巩固消灭马鼻疽的防制成果，河南省各级防控机构高度警惕，密切关注国内外马鼻疽的发展态势。按照"高度警惕，密切关注，普遍调查，重点检测，突出检疫，严防死灰复燃"的指导意见，完善了马鼻疽控制工作方案，加强了对马鼻疽防治工作的领导，加大了防控工作力度，巩固了防控成果。

（三）抓好法律法规及人员队伍建设

河南省动物疫病防制体系健全，省、市、县三级均有动物疫病预防控制机构，有博士、硕士、研究员、高级兽医师组成的兽医科技队伍。在疫病防制中，各地认真贯彻《家畜家禽防疫条例》及其《实施细则》，严格依照《中华人民共和国动物防疫法》《中华人民共和国畜牧法》《重大动物疫情应急条例》等法律法规的要求，加强防控队伍建设，加大马鼻疽防控工作力度，巩固防控成果。

第十三节　四川省

马鼻疽在四川省流行的历史久远，1919 年，四川就有马鼻疽的记载。1927 年四川省甘孜州有马鼻疽病发生，1938 年蒋次升由成都至松潘道上发现有马"烂肺"，疑似马鼻疽。20世纪 30 年代，马鼻疽是马属动物的常见病，四季均可见；1949 年后四川省才有马属动物发病数的详细记载。新中国成立后，各疫区及其他市州开展了"检、隔、管、治、杀"的综合性防治措施，对疫区、疫点实行"定期检疫、分群隔离、划区放牧使役"的原则，临床患畜和检疫阳性畜逐年减少，有效地控制了马鼻疽的流行，防控成效十分显著。1987 年四川省达到了马鼻疽控制标准。此后，四川省在防控措施上进一步加强"检疫、监测、淘汰"工作，严格实行监测阳性扑杀措施。各地经过多年自查，省动物防疫监督总站组织专家组考核，证实了四川省已达到部颁消灭马鼻疽标准，并于 1998 年 12 月顺利通过农业部消灭马鼻疽考核验收。从 1999 年至今，四川省继续加大监测力度，年年开展监测工作，到目前为止，全省均未发现阳性或疑似阳性马鼻疽病例，巩固了四川省消灭马鼻疽防制成果。

一、流行概况

（一）疫区分布及特点

从流行范围上看，四川马匹多集中在甘孜、阿坝、凉山三个州的牧区和半农半牧区饲养，因此，本病也主要在甘孜、阿坝、凉山 3 个州和与凉山、甘孜接壤的雅安地区部分县发生，内地马匹偶尔有疫情，历史上先后 30 个县发生过疫情。从畜种方面上看，感染率以马最高，骡驴次之。从流行规律上看，半农半牧区一般呈散发，牧区牲畜集中，呈地方性流行，全省多为零星散发；半农半牧区高于牧区，病马多呈慢性经过，且无明显季节性。

（二）历史疫情回顾

1.20 世纪 40—50 年代

1919 年，四川有马鼻疽的记载，但由于历史原因，新中国成立前发病地点及数量已无法考证。1948—1950 年期间，甘孜州康定、道孚、炉霍等 11 个县因马鼻疽病死亡的马属动物近 4 000 匹。60 年代初在该州采用鼻疽菌素点眼的方法对马匹进行检疫，部分县阳性率高达 70%。1956 年在位于川藏公路线的新都桥支前兵站用点眼法检疫几十匹马，阳性大约在30% 以上。1954 年，阿坝州的若尔盖县、阿坝县和茂县有马鼻疽发病 87 匹的记录，1956年金川、马尔康、红原、壤塘四县发生，且较为严重。1958 年若尔盖、阿坝、南坪、松潘四县监测到的马鼻疽阳性率达到了 54.5%。1952—1953 年驻雅安部队支重连的军马发生本病，在岩乡枪毙多头病马，并进行了深埋，此后发病率和死亡率也一直居高不下。凉山州的西昌县 1952—1953 年查出阳性马 100 余匹，昭觉县 1953—1955 年共发现开放性鼻疽马 6匹，会理和会东两县 1959 年分别查出阳性马 32 匹和 15 匹。在原万县地区 1952 年和 1958年分别检出 6 匹和 30 多匹阳性马，原内江地区资阳县 1956 年发现病马 12 匹，南充地区在50 年代从阿坝州调入马匹后发生过本病。

2. 20 世纪 60—70 年代

甘孜、阿坝、凉山和雅安四地州间断发生。甘孜州原乾宁地区 1964 年检出阳性 29%，原乾宁县 1965 年有一个生产队因鼻疽死亡 6 匹（6/24），接着又用鼻疽菌素点眼，阳性 28 匹（28/39）。该州的炉霍、道孚、雅江、康定等 11 个县在 1976—1979 年，间发颊骨数和死亡数分别为 11585 匹、1123 匹。阿坝州 1962 年有 51 个乡、102 个村发病 1 800 匹，死亡 141 匹，1963—1973 年 10 年间共发病 21 845 匹，死亡 630 匹。其中茂县 1965 年有 3 个乡发生，发病 84 匹，但未引起流行。凉山州的盐源县 1966 年从驻地部队军马中检出阳性 1 匹。

3. 20 世纪 80 年代

甘孜州炉霍、道孚、雅江、康定等 11 个县的老疫区近 200 个村有疫点。1980—1984 年发病数和死亡数逐年下降，分别为 1 484、275 匹，1 036、192 匹，1142、177 匹，905、142 匹和 547、63 匹，平均致死率为 9%，占每年马匹总死亡数的 7.31%~9.08%。

1964—1988 年，成都市检疫站用鼻疽菌素点眼检查来自 3 个州的马共 27930 匹，查出阳性 113 匹，可疑 80 匹。阿坝州 1988 年仅有 4 个乡、7 个村 99 匹马发病，死亡 3 匹。1988—1989 年在阿坝、若尔盖和茂县检查时用鼻疽菌素点眼 355 匹，阳性 22 匹，经补体结合试验进一步检验后有 12 匹为阳性。位于若尔盖的白河牧场 89 年也发现阳性马匹。

（三）疫情发展历程

20 世纪 50 年代以来，各地对检出的阳性马匹烙印，集中饲养，隔离治疗，对开放性鼻疽进行扑杀。通过这些措施，曾一度使疫情在这一范围内得到控制，发病率和死亡率下降。但到 1967 年后，集中的病马又重新分散，再度扩散。从 1973 年起，防治工作得到重视，加强了检疫工作。1980 年以后实行经济体制改革，牲畜改为私有私养，普遍加强了饲养管理，增加了马匹的体质，同时改群养群放为分散饲养，从而对减少鼻疽的传播起到一定作用。70 年代中期到 80 年代，全省疫点减少，发病数和死亡数减少。80 年代后采取"以检疫为主、结合淘汰阳性牲畜"的综合防制措施，马鼻疽防制效果明显。1987 年全省基本达到了控制标准。1996 年起，经疫病普查及马鼻疽病专项调查，甘孜州和阿坝州检测再无阳性或疑似阳性病例发生。其中最后一次阿坝州于 1989 年 8 月 12 日在阿坝县白河牧场抽查 355 匹，用点眼变态反应检出阳性 22 匹，阳性率 6.2%。用补体结合反应查出阳性 12 匹，阳性率 3.38%。1989 年 8 月 20 日，22 匹阳性马匹全部扑杀深埋。甘孜州最后一次发生和扑杀的时间为 1995 年，地点为道孚县八美镇和康定县新都桥镇。雅安市则于 1968 年发现有 2 匹马死于该病后，再无阳性病例出现。

经过不间断普查及专项调查，证实了该病在 20 世纪 50 年代，流行于四川省雅安、甘孜、阿坝和凉山 4 个市州，个别县马鼻疽危害较为严重。60—70 年代，雅安、甘孜、阿坝和凉山 4 个市州间断发生。80 年代以来，马鼻疽逐渐得到控制，仅在雅安市宝兴县，甘孜州炉霍、道孚、雅江等 11 个县和阿坝州阿坝、若尔盖、九寨沟 3 个县存在疫点，目前仍在甘孜州、阿坝州和雅安市的 15 个县为马鼻疽监测点。1998 年 12 月，四川省通过了农业部消灭马鼻疽考核验收。1999—2014 年，进行连续 15 年监测无阳性，巩固了四川省消灭马鼻疽成果。

二、防控情况

（一）20 世纪 50—60 年代初期，疫情流行阶段：流调普查，摸清家底

新中国成立以来，为准确掌握马鼻疽病在四川省的流行和危害情况，在全省范围内开展了马鼻疽病流行病学调查，采取走访调查牧民和民间兽医，查阅历史资料和利用鼻疽菌素点眼等方法对马鼻疽进行调查。其中，甘孜州开展三次全州畜禽疫病普查，共组织畜牧兽医人员和基层防疫人员超过 5 000 人次，对该病的发病死亡情况进行了深入细致的调查。经过不间断普查及专项调查，证实了该病在 50 年代，主要流行于四川省雅安、甘孜、阿坝等市州，个别县马鼻疽危害较为严重。

（二）20 世纪 60—70 年代初期，疫情逐步控制阶段：加强宣传，增强意识

四川省自 60 年代开始全面着手对马鼻疽进行科学防治，但由于该病的发生及发展多呈慢性经过，死亡率相对较低，其危害程度不易引起群众重视。加之，由于疫区文化教育的发展滞后，农牧民缺乏基本的防制知识，造成先期防治效果不明显。为此，原四川省动物防疫监督总站组织各级畜牧兽医部门深入各县、乡、村、户，采取下发文件、召开会议、举行科普讲座、动员老牧民传导等形式进行宣传，使疫区牧民对马鼻疽病的危害有了较清醒的认识，各项防控措施逐渐得到了群众的配合和支持。另外，省、市（州）、县三级兽医部门积极向当地党政领导汇报工作，主动申请经费支持，为马鼻疽的消灭提供了可靠的保证。

（三）20 世纪 70—80 年代，疫情稳定控制阶段：分类指导，科学防治

自 20 世纪 70 年代开始，根据流调结果，将全省分为马鼻疽重度流行区、轻度流行区和净化区，对不同流行区分别采取不同防治措施，进行分类指导。对重度流行地区实行"定期检疫、分群隔离、划地放牧、使役"；对轻度流行区采取严格检疫、隔离病马、集中管理、切断疫源，即"检、隔、管、治、杀"的综合防治措施；对净化区实行"严格检疫、严格扑杀、严管进出"的科学防治原则，对各地的开放性鼻疽马匹坚决予以扑杀，对监测出的阳性畜实行限期淘汰，全省马鼻疽疫情向逐步控制的方向发展。1987 年全省基本达到了控制标准。

（四）20 世纪 90 年代至 20 世纪末，疫情稳定控制阶段：预防为主，注重灭源

20 世纪 90 年代以来，马鼻疽逐渐得到控制，仅在雅安市宝兴县，甘孜州炉霍、道孚、雅江等 11 个县和阿坝州阿坝、若尔盖、九寨沟 3 个县存在疫点。采取"以检疫为主、结合淘汰阳性牲畜"的防制措施，对检出的阳性马匹烙印，集中饲养，隔离治疗，对开放性马鼻疽进行扑杀。同时，根据《四川省马鼻疽防制方案》要求，进一步强化"预防为主，检疫灭源"防控措施，要求全省农区普查检疫率 80% 以上，牧区 70% 以上。同时，为了防止马鼻疽病疫源扩散，四川省加强了对饲养场地和牲畜交易市场的环境消毒。除了农户用新鲜石灰乳液（10%~20%）消毒圈舍以外，四川省还用复合酚消毒液（1∶300）等消毒药物进行了环境的消毒。通过这些预防措施，全省马鼻疽阳性率、发病率和死亡率均大大下降。1998 年 12 月，四川省顺利通过了农业部消灭马鼻疽考核验收，马鼻疽防制效果明显。

（五）21世纪初至今，疫情巩固阶段：加强监管，巩固成果

四川省在达到部颁马鼻疽消灭标准以后，坚持班子不散、人员经费不减，积极开展检疫、监测工作。要求原疫区县每年必须监测马鼻疽500匹以上，并严格把好引进关，凡需从外地引进的马属动物必须实行100%的检疫，严禁从疫区引进马匹。近几年，四川省马匹交易流动量增大，直接给全省各地，尤其是甘孜、阿坝、雅安巩固马鼻疽防制成果增加了压力。继续要求异地调入的马属动物必须来自非疫区，在当地隔离观察30天以上，经当地兽医部门连续2次（间隔5～6天）鼻疽菌素点眼试验检查，确认健康无病后，方可混群饲养。同时加强饲养管理、消毒等基础性防疫工作，提高马匹抗病能力，防止疫情反复，巩固已取得的成果。尤其近5年，即2010—2014年，加强技术培训，通过培训，进一步稳定了全省马鼻疽防控队伍，提高了防控技能，为保障全国顺利通过马鼻疽和马传贫无疫评估奠定了坚实基础，做好了监测巩固工作。

三、消灭马鼻疽的成果

（一）经济效益

新中国成立前，四川省养马主要用于部队或骡用；20世纪50—90年代，四川省养马主要用于旅游或骡用；20世纪90年代至今，四川省养马主要用于宠物、旅游，少部分仍作骡用。

据不完全统计，截至目前，四川省共计监测马匹50余万匹，扑杀阳性马匹6 000余匹。目前全省马属动物存栏60余万匹，按照5%的病死率计算，若不采取任何防控措施，将会致使四川省5万头的马属动物死亡。按目前马匹市场价15 000元/匹、骡和驴按10 000元/匹的价格估算，四川省用扑杀约6 000头马属动物的代价，直接挽回的经济损失超过5亿元。

（二）社会效益

马鼻疽病的流行会严重危害全省尤其是牧区畜牧业健康发展，给当地牧民带来巨大的经济损失。同时，马鼻疽病又是危害人民身体健康的人畜共患病，患病马匹极易感染人，引起流行。20世纪50年代至今，通过对全省重点地区采取"以监测为主，免、检、杀、消相结合"的综合性防制措施，四川省马鼻疽病疫情经历了流行期、控制期、稳定控制期、消灭期及巩固期五个阶段，尤其是近年来，马鼻疽病持续保持零阳性率。全省马鼻疽的消灭达标和持续巩固，直接保障了马匹和人民群众的健康，尤其保障了近年来竞技娱乐用马的安全问题，产生了良好的社会效益，提升了畜牧兽医行业的社会地位。

四、防控经验

（一）领导重视，健全组织机构是关键

从四川省防控马鼻疽病疫情的经验来看，发现防控工作的关键是领导的高度重视。政府加大政策支撑力度，确保综合防控措施顺利实施。畜牧部门首先应把马鼻疽病列入防控重点，增加检疫、监测和无害化处理等经费投入，并列入财政预算。尤其1996年以来，省畜

牧食品局成立了马鼻疽防治领导小组，省动物防疫监督总站成立了技术实施小组，各有关市州县也相应成立了领导小组和技术实施小组，保证了防治工作的顺利开展和实施。2009年四川省兽医体制改革后，成立四川省动物疫病预防控制中心，内设兽医公共卫生科，专门承担马鼻疽病防控监测工作。马鼻疽的防治工作实施责任制和责任追究制，层层签订目标责任书，监测工作落实到人，掀起了消灭马鼻疽病高潮。同时，制定了《四川省马鼻疽防治实施方案》，方案明确了工作步骤，确定雅安、阿坝和甘孜3个市州为马鼻疽防控重点，并制定了任务目标。

阿坝州成立了防制马鼻疽领导小组、技术指导小组，由分管副局长担任领导小组组长，防控专家担任领导小组副组长，技术指导小组全部由防控专家和业务骨干组成。领导小组和技术指导小组根据疫情分布及流行情况及时调整防制措施，以检疫淘汰为主，并把工作重点放在疫区、疫点，淘汰阳性马，达到了消灭疫病的目的。

（二）加大流调力度，强化监测流调是基础

为全面了解马鼻疽病在四川省发生与流行情况，四川省严格按照《四川省马鼻疽防治实施方案》和《动物疫病防治技术规范》的规定，按照集中监测、日常监测和定点监测相结合的原则，积极引导规模养殖场自行开展动物疫病监测工作。各级畜牧部门工作人员克服恶劣的自然条件和气候条件，在交通不便、通讯不畅、经费不足等诸多困难下，通过几代兽医工作者的不懈努力，全面掌握了马鼻疽病在不同区域、不同时期的流行特点，为科学制定防控策略提供了依据。

（三）政府支持，部门配合密切是保证

四川省各级畜牧部门在防控工作中遇到问题，直接向当地政府做出汇报和请示，各级地方政府对马鼻疽病的防控工作给予了大力支持。同时，畜牧部门积极与卫生、公安、工商等部门配合，形成防控工作合力，建立了联防联控机制、定时通报信息，携手防控马鼻疽病。

（四）工作不停，巩固达标成果是保障

马鼻疽病防制工作在1998年12月通过了农业部消灭马鼻疽考核验收后，四川省持续重视马鼻疽病的监测工作，以雅安、甘孜和阿坝3个市州为主，建立了马属动物个体户档案制度。坚持马鼻疽病防控工作"机构不撤，队伍不散，经费不减，工作不停"。同时做好马鼻疽病防控队伍的"传、帮、带"工作，进一步稳定全省防疫队伍，提高技术水平，为巩固四川省通过农业部消灭马鼻疽病防治成果提供强有力保障。

第十四节 贵州省

20世纪50—70年代贵州省马鼻疽流行严重，曾给贵州省养马业带来严重危害。80—90年代采用高密度的检疫、隔离和扑杀等综合防制措施后，至2001年，贵州省经农业部有关专家检查、验收达到农业部消灭马鼻疽标准。为巩固贵州省以往马鼻疽的防疫效果，了解本病的流行动态，贵州省连续数年开展了马鼻疽的监测工作。

一、马鼻疽流行概况

该病在贵州省的始发年限不清。据《贵州农业改进所概况》记载，民国35年（1946年）12月，安顺、平坝、普定，镇宁、关岭马发生过马鼻疽。1956—1978年，贵州省共检出马鼻疽阳性马2 032匹。据1976—1979年畜禽疫病普查和历史资料统计，马鼻疽病的地区分布如下。

贵阳市：花溪、乌当、白云、南明等区；

遵义地区：绥阳、桐梓、遵义；

黔东南州：凯里、麻江、天柱等县市；

黔南州：长顺、贵定等县；

安顺地区：开阳、平坝、关岭、普定、镇宁、安顺等县市；

毕节地区：大方、黔西、成宁、赫章等县；

黔西南州：望谟、册亨、贞丰、普安等县；

六盘水市：六枝特区、盘县、水域县。

二、马鼻疽防控情况

贵州省实行分阶段防控原则，制定防控规划，采取检疫、临床观查、变态反应检查、消毒等综合防制措施，长期坚持不懈地对该病进行监测和防控。总结贵州省马鼻疽防控情况，可分为5个阶段。

第一阶段：流行期。成立马鼻疽防制领导小组和调查小组。开展马鼻疽菌素点眼变态反应检查和流行病学调查。摸清疫病流行范围与流行情况。

第二阶段：控制期。省兽防站把马鼻疽防制列入常规动物防、检、治（制）工作。采取监、堵、封、杀、消等综合性防制措施，对检出阳性马匹一律扑杀，并培育健康幼畜，更新畜群。

第三阶段：稳定控制期。贵州省制定了马鼻疽调查实施方案，采取场地检疫、兽医门诊检疫、运输检疫等方式先后在九个地（州、市）、38个县（市、区）、48个乡镇，开展马鼻疽菌素（点眼）变态反应检查，以及防控具体工作。为了加强马鼻疽疫情监测，省、地、县（市、区）、乡均建立疫情监测网络，制定疫情举报有奖制度，并将马鼻疽列为重点动物疫病进行监测。省外引进马，实行引种申报制、报检制，严防疫情传入。

第四阶段：消灭期。贵州省各级政府和动物疫病防控业务部门高度重视马鼻疽防制工作，采取得力措施，取得显著防制效果。经专家考核，达到了农业部规定的马鼻疽消灭标准，顺利通过验收。

第五阶段：巩固期。全省在达到部级颁布的马鼻疽消灭标准以后，坚持班子不散、人员经费不减，积极开展检疫、监测和流调工作，严格把好引进关，凡需从外地引进的马属动物必须实施严格检疫，严禁从疫区引进马匹。同时加强饲养管理、消毒等基础性防疫工作，提高马匹抗病能力。防止疫情反复，巩固已取得的成果。

三、消灭马鼻疽的成果

马鼻疽是人畜共患病，消灭马鼻疽能有效控制和消除马鼻疽从畜间向人间传播，阻断人感染马鼻疽途径，根除马鼻疽对人的危害，保障人的身体健康。因此，消灭马鼻疽对维护公共卫生和食品卫生安全、保护人民群众身体健康，具有重大意义，社会效益显著。

贵州省地处云贵高原，地表崎岖，地面坡度大，马匹成为农业生产和交通运输的主要动力。马鼻疽的发生，大量的马匹死亡，给农业生产和人民身体健康造成了极大的危害。消灭马鼻疽使农业生产持续健康发展，同时减少了防控开支。

四、防控经验

（一）领导高度重视，各部门密切配合

贵州省一直高度重视马鼻疽的防制工作。省畜牧兽医局成立了马鼻疽防制领导小组，省兽防站成立调查执行小组。各有关市州县也相应成立了领导小组和技术实施小组，保证了防治工作的顺利开展和实施。马鼻疽的防治工作实行责任制，同时层层建立责任追究制度，省、地、县、乡、村各级都落实到人。对不履行职责，措施不落实，造成工作不到位、任务未完成，导致疫情发生和蔓延的单位和个人，依法追究责任。

各级畜牧部门在防控工作中遇到问题直接向当地政府汇报和请示，各级地方政府对马鼻疽病的防控工作给予了大力支持。畜牧部门还积极与卫生、公安、工商等部门配合，形成防控工作合力，建立了联防联控机制、定时通报信息，携手防控马鼻疽病。

（二）强化监测，加强监管

贵州省设有省、市（州）、区县、乡镇四级动物疫病预防控制机构和疫情测报体系，承担马鼻疽的采样、监测、疫情报告、流行病学调查和疫情风险评估管理工作。根据本省实际情况，每年制定动物疫病监测方案，对口蹄疫、马鼻疽、马传贫等17种动物疫病进行监测，并在集中监测的基础上，开展日常监测。同时加强动物疫情测报网络体系建设，完善动物疫情测报制度。加强疫情网络体系建设，严格疫情报告制度，全面实行疫情报告网络化管理。

在监管方面，加强产地、市场、运输等方面的检疫监督，保证各项措施的落实。异地调运马属动物，必须来自非疫区。出售马属动物的单位和个人，应在出售前按规定报检，经当地动物防疫监督机构检疫并签发产地检疫证后，方可启运。调入的马属动物必须在当地隔离观察30天以上，经当地动物防疫监督机构连续2次（间隔5~6天）鼻疽菌素试验检疫，确认健康无病，方可混群饲养。

（三）健全法律法规，科学防控疫病

贯彻落实《动物防疫法》《贵州省中长期动物疫病防治规划》中马鼻疽的相关法律法规，科学制定符合本省试验室、检疫、监督等各项管理制度，实行制度上墙，严格按照法定的检测方法和监测计划开展工作，在全省范围内对马匹实行全覆盖检测。同时，严格检疫监管，建立申报检疫制度，形成严格、规范、有序的防控风险管理框架，科学、有效的防控疫病。

（四）加强队伍建设，提高业务素质

贵州省坚持将业务培训作为提高防疫队伍素质的重要抓手，通过专家授课、现场操作、知识竞赛、技术比武等多种形式，不断提高防疫队伍的业务能力和技术水平。从 1990 年以来，省、地、县三级共举办各类培训班 400 余期，培训 5 万人次。并对检测人员的培训效果进行考核测试，考试合格后予以发证，检测过程中要求持证上岗。通过业务培训，有效提高了检测人员马鼻疽的识别能力、实际操作能力和自我防护意识。

（五）搞好宣传工作，做好群防群控

广大农牧民对马鼻疽病不了解，对它的危害性认识不足。绝大部分不知道有本病存在，更不知道它是一种传染病和人畜共患病。因此，各级兽医部门采取多种形式和手段，加大动物疫病防治的宣传力度，对广大群众进行深入广泛宣传，提高群众防疫意识，实行群防群控，有力地推动动物疫病防治工作开展。

第十五节　云南省

云南省马鼻疽一度呈地方性流行，云南省各级兽医人员艰苦奋斗，60 多年来连续采取综合防控措施，取得了较好的防控效果，并于 2000 年顺利通过国家消灭标准考核。

一、云南省马鼻疽流行概况

云南地处中国西南边陲，北回归线横贯南部。总面积 39.4 万平方千米，占全国总面积的 4.1%，居全国第 8。东与广西壮族自治区和贵州省毗邻，北以金沙江为界，与四川省隔江相望，西北隅与西藏自治区相连，西部与缅甸唇齿相依，南部和东南部分别与老挝，越南接壤，共有陆地边境线 4 060 千米。"山间铃响马帮来"，是云南历史上马帮运输情况的真实写照，由于云南地形、地貌复杂，山多平地少，交通运输主要靠马帮。因此，大量马匹集中饲养，集体行动，长途运输，流动性大，容易引起马鼻疽的传播和流行。

云南省马鼻疽最早记载于 1948 年，1979 年以后再也没检出阳性马和临床可疑马。全省发病范围是 11 个州（市）39 个县，占全省总县数的 30.23%；历史累计查出病马 5 849 匹，死亡 1 881 匹，扑杀 1 279 匹。2000 年 12 月通过了农业部消灭马鼻疽标准验收。

从 1948 年以来，云南省马鼻疽的发生和流行可分为 3 个阶段：即 1955 年以前为第一阶段（初始阶段），这一阶段主要是因购入病马或过境马帮传播而发病，呈散发性；1956—1967 年为第二阶段，由于农村合作化，大量的马匹集中饲养，结群流动，由于病马传播，造成大面积的发病和流行，为严重流行阶段；1967—1979 年为第三阶段，是马鼻疽基本控制阶段，由于采取了严格的防治措施，大部分县消灭了马鼻疽，只有个别县临床上还认为是马鼻疽。

文山州马鼻疽最早记载于 1948 年，马关县木厂乡杨茂松村一村民从集市购回一匹马，发现该马有眼屎、流脓鼻汁、鼻腔溃烂、颌结肿胀，经民间兽医治疗无效死亡。以后全村相继发病 34 匹，死亡 17 匹。1948 年以后，马鼻疽在文山州的马关、广南、邱北、西畴、富宁等 5 县 16 个乡发病和流行。至 1973 年，全州累计发病 185 匹，死亡 95 匹，1974 年以后再未发现可疑病马。

昆明市最先发现马鼻疽是 1949 年，在晋宁县晋城西口从事马车运输的罗彬，有 2 匹马发生鼻疽症状，请当地有名的兽医段汝贤、陈永兴多次医治无效死亡。从此马鼻疽先后在昆明地区的晋宁、宜良、嵩明、寻甸、东川等 5 县区部分乡镇发生和流行。至 1965 年止，全市累计发现病马（含血清学阳性马）1 172 匹，死亡 1 086 匹。1966 年至今没有发现新的病马或阳性马。

大理州据说最先发现马鼻疽是在 1954 年的"大理三月街"大牲畜交易会上，但无详细记载；有记载的是 1958 年，下关马车运输社归属于宾居太和农场时，发现其役马有鼻疽症状，至 1961 年累计发现病马 20 匹；以后，大理州的大理、祥云、宾川、南涧等 4 市、县发生马鼻疽，至 1979 年累计发现病马（含血清学阳性马）497 匹，死亡 362 匹；1980 年以后没发现新的病例或检出阳性马。

曲靖市最早于 1954 年罗平县的四区腊庄乡发现 1 匹，医治无效死亡；1957 年以后，罗平、师宗、曲靖（现在为麒麟区和沾益县）、陆良、马龙、宣威、富源等 7 市、县都发生马鼻疽；至 1967 年止累计发现病马（含血清学阳性）1 352 匹，死亡 360 匹；1968 年以后没发现新的病例或检出阳性马。

玉溪市 1953 年最早在易门县发现马鼻疽，以后分别在易门、红塔、澄江、通海、江川、峨山、元江、华宁等 8 县、区发现马鼻疽；至 1969 年，累计发现病马 656 匹，死亡 142 匹；1970 年以后没发现新的病例或检出阳性马。

昭通市 1958 年最早发现马鼻疽，以后分别在鲁甸、大关、镇雄、永善、巧家、彝良等 6 县发现马鼻疽；至 1965 年累计发现病马 706 匹，死亡 306 匹；1966 年以后没有发现新的病例或检出阳性马。

红河州只有蒙自县发生过马鼻疽，1963 年，县马车队从"大理三月街"上购回 18 匹马，6 月中旬发病 14 匹，死亡 2 匹，当时处理以后一直没发现新的病例。

楚雄州的海资马场于 1958 年从青海省购入种马 200 匹，隔离观察于禄丰县的舍资，发现个别马有鼻疽症状，经净化后再也没有发现病例；1965 年，永仁县牲畜公司到昭通地区的大关县购进役马 165 匹，在途中就发病死亡 34 匹，寄养体弱者 13 匹，其余马匹回来后经检疫发现阳性 52 匹，集中隔离于永定公社麦拉山，经扑杀或自然死亡后没有发现新的病例。

思茅市的景东县分别于 1954 年和 1960 年检疫县联社运输队和县商业局养护段饲养的马匹，发现病马 28 匹（含血清学阳性马），可疑 22 匹，死亡 5 匹，经扑杀后再没新的病例出现。普洱区历史上据说有马鼻疽，但未记载，1998年和1999年按云仙乡存栏的20%和21%的比例抽检均无阳性。

丽江市仅在1955年和1964年从驻华坪县的军马中和水工队的马帮中检出阳性3匹；1965年在古城区金山乡也检出1匹阳性马，这4匹都及时扑杀后一直没发现新的病例。

二、马鼻疽防控情况

云南省马鼻疽的防治，主要分4个阶段，即1955年以前，为自发的防治阶段；1956—1967年为有组织、有计划的全面综合防治阶段；1968—1989年为监控阶段；1990年以后，为复查、考核验收、监测巩固阶段。

（一）按照农业部部署，制定防治马鼻疽的规划

早在1956年1月13日，云南省按照农业部畜牧兽医总局（函）农医绍字〔1955〕第724号文精神，制定了云南省"马鼻疽的防治意见"，意见中总结了云南省1955年以前马鼻疽的防治情况，制定了1956年防治马鼻疽的计划。根据农业部畜牧兽医总局农医绍字〔1956〕第40号函发"十二年内基本消灭马鼻疽初步规划"的要求，1956年11月24日，云南省制定了"十二年内基本消灭马鼻疽的规划"。规划提出了在1967年前做到全部消除开放性鼻疽马，减少现有阳性马60%的目标，并就任务、措施、方法、步骤、工作进度等作了具体的规定和要求。1987年按照农业部要求，对全省的家畜进行了包括马鼻疽在内的疫病普查。1996年，根据农业部农（牧）函字〔1992〕第46号文和农牧医发〔1996〕第12号文，制定了"云南省'九五'期间消灭马鼻疽的实施方案"，布置了云南省马鼻疽的检疫、监测工作。另外，每年根据工作的进度，还发文对当年的工作进行具体的安排。各地、州、市，根据本地区的具体情况，也相应发文对各市、县、区提出要求和任务，布置防治工作。

（二）完善和加强防控机构建设

云南的兽医防疫机构，早在1911年云南政务部的实业司设有第一股，分管兽医防疫。到了1949年12月9日，云南新中国成立前，也还有所谓的西南兽疫防疫处昆明兽医总站。这些防疫机构，技术设备简陋，人员素质低下，基本上没有能力担当全省的畜禽疫病防治任务。所谓"十个马骡九个倒，剩下一头毛驴还不吃草"，就是新中国成立前云南畜禽疫病流行的真实写照。

新中国成立以后，1950年3月8日，当时的昆明军事管制委员会建立了省农林厅的牧医科和兽疫防治所，防治所下设兽医诊断室和兽医防疫队；1951—1952年，先后建立了蒙自等11个专区的兽疫防治队；1952—1957年全省又建立了121个县畜牧兽医站，这时全省的畜牧兽医技术人员已达732人，其中大专毕业生51人，中专毕业生101人，各种训练班毕业生580人；1958年又建立公社一级的兽医站；1972年相继建立了大队一级的兽医室。至此，从省到地（州、市）、县（市、区）、乡、村都有相应的兽医防疫机构。据统计，2010年云南省共有县级以上畜牧兽医工作站（含草料、改良、兽医）358个，乡、镇畜牧兽医站1570个。全省动物防疫现有人员1.3万多人，专业技术人员1.08万人。其中省动物疫控中心（含省级兽药饲料检测所）现有人员33人，专业技术人员27人，占81.25%。省动物卫

生监督所现有人员 21 人，专业技术人员 17 人，占 80%。全省公路动物防疫监督检查站现有人员 226 人，专业技术人员 158 人，占 69.91%。州市级动物疫控中心现有人员 349 人，专业技术人员 279 人，占 79.94%。州市级动物卫生监督所现有人员 269 人，专业技术人员 190 人，占 70.63%。县级动物疫控中心现有人员 2 673 人，专业技术人员 2 266 人，占 84.77%。县级动物卫生监督所现有人员 2 266 人，专业技术人员 1501 人，占 66.24%。乡镇畜牧兽医站现有人员 7 167 人，专业技术人员 6 352 人，占 88.63%。兽医机构的健全，兽医防疫队伍的加强，有效地防止和减少了各种畜禽疫病的发生和流行，保障了畜牧业的发展和人民群众的身体健康。

（三）加强宣传培训

云南省高度重视马鼻疽防控宣传、动员和技术培训工作，结合云南地处祖国边疆，少数民族众多，各地经济发展不平衡等特点，利用各种形式宣传防治马鼻疽的重要意义，普及防治马鼻疽的知识。同时注意民族政策，充分做好思想政治工作，争取群众的理解、支持和配合，收到了极好的效果。为了更好地开展马鼻疽的防治，云南省结合实际情况，举办了各种不同形式的讲习班和培训班。早在 1956 年 3 月 25 日，云南省就派出 2 名业务干部，参加农业部畜牧兽医总局在哈兽研召开的"全国兽医诊断人员关于马鼻疽、牛结核、牛羊布氏杆菌 3 种病的诊断检验操作讲习班"，受训回来以后，于 1956 年 8 月 1 日，举办了 2 期全省培训讲习班。在 20 世纪 50 年代，云南省兽医防疫人员贫乏，因而，采取适当吸收民间兽医、当地青年和青年学生经过培训后，补充到各级兽医检疫队伍。1996 年为落实全国"九五"期间消灭马鼻疽的总体目标，针对云南省各级兽医防疫机构年轻人多，没有见过马鼻疽的特点，举办了由各州、市相关人员参加的"马鼻疽检疫监测训练班"。各州、市也相应开办了类似的训练班，统一了要求和操作规程。1999 年 4 月，为了更好地执行农业部关于马鼻疽的考核验收标准和办法，又在晋宁县召开马鼻疽考核验收现场会。据曲靖市不完全统计，有 8 000 人次参加了各种防治马鼻疽的讲习班或培训班。边培训边检疫，从战争中学习战争，防疫人员素质不断提高，防疫队伍不断扩大，为马鼻疽的防治工作打下了坚实的基础。

（四）精心组织，有计划、有步骤地开展马鼻疽的防治工作

1.成立马鼻疽防控领导协调机构

早在 20 世纪 50 年代，就建立了各级鼻疽处理委员会，该委员会由农业、商业、财政、民政、公安、部队、卫生等部门组成，在各级党委领导下，统一协调处理马鼻疽的防治工作。同时各专区还建立了鼻疽检疫队，各县建立鼻疽检疫小组，负责检疫、诊断马鼻疽。1999 年，从省到各州、市都成立了马鼻疽防治效果考核领导小组和考核验收小组。

2.细化具体防控任务

1955 年以前，云南省马鼻疽的防治工作还没有系统地开展。到了 1956 年，根据农业部的要求，制定了鼻疽防治意见以后，才有计划、有步骤地进行。例如 1956 年的"意见"中：计划在马骡集中的国营企业单位，用鼻疽菌素点眼和补体结合反应法进行诊断，并结合本单位制定防治措施；在马骡大量集中的地区开展普遍检疫，并开展疫情及传播规律的调查。在 1956 年的"规划"中，对云南省当时的 15 个州、市下达了检疫任务，总的要求是：

① 1957—1958 年，将云南省（州、市、县，农场）全部马、骡、驴初检 1 次，对可疑的再复检 1 次；② 1959—1960 年将云南省全部马、骡、驴复检 1 次；③ 1961 年将云南省的马、骡、驴做好有步骤的抽检，当时的马匹存栏数约 60.14 万匹。1987—1989 年，实施在全省 17 个州、市的 63 个县，采用补体结合反应法进行抽检。1996 年在"实施方案"中，计划在昆明市的宜良、晋宁、嵩明、东川、寻甸，大理州的大理、祥云、南涧、宾川，曲靖市的曲靖、罗平、陆良、富源、师宗、宣威，玉溪市的红塔、澄江、元江、华宁，文山州的马关、西畴、广南、邱北、富宁，昭通市的彝良、镇雄、巧家、大关，思茅市的思茅、景东，红河州的蒙自，楚雄州的楚雄、元谋、禄丰、永仁，丽江市的丽江、华坪，临沧市的临沧、云县等 11 个州、市的 39 个市、县、区，开展检疫、监测。另外，各州、市还可根据具体情况，增加抽检非疫区县。方法：鼻疽菌素点眼和临床检查；数量：每年抽检率不少于存栏数的 20%，各地、州、市的抽检数不得少于 2 000 匹；步骤：1996—1998 年连续 2 年进行检疫，1999 年再监测 1 年，2000 年完成考核验收。

3. 强化各项技术措施

在长期的马鼻疽防治工作中，根据"早、快、严、小"的原则，云南省马鼻疽的防治技术措施主要是"检、隔、治、杀、消、培"。这 6 字"方针"在不同地区、不同时期有所侧重。

一是"检"，即检疫马鼻疽。全省主要采取临床检查、鼻疽菌素点眼（包括皮内注射）和补体结合反应等综合措施，检疫诊断马鼻疽。几十年来全省共检疫 548 363 匹，检出病马（含阳性马）5 849 匹，其中点眼和临床访问 272 065 匹，检出阳性 5 744 匹；市场检疫 268 733 匹，检出阳性马 5 匹；运输检疫 7 565 匹，没检出阳性马。检疫为净化、消灭马鼻疽打下了基础。

据统计，1967 年全省仅有 3 个村发生 28 匹鼻疽马，死亡 11 匹。1970—1973 年，马关县门诊揭示有 43 匹阳性马。大理州从 1967—1979 年间隔 12 年后，仅在宾川县临床发现 3 匹阳性马。鼻疽马或血清阳性马，经扑杀、隔离治疗或自然死亡后，至今没有发现鼻疽马或阳性马。1987—1989 年，在 17 个地、州、市的 63 个县，用补体结合反应法抽检 6 286 匹马属动物，结果全部阴性。1996 年和 1997 年连续 2 年用鼻疽菌素点眼法，检疫昆明、大理、曲靖、文山、玉溪、昭通等 6 个地、州、市的 38 个市、县、区的 27 260 匹马属动物，均为阴性。1998 年和 1999 年连续 2 年用鼻疽菌素点眼法，抽检思茅、蒙自、东川等 3 个市、县、区的 662 匹马属动物，均为阴性。1999 年对楚雄、永仁、禄丰、元谋、景东、丽江、华坪、凤庆、云县等 9 个市、县进行临床普查，共普查 64 194 匹，没发现鼻疽阳性马。

二是"隔"，即对鼻疽马隔离饲养和使役。检出的阳性马，在其左臀部烙上"×"印记，送至鼻疽马管制区，实行严格的分区管制、集中使役。马鼻疽管制区选择在交通不便、工作性质固定的地方，管制区内配有专职的饲养员和兽医，并设有管制站，关养和扑杀开放性鼻疽马，控制病菌向外扩散。据不完全统计，受隔离的阳性马共有 4 124 匹。对鼻疽阳性马隔离使役，这在当时是比较经济的办法。

三是"治"，即治疗鼻疽马。在严格隔离的条件下，用土霉素治疗开放性鼻疽马。按照农业部畜牧兽医局医字第 68 号《请试用土霉素盐酸盐治疗鼻疽马的通知》，云南省农业厅于 1962 年 2 月 21 日，以农畜字〔1962〕第 28 号文的形式给予转发和推广。全省各地疫区都试用土霉素治疗鼻疽马，取得了良好效果。例如，省兽医研究所张念祖等，在陆良县用土霉素治疗开放性鼻疽马 23 匹，治愈 20 匹，治愈率达 86.9%。据不完全统计，全省共治疗鼻疽马 3 024 匹，治愈 900 匹，治愈率为 29.76%。

四是"杀"，即扑杀鼻疽马。对开放性鼻疽马大都采取扑杀深埋处理。扑杀鼻疽马必须注意政策和纪律，须经主管领导机关批准方可进行扑杀。扑杀鼻疽马，一般公有马匹不予补助，私有马匹在扑杀后严重影响其生活、生产的，才给予一定的经济补助。据不完全统计，全省共扑杀鼻疽马 1 279 匹，有效地控制了传染源。

五是"消"，即消毒。采取 20% 热石灰悬液或 5% 来苏尔，对厩舍、受污染环境进行消毒。

六是"培"，即培育健康马驹。患鼻疽母马所生的马驹，无临床症状的，断奶后经 2 次鼻疽菌素点眼和补反检查，或 2 毫升鼻疽菌素皮下注射，再过 9~15 天，做补反检查，均为阴性者，视为健康马，予以混群。1958—1959 年，要求有条件的县培育 1~2 个无鼻疽的社和乡。

（五）认真开展考核验收情况

1. 成立考核验收领导小组和考核验收组

1999 年 4 月 15 日，云南省畜牧局以云牧（医）字〔1999〕第 08 号文，下发了《关于成立马鼻疽防治效果考核验收领导小组和考核验收组的通知》。领导小组成员如下。

组长：柳大品，副组长：何纯高、张大贵，组员：李春棣、宋学林、张开礼，办公室主任：李春棣。

组建了考核验收组，组长：李春棣。

成员：宋学林、李时寅、张念祖、张应国、刘荫武、袁庆明、段家琪、王永贤、张刚。

各地、州、市也相应成立了领导小组和考核验收组。

2. 顺利完成考核验收

1998—2000 年 8 月，文山、曲靖、大理、昆明、红河、思茅、昭通、玉溪等 8 个地、州、市，按部颁考核标准及验收办法，对辖区各市、县、区进行了考核验收。

2000 年 6—8 月，省考核验收组对文山、曲靖、大理、昆明、昭通、玉溪等 6 个地、州、市（红河、思茅各只有 1 个原疫区县，由本地、州进行考核验收）进行了考核验收；用鼻疽菌素点眼法抽检了昆明市晋宁县 3 个乡的 127 匹，占存栏数的比例为 2%；文山州马关县 3 个乡的 108 匹，比例为 3.40%；大理州祥云县 4 个乡的 118 匹，比例为 1.19%；曲靖市陆良县的 120 匹，比例为 1.14%；昭通地区昭通市的 102 匹，比例为 3.24%；玉溪市澄江县的 206 匹，比例为 4.87%。结果均为阴性。

省考核验收组通过座谈讨论、听取汇报、审查材料、抽样检查等步骤，认为各地、州、市在防治马鼻疽的工作中，有健全的防疫机构和制度，鼻疽的防治知识在群众中得到普及，领导重视，群众支持；历年检疫、病畜处理、监测、考核验收、总结等原始资料齐全，而且各地、州、市已对所辖各市、县、区进行了考核验收，达到了消灭标准。

考核验收组认为云南省马鼻疽的防治效果已达到部颁消灭标准，根据考核结果，提出书面意见，经省农业厅审查批准，下发通知并且发给证书。至此，云南省消灭马鼻疽的防治工作已胜利结束。

（六）在达到消灭标准后继续抓好疫情监测工作

2001 年以来，为进一步加大马传贫防控力度和巩固云南省消灭马鼻疽防治成果，各级党委和政府领导高度重视，连续 14 年在云南省历史疫区进行疫情监测，完成马鼻疽点眼 21 907 匹，临床调查 28 265 匹，市场检疫 112 881 匹，监测结果均为阴性。

三、消灭马鼻疽的成果

（一）经济效益

1948 年以来，云南省马鼻疽发病 5 844 匹，给农业生产和人民身体健康造成了极大危害。消灭此病根除了危害，减少了防控上的开支，仅此一项获得的间接经济效益达 6.01 亿元。马鼻疽的消灭，使马属动物数量稳步增长，有力地保障了畜牧业持续健康发展，提高了相关畜产品质量，增强了在国内外市场上的竞争力，经济效益明显。

（二）社会效益

云南省马鼻疽的防治，经过几代兽医工作者不懈的努力，马鼻疽在云南省被消灭，这是继消灭牛瘟、牛肺疫之后，又一个被消灭的传染病，尤其是作为一种人畜共患传染病的消灭，为保障公共卫生安全做出了重要贡献，同时为我们今后消灭其他病种提供了可供借鉴的良好经验。消灭马鼻疽是兽医队伍多年来工作成效的最好评价，充分体现了我国几十年来兽医队伍建设和科技能力提升所取得的卓越成就。

四、防控经验

（一）党和政府高度重视，是消灭马鼻疽的关键

各级党委和政府领导高度重视马鼻疽防控工作，将马鼻疽防控纳入政府的议事日程，系统制定消灭马鼻疽的防治规划、落实防控经费。兽医部门将防控马鼻疽作为重点工作，认真谋划并编制防控方案，因地制宜采取综合防控措施，精心组织，加强宣传，得到了人民群众的密切配合，顺利消灭了马鼻疽。

（二）健全兽医防疫机构，加强防疫队伍建设，是消灭马鼻疽的保障

解放初期，党和政府逐步建立云南省的兽医防疫机构，通过吸收民间兽医和青年学生来补充防疫队伍，在一定程度上维持了消灭马鼻疽工作的不间断开展。随着云南省社会经济的发展，各级政府和业务部门更加重视人员队伍建设，云南省的兽医防疫机构不断健全，防疫人员的素质不断提高，防疫队伍不断壮大，有力地保障了畜禽疫病的防治，保障了马鼻疽的消灭。

（三）有力的技术措施，是消灭马鼻疽的科学手段

在消灭马鼻疽的过程中，云南省各级兽医人员通过不断探索，严格按照"检、隔、治、杀、消、培" 6 字方针，根据情况有所侧重、有所缓急地采取综合防治，充分体现了防控工作的科学性。即使是在今天，仍然对防控其他疫病具有重要的现实意义。

第十六节　西藏自治区

西藏自治区依照农业部函〔1996〕24 号和藏农发〔1997〕34 号文件关于《1996—2000年全国消灭马鼻疽规划》的通知精神，从 1997 年起至 2000 年，实行领导、技术、资金三到位的做法，对全区 7 个地（市）74 个县（市、区）开展了马鼻疽检测工作。2001 年重点对仲巴、普兰、札达、噶尔、日土进行了自治区级马鼻疽验收。在各级动物检疫人员 5 年的艰苦努力下，西藏终于达到了农业部、西藏农牧厅规定的马鼻疽消灭标准，在全区范围未检出马鼻疽阳性，圆满完成了此项工作。

一、基本情况

全区拉萨、日喀则、山南、林芝、昌都、那曲、阿里 7 地（市）74 个县（市、区），全区总人口 317.55 万人，其中，藏族占 95% 左右。2014 年年底，统计全区牲畜总存栏数 1 861.44 万头（只匹），其中，牛 594 万头、马属动物 40 万匹、山绵羊 1 190 万只、猪 38 万头。肉产量 28.62 万吨、奶产量 34.06 万吨。西藏马属于高原性马，大部分为本地原始品种，也有从印度、尼泊尔和内地引进的新品种，但数量较少。在牧区基本属于自然放牧，在农区和半农区属圈厩饲养，主要用于耕地、乘骑、驮运货物等。

二、马鼻疽流行概况

新中国成立前，马鼻疽被牧民称作"大捺乃"，意思是马鼻子病，在西藏常呈散发性发生。由于当时的条件所限，没有防疫机构和专门的防治方法，该病处于自生自灭的状态，不同程度影响了马属动物的使用价值。

新中国成立后，此病在军马中曾有过暴发流行。据 1961 年中国科学院综合考察队调查，马鼻疽的感染率为 8.3%~13%，平均为 9.34%。据 1977 年 12 月至 1980 年 3 月全区第一次家畜疫病调查表明，由于各级政府加强了疫病防治工作，采取积极的防治措施，使其流行面积大为缩小，危害也降至很小。在调查中，山南、拉萨、那曲抽检马 7 554 匹，其中阳性马集中于拉萨城关区和察隅等县（区）。通过走访拉萨市老农和民间兽医，查问拉萨市家畜疫病普查资料，1969 年城关区马车队有马鼻疽发生，经军区军马所与拉萨市畜牧兽医总站联合对马车队 154 匹马进行检疫，查出阳性马 2 匹，阳性率为 1.3%。1972 年彭波农场畜牧站在本场检疫马 209 匹，查出阳性马 5 匹，阳性率为 2.4%。又据 1989 年 5 月至 11 月阿里地区疫病普查领导小组与自治区畜牧局普查工作组，对阿里地区四县一场进行的家畜疫病普查，日土县日土区和日松区均有马鼻疽发生，1974 年日松县加岗乡马发病 50 多匹，1977 年日松县发病 80 多匹。据分析，加岗乡地处中印边境，边民自由往来，是造成马鼻疽发生的主要因素。1989 年普查组对日土、噶尔、札达、普兰四个县 10 个区的 148 匹马，采用鼻疽菌素点眼进行检测，检出阳性马 3 匹，阳性率为 2.08%。重点检出地是噶尔县昆沙区，共检测 20 匹，检出阳性马 3 匹，阳性率为 15%。1978 年对聂拉木县樟木口岸门部区 9 匹马做了检测，其中 1 匹马为可疑马。1989 年 8 月，对自治区马术队的 84 匹演艺马采用鼻疽菌素点眼进行反复两次检测，检出阳性马 4 匹，阳性率为 4.76%。经半年隔离治疗和定期消毒马厩、场地、槽具，对久治不愈的 3 匹阳性马进行了扑杀和无害化处理。此后，从 1990 年起对马术队的马每年进行一次临床检查和鼻疽菌素点眼检测。1999 年在拉萨举办全国民运会前夕，对集中的马术队的 141 匹比赛马（其中，本队马 119 匹，拉萨林周县 17 匹，曲水县 5 匹）进行了检疫，抽检率占 219 匹的 64.38%，均为阳性。

三、马鼻疽防控情况

（一）全区马鼻疽检疫检测情况

依照农业部农牧函〔1996〕24 号和自治区农牧厅藏农发〔1997〕34 号文件精神，根据自治区农牧厅的安排，自治区动植物检疫总站承接了全区马鼻疽检疫检测的具体业务。

1.马鼻疽检疫检测前期工作

（1）成立各级马鼻疽检测领导小组　具体负责制定并实施每年的检测计划和订购，分发马鼻疽菌素。各地、市、县相应成立了由主管局长、县长、乡长挂帅，由兽医防检站站长组成的马鼻疽检测领导小组。昌都、日喀则地区于 1997 年 9 月，成立了由分管局长担任组长的地区马鼻疽检测领导小组和分管县长挂帅的县检测领导小组，业务技术人员为成员的马鼻疽检测领导小组。

（2）大力抓好马鼻疽检疫检测技术培训和马鼻疽防制常识的宣传工作　1998 年 6 月23—25 日，举办了为期两天的马鼻疽检疫检测技术培训班。来自 7 个地（市）的动植物检疫站站长和部分地（市）分管局长共 26 人参加了培训，重点学习了马鼻疽的特征、病原、临床症状、诊断、鼻疽菌素点眼操作、判定标准和阳性畜的处理等基础知识和检疫检测技术，并从拉萨市城关区拉鲁乡牵来 5 匹马，进行现场技术操作。学员基本掌握了鼻疽菌素点眼、结果判定等有关技术，成为全区马鼻疽检疫检测的骨干力量，为办好各地、市、县的技术培训班，打下了良好的基础。昌都地区于 1997 年 4 月 24 日至 25 日在类乌齐县现场举办了全地区马鼻疽检疫操作培训班，参加培训的有各县兽医防检站站长和中专以上的兽医专业技术人员共 34 人。那曲地区先后 12 次组织地区技术人员深入基层，培训乡镇兽医技术人员310 人次。日喀则地区专门举办了由 18 个县（市）的 37 名技术骨干和动检站长参加的检疫检测技术培训班，18 个县也分别办了培训班，培训人数达到 264 人次。

（3）统一思想，落实任务，统一行动，规范技术　1997 年 4 月 18 日，自治区农牧厅根据农业部农（牧）函〔1996〕24 号文件精神，印发了《关于开展马鼻疽检疫检测的通知》藏农发〔1997〕34 号，明确了西藏从 1997 年起，用三年时间完成全区 37 万匹马属动物的马鼻疽检疫检测任务，并于 2000 年消灭马鼻疽的目标，规定采取防疫、检疫、扑杀相结合的综合防治措施。各地（市）根据农业部和自治区农牧厅文件精神，结合本地实际，专门研究贯彻办法，统一认识，明确任务，制定计划，认真组织实施。昌都地区农牧局依据藏农发〔1997〕34 号文件精神，印发了昌农发〔1997〕21 号文件和〔1998〕11 号文件。日喀则地区农牧局印发了日农发〔1997〕24 号文并转发了农业部农（牧）函〔1996〕24 号文件，全面部署了马鼻疽检疫检测工作。

与此同时，自治区动检总站每年年初召开一次动植物检疫站工作会议，重点研究和部署当年马鼻疽检疫检测工作任务。在每年的全区农牧业工作会议上，层层签订责任书，把任务分解、落实到各地（市），并加强督促检查，保证了每年检疫检测任务的按期完成。

（4）积极做好马鼻疽菌素的订购供应工作　从1997年到2000年，由区总站负责订购供应马鼻疽菌素491 980头份。其中，1997年86 235头份，1998年301 317头份，1999年52 920头份，2000年51 508头份。1997—1999年的440 472头份为普查用，2000年的51 508头份是各地（市）考核检测用。

2. 检测方法和步骤

（1）检测方法　普遍采取马鼻疽菌素点眼法。一般每次点眼用鼻疽菌素原液3~4滴（0.2~0.3毫升），要求点于左眼，左眼如有病变可点于右眼。点眼应在早晨进行，最后第9小时之判定须在白天进行。点眼后要防止风沙侵入或碰伤、摩擦点眼部位。

（2）下发马鼻疽菌素情况

1997年下发鼻疽菌素2 239瓶，应检测86 235匹，实际完成11.121 1万匹，完成任务的128.96%。

1998年下发鼻疽菌素5 665瓶，应检测301 317匹，实际检测265 214万匹，完成任务的88%。

1999年下发鼻疽菌素881瓶，重点检测日喀则地区的仲巴、定日、定结，昌都地区的洛隆4个县的9 000匹马属动物，实际完成10 029匹，完成任务的111.4%。

2000年下发鼻疽菌素1 600瓶，重点检测那曲地区和日喀则地区15个县的30 000匹马属动物，实际完成30 048匹，完成任务的100.16%。

在检测中，临床未检出一例开放性鼻疽病畜。

3. 全区马鼻疽检测结果

据统计，1997年年初全区马属动物存栏390 100匹，四年累计检测443 121匹次，占全区马属动物存栏数的113.6%。累计检出疑似阳性畜176匹，占所检马属动物的0.039%。

1997年下发鼻疽菌素2 239瓶，应检测86 235匹，实际检测114 189，完成任务的132.4%。完成存栏总数的29.3%，检出疑似阳性畜38匹（拉萨1匹、日喀则1匹、那曲36匹），采取隔离观察并作为1998年复查对象。

1998年下发鼻疽菌素5 665瓶，应检测301 317匹，实际检测224 401匹份，完成任务的74.47%（含1997年疑似阳性畜的复检任务）。检出疑似阳性畜87匹，疑似率为0.033%，（其中，林芝2匹、昌都2匹、日喀则5匹、阿里78匹，1997年拉萨、日喀则和那曲的37匹疑似阳性畜复检后判为阴性）。

1997年、1998年两年共完成338 590匹马属动物的检测任务，完成1997年农牧厅下达任务的86.8%。

1999年下发鼻疽菌素881瓶，重点检测阿里地区的札达、普兰、噶尔、日土，日喀则地区的定日、定结、仲巴，林芝地区的工布江达，昌都地区的洛隆八个县的52 920匹马属动物（含1998年未完成的任务和1998年检出疑似阳性畜的复检任务）。实际完成53 023匹，完成当年任务的100.1%，检出阳性畜37匹，其中阿里16匹，日喀则21匹，阳性率为0.06%。

1997 年、1998 年、1999 年三年完成马鼻疽检测 391 613 匹，完成 1997 年区农牧厅下达任务的 100.4%。在三年检测中，临床上未检出一例开放性鼻疽病畜。

2000 年每地市抽检一个县，每县分东、西、南、北、中五个乡，对所有马属动物进行检测。全区总计检测任务是 35 个乡的 51 508 匹，实际完成 51 508 匹，完成任务的 100%。检出阳性畜 35 匹，其中：阿里 19 匹，仲巴 16 匹，阳性率为 0.068%。

全区最后判定 94 匹为阳性马，其中阿里地区日土县 15 匹，噶尔县 5 匹，普兰县 3 匹，扎达县 55 匹，计 78 匹，日喀则地区仲巴县 16 匹，昌都地区洛隆县 2 匹（已死亡）。

（二）马鼻疽防制效果初步考核意见

1. 拉萨市达到消灭马鼻疽标准

该市从 1997—2001 年累计检测马属动物 4.387 1 万匹，占 2001 马属动物存栏数的 87.9%，阴性率 100%。连续 20 多年未出现一例有临床症状和检测中出现的阳性马鼻疽病畜。

2. 昌都地区达到消灭马鼻疽标准

该地区从 1997—2001 年累计检测马属动物 12.909 2 万匹，占 2001 年马属动物存栏数的 80.48%。同时连续十几年未出现临床症状和在检测中出现阳性马鼻疽病畜。

3. 那曲地区达到消灭标准

该地区从 1997—2001 年累计检测马属动物 8.396 6 万匹，占 2001 年存栏数的 85.85%。那曲地区十几年未出现临床症状和在检测中出现阳性马鼻疽病畜。

4. 林芝地区达到消灭标准

该地区从 1997—2001 年累计检测马属动物 3.845 0 万匹，占 2001 年存栏数的 91.98%，阴性率 100%。几十年未发现临床症状和在检测中出现阳性马鼻疽病畜。

5. 山南地区达到消灭标准

该地区从 1997—2001 年累计检测马属动物 3.063 3 万匹，占 2001 年存栏数的 59.02%，阴性率 100%。几十年未发现临床症状和在检测中出现阳性马鼻疽病畜。

6. 日喀则地区达到消灭标准

该地区从 1997—2001 年累计检测马属动物 6.671 6 万匹，占 2001 年存栏数的 57.02%。该地区几十年未发现临床症状和在检测中出现阳性马鼻疽病畜。

7. 阿里地区达到消灭标准

该地区从 1997—2001 年累计检测马属动物 3.744 7 万匹，占 2001 年存栏数的 174.17%，未发现临床症状和在检测中出现阳性马鼻疽病畜。

根据农业部《马鼻疽防制效果考核标准及验收办法》（农（牧）函字〔1992〕第 46 号）的有关标准，西藏已达到消灭马鼻疽标准。

第十七节 陕西省

新中国成立前，马鼻疽在陕西省泾阳、三原等 11 个县有发生、流行；新中国成立后，该病仍是陕西省马属动物的主要传染病之一，至 1988 年，疫情先后波及全省 10 地（市）的 64 个县（市、区）。马鼻疽的发生、流行，曾严重影响了陕西省养马业的发展，给农牧业生产造成了巨大的经济损失。在新中国成立后的马鼻疽防治工作中，陕西省认真贯彻"预防为主、防重于治"的方针。在各级政府的正确领导下，各级业务部门坚持"检、隔、治、处、消"综合防治，经过几十年的辛勤努力，到 1985 年管制点内病畜全部死亡及扑杀处理，以及 1988 年检出的最后 1 头病畜被扑杀，全省马鼻疽得到了稳定控制。1989—1992 年全省继续坚持检疫工作，马鼻疽的检出率均为零。1993 年后，根据农业部《马鼻疽防治效果考核标准》及消灭马鼻疽规划，积极开展检疫和临床检查相结合的消灭马鼻疽工作。1993—1997 年共检马类家畜 132 326 头（匹），全部阴性；临床检查 1 623 699 头（匹），未发现临床病畜。1998 年，省农业厅对各地市马鼻疽防治效果进行了考核验收，均达到农业部消灭马鼻疽的标准。1999 年，农业部组织考核验收组对陕西省马鼻疽防治效果进行了考核验收，宣布陕西省达到马鼻疽消灭标准。2000 年以来，陕西省继续做好马鼻疽监测工作。2000—2014 年，共监测马属动物 13.73 万头（匹），结果均为阴性。

一、马鼻疽流行概况

据资料记载，新中国成立前，陕西省最早发生马鼻疽是在 1940 年，潼关县马鼻疽发病 1 头，死亡 1 头。随后马鼻疽在陕西省关中及陕北地区的泾阳、三原、富平、耀县、华阴、潼关、朝邑、蒲城、铜川、宜川和横山等 11 个县有发生、流行。

新中国成立后，马鼻疽除在老疫区县断续有发生流行外，疫情进一步扩大蔓延，特别是经历了 1956—1960 年及 1963—1967 年的 2 次暴发流行。至 1988 年在铜川市郊区扑杀处理了最后 1 例阳性病畜，疫情先后波及全省 10 地（市）的 64 个县（市、区）。

二、马鼻疽防控情况

陕西省马鼻疽流行及防控情况大体分四个阶段。

（一）流行阶段

1950 年，经临床揭发，马鼻疽在岐山、乾县、富平、澄城、彬县、宜川等 6 县有点状发生，在横山县呈点状暴发，2 个乡镇发病 70 头（匹）、死亡 70 头（匹）。1951 年，西北军政委员会畜牧部在兴平县开展马鼻疽菌素点眼检疫试点。至 1955 年，经临床揭发及鼻疽菌素点眼检疫，揭示榆林地区（榆林市、府谷）、铜川市（城区、郊区、耀县）、宝鸡市（宝鸡县、凤翔、金台、渭滨）、咸阳市（兴平、武功、杨陵、泾阳、三原、淳化、永寿、渭城、秦都）、西安市（长安、蓝田、周至、未央、闫良）和渭南市（临渭、大荔、韩城、蒲城）等 6 地（市）的 27 个县（市、区）有马鼻疽发生流行。其间，1953 年，咸阳市在兴平、武功等 4 县（区）开展了马鼻疽检疫和临床检查工作，共检马类家畜 5 300 头（匹），检出阳性病畜 92 头（匹），检出率高达 1.74%，且疫情蔓延波及十几个乡镇。据统计，1950—1955 年，先后有 7 地、市的 34 个县（市、区）累计 44 县（次）、78 个疫点发生过马鼻疽，发病畜 417 头（匹），死亡 309 头（匹），病死率高达 74.1%。在此期间，因揭示的病畜多为严重的开放型，当年基本自然死亡，加之当时大家畜单家独户私人喂养的自然隔离作用，并未引起疫情大面积暴发流行。据 1955 年前历年的重点检疫统计，关中地区马鼻疽的检出率为 1%~2%。

（二）控制阶段

在此期间，马鼻疽疫情经历了几次从流行—控制—流行—控制的反复过程。

1. 新中国成立后马鼻疽的第一次暴发流行时期

1955—1956 年的农村经济体制变革，大家畜不经检疫合槽饲养，特别是 1958 年的合大槽饲养，加速了马鼻疽的传染扩散。1956—1958 年，省马鼻疽防治队在关中地区 27 个县首次组织开展了大规模鼻疽检疫普查工作。据统计，应检马类家畜 201 488 头（匹），实检 193 124 头（匹）（受检率 95.84%），检出阳性病畜 4 166 头（匹）（阳性 3 523 头匹、开放性 135 头匹、活动型 508 头匹），检出率高达 2.16%。其中：1956 年在西安市的蓝田、长安等 6 县（区）及咸阳市的永寿县共检马类家畜 50 597 头（匹），检出阳性病畜 2 058 头（匹），检出率高达 4.07%，发病最严重的蓝田县检出率高达 7.76%（328/4224）；1957 年在西安的户县、周至，咸阳的兴平、武功等 7 县（区），宝鸡市的岐山、扶风等 7 县（区）共检马类家畜 94 445 头（匹），检出阳性病畜 1 067 头（匹），检出率为 1.13%，发病严重的咸阳市 7 县（区）检出率高达 2.09%（530/25 320）；1958 年在西安的高陵、户到等 7 县（区），咸阳市的长武、乾县等 6 县（区），宝鸡的扶风及眉县和延安市的洛川县共检马类家畜 48082 头（匹），检出阳性病畜 1 041 头（匹），检出率为 2.17%，发病最严重的咸阳市 6 县（区）检出率高达 3.43%（408/11 905），洛川县检出率高达 3.18%（118/3 714）。同时，在省马鼻疽防治队的指导下，榆林地区也开展了马鼻疽普检工作。据统计，1957—1960 年，在重点老疫区县共检马类家畜 8 445 头（匹），检出阳性病畜 403 头（匹），检出率高达 4.77%。发病严重的横山县 1960 年检出率高达 10.59%（236/2 229）。此次马鼻疽疫情，不仅是陕西省新中国成立以来最严重的一次暴发流行，而且到 1959 年疫情也波及了陕南养马较少的商州、平利、宁强及西乡等县市。

针对暴发流行的马鼻疽疫情，各地及时采取隔离管制、扑杀处理病畜及搞好消毒等综合性措施，经 1956—1962 年 7 年的积极防治，至 1962 年，全省马鼻疽疫情得到有效控制。阳性病畜的检出率由 1956—1958 年暴发时期的 2.13%（4 363/205 002）下降到 1962 年的 0.49%（371/76 334）。

2. 马鼻疽的第二次暴发流行时期

1963 年，由于畜力不足，牲畜交易市场开放，允许牲畜自由买卖等传统交易关系恢复，马、骡价格猛涨。未经检疫的马匹大量由外省牧区进入陕西省市场交易，致使马鼻疽在关中一些地区再次暴发流行。咸阳市武功县县联社 1963 年从外省一次购回马 645 匹，检出鼻疽阳性病马 64 匹，检出率高达 9.92%。当年该市彬县、三原、永寿等 7 县（区）共检马类家畜 29 685 头（匹），检出阳性病畜 377 头（匹），检出率高达 1.27%；渭南、宝鸡等地（市）疫情也相应回升，流行范围扩大。1964 年，马鼻疽疫情进一步扩大蔓延，有 25 个县发生疫情，有疫点 214 个，检出阳性病畜 1 383 头（匹），检出率上升为 2.84%（1 383/48 687），形成陕西省马鼻疽第二次暴发流行高峰期。经采取措施及时开展综合防治，到 1965 年，疫情有所控制，检出率下降至 1.09%。随后，一些地方防检机构发生瘫痪，防治工作放松，直到 1967 年，阳性病畜检出率一直保持在 1% 以上。1968 年开始，停止了关中各地牲畜市场和古会上马类家畜的交易，有效控制了马鼻疽疫情的扩散，全省疫情再次得到控制。阳性病畜检出率由 1967 年的 1.08% 下降到 1968 年的 0.51%，并在此水平左右一直保持到 1972年。至 1964 年，全省 10 地（市）已有 64 个县（市、区）有马鼻疽疫情发生。

3. 马鼻疽疫情的第三次回升期

此次疫情回升，主要发生在外购马较多的地县，在全省未形成大面积流行，如咸阳市的乾县、武功、兴平等 3 县。因外购马检疫不严，加之对管制的病畜管理松懈，造成疫情明显回升。1973 年 3 县共检马类家畜 7 332 头（匹），检出病畜 120 头（匹），检出病畜 120 头（匹），检出率上升到 1.64%；1974 年检出病畜 185 头（匹），检出率为 0.79%（185/23 484）；1975 年检出病畜 204 头（匹），检出率为 0.84%（204/24 193），最严重的兴平市检出率高达 3.7%（108/4 026）；1976 年检出病畜 85 头（匹），检出率为 0.76%（85/11 249）。延安市富县，在新中国成立前后一直无马鼻疽疫情，1973 年因外购马将疫情带入，1974 年春进行检疫，共检马类家畜 1 446 头（匹），检出阳性病畜 15 头（匹），检出阳性病畜 15 头（匹），检出率为 1.04%，经调查有 13 匹病畜为外购马匹。

（三）稳定控制阶段

1978 年后，农业机械逐步代替了畜力，外购马停止，加之积极开展检疫和病畜处理工作，全省马鼻疽病情得到显著控制，检出率下降到 0.1% 以下。省上多次组织加强对原重点疫区县开展检疫净化工作。1982—1984 年，户县、高陵、长安 3 县连续开展检疫工作，存栏马类家畜受检率为 85% 以上，仅长安县检出阳性病畜 6 匹，检出率为 0.015%。1985—1988 年长安检疫马类家畜近 2 万头匹，结果全部阴性。千阳县 1985—1988 年检疫马类家畜 10 703 头匹，受检率达 90% 以上，结果全部为阴性。1987—1991 年全省开展畜禽疫病普查，在关中和陕北 5 地市的 27 个县抽检马类家畜 12 993 头（匹），仅在铜川市郊区（1988年）检出阳性病畜 1 头，阳性检出率为 0.008%。至 1988 年最后 1 头阳性病畜被扑杀处理，全省马鼻疽疫情得到了稳定控制。

（四）消灭阶段

1989 年以后，全省各疫区县坚持以检疫和临床检查为主的马鼻疽疫情监测工作，9 年间共检疫马类家畜 260 116 头（匹），结果全部阴性，经临床检查 3 048 594 头（匹）次，未发现临床病畜。1998 年 12 月，省农业厅对原疫区县仍有马类家畜存栏的 8 个地（市），严格按照部颁标准进行了考核验收，8 个地市均达到部颁消灭标准。1999 年 5 月，陕西省马鼻疽防治工作顺利通过了农业部考核验收组考核验收，12 月，农业部宣布陕西省达到马鼻疽消灭标准。

（五）巩固阶段

2000 年以来，陕西省继续做好马鼻疽监测工作，在原疫区和其他有马类家畜存栏的县，对存栏的马类家畜在临床健康检查、流行病学调查的基础上，用鼻疽菌素点眼方法进行检测，2000—2014 年，共监测马属动物 13.73 万头（匹），结果均为阴性。

三、消灭马鼻疽的成果

（一）经济效益

陕西省从 1956 年起全面开展防治工作，到 1999 年初消灭了马鼻疽，取得了显著的经济效益。经分析计算，1956—1998 年年底取得的直接经济效益达 51 305.757 万元。

（二）社会及生态效益

马鼻疽为人畜共患传染病之一，对养马业危害严重，病死率高，曾在许多国家的马群中因发病、死亡造成巨大损失。陕西省新中国成立后至 1988 年，疫情先后波及全省 10 地（市）的 64 个县（市、区），累计有 454 县（次）发生马鼻疽，发病自然死亡及扑杀病畜达 13 801 头（匹），给农牧业生产造成严重损失。表现在：（1）发生马鼻疽，大批病马死亡或被扑杀，直接经济损失巨大。（2）发生马鼻疽，马繁殖、生产能力降低或丧失，严重阻碍了养马业的发展，减少了农村的经济收入。（3）20 世纪 80 年以前，马是农村农业生产及运输等主要畜力之一，发生马鼻疽造成畜力严重不足，极大地影响了农业生产的发展，给农村的生产、生活造成了很大困难。（4）马鼻疽为人畜共患传染病，病畜的存在及其对生态环境的污染，给人民群众身体健康造成严重威胁。因此，消灭马鼻疽，不仅对畜牧业生产意义重大，而且为今后消灭人畜共患传染病，净化人类生存生态环境，保护人体健康树立了范例，积累了经验，社会及生态效益十分显著。

四、防控经验

新中国成立以来，陕西省马鼻疽防治工作，在各级政府的正确领导和大力支持下，各级业务部门贯彻"预防为主、防重于治"的方针，坚持"检、隔、治、处、消"综合防治措施，防治工作成效显著。回顾几十年来的防治史，采取的主要措施如下。

（一）加强领导、建立机构，制定防治办法

新中国成立后，马鼻疽继续不断发生、流行，引起了各级政府、领导的高度重视，多方加强对防治工作的组织领导。1952 年，省政府制定颁发了《陕西省兽疫防治暂行办法》，省农林厅转发了《西北区重点检验和集中扑灭马鼻疽病马试行办法》。随后 1956 年、1963 年、1966 年及 1982 年相继制定颁发了《陕西省处理鼻疽病马试行办法》及《防治马鼻疽实施计划（草案）》《陕西省牲畜（家禽）交易市场检疫试行办法草案》《陕西省防治马鼻疽措施方案（草案）》和《陕西省畜禽及肉类交易市场检疫办法》等。防治办法的颁布实施，有效保证了不同时期马鼻疽防治工作的顺利开展。与此同时，1956 年"陕西省马鼻疽治疗研究室"、"陕西省马鼻疽防治队"及与之相适应的地、县防治组的成立，以及省马鼻疽防治队

1956—1958 年连续 3 年组织关中地区等地 27 个县（区）开展的大规模检疫普查工作，使全省马鼻疽防治工作从此全面展开。10 地市畜牧兽医中心站、省畜牧兽医总站及县级畜牧兽医站的先后建立，为全省马鼻疽防治工作从组织机构和人员方面提供了保障。

（二）坚持"检、隔、治、处、消"综合防治，认真搞好马鼻疽防治工作

1. 加强检疫、揭发处理阳性病畜，消除疫源

通过检疫揭发、及时处理阳性病畜，消除疫源，在有效控制及消灭马鼻疽方面发挥了巨大作用。1951 年西北军政委员会畜牧部在陕西省兴平开展的鼻疽菌素点眼检疫试点，1956 年、1966 年颁布实施的《陕西省处理鼻疽病马试行办法》（以下简称《办法》）、《陕西省防治马鼻疽措施方案》（以下简称《方案》）及 1956 年省农业厅畜牧局在陕西省武功农业学校举办的马鼻疽检疫人员讲习班，从此揭开了陕西省以检为主，"检、隔、治、处、消"相结合的马鼻疽综合防治史。几十年来，各地根据《办法》和《方案》要求，坚持每年至少一次马鼻疽全面检疫工作，并对检出的阳性病畜进行隔离管制和扑杀处理，防治工作成绩显著。据统计，1950—1997 年全省累计检疫马类家畜 210.044 3 万头（匹），检出阳性病畜 13 801 头（匹）。除自然死亡 2 699 头（匹）及隔离管制 9171 头（匹）外，其余全部进行了扑杀深埋处理，消除了疫源，防止了疫情扩散，为全省消灭马鼻疽奠定了基础。

2. 加强病畜隔离管制，杜绝疫源扩散

随着 20 世纪 50 年代后期马鼻疽检疫工作的全面展开，揭发的阳性病畜越来越多，在当时特定社会历史条件下，要对全部病畜进行扑杀处理很不实际。对此，各地根据《办法》和《方案》，对检出的病畜。实行集中隔离管制。在管制区内，管死活动型，逐步扑杀淘汰开放性病畜，限制阳性病畜流动，并积极开展试治和培养新生健康幼驹工作；在试治过程中，无论治疗效果如何，严禁病畜离开管制区；对没有生产能力和治疗无效的病畜，按规定报批后，进行扑杀深埋处理；同时严格管制区内管理、使役、消毒等各项制度，有效地杜绝了疫源的扩散。据统计，至 1985 年管制点内最后 1 头病畜被处理，各疫区县累计设立病畜管制点 460 个，管制病畜 9171 头（匹）。在对病畜管制过程中，先后用中药、土霉素、磺胺双甲基嘧啶等药物进行大量试验治疗工作，结果只能缓解病情，难以根治。

3. 严格消毒制度，减少疫病传播

根据马鼻疽传播途径多样性特点和省防治马鼻疽《办法》《方案》，在防治工作中，各地及时制定了切实可行的消毒制度，严格消毒，加强防范。如严格病畜隔离管制、扑杀处理及饲养活动场所、粪便的消毒制度，严格病畜接触过的饲养用具、套具、车辆、农具等的消毒制度，加强门诊诊疗器械、场地消毒处理，定期开展活畜交易市场消毒制度等。消毒制度的建立及实施，为有效控制和消灭马鼻疽起了积极的促进作用。

（三）坚持疫情监测，加强疫情防范，严格按照部颁消灭标准，消灭马鼻疽

至 1988 年最后 1 头病畜被扑杀处理，全省疫情得到稳定控制。1989—1998 年，按照省上统一工作要求，各地继续坚持每年一次的市场、省界、运输等多方位检疫和疫情监测制度，有效地防止了新传染源的传入，巩固了防治效果。

1992 年，农业部颁布《马鼻疽防治效果考核标准及验收办法》后，各地根据全省统一安排部署，严格按照部颁标准逐步开展消灭工作。

1996 年制定印发了《陕西省消灭马鼻疽工作计划》，进一步加强对消灭马鼻疽工作的组织领导和完善防治机构，充实防治专业技术力量，落实防治任务，加快消灭马鼻疽步伐。全省统一时间，统一诊断液和试剂，按部颁标准在西安、咸阳等 8 地市原 62 个疫区县，应用提纯鼻疽菌素共点眼检疫马属动物 40 038 头（匹），结果全为阴性。对 62 个原疫区县的 617 个乡镇 9 666 个村饲养的 326 559 头（匹）马属动物，进行鼻疽临床症状检查，未发现临床病畜。1997 年在上述范围再次开展大规模检疫工作，点眼检疫马属动物 39 985 头（匹），结果全部阴性。临床检筛 310 057 头（匹），未发现临床鼻疽病畜。

在马鼻疽非疫区县黄陵县，1996 年共进行鼻疽菌素点眼检疫 77 头匹，受检率为 38.7%，未检出鼻疽阳性畜；1997 年点眼检疫 35 头匹，受检率 17.9%，未检出鼻疽阳性畜；结合点眼对全县存栏的 199 头匹马属动物进行两次临床检查，未发现临床病畜。

1997 年、1998 年，对西安、咸阳等 8 地市随机确定的 8 个县，按存栏马属动物的 1% 的比例，用提纯鼻疽菌素进行点眼检疫复核检查，共抽检马属动物 764 头匹，结果全为阴性。

1989—1998 年坚持常年检疫累计点眼检疫马属动物 26 万多头（匹），均为阴性，未发现临床鼻疽病畜。

1998 年年底，省农业厅组织有关专家严格按部颁验收办法进行验收，除原疫区县商洛地区商州市、安康地区平利县已无马属动物外，其余 8 地市均达到部颁消灭标准。

1999 年农业部专家组来陕西省严格按照部颁考核验收程序，现场用鼻疽菌素点眼检疫马属动物 133 头匹，结果全部为阴性；通过听取防治工作汇报、审阅有关资料等，一致认为陕西省达到了部颁消灭马鼻疽标准，并宣布陕西省消灭了马鼻疽。

第十八节　甘肃省

甘肃省马鼻疽在新中国成立前已有流行，且分布广泛，危害严重。新中国成立后，从 20 世纪 50—70 年代末近 30 年间，全省进行了长期的防控工作，在控制全省鼻疽流行、降低感染率方面，取得了一定成效。但由于未能扑杀全部阳性马，彻底消灭传染源及缺乏周密的长期防制计划，防制工作时松时紧等原因，最终未能根本控制和消灭本病。

1981 年全国农业工作会议提出，到 1985 年全国控制和基本消灭马鼻疽等 11 种畜禽传染病及寄生虫病。根据会议精神，制定了《甘肃省马鼻疽防制项目实施计划》，并开展了试点和全面的消灭净化工作。经过长期不懈的努力，甘肃省自 1988 年扑杀最后一匹本地病畜后，从 1989—1998 年的 10 年时间中，不论是普检考核，还是大面积疫情监测，在产地均未检出阳性畜（但 1992 年在甘南州夏河县那吾乡检出了 1 匹从省外购入的鼻疽阳性马，并依规范扑杀处置），说明甘肃省马鼻疽防治效果是确实的，已达到农业部颁发"考核标准"规定的"省消灭标准"。甘肃省内的净化考核认证工作从 1984 年开始，截至 1991 年 9 月，由甘肃省畜牧厅组织，依据《甘肃省以县为单位控制和消灭马鼻疽病的标准》（试行）、《甘肃省马鼻疽病防制效果考核标准》，按程序由地区考核县，由省考核地区，全省最终达到了以省为单位的"消灭标准"。

从1993年起，农业部先后多次派出考核验收组对全国21个原疫区省（区、市）进行达标考核。1999年陕西、北京、内蒙古、甘肃、山西、安徽、江苏和贵州省完成了消灭马鼻疽任务。

一、马鼻疽流行概况

（一）流行历史长

据资料记载，甘肃省的马鼻疽病在新中国成立前就有发生和流行。前农林部西北兽疫防治处与西北马政局在河西地区的检疫结果，永登县某马场感染率为15%左右，骑兵部队中严重者高达60%~70%；1930年，金昌市永昌县南泉曾发生马鼻疽，死亡骒4头，驴6头；定西地区（现定西市）资料记载，1943年在定西县（现安定区）岩山和尚村一次就扑杀了40多匹从军马中检出的鼻疽病马；高台县资料记载，新中国成立前高台县红崖乡红山河村的驴，因患鼻疽而大批死亡。

（二）流行面积大

据新中国成立后历年的检疫调查结果说明，甘肃省马鼻疽流行面积大，分布十分广泛。全省14个地区（州、市），85个县均有发生和流行，占全省86个县的98.9%，仅康县一县未发现鼻疽流行，也从未检出过阳性马。

（三）感染严重

据资料统计，全省在1982年以前，平均感染率为1.64%，最高年份达18.21%。一般来讲，牧区感染率高于农区，交通沿线的县、乡高于偏远县、乡。甘南州是甘肃省感染最严重的地区，养马数占全省养马数的18%。1982年以前年平均感染率为3.03%，最高年份达18.87%。该州的玛曲县和夏河县最高感染率分别高达11.9%和21.66%，个别年可达30%~44%。地处甘肃河西的永昌县1964年检疫，感染率为8.6%，其中开放性病马占总病马数10.59%（331/2 482）。

就感染严重程度而言，全省14个地区（州、市），大致可分为严重感染区（4/14）、较严重感染区（5/14）及一般感染区（5/14）。严重感染区和较严重感染区达64.3%。

（四）呈地方性流行

马鼻疽在集中饲养、使役、放牧等条件下，一旦引进开放性鼻疽马则在马群中或在自然村、牧场、放牧群传播流行，造成较高发病率和致死率。随着病马的流动、出售，该病向周围乡、村或牧场蔓延扩散，形成地方性流行。如1962年，天祝县两牧场一次就检出阳性马25匹（25匹/40匹）和27匹（27匹/38匹）；高台县某农场1958年一次检疫就检出病马54匹（54匹/220匹），该场向外输出病马，造成周围乡、村的广泛传播扩散。高台县宣化乡乐善村1957年从该场买回病马25匹，至1983年先后全部发病死亡，并使该村原饲养马也相继发病。

（五）危害十分严重

急性鼻疽病马引起死亡，慢性病马体力衰弱，使役能力下降，并能长期排菌，严重影响养马业和农业生产。临夏、天水、武威、兰州四地（市）调查统计，鼻疽致死率达 38.94%（435 匹 /1117 匹）。1961 年永登县坪城乡火石洞村，由天祝县购进鼻疽病马，引起全村 74 匹马、骡全部发病，先后死亡 50 匹，造成全村农业生产和运输全部瘫痪，群众蒙受巨大经济损失。古浪县定宁乡新窑村 1978 年一次就检出阳性马、骡 16 匹，是该村骡、马总数的 29.1%。该村从 1958—1978 年的 20 年间，死于鼻疽的马、骡总计 52 匹，平均年死亡 2.6 匹，使这一村庄的畜牧业和农业长期遭受损失。据有关资料不完全统计，从 50 年代中期到 70 年代末的 20 余年中，全省通过检疫检查出的病马约 2.4 万匹（这一数字未包括急性发病死亡的马匹数）。因此，实际发病数远比该数要高得多。

鼻疽是人畜共患病，饲养、屠宰病马或剥皮吃肉等途径均可感染人，引起人的鼻疽甚至死亡。1950 年张掖县（现甘州区）碱滩乡的一个农民在县城购入鼻疽马一匹，使自家饲养的 3 匹骡子、1 头驴全部感染，治疗无效而死亡，又因剥皮吃肉，全家 9 口人感染鼻疽，5 人死亡。1957 年庆阳县（现庆城县）三十里铺乡兽医站种公马、驴均患鼻疽，饲养工人李某因长期饲喂病马而感染，全身溃烂，久治不愈，于 1981 年 4 月病亡。人感染鼻疽而致病甚至死亡并非少有。

二、马鼻疽防控情况
（一）流行期

资料可查的最初流行时间是 1943 年，在定西县（现定西市安定区）岩山和尚村一次就扑杀了 40 多匹从军马中检出的鼻疽病马。甘肃省马鼻疽防制始于 50 年代中期，1957 年，甘肃省成立了 50 多人的鼻疽检疫专业队，在农区的 14 个重点市、县开展了鼻疽检疫工作，共检疫马属家畜 33 041 匹，阳性 536 匹，检出率 1.62%。1958 年对 30 个县实行了普遍检疫［检出率 0.39%（2 286/582 529）］，对 38 个县实行了重点检疫，共检疫马属家畜 674 553 匹，占全省马属家畜的 43%。1961 年以来，大部分地方放松了本病的防治工作，把原来集中管制的鼻疽检疫阳性马做了退赔处理，把部分检疫出的阳性但临床无症状的马拉回原来的社队，至 1970 年检出阳性率达 3.55%。60 年代以后还开展了利用阳性母马培育健康幼驹及中西药物治疗病马的试验研究。通过防制，感染率曾由 1957 年的 1.62% 下降到 1959 年的 0.31%。60 年代初至 70 年代，由于放松了管制，许多地县撤销了阳性马隔离管制区，病马退回原社队或转卖流散，造成疫情再次扩大，从外省区大量引进马匹，未经严格检疫引入病马，致使感染率又再度上升。1963 年据 14 个县的检疫调查，感染率回到 1.35%，1965 年又上升到 2.21%，部分县、乡更为严重。在此期间省内各地曾推广土霉素盐酸盐治疗病马，但治疗试验结果说明，土霉素等药物仅能减轻症状或达到临床痊愈，病马仍然带菌，并在过度使役或在饲养条件不良时又可复发。利用阳性母马培育健康幼驹试验虽有少数成功事例，但因投入人力、物力过大，需时较长，且不能完全根除传染源等因素而不易推广。

（二）控制期

据甘肃省畜禽疫病普查资料记载（1985 年版），从 1949—1966 年，全省阳性检出率平均为 1.84%，到 1967—1975 年，平均阳性检出率为 1.44%，仅下降了 0.4 个百分点，检出率虽有下降，但下降幅度不大。1978—1981 年，以河西 3 个地区为重点，在部分地、县采取"普遍检疫，扑杀全部病马（包括开放性病马和鼻疽菌素阳性马）"，进行疫区净化试点。该试点取得较好的防治效果，到 1980 年武威、张掖、酒泉三地区阳性检出率分别下降到 0.063%、0.013%、0.012%。试点地区总结出了"检、隔、培、治、杀、消"这一综合性防制措施，在当时甘肃省经济力量薄弱、役畜缺乏等情况下，对控制甘肃省马鼻疽流行，降低感染率起了一定作用。试点情况说明，普遍检疫、扑杀全部病马、彻底根除传染源是净化疫区消灭马鼻疽的有效途径。

从 20 世纪 50 年代中期至 70 年代末的 20 余年中，甘肃省在马鼻疽防制上开展了大量工作，积累了经验，为实现全省消灭马鼻疽病奠定了基础。

（三）稳定控制和消灭期

1982 年制定了《甘肃省以县为单位控制和消灭马鼻疽病的标准》（试行），并由省畜牧厅颁发执行，1984 年对上述《标准》（试行）进行了修改，1990 年经专家论证会对修改的标准，即《甘肃省马鼻疽病防治效果考核标准》进行了技术论证，于 1990 年正式由省畜牧厅颁布执行。

根据马鼻疽在甘肃省长期流行、危害严重、分布面广、主要呈慢性经过等特点，以及本病无免疫预防方法和有效治疗药物的实际，制定了采取以县为单位，连续高密度检疫、扑杀全部病马，杜绝外来病马流入等综合防制技术，制定县、地、省三级控制和消灭马鼻疽病的防制技术标准。通过逐县、逐地区净化和严格考核验收，最终实现在全省范围内消灭马鼻疽的目标。主要防治措施及结果如下。

1.连续高密度检疫

（1）检疫诊断方法　按照农业部 1979 年制定的《马鼻疽诊断技术及判定标准》，根据大规模检疫的特点和要求，采取鼻疽菌素点眼反应和临床诊断相结合的方法。

由于驴多呈急性经过，临床症状明显，且对鼻疽菌素点眼反应不敏感，反应极低甚至无反应等特点，主要以临床检查诊断为主，必要时进行补体结合反应诊断。马、骡以鼻疽菌素点眼试验为主，结合临床检查。鼻疽菌素点眼试验采取一次两回点眼，间隔 5~6 天，两回均点于同一侧眼结膜囊内，以反应最高的一回判定。两回点眼均为可疑反应者，再间隔 5~6 天进行第三回点眼，若两回均为可疑反应，则最终判为阳性。据资料记载，马匹感染后三周即可出现鼻疽菌素点眼试验的阳性反应。间隔 5~6 天一次两回点眼，其阳性检出率可达 95%，3 次点眼可达 98%。

（2）连续高密度检疫　以县为单位，每年进行 1~2 次检疫，马、骡鼻疽菌素点眼反应的受检率要求达到 90% 以上。从 1982—1990 年，全省 86 个县（市、区）年平均检疫马、骡 57.9 万匹（次），累计检疫马、骡 5 208 613 匹（次）。该检疫数量是 1982 年前近 30 年全省检疫总数的 4.35 倍，也是全省在防制期间马、骡年平均存栏数的 6 倍，累计检出病马

（包括驴、骡，以下同）1 195匹。

2.扑杀全部病马

为彻底消灭传染源，对检出的全部病马，包括开放性病马和鼻疽菌素阳性马全部扑杀。采用不出血的方法，即静脉注射来苏尔药液30~50毫升，进行扑杀。尸体普遍选择偏远高燥地点，采取2米以上深埋无害化处理。为统一全省各地病马扑杀和处理技术要求，制定了《甘肃省扑杀鼻疽马工作程序》。为减少检疫和扑杀病马的阻力，国家对扑杀马实行部分补偿，平均每匹补偿150~200元，少数价值高的骡马可补偿500元。

3.严格进行消毒

为消灭环境中污染的病原菌，对病马厩舍、运动场地、饲养用具、挽具等被污染的环境及用具，应用生石灰、10%~20%新鲜石灰乳剂、3%~5%来苏尔、3%烧碱等消毒剂进行彻底消毒，垫草和剩余草料等污染物焚烧处理。病畜粪便铲除、发酵两个月以后用作肥料。据武威地区（现武威市）反应，在22个病畜厩舍及其周围污染环境进行消毒后再饲养健康马，经观察均再未发现新的发病。说明彻底消毒是切断传播途径的必要和有效措施。

4.加强市场和运输检疫，控制和杜绝病马流动，防止新的疫情传入和蔓延

依据《家畜家禽防疫条例》《甘肃省家畜家禽防疫实施办法》等兽医法规，制定了《甘肃省畜禽及其产品市场检疫工作规范》（试行）和《甘肃省畜禽及其产品运输检疫工作规范》（试行），凡上市或运输的马类畜必须持产地检疫证或运输检疫证。无证或证物不符者需补检或重检。马匹必须经临床检查和鼻疽菌素点眼，证明无鼻疽者，方出具检疫证，准予上市交易或运输。外地（包括外县、外省区）运入的马匹必须复检，无鼻疽者方予放行。运输车辆严格消毒。检疫中发现鼻疽病马，立即隔离，经县以上兽医检疫员复检确诊后就地扑杀处理，污染场地严格消毒。其间，全省有483个畜禽交易市场开展了市场检疫，47个常年性和季节性公路运输检疫站和26个沿铁路的市、县均开展了公路运输检疫。市场和运输检疫网络的建立健全及检疫制度的健全，为控制病马的流动，防止新的疫情传入和扩散，发挥了重要作用。

5.加强疫情监测

对已达到"消灭区标准"的地、县，采用每年定期监测和常年性监测相结合的办法开展监测。定期监测是对达标地、县每年有计划地在原疫点、交通沿线、市场交易频繁的乡镇，按马、骡存栏数的5%~10%进行抽检监测。全省设立10个大型畜禽交易市场为重点疫情监测点，此外，各地兽医门诊部均为常年性疫情监测点。1985—1990年的6年中，全省产地累计抽检监测马、骡260 540匹，市场检疫330 760匹，运输检疫37 815匹，对在市场检疫和运输检疫中检出的病马及时进行了扑杀处理，避免了疫情扩散。

6.防制效果

全省以县为单位，采取连续两年以上高密度普查，扑杀全部病马为主的综合防制技术。自1982—1991年，全面完成了各项防制技术指标，按计划达到了全省消灭马鼻疽病的目标。

（1）1985年全省平均阳性检出率为万分之一。

（2）自1989年以来全省再未检出本地病马，检出的病马，包括开放性病马和阳性马全部进行了扑杀处理，运输检疫和市场检疫检出的外地病马，也及时进行了扑杀处理。

（3）根据《甘肃省马鼻疽防制效果考核标准》采取两级考核，分级验收的方法，即地

区（州、市）站负责县（市、区）的考核验收，省总站负责地区（州、市）的考核验收。自1984—1990年，分期分批对全省86个县（市、区）进行了逐县考核验收；1989—1991年对全省14个地（州、市）分期分批进行了以地区为单位的考核验收。经全面考核，全省各县（市、区）和各地（州、市）均已达到马鼻疽消灭区标准。

（4）省畜牧厅于1991年9月组织兽医专家组，对全省马鼻疽防治效果进行复核，抽检3个地区，4个县，12个乡镇，1 303匹马、骡，经临床检查和鼻疽菌素点眼试验全部为阴性，通过了专家组的复核验收，确认全省已达到马鼻疽消灭区标准。

甘肃省自1988年最后1匹病畜扑杀后，从1989—1998年的10年时间中，不论是普检考核，还是大面积疫情监测，在产地未检出一匹阳性畜，说明甘肃省马鼻疽防治效果是确实的，已达到农业部颁发"考核标准"规定的"省消灭标准"。

（四）巩固期

1991年9月经省畜牧局组织兽医专家进行考核，确认全省达到"消灭标准"后，为巩固防制效果，及时制定颁发《甘肃省马鼻疽马传染性贫血防制管理办法》，对今后检测工作做了规范，起到了较好的作用。1992年以来，甘肃省根据"管理办法"的要求和1996—2000年、2001—2005年印发的3个5年《全国消灭马鼻疽规划》、2002年农业部制定下发的《马鼻疽防治技术规范》，认真开展了产地、市场、运输等检疫环节的疫情监测和防控工作。产地监测方面，每年确定1/3以上的县进行检测，3年全省轮检一遍；在市场监测上，除全省各牲畜交易市场均开展疫情监测工作外，确定10个大型牲畜交易市场为常年性监测点，每年安排一定任务进行监测；运输检疫方面，以公（铁）路沿线固定检疫站（点）为依托，以运输前检疫和车马店马类畜监测为重点开展监测。截至1998年，全省共监测马类畜842 491匹，未检出阳性畜。其中，先后在203个县（次）产地监测马属畜590 760匹，市场监测马属畜192 616匹，运输监测马属畜59 115匹。

自1999年10月，农业部考核通过甘肃省达到消灭标准后，每年在全省范围开展临床监测，以老疫区为重点，兼顾养马场、游乐场等区域，以鼻疽菌素点验试验监测。1999—2001年，鼻疽菌素点眼试验累计监测235 695头（匹），结果全部为阴性，临床监测未发现鼻疽病疑似病畜。2002—2014年，鼻疽菌素点眼试验累计监测135 590头（匹），结果全部为阴性，临床监测未发现鼻疽病疑似病畜。

三、消灭马鼻疽的成果

甘肃省应用连续高密度检疫、扑杀全部病畜为重点的综合防治措施，在全省消灭了马鼻疽，取得显著的经济效益和社会效益。

（一）经济效益

甘肃省在1982—1991年综合防治期间，全省共减少马属家畜感染（或）死亡22.76万头（匹），减少经济损失1.24亿元。

本经济效益计算设置指标：综合防治期间感染或死亡减少总数、经济损失减少总额。该计算中涉及的资金为1991年时的人民币价值。

（二）社会效益

1.保障全省马属动物养殖业健康发展

甘肃省从汉代至今是中国主要养马区之一，拥有全国闻名的优良品种和大型养马场，不仅满足本省需要，并向外省区输出。马鼻疽的控制和消灭，保障了甘肃省养马业的健康发展，全省马类家畜饲养量从1980年的163.15万头发展到了1990年的242.25万头，饲养量以平均4%的速度递增。

2.保障全省农业生产稳定发展

甘肃省65%的耕地是山地，截至1990年，尚有34%的耕地必须依靠畜力。马属家畜历史上就是甘肃的主要畜力资源，担负耕、耙、碾、驮的农业劳作和短途运输，马鼻疽的消灭，保障了当时农业生产的持续、稳定。

3.促进了农民脱贫致富的步伐

1980年代末期开始，甘肃各地开始以马类家畜产品为原料，加工罐头、炼胶、制革和医疗保健制品。马鼻疽的消灭，为马属畜的产品加工提供了保障。

4.公共卫生意义

马鼻疽是人畜共患病，甘肃有许多人感染该病的例子。1950年，张掖曾有一家9口人因食用感染死亡马肉，死亡5人的惨剧。马鼻疽的消灭，扫除了一个人类健康的威胁。

马鼻疽的消灭，减少了对该病的防控经费和人力成本。

四、防控经验

马鼻疽长期危害甘肃马类养殖，危害农业生产，危害农牧民健康，为农牧民群众深恶痛绝。经过长期的探索，经过农牧民群众、几代兽医工作者和各级政府的共同努力，终于消灭了马鼻疽，而且长期维持了净化状态，实属不易。

（一）加强组织领导

1.加强领导

在农业部的统一安排部署下，甘肃省各级政府畜牧兽医主管部门把马鼻疽防治计划纳入议事日程，作为一项重要工作来抓。不同历史时期，省、地（市）、县成立了由农业或农牧部门主管领导为组长的领导小组，对马鼻疽防治工作统一部署、协调工作。确定专职技术人员负责具体工作，有的地方通过政府工作会议安排马鼻疽防治工作。由于各级政府和业务部门协同工作，技术人员和群众的长期努力，才消灭了马鼻疽。

2.统一部署

有计划、有部署、有监督、有总结地开展防治工作，马鼻疽防治工作涉及面广、技术性强、难度大，在全省86个县采取统一行动。甘肃省根据农业部的安排部署，制定了甘肃省防治规划和年度计划，各地区制定实施方案，分县实施，根据农时安排，由农牧业主管和技术部门协同工作，乡政府、行政村干部参加，农业社积极配合，集中时间、集中人力，保证了检疫进度和密度，保证了工作质量。

3.宣传发动

马鼻疽防治工作关系到甘肃省农牧业生产的稳定和人民的健康。各地利用各种会议、印发宣传册、张贴简报、录音磁带、广播媒体、宣传车等形式，向广大人民群众广泛宣传马鼻疽的危害和防控净化组织、技术措施。通过宣传，使乡村干部、有关部门和群众能够自觉、积极配合马鼻疽的防控和消灭工作。

4.推行目标管理责任制

充分调动各级防疫、检疫机构和技术人员积极性，1985年以来，各级防疫检疫部门层层签订责任书或技术承包合同，分解落实任务。年终总结或阶段总结时，对全面完成责任书的单位和个人进行表彰奖励。在防治工作中，采取省站人员包地区、地区（市、州）站人员包县、县站人员包乡、包片的办法，加强技术指导和监督检查。各乡站普遍实行定人员、定任务、定密度、定质量、定经费、定时间，超奖减罚的"六定一奖罚"责任制，做到了任务明确，责任到人，奖罚分明，责权统一。调动工作人员积极性，提高了工作效率，加快了控制消灭马鼻疽的进程。

（二）组建防治机构

为做好马鼻疽消灭工作，甘肃省畜牧厅成立了以主管厅长为组长的领导小组，办公室设在甘肃省动物检疫总站，组织开展马鼻疽的消灭工作。各地认真贯彻《家畜家禽防疫条例》，健全、建立了省、地（市）、县、乡四级兽医防检疫机构，壮大了兽医防疫、卫生监督和检疫队伍。例如张掖地区1986年成立了地区动物检疫站，各个地（市）、县、乡有专人抓马鼻疽消灭工作。

（三）健全法律法规

认真贯彻兽医法规，把马鼻疽的防治工作引入法治管理的轨道，20世纪80年代初期，认真贯彻《甘肃省集市贸易畜禽及其产品检疫办法》《甘肃省动物及其产品运输检疫条例》，为防止马鼻疽在地、县间流动及通过市场倒卖病畜起到了积极作用。1985年以来，国家颁布了《家畜家禽防疫条例》《家畜家禽防疫条例实施细则》及其配套法规，省政府颁布了《甘肃省家畜家禽防疫实施办法》。通过学习贯彻实施，强化了各级领导、兽医工作者和广大农牧民群众依法灭病的观念。使马鼻疽防治工作从单纯的行政管理逐步迈入法治管理的轨道，使检疫、扑杀阳性畜都有明确的兽医法规依据和法治管理手段，从而保障了马鼻疽防治计划的实施与完成。

（四）高密度连续检疫扑杀

甘肃省马鼻疽在新中国成立前已有流行，而且分布广泛，危害严重。从20世纪50年代至70年代末近30年，甘肃省进行了长期的防治，在控制全省鼻疽流行、降低感染方面取得了一定成效。但由于未能扑杀阳性马，未能彻底消灭传染源及缺乏周密的长期防治计划，防治工作时紧时松等原因，终未能控制和消灭本病。1981年全国农业工作会议提出到1985年全国控制和消灭马鼻疽等11种畜禽传染病和寄生虫病。自此，全省不断制定新的计划，逐步过渡到采取以县为单位，连续高密度检疫，坚决扑杀阳性马为核心的综合措施，最终于1991年消灭了本病。

第十九节　青海省

多年来，青海省马鼻疽防控一直坚持"预防为主"的方针，采取"检疫、隔离、封锁、扑杀、监测和监督管理"等综合防制措施，使马鼻疽疫情由流行到控制，最后达到国家规定的消灭疫病标准，取得了显著的经济、社会效益。

一、马鼻疽流行概况

马鼻疽曾经在青海省 40 个县（市）中都有程度不同的发生和流行，其以往的区域流行特点是农业区偏僻的地方阳性率低，交通沿线和城镇阳性率高；半农半牧区的阳性率高于纯牧业区；农区高于牧区。疫情流行的特点是从普遍开放性鼻疽流行，逐步地达到控制和"消灭"，呈直线下降的流行态势。

据 1935 年国民政府卫生部西北防疫处对青海省 19 个县、区家畜疫病调查资料记载，在马匹疫病中以马鼻疽最烈，且主要流行在农业区和交通沿线的城镇。1946 年，在乐都、湟中、湟源、互助等县的 32 个自然村中因马鼻疽流行共死亡马 405 匹。

据 1949—1989 年马鼻疽检疫统计结果显示，青海省的 40 个县（市）均发生过马鼻疽。最早发生时间为 1949 年，在湟中县西堡乡的 3 个村、门源县青石嘴乡的 1 个村发病马 28 匹，发病率为 14.14%。1989 年，在久治县检出最后 1 匹阳性马，进行了扑杀处理。1990 年以来全省各地再未检出阳性马。

二、马鼻疽防控情况

（一）流行期

流行期时间为 1949—1974 年。期间累计检疫马 1 386 591 匹，检出阳性马 32 083 匹，平均阳性率为 2.31%。主要采取了疫情调查、隔离、治疗、培育健康幼驹和扑杀部分开放性病马的防控措施。

1.疫情调查

1949—1965 年，为了查清疫情，采取以县为单位开展的定期检疫及调拨外省马匹的检疫，无条件隔离和扑杀病马，仅对开放性病马进行治疗或分户饲养使役。期间，牧区马匹未经检疫大量调入农区，防制效果不显著，使本病阳性率逐年增高。据 1959—1965 年间的检疫结果，全省马鼻疽的阳性率从 1959 年的 1.02%，逐年增至 2.16%、2.68%、4.89%、5.36% 和 5.74%。

2.检疫隔离

1965 年以后，对检出的病马集中在隔离区内，建立隔离马场，划定草场，固定专人管理，严格限制病马活动范围，禁止病马与健康马接触。省内先后建立了 20 多个马鼻疽病马隔离场，集中病马累计 1.9 万多匹，对少数开放性病马进行扑杀处理。全省马鼻疽的阳性率由 1965 年的 5.74% 下降到 1974 年的 0.77%。

3. 治疗

1960年初期，省内部分地区曾应用盐酸土霉素等药物，对鼻疽马进行了试验性治疗。实践证明，对开放性病马和急性病马的疗效明显，多数病马可达到临床痊愈，但不能改变鼻疽菌素点眼的阳性反应，其后停止了药物治疗。

4. 培育健康幼驹

在鼻疽隔离马场内，利用适龄母马繁殖能力培育健康幼驹，据同德、刚察、门源、天峻、海晏、祁连等县的统计，共培育健康幼驹1 137匹。

5. 扑杀

对部分开放性病马进行了扑杀、消毒、深埋处理。1949—1989年，累计扑杀处理阳性马14 123匹，为同期病马25 137匹的56.18%。

（二）控制期

控制期时间为1975—1986年。期间累计检疫马匹1 761 734（次），检出阳性马3 361匹，平均阳性率为0.19%。主要采取了全面检疫、扑杀阳性马的防控措施，对检出的阳性马进行扑杀深埋、消毒处理，全省马鼻疽的阳性率由1975年的0.38%下降到1986年的0.05%。

（三）稳定控制期

稳定控制期为1987—1989年。期间共检疫马1 008 443匹，检出阳性107匹，平均阳性率为0.01%。采取了分期分批检疫措施，每个县连续检疫三年，对检出的阳性马及时扑杀、消毒、深埋处理，加快了全省马鼻疽净化进程。全省马鼻疽阳性率由1987年的0.02%下降到1989年的0.007‰。

1987年开始依据《青海省马鼻疽防制效果考核标准和验收方法暂行规定》，以州（地、市）为单位，对全省八个州（地、市）的40个县（市）全部进行了"净化区"达标考核验收工作。到1989年，全省共检疫马1 040 011匹，检出阳性马107匹，平均阳性率为0.01%，对检出的阳性马全部进行扑杀处理。到1989年有29个县（市）未检出阳性，达到了"净化"标准。1988年和1989年在未达到"净化"标准的11个县检疫马230 017匹，在其中的4个县中检出阳性马12匹，平均阳性率为0.005%。

（四）消灭期

消灭期为1990—1992年。全省在原发病地区、交通沿线、省际边界和马匹主要交易地区进行了重点监测，三年检测31568匹（次），全部为阴性。

1993年，依据农业部《马鼻疽效果考核标准及验收办法》，青海省提出了消灭马鼻疽考核验收申请。农业部于1993年5月派专家组，对青海省马鼻疽防疫进行了全面考核验收，根据农业部颁布的验收标准，认定青海省马鼻疽防疫在全国率先达到了"消灭"的标准。

（五）巩固期

巩固期为1993—2010年。在全省范围内开展了以监测为主，对调动、引进马匹检疫的防制措施，以县（市）为单位，每个县（市）每年至少监测3个以上乡（镇），每个乡（镇）

监测不少于 2 个村。1993—2005 年，全省马累计存栏 4 251 000 匹，每个县（市）平均马存栏为 32.7 万匹，共监测马 59 420 匹，年平均监测 4 571 匹，平均年抽检率为 1.40%，均未检出阳性马。2005 年以后，由于农业区使役马匹的减少，青海省的马匹养殖数量大幅度下降，且以牧业区为主要养殖区，养殖较为分散，监测数量由 2005 年以前每年每县不少于 100 匹减少到每年每县不少于 30 匹。2006—2010 年，全省马匹存栏累计 1 054 000 匹，平均年存栏 210 800 匹，累计监测马 7 188 匹，年平均监测 1 438 匹，平均年监测率为 0.68%，均未检出阳性马。

2011—2014 年，根据农业部动物疫病监测计划，中国动物疫病预防控制中心和国家马鼻疽参考试验室（哈尔滨兽医研究所）在青海省共抽检马匹 1 070 匹，均未检出阳性马。

三、消灭马鼻疽的成果

（一）经济效益

根据中国农业科学院制定的兽医新成果的技术评价计算方法和公式，设以下两个指标，对青海省消灭马鼻疽的成果进行经济评价：感染（或死亡）头数减少数 205 686（匹）；获得的经济效益为 150 347 477（元）。

（二）社会效益

马匹同人民群众的生产、生活、文化、交通等有着极为密切的关系。做好疫病的防制工作，使养马业健康发展，增加农牧民收入、保障赛马事业和对外交流都具有深远的社会效益，也对科学养畜、发展地区经济、脱贫致富、保护生态起到积极的作用。

随着人民群众生活水平的不断提高，马匹由以往役用向食用和观赏等方面转移，养马业有着广阔的发展前景。做好马属动物疫病防制工作，对提高出栏率、商品率、改善生态环境，对民族地区经济发展，对巩固国防和不断推进畜牧业发展有十分重要的意义。

四、防控经验

（一）组织领导

从 20 世纪 60 年代起，省、州、县三级都成立了马鼻疽防制工作领导小组，负责制定计划、落实措施、安排经费。1984 年后，省上每年安排畜疫防制计划时，将马鼻疽列为重点病种，给各州、县统一下达指令性的检疫任务，做到任务、经费、责任三落实。各州、县将马鼻疽防制工作列为基层乡（镇）干部年度考核的主要指标之一。省畜牧兽医总站专门设立马病防制组，每年深入基层，督促、检查、指导马鼻疽防制工作。

（二）防制机构

青海省设有省、州（市）、县（市）、乡（镇）四级疫病防制机构，均为全额拨款事业部位。2007 年前，省级在青海省畜牧兽医总站兽医科内设有马病防制组，专门从事马鼻疽防制工作；州（市）级、县（市）级均设有畜牧兽医工作站；乡（镇）也设有畜牧兽医站。2007 年以后，省、州（市）、县（市）均设有动物疫病预防控制中心，乡（镇）仍保持畜牧兽医站设置。

（三）法律法规

1962 年，青海省畜牧厅制定了《青海省马鼻疽防制（治）措施暂行办法》，指导全省马鼻疽防制工作的开展。之后，根据多年马鼻疽防制工作经验，于 1984 年制定了《青海省马鼻疽防制工作安排意见（防制规划）》，确定从当年开始，采取检疫、扑杀病马为主的防制措施，在全省范围内净化马鼻疽。1987 年，制定了《青海省马鼻疽防制效果考核标准和验收办法》。1988 年，青海省畜牧厅印发了《关于认真搞好马鼻疽防制效果考核工作的通知》，要求各级畜牧兽医部门和防疫单位严格按照省上制定的规划和考核验收标准，加强防制工作，推进全省马鼻疽防制工作的深入开展。

（四）其他

1.加强培训，提高基层专业技术人员技能

1984—1991 年，在消灭马鼻疽工作期间，省上举办以检疫诊断为主要内容的培训班 13 期，培训州（市）、县（市）专业技术人员 264 名，为全面开展马鼻疽防制工作培养了技术骨干和师资。各州（市）、县（市）也相继举办检疫培训班，培训县、乡两级兽医站技术人员 3 877 名。1993 年以后，在每年举办的"全省春季防疫技术培训班"上，对马鼻疽监测工作进行了布置和培训，每年培训州（市）、县（市）专业技术人员 90 名以上。通过培训提高了基层兽医技术人员技术水平，做到在工作中严格遵守检疫、诊断、判定和扑杀病畜或阳性畜操作规程，以及检疫表格和原始资料的规范填写、建立档案等，保证了工作质量。

2.广泛宣传，发动群众，开展群防群治

为开展马鼻疽检疫，全省各地利用广播、电视、简报、图片展览和各种会议、集会进行反复宣传，突出马鼻疽防制工作重要性的宣传，提高了干部和群众防制马鼻疽的自觉性。

第二十节　宁夏回族自治区

新中国成立前马鼻疽在宁夏回族自治区就有发生，五六十年代在宁夏回族自治区蔓延流行，对当时的农业生产影响极大。为了控制和消灭该病，全区各级畜牧兽医部门在地方政府的重视和支持下，坚持"检、隔、治、杀"等综合防控措施。广大兽医工作者为此付出了艰辛的劳动和不懈的努力，历经 40 余年，才彻底消灭这一疫病。

一、马鼻疽流行概况

1949 年以前，马鼻疽在我国马匹较多和较集中的地区以及广大的牧区流行较为严重，由于新中国成立前宁夏缺乏对疫情的详细记载，因而难以确切该病疫情的范围以及发病死亡情况。最早的记载是在 1921 年，军阀马队过境驻扎将疫情带入平罗。1925—1937 年该县姚伏、下庙两乡共同感染发病死亡马属动物 187 头（匹）。1942—1945 年，宁夏马鸿逵骑炮兵曾在银川南郊集中了百余匹病马治疗，无一治愈，全部死亡。另据《甘肃畜牧志》（1958 年

版）记载，1939—1949 年马鼻疽在固原的隆德周边也有发生。新中国成立后，本病在宁夏呈逐步蔓延扩大之势。50 年代本病仅在银南地区、固原地区、银川市的 10 个县发生。到 60 年代，除上述 10 县外，又有 6 县发生疫情。由于采取有效的防制措施，到 70 年代疫情范围逐渐缩小。1982 年最后一次扑杀处理马鼻疽病畜和点眼阳性畜以来，全区再未查出该病疫情。1997 年 8 月和 10 月，"宁夏马鼻疽防制效果考核验收组"和"农业部消灭马鼻疽考核验收组"分别对宁夏马鼻疽防制与消灭工作进行了考核验收，一致确认宁夏已达到农业部规定的马鼻疽消灭标准，通过验收。

二、马鼻疽防控情况

（一）流行期

50 年代初，由于当时兽医防治力量薄弱，马、骡分散喂养，不易集中，全区主要在银南地区和银川市的部分县（市），对马属动物用鼻疽菌素点眼进行检疫抽查。对检出的鼻疽病畜逐（头）复查，有临床表现或鼻疽补体结合反应阳性的，坚决予以扑杀深埋消毒。1957 年甘肃省（当时宁夏隶属该省）畜牧厅鼻疽病检疫工作队和吴忠回族自治州诊断室，联合在吴忠进行鼻疽检疫普查试点工作，为全区以后的全面普查做了准备。1952—1958 年全区共抽检马属动物 16 437 头（匹），检出阳性畜 380 头（匹），阳性率 2.31%。同期驻宁部队对现役军马进行了全面检疫，1953 年中国人民解放军长春兽医大学对驻吴忠骑兵团 7 个单位的 2 100 匹马进行检疫，检出马鼻疽阳性马 84 匹，全部予以扑杀深埋。1956 年又将检出的 95 匹阳性军马集中在牛首山撒巴沟一带放牧，后转移到汉渠乡荒葫芦淌自然淘汰。

（二）控制期

在此阶段，全区共组织两次大范围、大规模的检疫活动。1959—1963 年，全区用五年时间共检疫马属动物 80273 头（匹）次，检出鼻疽菌素点眼阳性 1 323 头（匹），总检出率 1.65%。1964—1974 年全区又进行了第二次马鼻疽检疫普查，共检马属动物 262 543 头（匹），检出阳性 3 212 头（匹），总阳性率 1.22%。在此阶段对检出的鼻疽阳性马大部分予以坚决扑杀。1959—1974 年共扑杀马 3034 头（匹），同时由于经济条件和当时的生产形势又保留了部分阳性马，在远离交通要道的偏僻地区，相继建立了一批鼻疽阳性畜隔离区，隔离管制烙上印记的阳性马属动物，划地使役。每个隔离区内接种几十至百余匹鼻疽阳性畜，共计集中约 1 500 余匹马属动物。在隔离区内，全区有组织地进行了尝试治疗。50 年代末，先用中草药配以抗生素治疗，1962 年按农业部通知，试用土霉素盐治疗鼻疽病畜，后推广全区范围。1974 年，自治区兽医站联合几家单位，在永宁、平罗两地用土霉素、链霉素配合鼻疽菌素皮下注射激发，进行鼻疽治疗试验，28 匹受治马有 75% 点眼转阴。在隔离试治的同时，各地还进行了培养健康畜群的工作，通过检疫挑选健康幼驹培养繁育，达到建立无鼻疽疫情的畜群。

（三）稳定控制期

1975—1979 年，全区又进行了一次较大规模的鼻疽检疫工作，共检 55 744 头（匹），检出阳性牲畜 162 头（匹），总阳性率为 0.29%。同时加强隔离区内鼻疽病畜的饲养管理，限制使役，严格场地、用具、粪便消毒。1976年起，在继续搞好防检措施的同时，重点对隔离区内马属动物进行复查检疫，彻底扑杀开放性病畜和治疗无效或无治疗价值的阳性畜。经治疗有明显好转者，并连续三年点眼复查呈阴性，按健康畜对待，余者任其在隔离区内自然老死，逐步减少鼻疽集中点，拔除疫点。对突发疫情，也坚决采取扑杀措施不再新建隔离区。1982年在全区最后一个集中点青铜峡蒋顶乡宰杀7匹病马和当年在其周围检出的3匹阳性马，以及在海原县术台乡扑杀检出的3匹病畜后，至此，全区鼻疽病畜全部处理完毕，疫点全部拔除。

（四）消灭期

进入80年代，改革开放促进了畜牧业发展，畜禽防疫受到了各级政府的重视和支持，建立健全了区、地（市）、县（市）、乡（镇）、村防疫体系，层层签订兽医防疫任务责任书，责任落实到人。并利用集市搞科技讲座、办板报、发放宣传资料等形式，在群众中广发宣传消灭马鼻疽的知识，增强了群众防疫意识。对购入或调入马属动物坚持原产地进行两次点眼检疫，结合活畜市场检疫等手段，有效防止了新的鼻疽疫情的传入。1983年以来，再未发现临床开放型鼻疽病例。1983—1989年，全区各地又组织了6次抽检，共检马属动物7 997头（匹），全部为阴性。1996年，按农业部《"九五"期间全国消灭马鼻疽规划》和农业部《马鼻疽防治效果考核标准及验收办法》（农牧函〔1992〕第46号），根据宁夏防治马鼻疽工作的历史和现状，于同年4月份制定了《宁夏马鼻疽防制效果考核标准和验收办法》，夏秋两季，各参加考核的市、县、区陆续进行自查，进而提出验收申请，由所在地区、市农业（农牧）局组织考核组进行了考核验收。全区17个原疫区市、县、区经过广泛的流行病学调查和临床诊断，未发现临床可疑病例。用鼻疽菌素点眼抽检原发病地区每市、县、区3个乡以上，共抽检3 746头（匹），未检出点眼阳性畜。1997年8月和10月，相继通过自治区和农业部消灭马鼻疽考核验收组的鉴定验收，达到了农业部规定的消灭马鼻疽标准。

（五）巩固期

1997—2015年，每年在马属动物饲养量集中地区，开展马鼻疽菌素点眼抽检工作，每年抽检200头（匹）以上，至今未检出阳性畜。

三、消灭马鼻疽的成果

（一）经济效益

根据业务部门的不完全统计，仅新中国成立以来，马鼻疽在宁夏直接造成死亡马属动物1 182头（匹），发生数起因剥食鼻疽病死畜肉而引发人间鼻疽的事故，给农业生产和人民身体健康造成了极大的危害。四十余年来，全区共检疫马属动物425 029头（匹），扑杀处理3 376匹病、阳性畜，隔离管制1 500余头匹马属动物，投入了巨大的人力、物力和财力。仅消灭此病每年节省防制人员工资、疫苗、诊断试剂、隔离、扑杀和无害化处理经费300余万元，消灭至今节省防疫投入约5 100万元。根除病害每年挽回因病死亡造成的直接经济损失100万元，间接经济损失约50万元，消灭至今挽回经济损失2 550余万元。消灭此病至今共产生经济效益7 650万元，间接经济效益不可估量。

（二）社会效益

动物防疫工作既保证畜牧业健康发展，又关系到社会公共卫生安全。马鼻疽防制和消灭至今在公共卫生安全和经济效益方面体现了巨大价值，今后也将产生深远影响。为了消灭马鼻疽，宁夏各级动物防疫工作人员付出了艰辛的劳动和高昂的代价。宁夏是全国第三个率先通过农业部验收的省区，表明了动物防疫工作处于全国领先水平。尤其是1997年正处于《动物防疫法》颁布实施前夕，马鼻疽消灭提高了全社会对动物防疫工作的认识，引起了强烈的社会反响。消灭马鼻疽也表明了，采取正确的防制措施可以达到控制和消灭疫病的目的，动物疫病是可以控制和消灭的，这也极大地鼓舞了各级防疫部门的工作斗志和积极性。同时，消灭马鼻疽为宁夏开展动物疫病分类管理、分级预防，提供了可以借鉴的经验教训和防制模式，是对全国动物防疫工作的有力支持。

四、防控经验

（一）组织领导

新中国成立后，马鼻疽是最早确立的重点防制疫病之一，早在1952年当时的西北军政委员会就颁布了《西北区重点检疫和集中扑灭马鼻疽试行办法》。9月18日，宁夏省人民政府也发布了《宁夏省检验马鼻疽病畜试行办法》，当年即开展了马鼻疽检验工作。1958年自治区人民政府转发了《全国马鼻疽防制暂行方案》，拉开了进行大规模检验马鼻疽的序幕，开始了全区首次检疫普查。1959年1月9日，宁夏农业厅发出了《立即开展马鼻疽检疫工作的通知》。农业部在东北德县召开了全国马鼻疽检疫现场会，宁夏派人参加学习。同年12月宁夏在银川郊区芦花台召开马鼻疽检疫现场会，为全区鼻疽检疫工作培训了人员。在自治区政府的领导下，各地政府采取行政手段，全区以市、县为单位，由县畜牧工作站制定检疫方案，组成马鼻疽检疫小组，检疫对象以马、骡为主，提出"头头检疫、一头不漏"的口号，顺利开展了全区第一次检疫普查。

进入80年代，改革开放促进了畜牧业发展，畜禽防疫受到了宁夏各级政府的重视和支持，建立健全了区、地（市）、县（市）、乡（镇）、村防疫体系，层层签订兽防任务责任书，责任落实到人。并利用集市搞科技讲座、办板报、发放宣传资料等形式，在群众中广发宣传消灭马鼻疽的知识，增强了群众防疫意识。对购入或调入马属动物坚持原产地进行两次点眼检疫，结合活畜市场检疫等手段，有效防止了新的鼻疽疫情的传入。

（二）防制机构

在自治区政府的领导下，各市、县畜牧兽医工作站制定检疫方案，组织马鼻疽检疫小组，由县站在春耕基本结束的3~5月份，安排各公社（乡）检疫的具体期限。公社据此提前通知各生产队的马、骡集中到大队或指定的检疫场所，由检疫小组配合公社兽医站工作人员用马鼻疽菌素点眼法进行检疫。对因病、产驹或外出无法按时赶回的马、骡，再由县畜牧兽医站另行安排时间，限期集中到公社兽医站补检。

全区第二次鼻疽检疫普查开始后，1965年1月25日，宁夏农业厅再次发出《关于开展马鼻疽检疫工作的通知》，利用春节前后农活休闲的时机布置全区鼻疽检疫。8月5日、31

日，又相继发出《关于处理马鼻疽病畜问题的通知》《关于迅速集中鼻疽病畜的通知》，要求各市、县对检出的阳性畜复查后，准许宰杀失去使役能力和无治愈可能的阳性畜，原则上国家不予补贴。其余阳性畜烙印后隔离管制，免费治疗。对确有困难的生产队，由地方财政按实际价格对宰杀阳性畜补贴 40%~70%。凡集中病畜造成耕畜紧张、影响农业生产、经济又薄弱的生产队，各县市从国家无偿投资中，购买耕牛予以抵补。由于 60 年代役用大家畜对农业生产影响很大，各级政府对牲畜淘汰和宰杀有严格的明文规定，须经一定申报审批手续方可宰杀。在这种形式下，只有采取以上措施，才能保证实施宰杀、隔离等技术措施的落实。在建立隔离区内除执行严格的兽医卫生管理制度外，也实行了强有力的行政管理措施，保证了隔离效果，如固定专人喂养、固定专用饲料、使役工具、专井饮水，不得在沟、渠、河里饮水，规定使役区，不准外出搞副业、运输，不准外出配种、离场串队等。

（三）法律法规

以政策文件形式明确马鼻疽防制消灭工作，对消灭马鼻疽有重要意义。新中国成立后，马鼻疽是最早确立的重点防制疫病之一。早在 1952 年，当时的西北军政委员会就颁布了《西北区重点检疫和集中扑灭马鼻疽试行办法》，宁夏省人民政府也发布了《宁夏省马鼻疽病畜试行办法》，当年即开展了马鼻疽检验工作。1958 年自治区人民政府转发了《全国马鼻疽防制暂行方案》，拉开了进行大规模检验马鼻疽的序幕，开始了全区首次检疫普查。1959 年 1 月 9 日，宁夏农业厅发出了《立即开展马鼻疽检疫工作的通知》。1965 年 1 月 25 日，全区第二次鼻疽检疫普查开始后，宁夏农业厅再次发出《关于开展马鼻疽检疫工作的通知》，利用春节前后农活休闲的时机布置全区鼻疽检疫。8 月 5 日、31 日又相继发出《关于处理马鼻疽病畜问题的通知》《关于迅速集中鼻疽病畜的通知》，要求各市、县对检出的阳性畜复查后，准许宰杀失去使役能力和无治愈可能的阳性畜，原则上国家不予补贴。其余阳性畜烙印后隔离管制，免费治疗。从我国国情出发加强了对检出阳性畜的管制，如隔离、宰杀等，由于当时经济条件限制和生产形势的需要，尝试对阳性畜加以治疗，同时利用其有价值的一面（使役）。随着疫情的有效控制，又及时调整防制对策，后来对检出病畜和阳性畜均采取坚决扑杀的政策，根除后患，使这一疫病最终得以彻底消灭。

第二十一节　　新疆维吾尔自治区

新疆曾是马鼻疽的流行区，流行面广，危害严重。据历史记载，1910 年伊犁地区特克斯县就有马鼻疽发生和流行，当时旧政府没有采取防制措施，任其蔓延。新中国成立后，在新疆各级党政领导和广大人民群众支持下，全疆兽医技术人员积极努力，通过 40 多年的防制，于 1995 年 9 月，按农业部《关于马鼻疽防制效果考核标准及验收办法》（农（牧）函字〔1992〕46 号）要求，通过了对石河子市、克拉玛依市、塔城地区达到消灭标准的考核验收。至此，加上之前已验收通过的 12 个地（州、市），全疆 15 个地（州、市）均达到防制马鼻疽消灭区标准。1996 年 9 月，农业部派专家组实地考核验收，在全国首批达到消灭马鼻疽标准。全疆消灭马鼻疽是新疆各级党政领导、广大人民群众和兽医科技人员共同努力的丰硕成果，是新疆继消灭牛瘟、牛肺疫之后消灭的第三个传染病，是动物卫生保健工程的重大成就，对加速畜牧业产业化的进程、牧区奔小康，具有深远的社会和经济意义。

一、马鼻疽流行概况

（一）历史追溯

据资料记载，早在 1910 年伊犁地区特克斯县恰拉达乡就有马鼻疽发生和流行，在 6~7 年间有 5 000 多匹马发病。1932 年新疆各地兽医站检疫马 4 791 匹，检出阳性马 1 760 匹，阳性率达 36.73%；1937 年特克斯、霍城、巩留三县检疫马 262 匹，检出阳性 110 匹，阳性率达 41.98%；1942 年驻和田某骑兵团检疫马 1 500 匹，检出阳性 720 匹，阳性率 48%。以上检疫结果说明，马鼻疽在新中国成立前疫情就相当严重。

（二）调查结果

新中国成立后，从 1950 年开始，逐步开展马鼻疽病的流行病学调查和检疫工作，范围由小到大，数量逐渐增多。据统计，1950—1995 年的 45 年中，累计检疫马属动物 6 198 579 匹，阳性 116 321 匹，平均阳性率为 1.88%。1991 年新疆在阿勒泰地区青河县扑杀处理最后 1 匹鼻疽阳性马后，再未发现鼻疽阳性马。

二、马鼻疽防控情况

（一）流行期

新中国成立后，各级党委和人民政府十分重视马鼻疽的防制工作。1950 年开始逐步开展马鼻疽病流行病学调查和检测工作。由于当时马是主要的运输力，而且阳性马数量大，淘汰有困难，各地均建立了鼻疽隔离区，鼻疽阳性马在隔离区内使役。为了摸清全疆马鼻疽疫情流行情况，从 1953 年开始，在乌鲁木齐市、伊犁地区、塔城地区、巴音郭楞蒙古自治州及生产建设兵团，进行了摸底调查，结果平均阳性率 5%。其中开放性病马阳性率为 8%，并发现农区阳性率高于牧区，城镇运输部门高于农区。通过最初几年的防制，效果显著，阳性率明显下降，但由于 50 年代后期相当一部分地区对阳性马隔离不严，开放性马扑杀不彻底，加之社会发展，马匹流动性增大，造成阳性率回升幅度较大。如乌鲁木齐市兽医院对市交通局畜力运输公司马匹检测结果，阳性率为 1958 年 7.69%，1959 年 9.65%，1960 年 47.40%，1961 年 61.6%，开放性鼻疽比例较高，为 8%~25%。全疆范围内，据 1960 年 45 个农业单位统计，鼻疽阳性率平均为 10.80%，最高达 66.70%。因此，为了弄清楚全区马鼻疽病的流行状况，提高防制效果，1965 年自治区在 36 个县开展了第二次摸底调查，共检测马 21 460 匹，检出阳性 6 188 匹，阳性率为 6.69%，开放性病马 570 匹，占阳性总数的 9.42%。

（二）控制期

1963 年，自治区畜牧厅签发了《关于开展马鼻疽防制工作中的几点意见》的文件，文中要求各地积极开展检测，坚决处理开放性病马，做好阳性马的隔离工作，开展土霉素治疗开放性病马的试验工作。于是从 60 年代中期开始各地相继开始试验性治疗开放性病马，在以后的十年中通过临床观察，细菌学和病理学检查，劳役考察以及同槽感染等办法观察治疗，至 1978 年新疆还在继续开展 60 年代中期开始的检测加治疗开放性病马的防制措施。随时间的推移后来发现治疗效果不理想，到 70 年代末，各地不再治疗鼻疽病马。

1978 年 6 月和 8 月，自治区畜牧厅分别在鄯善县和阿勒泰市召开马鼻疽防治经验交流座谈会，会上总结交流防制经验，对自治区马鼻疽防制（草案）和 1979—1985 年马鼻疽防制规划（讨论稿）进行认真讨论，提出修改意见。防制规划要求，到 1985 年马鼻疽阳性检出率控制在牧区 0.1%~0.3%，农区 0.5%~1%，城镇 0.1%~0.3%。会议认为实施"检疫、扑杀、消灭、培育健康驹"等综合性措施，是控制与消灭马鼻疽病的主要措施。为消灭传染源，开放性鼻疽马一律扑杀，点眼、血检出的双阳性马迅速扑杀，阳性率低的单位，阳性马也予以扑杀。70 年代是鼻疽疫情有所缓和，综合性防制措施执行较好的时期，但只扑杀开放性病马，将大多数的阳性马集中隔离饲养，传染源仍然存在，达不到控制和消灭的目的。大多数县都能将阳性马集中严格管理，并培育出一批健康幼驹，如额敏县从 1970—1979 年十年间，县鼻疽马场共培育出健康幼驹 500 匹。但也有少数县领导不重视，措施执行不严，因此，造成全疆范围内阳性率下降幅度不大，且个别年度还稍有上升的局面，防制效果不明显。60 年代共检测马匹 1 568 185 匹，检出阳性马 33 659 匹，阳性率 2.15%，扑杀阳性马 6 420 匹。70 年代共检测马匹 2 433 830 匹，检出阳性马 19 128 匹，阳性率 0.79%，扑杀 4 984 匹。

（三）稳定控制期

70 年代末，随着国家经济体制改革，政府财政状况好转，农民逐步富裕起来，农村小型农业机械增加。1980 年，为加快控制和消灭马鼻疽步伐，开始逐步在全区推行采取检疫净化步伐，于 1980 年及时将综合防制措施调整为连续检疫净化。

为确保检疫净化工作保质保量按时完成，形式上采取自治区、地（州、市）、县（市）、乡（镇）四级站层层签订责任书，措施上采取定任务、定时间、定经费的"三定"方针。开展检疫净化工作最早的是巴里坤县，由于县委、县政府领导决心大，提高了群众对鼻疽病的认识，县政府用支援穷队救济款进行补偿，一次性拿出 14 700 元，将该县鼻疽马场 133 匹阳性马全部予以扑杀。由于受经费等因素影响，全疆范围内真正大规模扑杀，是从 1983 年农业部拨专款后开始的。

为加速扑杀阳性马，自治区人民政府办公厅以新政办〔1983〕135 号，自治区畜牧厅以牧医字〔1985〕255 号文的形式分别做了指示和通知。要求国营和集体农牧场或单位的阳性马一律扑杀，不予补助，仅对属于社员自留部分，每匹马扑杀 150 元。有些边远农区，农民耕马少，地区和县另外再拨款补助。如和田地区及其各县从穷队救济款和边远山区少数民族补助款中，拿出部分资金同自治区下拨扑杀补助费一起使用，每匹阳性马扑杀时根据农民的贫困程度，补助费在 300~500 元，从而加速了扑杀鼻疽阳性马的进度，使得马鼻疽检疫净化真正得到落实。

为了尽快控制和消灭马鼻疽，自治区畜牧厅签发了《关于下发〈新疆维吾尔自治区马鼻疽、马传贫疫区净化验收标准暂行规定〉的通知》（牧医字〔1986〕5 号），规定了验收净化疫区应具备的条件、验收标准、验收办法及疫区净化验收后应采取的措施。其中，马鼻疽验收标准规定：以县为单位连续三年未发现新病畜为基本控制区，以县为单位感染率不超过千分之一的为控制区，以县为单位感染率不超过万分之一的为基本消灭区，以地区为单位连续三年未检出阳性的为消灭区。1981—1985 年全疆 13 个地州（市）共检测马 1 574 205 匹，检出阳性马 7359 匹，阳性率为 0.47%，其中开放性马鼻疽 302 匹，1983 年后再未检出开放性病马。从 1986 年起，自治区畜牧厅按新疆的暂行规定开始有计划、有步骤地对全疆进行考核验收，至 1989 年除阿勒泰地区外，其余 12 个地区均通过基本控制区标准的验收，到 1992 年共有四个地州市达到控制区标准。农业部签发《关于〈马鼻疽防制效果考核标准及验收办法〉的通知》（农（牧）函字〔1992〕46 号）后，新疆根据全区的实际情况，从 1993 年开始按部颁消灭标准对全区连续两年以上未检出阳性马的地、州、市开始考核验收。地州成立考核组先对县进行验收，验收合格后再由自治区对地州验收。1991 年新疆在阿勒泰地区青河县扑杀处理最后一匹鼻疽阳性马后，再未发现鼻疽阳性马。1993 年通过验收的有和田、博州、阿克苏、伊犁地区；1994 年通过验收的有喀什、克州、巴州、哈密、吐鲁番、昌吉、阿勒泰地州；1995 年通过验收的有乌鲁木齐、石河子、克拉玛依、奎屯市、塔城地区。至 1995 年年底，全疆 15 个地（州、市）均已达到部颁消灭标准，并通过了自治区级考核验收。

（四）消灭期

1996 年 9 月，农业部派专家工作组赴疆实地考核验收，农业部专家根据农业部《关于〈马鼻疽防制效果考核标准及验收办法〉的通知》（农（牧）函字〔1992〕46 号）要求，在新疆进行抽样检测，核查历年检测记录及核实扑杀数量后，认为新疆达到消灭马鼻疽标准，同意验收合格。至此新疆兽医工作者通过 40 多年的艰苦努力，消灭了曾给新疆养马业带来严重损失的一种慢性传染病。此后为了巩固防制成果，做好马鼻疽的监测，自治区畜牧厅制定了《新疆马鼻疽消灭区的监测方案》，并和各地区层层鉴定责任书，密切关注老疫区马属动物流动趋势和疫病发生发展情况，防止死灰复燃。根据各个地区马属动物的饲养情况安排一定数量的监测任务，自治区兽医防疫总站（现自治区动物卫生监督所前身）每年定点抽查不同的地区。期间全疆 13 个地、州、市共检测马属动物 40 352 匹，未检出马鼻疽阳性马属动物。2008 年，根据中国动物疫病预防控制中心（2008 年 6 月 6 日）《关于对北京 21 个（区、市）消灭马鼻疽效果进行监测的通知》文件要求，对新疆 1996 年消灭马鼻疽以前的工作及消灭马鼻疽后 1997—2008 年的监测工作进行了总结。并按文件的要求抽检了温泉县、特克斯县、拜城县、和丰县 4 个县的马鼻疽防制工作，共监测 2 200 匹马，未发现马鼻疽阳性马匹。

（五）巩固期

新疆维吾尔自治区动物卫生监督所每年都根据国家兽医局疫病监测计划结合新疆本地实际情况，制定全疆每年的马鼻疽监测计划，同时自治区动物卫生监督所对各地州的监测工作进行抽样检测。自治区动物卫生监督所重点关注如伊犁马场、自治区马术队和一些马术俱乐部等马属动物流动性较大单位和社会团体，每年都定期开展监测。7 年间共检测马属动物 23 654 匹，检测结果均为阴性。

三、消灭马鼻疽成果

马鼻疽防制工作开始至今，全疆15个地（州、市）、86个县（市）、839个乡（镇）有计划、有步骤地全面开展了马鼻疽病防制工作，使阳性率由50年代的2.76%降至80年代的0.3%，下降2.46%，阳性率下降幅度很大。1992—1995年，马属动物马鼻疽阳性检出率为零，未再检出开放性马鼻疽检测阳性马属动物，防制效果极其显著。

从1950—1991年，全区扑杀处理病马27 512匹，自然淘汰阳性马88 809匹，合计116 321匹。1992—1998年根据各个地区马属动物的饲养情况安排一定数量的监测任务，全区共检测马属动物40 352匹，未检出马鼻疽阳性马属动物。2008年，根据中国动物疫病预防控制中心《关于对北京21个（区、市）消灭马鼻疽效果进行监测的通知》要求，对新疆1996年消灭马鼻疽以前的工作及消灭马鼻疽后1997—2008年的监测工作进行了总结。并对4个县的马鼻疽防制工作消灭效果检测，共监测2 200匹马，未发现马鼻疽阳性马匹。2008—2015年新疆根据农业部兽医局疫病监测计划，结合新疆本地实际情况继续坚持开展马鼻疽监测工作。七年间共检测马属动物23 654匹，检测结果均为阴性，未出现1匹阳性病马。由于马鼻疽的消灭，带来很大的经济效益，如果按20世纪90年代马属动物的平均价格，即一匹马平均按1 000元算，就获纯经济效益1.16亿元。现在如果按1950—1995年的45年间，平均阳性率为1.88%算，近180万匹马属动物可检出马鼻疽阳性32 400匹。按目前的市场平均价格1万元计算，可获直接纯经济效益3.24亿元，整个养马产业链的收益将更可观。所以马鼻疽的消灭，促进了养马业的健康发展，在食品安全及其他方面带来的社会效益更是无法估量。

四、防控经验

① 1949年至今，国家在不同的阶段根据自身经济实力结合国民经济发展的总体需求，出台相应的防制工作方法。指导各地根据自身马鼻疽疫情特点，逐步开展循序渐进的防制措施，做到尊重科学，不求盲目的目标，为各地消灭马鼻疽提供坚实的政策、物质及技术支持。引领兽医工作者经过40多年的坚持和努力工作，最终消灭马鼻疽，为消灭其他家畜、家禽传染病提供了宝贵的工作经验。

② 新疆根据全疆马鼻疽防制实际情况结合国家防制总体要求，制定了一系列方案、措施及相应政策并适时调整，积极争取国家在政策、物质、技术及人员培训等方面的支持，使全疆各地的防制工作有计划、有步骤地开展。

③ 根据防制方案，层层签订防制责任书，对年度检测定任务、定时间、定人员，确保防制任务保质保量完成。

④ 各级党委、政府主管牧业领导亲自抓，畜牧、公安、工商行政管理部门密切配合，确保阳性马彻底扑杀、深埋、消毒，不留隐患。

⑤ 中央和自治区在财政不宽裕的情况下，给予适当补助，减轻了农牧民经济负担，使阳性马扑杀干净、彻底。

⑥ 另外，对药物治疗开放性马鼻疽马，根据实际效果认为：土霉素盐酸盐或土霉素碱对马鼻疽确实有疗效，但不是特效。它可以消除临床症状，避免同属动物感染，但达不到完

全治愈的目的，只能起到缓解症状的作用。

在消灭马鼻疽之前，新疆已消灭牛瘟和牛肺疫，现在为消灭马传贫，控制和净化布氏杆菌病、结核、口蹄疫、禽流感，防范小反刍兽疫的进一步发展和非洲猪瘟的传入努力工作。马鼻疽的消灭经验，将为更好地开展上述传染病的消灭、控制、净化、防范提供丰富工作经验。

第二十二节　新疆生产建设兵团

新疆生产建设兵团（简称兵团）位于中国西北部新疆维吾尔自治区境内。农牧业是兵团的支柱产业。长期以来，兵团把控制和消灭马鼻疽工作当做一件大事来抓。兵团各级畜牧兽医行政管理部门和动物防疫监督机构在不同历史时期，经过全兵团广大畜牧兽医人员的长期艰苦工作，并严格按照《中华人民共和国动物防疫法》，坚持通过采取"检、隔、消、杀"等综合措施，该病的检出率逐年减少，基本得到控制。1990年至今连续25年未检出马鼻疽阳性畜，防治技术指标达到农业部颁发的消灭马鼻疽标准，取得了显著成绩。

一、兵团马属动物饲养概况

（一）存栏情况

兵团现辖的13个师均有马属动物饲养，在所有175个团场（县级）区域中，涉及饲养马属动物（包括曾经饲养马属动物）的团场有169个。

（二）饲养特点

1. 饲养数量及基本结构

兵团历史上马属动物存栏量最高时期为20世纪70年代中期，年存栏量达11.79万匹（头）以上，此后年存栏量呈缓慢下降且波动态势。由于过去马属动物主要用于运输和使役，马属动物中马匹的存栏量占主导地位，骡、驴存栏比重占次要地位。近年来，随着社会生产力发展水平特别是科学技术的进步，运输业和农业生产中马匹的作用逐步被现代化的机械设备所替代，饲养量大幅下降。同时，受市场经济发展的导向作用影响，马匹饲养主要用于旅游和比赛，其饲养量和比重处于次要地位，而新兴肉用驴饲养业却得到不断发展。近年来，兵团肉驴的饲养量及所占马属动物比重呈上升态势。目前，全兵团马属动物中驴的饲养量所占比重达到35.27%。

2. 地理分布

目前兵团马属动物主要分布在阿克苏地区的一师、伊犁州的四师，存栏量占全兵团的50.14%。兵团马、驴、骡数量占全兵团马属动物存栏量的64.50%、35.27%、0.23%。

3. 用途

兵团现有的马属动物用途主要分为商用和役用两种，其中马匹分为役用、旅游骑乘、赛马3种。役用马匹多为山区牧区农户散养，旅游骑乘马匹主要分布在旅游景点周边，既有散养又有成群饲养，比赛用马主要为马术俱乐部饲养，且主要分布在城郊及近邻县区的大小马场；驴以肉用为主、役用为辅；骡则基本为役用。

二、兵团的马鼻疽发生及流行的历史回顾

（一）发生及流行

1.最早临床病例

兵团最早见于1950年农二师马群，1950年对880匹马进行了检疫，检出阳性鼻疽马24匹，阳性率2.7%。

2.主要流行经过

本病在兵团成立以前就在新疆各地普遍流行。据调查记载，兵团最早见于1950年农二师马群，1950年对880匹马进行了检疫，检出阳性鼻疽马24匹，阳性率2.7%。1952年，农一师对561匹马进行检疫，检出阳性马38匹，阳性率为6.8%。1953年农八师对563匹马进行检疫，检出阳性马匹61匹，阳性率为10.84%。随后，各师（局）对所属团场的马匹进行了大面积检疫。对兵团12个师（局）的统计，自1965年后由于各地采取了每年检疫，阳性马隔离饲养，开放性鼻疽马扑杀，结合消毒、治疗措施，开放性鼻疽马逐年减少。50年代、60年代、70年代、80年代发病率分别为7.19%、5.26%、3.07%和1.61%。1990年以后兵团各师及所有团场连续25年未检出鼻疽阳性马，达到了控制水平。

3.开展监测情况

从1950—1989年全兵团共检疫马906 594匹，检出阳性鼻疽马17011匹，阳性率1.88%。其中自然发病6 986匹，死亡943匹，致死率13.5%，扑杀处理鼻疽阳性马9 415匹。检出率最高及发病数最多的年份是1954—1964年，约占历年检出总数的78.23%。农六师1956—1963年间阳性检出率高达39.55%。

（二）流行规律及特点

1.流行环节

（1）传染源　本病的传染源是病马，开放型鼻疽马是最危险的传染源。

（2）病的传入经过　本病传入主要有两个途径：一是在组建兵团时由部队转入地方的某些军马已患有鼻疽，成为本流行病流行的传染源；二是由于畜力不足，不断地从外地购入大量为检疫的患病马，混群饲养而引起本病的传入和扩散。

（3）传染途径　主要通过消化道感染，病马和健马同喂一槽最易感染。如农一师4团12连，因一匹病马与其他马同槽饲养半年后，致使20匹马感染鼻疽。另外可经损伤的皮肤、黏膜传染，也可通过呼吸道传染。

（4）易感动物　马、骡、驴均可感染。在兵团以马发病较多，品种、性别、年龄与发病无关。体质瘦弱、劳动强度大、密集饲养的役马比放牧马发病多。

2.流行特点

（1）地区分布　本病在各师（局）均有发生，因饲养条件、卫生状况、马匹数量、检疫水平不同，其发病数量有所差异。饲养条件差、劳动强度大、密集饲养的单位，其发病率较高。

（2）季节性　本病无季节性，但以冬季舍饲和密集饲养的马，较夏季放牧和分散饲养的更易感染。

3.流行形式

本病在20世纪50—60年代多为流行性，70年代后呈散发。

4.流行因素

本病传播的因素较多，主要有以下几点。

① 购马和调运马匹时不检疫或检疫不严，致使病马进入健康马群，引起本病的流行。

② 阳性马未及时隔离和隔离措施不严，使病马长期留群饲养或窜入健康马群，引起本病的扩散。

③ 对开放型鼻疽马未进行扑杀，污染的环境、用具未进行消毒，致使病原长期存在于外界环境中，成为长久的疫源地。

④ 马匹外出时使用公共马厩、饲槽，引起传染和扩散。

⑤ 马匹的市场交易和私自换马，都不检疫。

5.临床类型

根据病程长短，病症是否明显，可将鼻疽马分为两种类型。

（1）慢性鼻疽马 又称鼻疽菌素阳性或马来因阳性马，此型无明显症状，病程较长，是最常见的病型，占85%。

（2）急性鼻疽马 又称开放型鼻疽马，具有明显的症状，表现典型的鼻疽结节，可排出大量病菌，是最危险的一种病型，但数量较少。

（三）危害情况

1.感染、发病、死亡

1950—1989年，兵团累计检出阳性马属动物17 011匹，表现临床症状6 986匹，死亡943匹，扑杀病畜和阳性畜11 174匹。

2.对畜牧业及农业的危害

历史上马属动物，特别是马匹，曾经主要作为交通运输和农业生产使役动物。兵团马鼻疽流行期间，每年都要扑杀大量感染马鼻疽的马匹，严重影响了养马业的安全发展，削弱了农耕动力和运输动力。每匹马处置的平均费用按5 000元计算，直接经济损失可达5 587万元。

三、马鼻疽防治工作情况
（一）建立健全马鼻疽防控体系

20世纪60年代以来，兵团兽医工作体系经历了不断调整、改革、完善、创新的过程。新时期的兽医体系，为防治马鼻疽工作既带来了挑战，也带来了机遇。从总体上说，不断完善的兽医体系，为有效控制马鼻疽创造了更加有利的人力资源保证。

兵团动物防疫体系历经60年的建设发展，已建立了兵、师、团、连四级防疫网络，是兵团畜牧业赖以发展的技术支柱，是兵团防控消灭马鼻疽的主力军。

（二）有计划、分阶段，采取综合防控措施开展马鼻疽防治工作，确保兵团马鼻疽达到消灭标准

兵团各级兽医部门历来高度重视马鼻疽的防控工作，在不同历史阶段及时出台相应的政策、策略和措施，积极有效地开展了马鼻疽防治工作，取得了实实在在的成效。纵观兵团马鼻疽防治进程，大体分3个阶段。

1.综合防治初级阶段为检疫、普查、隔离阶段

此阶段是发病数和检出率最高的时期，但由于马匹是当时农场的主要使役和运输工具，难以大量扑杀，故对阳性马采取集中隔离饲养，划地使役为主要手段，部分开放型鼻疽马扑杀，少部分隔离治疗。

（1）组织开展了最初流行病学调查。一是20世纪50年代初期，继发生马鼻疽之后，进行重点调查和检疫。根据流行病学调查、临床诊断和血液学检查，并参考各地积累的病历资料，进行综合判定。兵团在1950—1964年在全兵团范围内多次开展调查工作，对兵团重点团场开展了重点调查或抽查工作，共检疫马匹123 049匹，检出阳性6 590匹，证明14个点为疫区；二是基本查清马鼻疽主要流行季节；三是调查了兵团马鼻疽发病、死亡与马属动物品种、年龄、性别的关系；四是对兵团马鼻疽传播来源进行了调查追溯。

（2）开展马鼻疽诊断及防治技术的宣传和培训。根据最初调查研究情况，当时的兵团农业局及时向兵团党委报告了马鼻疽重点调查总结和今后防治意见。兵团党委十分重视这一疫病，将报告批转各师、团，并指示疫区坚决贯彻农业部对马鼻疽防治的指示精神，开展该病的防治工作。因为马鼻疽在兵团是新发现的传染病，社会上特别是饲养者对该病的危害性缺乏应有的认识，行业从业人员缺乏临床经验。为此，兵团及时组织编制印发了有关马鼻疽防治知识的小册子进行宣传。于1960—1975年先后召开了3次马鼻疽防治技术座谈会，以国内外现有资料为教材，以集思广益、交流经验、互交互学、结合实际操作的方式方法，进行了技术传授，培训了师资。同期，全兵团举办了两期马鼻疽试验室诊断技术培训班，先后有120人参加了培训。各师、团也先后以座谈、讲授、重点调查等各种形式训练了队伍，从而使兵团兽医人员学习了理论，初步掌握了诊断技术。

（3）认真贯彻国家有关指示要求，及时在全兵团范围内开展马鼻疽调查。充分发动群众，广泛进行宣传，开展群防群制活动，切实做好"养、检、隔、封、消、处"六字综合性防治措施的指示精神，这些措施在流行初期对延缓疫情蔓延起到明显效果。但终因防治手段落后，检测试剂供应不足，形成了检不净、杀不绝，疫点、疫区增多，病畜逐年增加，危害日趋严重的被动局面。

2.监测净化阶段

主要措施是在全兵团范围内普遍持续开展马鼻疽检疫净化，兵团马鼻疽的防治工作进入了一个新时期。

① 根据农业部的有关规定和规程，1968—1975年，从组织领导、疫区的划定和限制、检疫、病畜处理、保护安全区、消毒、解除封锁及奖惩等8个方面，进一步规范了阶段性的马鼻疽防治工作。在组织领导方面，兵团成立了由师、团主管领导同志挂帅，有关部门参加的防疫组织，负责本地区的马鼻疽防治工作，并加强了宣传教育和防疫知识普及工作，建立

健全疫情报告制度等。在疫区的划定和限制方面，规定了疫区划定的方法及封锁备案程序，对疫区的隔离、消毒、停止交易、诊疗、畜牧生产措施等进行了明确规定。在检疫方面，规定了按农业部下达的"马鼻疽检疫判定要点"进行检疫，要求交易市场交易的马匹必须持有效检疫证明，无检疫证或检疫证过期者，必须进行检疫后方可进行交易。在病畜处理方面，重点明确规定了凡马鼻疽病畜应一律扑杀，不得买卖、私自交换和解体，并根据所属情况不同，给予一定的补贴；凡因马鼻疽而自然死亡的病畜尸体，不得私自解体，严禁食用等。此外，在保护安全区、消毒、解除封锁及奖惩方面，也进行了明确规定。这些措施在流行初期对疫情控制蔓延起到明显效果。

② 兵团全面推广马鼻疽菌素点眼诊断病畜，检测方法特异、敏感、简便，在及时、准确鉴别病原、及时清除传染源方面，发挥了重要的作用。采取"以检疫为主、结合淘汰阳性牲畜"的防制措施，对检出的阳性马匹烙印，集中饲养，隔离治疗，对开放性马鼻疽进行扑杀。同时，为了防止马鼻疽病疫源扩散，加强了对饲养场地和牲畜交易市场的环境消毒，除了农户用新鲜石灰乳（10%~20%）消毒圈舍以外，还用复合酚消毒液（1∶300）等消毒药物进行了环境的消毒。通过这些措施，使得马鼻疽阳性率、发病率和死亡率均大大下降，兵团各级对马鼻疽病的防控工作给予了大力支持。同时，畜牧部门积极与卫生、公安等部门配合，形成防控工作合力，建立了联防联控机制、定时通报信息、携手防控马鼻疽病。

③ 在具体防治工作中，切实落实普查、检疫等各项防治措施，确保了防治工作不断档、技术措施不留空。1965—1978 年，全兵团检疫马匹 546 757 匹次，检出阳性畜 8 677 匹，并扑杀 8493 匹，检出的阳性率呈逐年递减趋势。

3. 控制期

为控制和稳定控制阶段，此期通过检疫、监测，达到控制和稳定控制的水平。

① 结合兵团实际情况，制定了切实可行的具体实施办法，向各师局印发了《"六五"期间兵团兽医工作规划》和《关于印发"七五"期间兵团畜禽疫病防治规划及兽医防疫灭病等规章制度的通知》（兵司发〔1988〕53 号）等文件。要求各师把马鼻疽的防治工作纳入议事日程，师、团兽医部门要切实加强领导，落实好"六五"、"七五"规划和防治措施并给予经费支持，督促防治措施落实，保证了马鼻疽防治工作科学有序、扎实有效开展。持续进行流行病学调查和疫情检测工作，确保有疫早发现、早处置，及时消除隐患。

② 根据农业部要求，兵团及时修订了《兵团马鼻疽防治实施方案》，制定了以检疫为主、淘汰阳性畜的防治措施，使马鼻疽防治做到了有组织、有计划、有目标、有措施，保证了防治工作的正常进行。

③ 1979—1989 年，全兵团检疫马匹 198 594 匹次，检出阳性畜 424 匹，并扑杀 424 匹，检出的阳性率 0.01%~0.5%，阳性率呈逐年递减趋势。

4. 消灭期

为考核与验收马鼻疽防控效果阶段，监测疫情，巩固成果。

根据农业部《马鼻疽防治效果考核标准及验收办法》（农（牧）函字〔1992〕46 号）的要求并结合兵团实际，制定下发了《关于对畜禽疫病防治效果考核进行验收的通知》（兵农（牧）发〔1991〕50 号）、《关于巩固提高考核验收的十七种主要畜禽疫病防治效果的意见》（兵农（牧）发〔1995〕54 号）等文件，并组织开展马鼻疽基本控制标准达标考核。1995

年，组织行政和技术部门对全兵团103个养马团场进行了考核验收工作。共检疫11 094匹份，检出阳性畜0匹，阳性率为0。1995年全兵团13个师都达到了消灭标准，并于1996年通过了农业部的马鼻疽消灭考核验收。

5. 成果巩固期

为考核与验收马鼻疽防控效果阶段，监测疫情，巩固成果。

① 自1997年以来，按照《国家动物疫病监测计划和动物疫病流行病学调查方案》要求，兵、师、团三级层层制定和实施了《马鼻疽监测净化和流行病学调查方案》。监测方案对监测范围、监测时间、监测数量、样品采集、检测方法及阳性动物处理等提出明确要求。以团为单位对马属动物用马鼻疽菌素点眼试验方法全部检疫1次，其他地区以团为单位按5%比例抽检，至少200匹份；存栏不足200匹的全检，对检到的阳性场定期进行跟踪监测，扑杀检测阳性动物，进行无害化处理。2000—2014年共监测马属动物119 248匹，连续19年全兵团再未检出马鼻疽阳性马属动物。

② 加强对重点行业马匹的监测。进入21世纪以来，由于旅游区跑马业的兴起，马属动物流动频繁，马鼻疽传染源输入的风险增加。针对马术动物移动较为频繁的赛马场和从事表演及旅游观光的马匹的特点，兵团要求各地在防治工作中要严格控制外疫传入，对比赛、演艺马匹调入调出都进行严格检疫，并对赛马场坚持实行普检。马匹离开辖区时，按照动物卫生监督部门要求，畜主必须提供近期马鼻疽的检测报告。

（三）加强资金政策保障，促进马鼻疽防治工作开展

国家和兵团对马鼻疽的防治工作投入大量资金，从1950—2014年，全兵团投入1 574.88万元，近5年来用于动物疫病防治的疫苗补贴、扑杀补助、诊断、监测等方面的经费达371.28万元。进入21世纪以来，兵团马鼻疽监测及扑杀专项经费与其他重大动物监测扑杀经费实行了统一管理。历年来，全兵团共投入防控资金累计1 841.67万元以上。

四、经验和体会

兵团的马鼻疽防治工作历经60多年，在各级动物防疫部门的努力下，认真贯彻落实了国家的有关法规，持续采取和优化有效的综合性防治措施，使马鼻疽疫情在全兵团范围内得到了根本性控制。经过长期的马鼻疽防治实践，总结出以下经验和体会。

（一）加强领导、密切配合、措施科学、保障到位，是做好马鼻疽防治工作的根本保证

兵团马鼻疽防治工作得到了各级领导的高度重视与大力支持，多年来先后投入大量人力、物力、财力，全力开展马鼻疽防治工作，特别是在各个关键时期，政府部门都及时出台相关政策措施，保证了马鼻疽防治工作的科学有序、有效进行。在具体防治工作中，各市、县（区）兽医部门高度重视，将马鼻疽列为重点疫病进行防控，切实落实普查、检疫、监测、消毒、扑杀病畜及阳性畜等各项防控措施，确保了防治工作不断档、技术措施不留空，从而使全兵团马鼻疽防治各项措施始终保持连贯和切实有效。检测、监测、扑杀等防治工作经费及时落实到位，为及时消灭病原、减少传播提供了有力保障。特别是近年来，各级财政

每年将马鼻疽监测扑杀经费列入政府预算，并为阳性动物扑杀提供应急准备资金，确保了马鼻疽防治工作的有力、有效开展。

（二）坚持"自繁自养"的方针，是防治马鼻疽传入的根本所在

马鼻疽的最主要传染源是病马，若能坚决不从外地引进传染源，就不能发生马鼻疽的传播和流行。现阶段，在大流通的社会背景下，面对流动性的增加，现有的检疫手段虽然科学准确，但由于受多种不可知因素，如个别马匹的引入不及时进行申报和隔离检疫措施难以及时到位等影响，仍难以避免出现有漏检或丧失最佳检疫时机的病马。所以，只有坚持自繁、自养、自用，才能从根本上真正达到"预防为主"的要求。

（三）加强流通领域的检疫，切断传播途径是防止马鼻疽传入的重要措施

防止传染源的引进，除不购人处于潜伏期病畜外，还要严格对入境马属动物进行防疫监督管理，对入境牲畜查验检疫证明，无非疫区检疫的不得进入。运输、寄养、治疗、配种都要凭非疫区检疫证明，并且引入时要实施严格的隔离检疫措施。对私自人境出售、串换牲畜和贩卖病畜等违法活动，要坚决依法严惩。

（四）依靠科技进步，采用先进检疫、检测技术是控制马鼻疽的重要途径

1950 年兵团发生马鼻疽，在第二师和第一师迅速扩散，由于科技水平有限，因此疫情不断扩大。1953 年后兵团全面推广马鼻疽菌素点眼诊断病畜，检测方法特异、敏感、简便，在及时、准确鉴别病原、及时清除传染源方面，发挥了重要的作用。

（五）开展马鼻疽监测净化，坚决扑杀病马，消除传染源，是巩固防治成果的关键

为了将马鼻疽防治工作提高到一个新的水平，探索消灭该病的途径，兵团于 1965—1989 年进行了兵团马鼻疽净化试验工作，对阳性畜坚决全部扑杀和无害化处理，取得了很好的防治效果。此后多年检疫再未检出阳性畜，说明在污染严重地区，采取多年检疫净化及严格扑杀病畜相结合的措施，可以达到净化马鼻疽的目的。但扑杀患病马匹也确实存在实际困难，特别是在消除临床发病畜的工作中。各级领导、技术人员和群众高度重视，为此各级领导下了最大决心，建立联防组织，制定防治规划和专门法规，采取杀马补款等一系列措施，解决扑杀马匹后的畜力不足问题，从而保证了马鼻疽防治工作的顺利进行。

五、下一步工作打算

（一）坚持预防为主，综合防控，巩固消灭成果

认真总结马鼻疽防治的经验，在《国家中长期动物疫病防治规划（2012—2020 年）》实施的进程中，毫不放松并持之以恒地开展马鼻疽监测及流行病学调查工作，持续巩固来之不易的成果。按照"加强领导、密切配合、依法防治、依靠科学、群防群控、果断处置"的方针，不断提升防控能力，加强外引动物疫病监测、检疫及监督管理；加强疫病检测诊断能力建设和诊断试剂管理，增加疫情监测和流行病学调查经费投入；加强基层动物卫生监督执法

机构能力建设，严格动物卫生监督执法，保障日常工作经费，落实检疫申报、动物隔离、无害化处理等措施；完善规范和标准，强化检疫手段，实施全程动态监管，提高检疫监管水平；加强动物养殖、运输等环节管理，依法强化从业人员的动物防疫责任主体地位；建立健全地方兽医协会，不断完善政府部门与私营部门、行业协会合作机制。

（二）加强旅游骑乘和赛马业管理，进一步提高重点马匹监管水平

要根据马鼻疽防治形势发展变化的需求和国家的要求，做好旅游骑乘和赛马场等重点区域的马属动物管理，建立重点马匹的养殖档案，加强重点马匹的个体化动态监管。切实做到检疫、隔离、消毒、无害化处理等工作，最大限度规避马鼻疽传染源传入风险，巩固兵团马鼻疽的防治成果。

第七章
专家回忆录

陕西兽医史上的辉煌篇章

陕西畜牧兽医局原副局长　石兴武

一、少时的记忆

自我记事起至20世纪80年代以前，马、驴、骡在陕西关中地区是最值钱的家畜。农民习惯叫它们"高脚牲畜"，主要用它们拉车、拉磨、耕地、磨地，是农村主要的农业生产资料。

农民喜欢高脚牲畜。但对马鼻疽这个病名并不熟悉，却都知道高脚牲畜常会得传槽或吊鼻、隔槽惹的病，治不好。谁家的、哪个生产队的高脚牲畜得了这种病，大家都比较担心，在牲畜死亡后，都很伤心。一来是高脚牲畜值钱，二来是失去了很好的生产力。

二、初涉防治

1972—1977年，我在西安市长安县五星乡兽医站工作。正好省、市在离兽医站不远的秦岭北坡祥峪沟设立有一个马鼻疽病畜隔离管制点，管制点内病畜只有数匹。作为年轻兽医，初次接触和认知马鼻疽，是和站上的老同志去管制点参与病畜的治疗、消毒才开始的。记得在管制点内，老兽医们主要试用了中药、土霉素、磺胺双甲基嘧啶等药物对病畜进行治疗，结果只能缓解病情，难以根治。一些病情严重的，在管制点不久就会自然死亡，也有经政府批准扑杀深埋掉的。1976年前，偶尔有新的病畜被送进来，之后再未有新的病畜进来。

1978年，我被调到原陕西省畜牧兽医总站工作。记得在下基层开展疫病调查和防治工作指导时，问起马鼻疽，年纪轻的兽医都说不清楚这病，没见过马鼻疽。但年纪稍大的兽医都清楚该病，并且自豪地讲，马鼻疽在我们这里已得到控制，几乎见不到临床病例了。

三、组织开展马鼻疽检疫净化及消灭工作

1985年，我被调到陕西省畜牧兽医局工作。作为全省动物防疫工作的组织管理者之一，在老领导们的指导下，多次组织全省在原马鼻疽重点疫区县开展了马鼻疽检疫净化工作。其中：1982—1984年，在户县、高陵、长安3县连续开展检疫，存栏马属家畜受检率达85%以上，仅在长安县检出马鼻疽阳性畜6匹，检出率为0.015%；1985—1988年，在长安县检疫马属家畜近2万头匹，结果全部阴性。1985年，管制点内病畜死亡或全部被扑杀处理。1985—1988年，在宝鸡市千阳县检疫马属家畜10 703头匹，受检率达90%以上，结果全部阴性。1987—1991年，组织开展全省畜禽疫病普查，在关中和陕北5地市27个县抽检马属家畜12 993头（匹），仅在铜川市郊区（1988年）检出马鼻疽阳性病畜1头，阳性检出率为0.008%。至1988年最后1头马鼻疽阳性畜在铜川市郊区被扑杀处理，全省马鼻疽疫情得到了稳定控制，为全省消灭马鼻疽奠定了基础。

1996年，组织制定印发了《陕西省消灭马鼻疽工作计划》。全省统一时间、统一诊断液和试剂，按部颁标准在西安、咸阳等8地市原62个疫区县，应用提纯鼻疽菌素一次两回共点眼检疫马属动物40 038头（匹），结果全为阴性；对62个原疫区县的617个乡镇9 666个村饲养的326 559头（匹）马属家畜进行鼻疽临床症状检查，未发现临床病畜；1997年在上述范围再次开展大规模检疫工作，点眼检疫马属动物39 985头（匹），结果全部阴性，临床检查310 057头（匹），未发现临床鼻疽病畜。1996年，在马鼻疽非疫区县黄陵县，共进行鼻疽菌素点眼检疫马属家畜77头匹，受检率为38.7%，未检出鼻疽阳性畜；1997年，点眼检疫35头（匹），受检率17.9%，未检出鼻疽阳性畜；结合点眼对全县存栏的199头（匹）马属家畜进行两次临床检查，未发现临床病畜。

1998年12月，组织专家对原疫区县仍有马类家畜存栏的8个地市，严格按照部颁标准进行了考核验收，8个地市均达到部颁消灭马鼻疽标准。

1999年5月，陪同农业部专家组，按照消灭马鼻疽考核验收程序，在宝鸡市陇县用提纯鼻疽菌素点眼检疫马类牲畜133头（匹），结果均为阴性，陕西省消灭马鼻疽工作顺利通过农业部考核验收。同年12月，农业部宣布陕西省达到马鼻疽消灭标准。2000年，陕西省消灭马鼻疽综合防治技术的应用与推广项目，获陕西省人民政府农业技术推广三等奖。

2000—2014年，组织全省共监测马属家畜13.73万头（匹），结果均为阴性，进一步巩固了消灭的成果。

四、体会和感受

作为一名兽医工作者，作为陕西省马鼻疽防治工作的参与和组织者之一，陕西省消灭了马鼻疽，倍感欣慰！但同时，我们也不会忘记一时流行的马鼻疽，给农业生产发展，给农村的生产、生活造成的严重影响和危害。不会忘记消灭马鼻疽是各级党委、政府高度重视的成果！是几代兽医人辛勤付出的成果！

1. 陕西马鼻疽的危害

据史料记载，新中国成立前，马鼻疽在陕西省泾阳、三原、富平、耀县（今耀州区）、华阴、潼关、朝邑（今大荔县）、蒲城、铜川（今王益、印台区）、宜川和衡山等11个县有

发生、流行。1940年，国民党化学兵从河南带来陕西的马、骡病死甚多，"马来因"点眼反应明显。

新中国成立后，马鼻疽仍是陕西省马属家畜的主要传染病之一，至1988年，疫情先后波及全省10个地市64个县（区）。据防治资料统计，1950—1955年，陕西先后有7个地市的34个县（区）累计44县（次）、78个疫点发生过马鼻疽，发病畜417头（匹），死亡309头（匹），病死率高达74.1%。1956—1958年，陕西省马鼻疽防治队在关中地区27个县开展了大规模鼻疽检疫普查，应检马类家畜201 488头（匹），实检193 124头（匹），受检率95.8%。检出马鼻疽病畜4 166头（匹）（其中阳性3 523头匹、开放性135头匹、活动型508头匹），检出率高达2.16%，发病最严重的蓝田县检出率高达7.76%。同时，在省马鼻疽防治队的指导下，1957—1960年，榆林地区在重点老疫区县共检马属家畜8 445头（匹），检出阳性病畜403头（匹），检出率高达4.77%。发病严重的横山县1960年检出率高达10.59%。

1963年，由于畜力不足，牲畜交易市场开放，允许牲畜自由买卖等传统交易关系恢复，马、骡价格猛涨，未经检疫的马匹大量由外省牧区进入陕西市场交易，致使马鼻疽在关中地区再次暴发流行。咸阳市武功县县联社1963年从外省一次购回马645匹，检出鼻疽阳性病马64匹，检出率高达9.92%。渭南、宝鸡等地（市）马鼻疽疫情也随之回升，流行范围扩大。1964年，马鼻疽疫情扩大蔓延至该2个地（市）的25个县，有疫点214个，检出阳性病畜1 383头（匹），检出率上升为2.84%。

马鼻疽的发生流行，一是大批马属家畜发病死亡或被扑杀，直接经济损失巨大。二是马、驴繁殖能力降低或丧失，严重阻碍了当时最值钱的高脚牲畜的发展，减少了农村的经济收入。三是20世纪80年以前，高脚牲畜是农村农业生产及运输等的主要畜力之一，发生马鼻疽造成畜力严重不足，极大地影响了农业生产的发展，给农村的生产、生活造成了很大困难。四是马鼻疽为人畜共患传染病，病畜的存在及其对生态环境的污染，威胁着人民群众的身体健康。

2.党委政府高度重视马鼻疽防治工作

马鼻疽的发生、流行，也引起了各级党委、政府的高度重视。1952年，陕西省政府制定颁发了《陕西省兽疫防治暂行办法》，陕西省农林厅转发了《西北区重点检验和集中扑灭鼻疽病马试行办法》，西北军政委员会先后两次拨给病马扑杀补助专款5.5万元。1956年、1963年、1966年及1982年相继制定颁发了《陕西省处理鼻疽病马试行办法》《防治马鼻疽实施计划（草案）》《陕西省牲畜（家禽）交易市场检疫试行办法草案》《陕西省防治马鼻疽措施方案（草案）》以及《陕西省畜禽及肉类交易市场检疫办法》等规章制度。防治办法的颁布实施，有效保证了不同时期马鼻疽防治工作的顺利开展。

为加强马鼻疽的防治，1956年，经省政府批准成立了陕西省马鼻疽治疗研究室和陕西省马鼻疽防治队，全省各地市和县也设立了相应的马鼻疽防治组。特别是新成立的陕西省马鼻疽防治队于1956—1958年连续3年组织关中地区等地27个县（区）开展了马鼻疽检疫普查工作，开启了新中国成立后陕西马鼻疽的全面防治工作。1963年，以陕西省马鼻疽防治队为基础，经省政府批准成立了功能更加完善、队伍更加壮大的陕西省畜牧兽医总站，加之10个地市畜牧兽医中心站、县级畜牧兽医站的先后建立，为全省马鼻疽防治工作从组织机构和人员方面提供了强有力保障。

3. 确立了以检为主，"检、隔、治、处、消"相结合的马鼻疽综合防治措施

1951 年，西北军政委员会畜牧部，在陕西省兴平县开展的鼻疽菌素点眼和补体结合反应相结合的检疫试点。1956 年、1966 年颁布实施的《陕西省处理鼻疽病马试行办法》(以下简称《办法》) 和《陕西省防治马鼻疽措施方案》(以下简称《方案》)，以及 1956 年陕西省农业厅畜牧局在陕西省武功农业学校举办的马鼻疽检疫人员讲习班，开启了陕西省以检为主，"检、隔、治、处、消"相结合的马鼻疽综合防治新阶段。几十年来，各地根据《办法》和《方案》要求，坚持每一年进行一次马鼻疽全面检疫工作，并对检出的阳性病畜进行隔离管制和扑杀处理，防治工作取得了显著的成绩。据统计，1950—1997 年陕西省累计检疫马类家畜 210.044 3 万头（匹），检出阳性病畜 13 801 头（匹），除自然死亡 2 699 头（匹）及隔离管制 9 171 头（匹）外，其余全部进行了扑杀深埋处理，消除了疫源，防止了疫情扩散。

在新中国刚刚成立的特定社会历史条件下，要对全部鼻疽病畜进行扑杀处理很不实际。对此，陕西各地根据《办法》和《方案》要求，对检出的病畜实行集中隔离管制。在管制区内，管死活动型，逐步扑杀淘汰开放性病畜，限制阳性病畜流动，并积极开展试治和培养新生健康幼驹工作；在试治过程中，无论治疗效果如何，严禁病畜离开管制区；对没有生产能力和治疗无效的病畜，按规定报批后，进行扑杀深埋处理；同时严格管制区内管理、使役、消毒等各项制度，有效地杜绝了疫源的扩散。据统计，至 1985 年管制点内最后 1 头病畜被处理，各疫区县累计设立病畜管制点 460 个，管制处理病畜 9 171 头匹。

同时，陕西各地及时制定了切实可行的消毒制度，严格消毒，加强防范。如严格病畜隔离管制、扑杀处理及饲养活动场所、粪便的消毒制度，严格病畜接触过的饲养用具、套具、车辆、农具等的消毒制度，加强门诊诊疗器械、场地消毒处理，定期开展活畜交易市场消毒制度等。消毒制度的建立及实施，为有效控制和消灭马鼻疽起了积极的促进作用。

在兽医界，消灭一种动物疫病，是一件非常不容易的事情。往往需要靠几代兽医人坚持不懈的努力，才能实现。在陕西消灭马鼻疽，是陕西兽医史上又一项辉煌成就！本回忆，仅仅是陕西兽医人战胜和消灭马鼻疽工作的一个缩影。许许多多的老兽医人为此付出了一生心血，谱写了光辉的篇章。他们的足迹，将引领一代代新的兽医人在控制和净化其他动物疫病的征程上，奋勇前进！

内蒙古自治区防制马鼻疽的苦乐回忆

内蒙古自治区动物疫病预防控制中心　谷润林

内蒙古是国家级的畜牧业基地，而养马业（包括驴骡，下同）又是内蒙古畜牧业的支柱产业。经过不断发展，马的饲养量从 1949 年的 90.11 万匹头，增加至 1995 年的 304.23 万匹头，期间饲养量最多的年份达 341 万匹头左右，为发展农牧业、轻工业、运输业和支援军队用马以及改善农牧民生产、生活条件作出了重要贡献。

但是，自 1937 年内蒙古东部地区首次记载发生马鼻疽以来，由于清朝时期病马的遗留、国内外病马的流入以及历史时期的更迭等因素的影响，使马鼻疽疫情不断扩大，防不胜防，成为养马业的大敌。据史料记载，内蒙古自治区成立初期，全区除阿拉善以外，其他各盟市均有不同程度发生。其中锡林郭勒盟、呼伦贝尔盟病马阳性检出率高达 40%~50%，阳性检出率低的盟市也在 9% 左右，经常有病马死亡。以后由于经济体制和生产资料所有制的变革，马匹饲养量不断增加、流动频繁，加上防治水平低下，马匹发病和死亡数量有所增加，仅 1949—1989 年就因马鼻疽死亡 17 450 头（匹），随时和零星扑杀的开放性病马、马来因阳性马也有 20 万匹左右。病马的死亡和扑杀给国家和农牧民造成至少 1.5 亿元的直接经济损失，间接经济损失更大。

对马鼻疽病害的防制，党和各级政府十分重视，在不同的历史阶段，根据不同的防制理念、不同的经济状况和技术、设备水平，针对实际情况，及时研究制定防制马鼻疽的相关文件和技术措施，指导防疫。在以定期、产地、市场、运输检疫和处杀为主要内容的"预防为主、防治结合"总方针引领下，全区各级兽医和有关部门密切配合，共同制定和实施了四个不同时期的防制对策。

一是，20 世纪 50 年代末，为重点检疫时期，开展了"定期检疫，分群隔离，划区放牧使役"的办法，重点对呼伦贝尔盟的大雁、哲里木盟的三河等主要的国营种马场及少数的商品马场、感染隔离的放牧马群开展定期检疫。此间共检疫马匹 200.7 万匹次，平均阳性检出率为 3.78%，检出马来因阳性和开放性病马 7.6 万匹。因为当时畜主不同意扑杀，国家还没有实行对马鼻疽病马扑杀补贴政策，只能暂时将这些病马送到隔离场放牧和使役。

二是，20 世纪 50 年代末至 70 年代中期，为实施综合防治措施时期。此间全面实施"检（疫）、隔（离病畜）、培（养健康幼驹）、治（疗病畜）、处（杀病畜）"的五位一体措施，有力地推动了全区马鼻疽防制工作。这一阶段共检疫马匹 543.8 万匹次，阳性检出率降至 2.93%，共检出马来因阳性、补体结合反应阳性病马 16 万匹。除去其中供培育健康幼驹的母马 4 400 多匹、供作进行土霉素盐酸盐治疗的 9 000 多匹外，其余马匹全部送到隔离场继续隔离使役、饲养，等待统一处理，而少量开放性病马当即予以扑杀。4 000 多匹健康幼驹的培育成功，为国家和农牧民挽回一定的经济损失，而经土霉素盐酸盐治疗的病马出现临床治愈的成果，也给防治马鼻疽病马提供可喜的线索。

三是20世纪70年代中期至1990年，国家经济迅速发展，兽医防治技术进一步提升，国家和自治区先后出台了家畜防疫条例和实施办法等法律法规，使防疫工作走上法制的轨道。按照法制要求，自治区实施了大量扑杀病畜的"检（疫）、杀（扑杀病畜）"的坚决措施，使全区马鼻疽阳性检出率快速降至0.21%。对检出的298万余匹阳性病马绝大部分予以扑杀处理，其中一次统一行动就扑杀病马7.3万匹，在一定程度上消除了马鼻疽传播的隐患。

四是1991—1995年，为实施自治区"二二三"动物保健工程阶段。该工程将马鼻疽作为第一个消灭的疫病，要求全区有关的各级行政、技术部门实行双规责任制，双方领导签订防制马鼻疽责任状，各司其职，共同负责，并定期检查验收，从而极大地调动了行政、技术部门和群众的积极性，加快了防制马鼻疽的步伐。经1995年全区范围检查验收结果表明，除呼伦贝尔盟外，全区其他盟市全部实现净化，达到了基本消灭的指标。以后又经过了五年的时间扫尾歼灭战，于2000年达到了全区消灭马鼻疽的目标，通过了农业部考核验收，为广大农牧民除了一大病害。此成果经有关部门验收评审后，于2003年获得自治区农牧业丰收一等奖。

在全区消灭马鼻疽重大业绩的背后，饱含着兽医前辈以及20世纪60年代后参加工作的兽医工作者，其中不乏支援内蒙古边疆建设的几代同行们的血和汗，甚至贡献出了宝贵的生命。是这些兽医工作者在基本没有自身保健和正常工作条件的情况下，忠于职守，执着敬业，艰苦奋斗，默默奉献，保证了防制马鼻疽工作的顺利开展，历史会永远记住这些人的！

新中国成立不久，正处于百业待兴、恢复生产的困难时期，经济和财力薄弱，兽医工作也刚刚起步，缺医少药，马鼻疽等数十种畜间传染病肆意流行，病畜和病死牲畜不断增加，严重制约着自治区畜牧业生产的恢复与发展。为尽快控制疫情，解决群众疾苦，自治区畜牧厅于1962年成立了兽医防治大队，专职防制马鼻疽、马传贫两大马匹疫病。当时的防疫大队人员并不多，仅有的兽医药械多数是日本人和国民党时期留下的"库底"，有的根本不能用，虽然逐步购买了部分药械、农业部也下拨了少量药械，但是杯水车薪，只能应急，至于交通工具、防护用品更谈不上。

每逢防疫时，防疫大队和临时从兽医局抽调的防疫人员，根据领导的统一安排，带上专家等行李和药械，按小组由组长或科长带队分赴疫区开展防疫。下乡时没有专门的交通工具，只能坐马车或疫区提供的骑马，有时徒步几十里土路，运气好的时候，可能坐上日伪和国民党时期留下的破旧汽车，但因为汽油紧张，只能用烧火木材作动力，时不时还得乘车人下车推上一段路。当防疫人员到达目的地后，被安排在牧场宿舍或老乡家，同牧工或老乡同吃同住。如果在老乡家吃饭还得按规定交饭费，若是住在牧民家，好客的牧民还能给吃几顿羊肉和奶食品。

检疫时抓马是个头疼的大问题，因为受检的马匹多数是未经调教的放牧野马，非常难抓，没有有经验的牧民帮忙是办不成事的。有时牧民给套住的马带上笼头，交给牧民或检疫人员拴系过程中，挣脱绳索逃跑，还得抓回再检疫。这时牵马人硬与挣扎的马匹相抗衡或想拉回的话，常会把手勒破或被拉走一段路程。遇到这种情况，兽医们也有绝招对付：先跟着马跑一段路，然后趁马不注意时突然往回拉缰绳，由于惯性作用，奔跑中的马立刻头尾调转，不再往前跑。

实施马鼻疽检疫，主要应用变态反应即马来因点眼方法。点眼看似简单，但实际上是危险、认真、细致的工作，来不得半点大意。给放牧的群马进行检疫，需要有人牵住笼头进行保定，防止马匹摇头躲避检疫，遇到烈性马匹还可能咬人。实践中检疫人员被马咬伤、跌伤的大有人在。

马匹点眼结束后，需在3、6、9、12和24小时内准时观察受检马匹眼睛、眼睑反应情况，有的马在点眼后的3、6、9小时便可确定是否是阳性，但有的需12小时或24小时才能确诊。如果受检马眼睛变化异常或反应物被抹掉了或出现假阳性时，还需要重新检疫，以防误判。为了准确判定检疫结果，检疫人员顶风冒雨，冒酷暑晒烈日，从日出到日落，按规定时间观察，如果光线暗还要在照明条件下进行观察。每次判定都要详细记录并存档备查。

到了20世纪80—90年代，国家经济进一步发展，兽医技术水平有了新的提高，技术装备改善。为适应兽医防疫需要，自治区专门制作了防疫药械箱。犬畜到检疫夹廊或长廊后，经常由于马匹不习惯、害怕而跳起来或蹬着夹廊、长廊侧壁头朝后调转方向，阻塞后方马匹通往前方的通路，马匹进退两难，影响检疫的正常进行。

有时遇到犟马跳廊后，廊杆断，马匹亡，惨不忍睹。每逢遇到上述情况，兽医们一是将后边马（数量少时）退出到夹廊、长廊外，然后牵出向后调头的马再重新牵进夹廊、长廊受检；二是在调头马的夹、长廊侧面打开一个缺口，把调头马牵出来再从后面牵入受检。在解决这一问题时，通常需要三四十分钟，影响工作时间。后来我们将检疫夹廊、长廊的高度加高，宽度缩窄；并在侧面相距一二十米处设一个出口，可以随时牵出调头的马，方便又快捷。

当时交通工具只有少数检疫人员能骑马匹，外出工作的人较多，结果一些跑检疫点观察检疫情况，往来取送药械、传递信息等事情，都落到会骑马的同志身上，无形中增加了这些同志的工作量和安全风险。因为草原上的鼠洞和"塔头"很多，经常发生摔倒防疫员的事故。60年代初，一位北京籍的年轻防疫员因骑马送病料，所乘马的前肢踏入较深的鼠洞中，致马失前蹄摔倒，他本人也随马摔落草地以身殉职，为兽医事业献出了宝贵生命。

90年代，国家富强，畜牧业发展，财政和畜牧部门出台了关于扑杀病马补贴政策，进一步调动了各地的积极性，掀起了全面检疫、坚决扑杀病畜的高潮。据统计，当时共扑杀病马7.39万匹。扑杀这些病马的方式主要有枪毙、焚烧、安乐死等，但不管哪种处杀方法致死的都要深埋。处杀病畜对检疫人员来说，既是一件认真又是一件难受的差事。本来当初学兽医是为了治病，可现在却成了害命的，心里不好受，虽也知道这是防疫的一项工作，处死病畜是为了保护更多牲畜，但心里在相当一段时间里总有异样的感觉。

在处杀和深埋牲畜时，防疫人员必须亲临现场进行指导和验收，参加无害化的每一个环节，全程检查，严防未死透和消毒不彻底而留下隐患，同时要防止有人刨尸。

在消灭马鼻疽的工作中，同行们的故事还很多，限于篇幅，只能停笔。回忆难免差误，不实之处以史料为准。

安徽省消灭马鼻疽工作情况

安徽省畜牧兽医局　董卫星

我于1982年元月毕业于安徽农学院牧医系，分配在省农业厅（后改为省农牧渔业厅，现安徽省农业委员会）畜牧局工作，我一毕业就分到畜牧局的兽医科工作，从事动物疫病防控、兽医医政、兽药药政等工作。马鼻疽病的防控是当时重点防控的动物疫病，我与其他同事及长江以南各地基层动物防疫工作者一起亲身参与了防控的全过程。期间，大家齐心协力，狠抓各项防控措施的落实，付出了辛勤的劳动，取得了很好的成效。1999年11月，我省马鼻疽防治效果通过了农业部专家组考核验收，达到马鼻疽消灭标准。

据调查，我省马鼻疽始于1953年，系由阜阳地区（现阜阳市、亳州市）从青海引进役马而使该病传入。此后淮北、沿淮及皖东的局部地区也因引进马而陆续带入该病，造成该病在20世纪50年代中期至70年代末在我省养马区流行。我工作时正值马鼻疽防治工作处于关键时期。由于马属动物在当时当地是主要畜力，养殖量较大，该病又没有疫苗可供使用，因此，疫情发生后，各地采取的是检疫、隔离、扑杀、消毒和加强饲养管理等综合性防制措施来控制疫情。同时，广大群众缺乏防治知识，饲养管理水平低下，集中、密集饲养导致马属动物普遍抵抗力差，役力不足致使病畜不能及时得到淘汰等因素都给防治工作带来相当的难度，宣传、培训、普及防控知识等工作任务也十分繁重。通过积极推进防病知识宣传普及、技术培训、现场防控指导、鼻疽菌素点眼检疫、消毒、扑杀病畜等各项工作，尤其是在1985年，及1987—1990年，我省持续开展了畜禽疫病普查，这是一项需要大量时间、精力、专业性很强的工作，经过认真总结、分析普查结果，提出了有针对性的防控指导意见，对控制疫情起到了积极作用。

根据大量实地调查，一是摸清并确定了我省马鼻疽流行的区域，为阜阳、亳州、淮北、宿州、淮南、蚌埠等市（区、县）的24个。二是摸清了流行规律。即发病动物仅限于马属动物，其中以马最多，驴次之，人及其他牲畜无被感染报道；疫病的传播除混群或接触传染外，未查出其他明显的传播途径，主要是由于自外地引入阳性马匹造成局部鼻疽流行；该病在我省呈散发或地方小流行，而且局限于淮北平原，沿淮及皖东局部养马地区；发病似无明显季节性；劳役重、饲养管理粗放、马匹同群密集、卫生状况不佳的发病多。三是提出并指导疫区采取综合防制措施。自1953年我省从外地引进马匹带入鼻疽以后，为了尽快消灭该病，各地紧紧抓住控制和消灭疫源这一重要环节，采取加强饲养管理、检疫、扑杀病畜及阳性畜、隔离、消毒、封锁等综合性防制措施，到80年代末再未见临床病马。经持续对引进的、存栏的马属动物进行严格检疫，对省内市场交易的马属动物的检疫一直持续到1990年，对检出的阳性马匹进行扑杀或隔离处理，有效地阻断了疫源的传入和扩散。四是每年赴疫区宣传、指导培训。针对马匹集中、饲养密集、抵抗力差的发病较多的特点，通过走村串户、入户走访、指导、座谈、召开培训会议、广播、发放宣传单等形式在群众中广泛宣传防制知识，指导群众强化消毒措施，加强饲养管理，增强牲畜抵抗力，此举对控制疫情起了很大作用。由于措施得力，宣传深入，群众认识提高，积极配合，同时大力提倡自繁自养，减少从外地引入马匹。1990年扑杀最后1匹阳性畜后，每年继续持续开展监测工作，未再发现病畜及阳性畜。

为配合农业部《1996—2000年全国消灭马鼻疽规划》，我省从1996年起开始进行马鼻疽防制效果考核工作。为做好我省考核验收工作，省局成立了马鼻疽防制效果考核领导小组，采取有力措施积极推进各项防控工作。一是召开会议、制定方案。按照农业部《马鼻疽防制效果考核标准及验收办法》（农牧函〔1992〕第46号）及《1996—2000年全国消灭马鼻疽规划》（农牧函〔1996〕24号）的要求，结合我省实际，制定了《安徽省马鼻疽防制效果考核实施方案》。对我省在组织领导、考核验收的内容、方法、时间等方面做了具体安排和部署，确定了我省考核范围为阜阳、宿州、淮北、蚌埠市等4地市的13个县（市、区）（皖东的局部地区虽原为疫区，但由于存栏马属动物已经非常少或已没有，因此没有列入考核范围）。并于1996年11月在阜阳市召开了"全省马鼻疽防制效果考核工作会议"，部署考核工作。二是开展防控效果监测。1996—1998年连续三年对马属动物较多的原疫区县（市、区）进行鼻疽菌素点眼检疫，每年抽检率占存栏数25%以上，均未检出阳性。三是督促检查，落实措施。每年下发专门文件，下达监测任务，开展技术培训、现场巡视、技术指导、督促检查，年终及时总结，确保各项措施落实到位。四是组织省内考核。1998年8月省畜牧局组织专家对各地防制工作进行了自考核，对照农业部《马鼻疽防制效果考核标准及验收办法》（农牧函〔1992〕第46号），认为我省达到了消灭标准，随后向农业部递交了申请验收报告。1999年11月底农业部专家组对我省马鼻疽防制效果进行了考核验收，考核组认为，安徽省对消灭马鼻疽工作非常重视，行政、技术措施得力，材料齐全，数据可靠，达到部颁消灭标准，通过验收，并向省畜牧局颁发了消灭证书。

2000年后，我省仍然继续开展以临床检查为主，鼻疽菌素点眼试验为辅的监测工作，没有发现临床病畜及阳性畜，我省继续保持马鼻疽消灭标准。

消灭马鼻疽30年工作回顾

河南省动物疫病预防控制中心 吴志明

马鼻疽是由鼻疽杆菌所致马属动物的多发性传染病和人畜共患传染病，我国将其列为二类动物疫病、人畜共患传染病，世界动物卫生组织（OIE）将其列为法定报告疫病。20世纪90年代以前，该病曾在河南大面积流行，给畜牧业发展和农村经济带来了巨大损失，严重影响人类健康，危害公共卫生安全。

一、全力抗击马鼻疽

为了做好马鼻疽防控工作，我和同事们一起，继承和发扬老一辈的优良传统和作风，面对威胁人体健康的马鼻疽把个人安危置之度外，毫不畏惧，30年如一日，一直奋战在抗击马鼻疽疫情第一线。

一是深入基层，认真宣传马鼻疽防控知识。我们经常深入养殖场户，走向田间地头，采取广播、黑板报、宣传车、培训等多种形式，告诉广大群众马鼻疽是一种复杂的传染病，而且大多数病畜无明显临床症状，潜在的危害极大，既无有效的人工免疫预防法，又无有效的彻底治愈疗法，对马鼻疽的防制是一项艰巨而复杂的任务。通过宣传使人民群众充分认识到马鼻疽的危害性和防制工作的必要性，增强了全社会防制马鼻疽的自觉性。

二是摸清底子，广泛开展马鼻疽流行病学调查。为准确掌握马鼻疽在河南的流行和危害情况，我们在全省范围内对存栏马匹登记造册，建立档案，采取临床检查、访问畜主、兽医、防疫员、查阅门诊登记等方法对马鼻疽进行调查。经过不间断普查及专项调查，掌握了马鼻疽在全省不同区域、不同时期的发病和流行特点、流行情况，为科学制定防控策略提供了依据。

三是分类指导，采取综合防控抗击马鼻疽。我们根据马鼻疽病流调结果，将全省分为重度流行区、轻度流行区和净化区，进行分类指导，对不同流行区分别采取不同防治措施。采取"检、隔、管、治、杀"的综合防治手段，对检出的阳性马匹集中饲养，隔离治疗，对开放性马鼻疽进行扑杀，对饲养场地和牲畜交易市场的环境进行规范消毒。通过以上措施使全省的马鼻疽阳性率、发病率和死亡率均大大下降，马鼻疽防制效果明显。

二、率先消灭马鼻疽

为了探索消灭马鼻疽的方法与途径，我们精心规划、刻苦攻关，采取综合防控措施，加大工作力度，率先实现河南区域内消灭马鼻疽的目标。

一是科学规划，制定方案。制定了河南省马鼻疽防治实施方案，明确目标任务，突出防控重点，制定工作步骤，确定防控措施，并对各地防控马鼻疽工作实施责任制和责任追究制，层层签订目标责任书，使马鼻疽防治做到了有组织、有计划、有目标、有措施，保证了马鼻疽防控工作的正常进行。

二是依靠科技，提高防控质量。根据马鼻疽流行特点和技术难点，组织科研人员开展了马鼻疽防制技术课题项目的研究，该科研项目"河南省消灭马鼻疽防制技术研究与应用"获得河南省科技进步二等奖，对指导河南消灭马鼻疽工作提供了坚强有力的技术支持。

三是强化预警，净化役源。建立了以省、市、县动物疫病防控机构为主干，以基层防疫员为支点，以高危地区为重点的监测预警体系，按照"高度警惕，密切关注，普遍调查，重点检测，突出检疫，严防死灰复燃"的工作要求，把历史疫情较严重的乡（镇）、村、旅游景点、娱乐场所和竞赛场马匹等作为监测重点，加强马鼻疽疫情监测净化和流行病学调查。同时，加强检疫，凡需从外地引进的马属动物必须实施 100% 的检疫，在当地隔离观察 30 天以上，经当地兽医部门连续 2 次（间隔 5~6 天）鼻疽菌素点眼试验检查，确认健康无病后方可混群饲养，从而确保了马鼻疽清净无疫。

三、严防马鼻疽复发

在长期从事马鼻疽病的防控工作中，我们坚持在实践中探索，在探索中总结，在总结中创新，形成了一系列巩固马鼻疽防控效果的工作机制，为严防马鼻疽复发奠定了坚实基础。

一是创新工作机制。积极探索推行"省辖市动物疫病预防控制机构综合防控能力积分制管理办法"，提高全省的科学防控能力，调动工作积极性；组织开展了"县级试验室监测能力达标晋级"活动，提升了全省疫控机构的基础设施建设和防控手段；通过开展"河南省动物疫病防控技能比武"活动，提高了全省防控队伍学习的积极性；通过推行"河南省动物疫病监测检验技能资格证"制度，提高了专业技术队伍素质，这些机制有力促进和巩固了马鼻疽的防控成果。

二是建立联防联控机制。作为全省动物疫病防控机构的负责人，积极主动与卫生等部门结合，共同筹备成立了河南省预防医学会人畜共患病分会，构建了河南省马鼻疽等人畜共患病的学术交流平台和联防联控机制，定时通报信息，形成防控合力，为人畜间同步开展工作，共同消灭马鼻疽搭建了桥梁，开创了联防联控马鼻疽等人畜共患病的新局面，使河南马鼻疽等人畜共患病在源头上得到有效控制。

三是建立防控成果保障机制。自 1996 年 10 月河南省通过农业部消灭马鼻疽考核验收后，我和团队一直坚持做到：马鼻疽病防控"机构不撤，队伍不散，经费不减，工作不停"；通过监测证明无疫，及早发现疫情；通过检疫监管维持无疫，防止发生输入性疫情。同时，做好马鼻疽病防控队伍的"传、帮、带"工作，进一步稳定全省马鼻疽防控专业技术队伍，不断提高防控水平，为巩固河南消灭马鼻疽病防治成果提供有力的保障。

风雨三十载，使命胸中装！30 年来，我们一直在动物防疫战线上辛勤工作，终于消灭了马鼻疽，这是我们新的起点。因为动物防控的路还很长，我们恪守着自己的专业和使命，继续以求真务实的作风，开拓创新，敬业精业，无私奉献，为巩固河南消灭马鼻疽成果做贡献，为维护公共卫生安全做贡献！

消灭马鼻疽的片段回忆

山西动物疫病预防控制中心　师　汇

我于 1972 年参加工作起，就在山西省和顺县沙峪公社兽医站。1976 年进入山西省畜牧兽医学校学习。1978 年在山西省家畜疫病防治站（2007 年更名为山西省动物疫病预防控制中心）工作至今。

43 年来，我一直从事动物疫病的防治工作。现将我省马鼻疽病在流行期、控制期、消灭期，我本人做的主要防治工作回顾如下。

我省 1951 年首次确诊马鼻疽病，1983 年达到控制标准，1951—1983 年为马鼻疽病流行期，我于 1972 年 6 月至 1976 年 9 月在山西省和顺县沙峪公社兽医站工作，这一阶段动物疫病的防治工作重点是防治马鼻疽、马传贫。在此期间，我一是认真执行马鼻疽防治措施规定，采取"检、隔、消、杀"等综合防治措施，即：每年春秋两季各进行一次鼻疽检疫，以临床检查和鼻疽菌素点眼检查为主，根据检疫结果，将牲畜分为三类：开放性鼻疽病畜；阳性病畜（鼻疽菌素点眼阳性，无开放性鼻疽症状者）；健康畜（鼻疽菌素点眼为阴性，无任何鼻疽症状者）。对开放性鼻疽病畜立即扑杀深埋处理，对阳性病畜烙印标志，立即隔离限制，在隔离区内饲养、放牧和使役。二是严格监管马属动物的流动，在调入时必须进行临床检疫和点眼检查，无病时隔离观察一个月才能与健康马属动物合群，防止传染。三是若检出病畜、阳性畜，及时对其污染环境及用具彻底消毒，对价值不大的物品、用具烧掉处理，严防与群外马属动物接触。1978 年 9 月我被分配到山西省家畜疫病防治站工作后，参与了马鼻疽病防治工作的组织、指导和考核，1983 年全省达到控制标准。

1983 年山西省人民政府组织有关部门成立了防治牲畜五号病指挥部，在重点防治牲畜五号病工作的同时，从 1984 年开始进一步加大马鼻疽检疫净化力度，到 1987 年基本消除了阳性病畜；1988—1995 年连续八年用马鼻疽菌素点眼，未检出 1 例鼻疽阳性畜，达到了稳定标准。

1999 年 6 月，我参与了山西省消灭马鼻疽考核验收组，分赴 11 个地市进行了省级马鼻疽防制效果考核验收。同年 9 月农业部马鼻疽病考核验收组对我省 11 个地市马鼻疽病进行了考核，确认山西省已达到农业部规定的马鼻疽消灭标准，农业部向我省颁发了马鼻疽达到消灭标准的证书。

2000—2015 年，动物疫病的防治重点是牲畜口蹄病、高致病性禽流感等重大疫病，但为有效预防巩固马鼻疽病消灭成果，每年春秋两季开展马鼻疽、马传贫两病的饲养、流动情况全面普查。在 68 个马鼻疽和 67 个马传贫发生过疫情的县重点普查，对不同年龄的马、驴、骡进行全面普查登记建立档案，并要求各市县每年采样监测时核实更新养殖档案，做到了不漏一村、不漏一户、不漏一匹。2001 年我分管试验室工作后，每年都邀请哈尔滨兽医研究所相文华老师，来我省1~2次进行马鼻疽、马传贫两病监测工作指导，每到一县就对县、乡两级防疫技术人员和饲养户，在饲养、调运、普查、检疫、监测等技术方面进行全面培训，使基层防疫技术人员和饲养户都能熟练掌握防控两病技能。同时选派一些同志参加全国动物疫病防治技术培训班和研讨会，学习交流先进技术和经验，逐步提高队伍整体素质，确保巩固消灭马鼻疽病的成果。

忘不了那匹叫艾坦的马

新疆维吾尔自治区动物疫病预防控制中心 　肖开提·阿不都克力木

艾坦，是我童年时养过的一匹马，带给我许多欢乐，后来感染上马鼻疽，被扑杀——也正是这个原因，才使我走上了兽医这条路，期望能通过自己的工作，治好生病的马和其他动物，让小伙伴或他的家人不再为失去它们而伤心。也正是如此，艾坦永远活在我的记忆中，是我一生的痛，更是我工作的助推器。

一、艾坦是贫苦童年的点缀

夹杂着秋日枯萎的野草味道，还有雨味、雪味、牛味、马味、羊味以及高山草原的味道，都随着被寒风打开的帐篷冲进来。我打了个寒噤，将被褥裹得更紧。这时从暖和的被窝起来，和让人在冬季跳进冰水里没有什么区别，可是比起丢掉性命，受点寒冷之苦也是值得的。

走出帐篷，大山改变了昨日灿烂、暖洋洋、金黄色的面孔，好像在说，赶快离开这里，烦死了，你们踩踏我的皮肤太长时间，使我遍体鳞伤，再不走我将要把你们埋葬在这里。恭敬不如从命，放弃了刷牙、洗脸、吃饭——在这样冰冷没有热水的天气里，人最不愿干的也是这些。我们以最快的速度行动起来，谁也不敢怠慢大自然的启示，不然我们将变成被营救的对象。

我们将帐篷、各自的行李、生活用品、其他工作用家当，和一家搭便车搬家的牧民毡房，还有几只体弱的羊扔上解放牌大卡车的车厢，爬上高出车厢一米多高的行李堆上。

狭窄、崎岖的山间土路这时变得泥泞、湿滑、颠簸，卡车跟打鼾的中年汉子一样，发着此起彼伏、忽高忽低的马达声，冒着热气沿着盘山公路朝着山下行进。我们伴随着车身发出的各种声音，和大风中的杨树一样左右摇晃。

我将头缩进大衣里，抽着辛辣的莫合烟，接过了不知谁递过来的酒瓶，喝了一口同事们自己用酒精加葡萄糖水勾兑的酒（后来发现二锅头的味道和这酒差不多，喝下去从喉咙烧到胃，再从鼻孔钻出来，让你浑身打个冷颤），擦净了不知怎么掉下来的泪水，车厢摇篮似的，使我昏昏欲睡，我扣紧了帽子，闭上了眼睛。

到达目的地，几个伙伴正给心爱的艾坦整理皮毛时，父亲领着一群穿着白大褂的人来到我家门前，说：孩子，把马牵过来拴好，让自治区来的专家们给你的马检测一下身体。穿着白大褂人群中的一位说：你把马绑好，我们给它的眼睛滴几滴药水。看到这么多的人围过来，艾坦开始焦躁不安，四个蹄子不断跳动，喉咙不断嘶鸣，显然是在害怕和表示强烈不满，但大人们还是想办法抓住了它的耳朵让它安静下来，将几滴药水滴入它的眼睑。刚才说话的那个人说：好了孩子，我们下午会来看看有没有变化。

假期我们除了玩耍外，主要的生活内容就是放牧打草，我也没有把刚才的事放在心上，骑上艾坦赶着几家合群的牛羊和伙伴们到秋收后的田间地头放牧。马、牛、羊在尽情享受着大自然的恩赐，而我们也不会闲着。这个时候是土豆成熟的季节，我们也在绞尽脑汁，使偷挖来的土豆变成最有口感的美食。我们和所有生活在80年代的农村孩子一样，闲着的时候成群结队地到处晃悠，想尽办法使漫长的假期过得充实而不无聊，在玩完该玩的所有游戏后，就得解决肚子的问题。只要能吃，从蔬菜到水果无不是我们猎取的对象，自己家的也不会放过，为此经常受到父母的教训。

二、艾坦被扑杀了

下午太阳快落山了，我们开始相互拍打着彼此身上的尘土，往家里走去。那时还没有会洗衣服的机器，妈妈常说要爱惜她的劳动，可怜可怜她的手，但这些话对我们这些上蹿下跳的孩子来说没有多大意义。农村除了庄稼、家畜、野草就是土，没有水泥，没有沥青，连家里的地面，都是可怜的母亲在土里面掺点牛粪和成稀泥，用手细心抹出来的。我们没有办法离开土，所以农村人就是一身土气。

"艾来提，快来看艾坦的眼睛，它在流脓。"一个伙伴喊道。"你说什么，你抓住它，让我看看。"我说着跑过去，看到艾坦早晨被白大褂们滴药水的眼睛，变得红肿，眼角还有许多的脓水。我说：那些人扎坏了艾坦的眼睛，我要找他们去，你们帮我把牛羊赶回家。随后跳上艾坦的背，让它快速奔跑起来，心想我得让他们治好马的眼睛。

在牧场兽医站找到了那些人，父亲也在。一跳下马，我开口就说：你们扎坏了马的眼睛，不治好不能离开。我的语气很强硬。一个老一点的白大褂：你让我们等得好苦，你不应该把马骑走。那些白大褂们都围过来，仔细看了艾坦的眼睛。那个老头对父亲说：不是我们扎坏了马的眼睛，而是这马有病，我给你说过，这病会传染给人的，而且很不好治，到现在没有一匹得这病的马被治好，为了保险起见，我们下周再给它做一次检查……

身为兽医的父亲可能也知道事情的严重性，说从今天起再不要靠近这匹马了，让我将它单独拴起来，等待下周的结果。等待结果是个艰难的过程，让人焦虑，度日如年。另外，我增加了一份工作，就是给单独隔离的艾坦打草喂水。

结果还是一样的。"你的马和另外十几匹和它一样的病马，我们必须杀了它们，不然你们这里还会有其他的马得这种病，严重时还会感染人，它们虽然现在看起来很健康，但它们都有病，就是你们这里说的坏鼻子病。如果我们现在不处理它们，过不了一两年它们的鼻子就会开始溃烂、化脓，到那时将有更多像这样的好马得此病……"。那个老头说着许多我似懂非懂的话。我的头发根根竖起，耳朵嗡嗡作响，脑袋发昏，我听不进别的话了，只有一个想法要救我的艾坦。可我不明白，这马活蹦乱跳，怎么可能有病？说着我就去抢父亲手中的缰绳，想骑上艾坦赶快逃离。父亲高举缰绳，一把甩开我厉声说：给我安静，你忘记了艾坦妈妈怎么死的？

我开始嚎哭不止，被母亲强行拉回屋里。我记得当我犯错误父亲用树枝抽我时，也没有哭得这样伤心。每当眼前出现艾坦倒下的幻影时，我的哭声还会大作，爬上一个新的高度，可谓是一把鼻涕一把泪。哭了一夜，天快亮时才睡着，并做了个梦，看到艾坦在野花绚烂的草场向着它母亲跑去。

一个大土包，周围拉着绳子，上面撒着一层石灰，伙伴们告诉我，大人们在这里杀了包括艾坦在内的十几匹马。我用袖口擦着不断涌出的泪水，跪倒那里又放声大哭了一把。在以后的几天里，泪水始终伴随着我，每日都到土堆那里转几圈，对艾坦伴随我成长的回忆，使我每夜翻来覆去无法入睡。最后我知道了长大我该干什么，并下了决心，成为一名技术老道的兽医，治好所有生病的牲畜，不让其他伙伴和我一样难受、痛苦。

三、艾坦激励我走上了兽医之路

一日吃中午饭时，我宣布了我的想法，父亲说：想法很好，只是现在要照顾好弟妹，干好家里的活，在学校好好学习，只要你们能上大学，我哪怕卖掉衣服，也会让你们上学的。另外，要振作起来孩子，我再给你找一个漂亮的马驹。我说：不要了，我要进城读书。

"咣啷"一声巨响，我被惊醒，发现自己被抛向空中，随后是自由落体，我本能地喊了一声：妈呀，接着是头部的剧烈疼痛，有一股热乎乎的液体流入我的眼睛，我失去了知觉。当我再次睁开眼睛时，看到泪花闪动的老站长，在擦去眼角泪水的同时说：孩子，你吓死我了，你在想什么，怎么会被抛下汽车，万一出事我怎么给你家人交代。他又劝我：不要这么难过，孩子。像是看透我心思的站长接着说：如果你想成为优秀的兽医，如果不想让更多的艾坦被杀死，你就得在基层好好锻炼。你父亲给我说过你的事，既然你有这个志向，这才刚开始，我们有许多问题需要你来解决，我们搞小畜配种，打疫苗，药浴，等等，都是很苦的工作，你要有思想准备，要能和牧民同吃同住……我的头被女人用的头巾紧紧包着，脸上有几道伤口，整个身子一阵阵酸痛。

四、为了艾坦我不敢不努力

我没有忘记自己的誓言，最后确实考上了大学，学习兽医学。大城市的繁华和内容繁多的大学生活，图书馆包罗万象的书籍，使我眼花缭乱，同时也知道了世上除牛羊还有许多东西。大学毕业我被分配到一个乡兽医站，和十几个比自己大十多岁的兽医工作，老兽医们穿着破旧的衣裳，浑身的烟味，说着低俗笑话，好像让我看到了我的未来。我打不起精神。

当一头卧地两天不起的奶牛被宰杀，看到老站长转过失望的眼神扭头而去时，当可怜的农民的期待落空时，当人们开始放弃对我这个大学生的期望时，我感到自责，感到羞愧。回到家里，我从床底下找出了久违的专业书籍。

当我给骚动不安的马扎了几针不见血，回单位找人帮忙时，我感到脸在发烧。在老站长手把手的指导下，按着我的处方、方法治疗，终于使它安静下来。当一个农民找我给牛治病，针刚打完，卧着的牛就跳了起来，激动的农民握着我的手连声道谢。我提着农民送的一壶牛奶，往家里走，准备让妈妈高兴。从头到脚散发着阵阵牛粪味的我，骑着自行车，背着药箱，显然是一个地道的乡村兽医，追着被晚霞拉长的影子走过炊烟缭绕的乡间小路回家时，我感到我的希望和喜悦在这里，我属于这里。

以后的日子里我也穿着白大褂，在天山南北的农村牧场给马的眼睛滴药水，同时知道了十几年前那些到我家给艾坦滴药水的专家，分别是穆拉提江、艾再孜、热依木江、闫守敦、张树春、张春生、张延生、姚景良、赛米、热合木、巴图士、阿德里汗、努尔丹、木民，还有许多我记不起名字的人们。他们当中有些人已去世，有的还健在，是他们40年的艰苦工作，才使得新疆消灭了使艾坦等死亡的马属动物传染病马鼻疽。如果艾坦活在当下就好了。现在，我们继承前辈们的志愿，我们的任务是防患这种病的再次出现 . 再后来的日子，我来到了中国动物疫病预防控制中心兽医公共卫生处学习，认识了这里的很多专家，他们用最新的技术，从各个方面指导我们的工作，使我对工作有了更多的责任感和自豪感。我知道，还有许许多多我不认识的人们，都和我一样，在为防控动物传染病默默地努力着。

我见证了：中国消灭马鼻疽

中国动物疫病预防控制中心工作　苏增华

我出生于河北廊坊的一个农民家庭，童年时代是伴随马长大的。我小时候在生产队放过牛，也放过马，有一件事让我印象非常深刻：有一天看到几匹马一侧鼻腔流出大量脓性鼻液，下巴高度肿胀。听生产队的饲养员和兽医说，马得病了，病名叫马鼻疽，为了防止传染，要把病马和同群马全部杀掉，我听了心里很不是滋味。这种滋味一直啮咬着我的心，一直到 1976 年，我终于带着能治好"病马"的梦想，幸运地考入了中国农业大学（当时称华北农业大学）兽医系兽医专业学习。进了大学才知道，"马鼻疽"是严重危害养马业和人身健康的动物疫病。

1979 年 6 月中国农业大学兽医专业毕业后，我于当年 7 月分配到中华人民共和国农林部畜牧总局兽医处工作。刚到处工作不久，正赶上处内研究如何防控马鼻疽，处理马鼻疽疫情，那时情况十分紧急，我和我的同事常常一天工作起来 10 个小时甚至更长时间。1982 年全国畜牧兽医总站成立，我调到全国畜牧兽医总站防疫处工作。这期间，处内同志及科研单位专家一起到马鼻疽重疫区处置疫情，研究控制、稳定控制和消灭马鼻疽工作的计划、规划、标准和办法，开展马鼻疽考核验收工作。工作特别紧张，有时候大家到了废寝忘食的地步。2006 年中国动物疫病预防控制中心成立，我被安排到中国动物疫病预防控制中心兽医公共卫生处工作，主要工作是负责全国马鼻疽监测工作，直至 2015 年 7 月退休。

我从事兽医工作达 36 年，见证了我国马鼻疽流行、控制和消灭的全过程。

一、法规建设和防控技术普及在防控和消灭马鼻疽工作中发挥了重要作用

20 世纪六七十年代，马鼻疽曾在我国大部分地区发生和流行，给我国养马业带来严重影响和巨大损失。为此，"八五"至"十五"期间，农业部将控制和扑灭马鼻疽疫情视成当务之急，把消灭马鼻疽工作当做一件重点工作来抓，"十一五"至"十二五"期间，继续巩固消灭马鼻疽成果。

1992 年以来，下发了农业部"关于《马鼻疽防制效果考核标准及验收办法》（农（牧）函字〔1992〕第 46 号文件）的通知"，并按通知精神，针对各时期的工作重点和要求，把消灭马鼻疽工作摆在重要位置。

2008 年上旬草拟了《消灭马鼻疽效果监测方案》，重点对北京等 21 个马鼻疽原疫区省（区、市）消灭马鼻疽效果进行监测。原计划检测 33 300 匹马属动物，实际检测了 37 560 匹，检测结果全部为阴性。

2009 年下旬，为参照国际动物卫生组织规定的无马鼻疽国家标准，证明我国所有省份已达到国际消灭马鼻疽标准，召开了消灭马鼻疽座谈会，完成《全国消灭马鼻疽情况的总结

报告》。

2012 年，国家制定了《国家中长期动物疫病防治规划（2012—2020 年）》，进一步推动了消灭马鼻疽工作。

法律法规的完善为我国消灭马鼻疽提供了法律保障。

二、全力推进全国消灭马鼻疽考核验收工作

从 1993 年到 2005 年，我在全国畜牧兽医总站工作期间，参与了全国消灭马鼻疽考核验收工作。根据农业部有关文件要求和工作安排，全国畜牧兽医总站组织农业部消灭马鼻疽考核验收组，重点实施 21 个马鼻疽原疫区省（市、区）的消灭马鼻疽考核验收工作。先后组织农业部消灭马鼻疽考核组成员 55 人次，抽查了 21 个马鼻疽原疫区省的 34 个县，现场鼻疽菌素点眼马属动物 3 691 匹（头），经 3、6、9、24 小时观察，结果全部为阴性。

现场对 21 个马鼻疽原疫区省、市、县及抽查的 34 个县的所有马鼻疽材料进行了全面审核，认为资料齐全，数据翔实、可靠，通过验收。被考核省的马鼻疽资料已全部存入农业部档案处和全国畜牧兽医总站档案处。

最值得回忆的是，2004 年 8 月对西藏自治区的马鼻疽验收。由于西藏是我国的五大牧区之一，自然环境与内地不同。考核验收组成员对日喀则地区的仲巴县和阿里地区的普兰县，进行了现场马属动物鼻疽菌素点眼试验。对日喀则地区仲巴县的帕羊乡岗曲村、拉让乡唐西村和珠珠村的 119 匹马属动物，进行了现场鼻疽菌素点眼试验，经 3、6、9、24 小时观察，结果全部为阴性。当年的 8 月份，内地正是伏天的时候，而日喀则地区的仲巴县和阿里地区的普兰县，在喜马拉雅山海拔 5 000 多米的地方，昼夜气温变化无常，有时白天 20 度左右，有时零上几度，晚间更难以忍受。加之在极度缺氧发生高原反应的情况下，工作是何等艰苦，去过西藏的人最清楚不过。我作为考核组组长，知道自己肩上的担子重要。在克服自己极度缺氧的同时，时时刻刻耐心地鼓励大家，战胜眼前的重重困难。白天在当地马场实施鼻疽菌素点眼，寒冷将手冻僵，心跳加快，头痛缺氧，晚间睡不着觉，对每一个考核组成员来说都是严重的考验。尽管环境这样艰苦，大家还是恪尽职守，兢兢业业，经过 14 天的拼搏，终于完成了消灭马鼻疽考核验收任务，安全地回到了拉萨，回到了北京。

三、认真开展调查监测工作是巩固消灭马鼻疽的前提

巩固防控马鼻疽工作必须做到情况摸底，否则调研的数据不真实，会影响工作成效。只有做到底数清楚，才能有的放矢地开展工作；只有经常深入一线，掌握的数据才可靠。

据不完全统计，从 1997 年起，到 2015 年止，农业部组织相关省兽医专家 68 人（次），先后对 21 个马鼻疽原疫区省进行马鼻疽抽查和调研，累计共抽查 40 个省（次）68 个县（次），现场抽查马属动物近 51 560 匹次。监测结果：临床未发现马鼻疽病畜，鼻疽菌素点眼未检出阳性马属动物。在宁夏采样调研工作的时候，我突然接到家人打来电话，说父亲在老家廊坊突然病危去世，此时的我考虑到工作正在进行中，强忍悲痛在电话里告诉家人，让家人先处理好丧事，等工作完成后再回老家奔丧。这样，我在完成陕西省马鼻疽调研之后，才回到老家廊坊，在父亲坟前痛苦了一场。

在防控马鼻疽的工作中，我见证了防疫人员非常认真的工作态度，他们的精神感染了

我，使我在动物防疫工作中严格要求自己。有时候为了完成马鼻疽消灭工作的计划、规划、实施方案的草拟和制定，我经常利用周六周日时间到办公室加班，和同志们一起废寝忘食的工作。

消灭马鼻疽是我国消灭的第一种人畜共患病，实属不易，消灭了马鼻疽这个结果是经过几代人的辛勤劳动和潜心努力换来的。尽管马鼻疽作为人畜共患传染病，对人畜的危害性极强，但防疫人员始终把马鼻疽疫区的人民时刻放在心里，把自己的安危置之度外。马鼻疽消灭是所有兽医从业人员——这里面当然包括我，是我们一生最高兴的事情。

附　件

附件一　马鼻疽诊断技术及判定标准

1　总则

1.1　为统一马鼻疽（以下简称鼻疽）检疫诊断技术及判定标准，并提高鼻疽诊断技术及判定标准的准确性，特制定鼻疽诊断技术及判定标准（以下简称本标准）。

1.2　对马、驴、骡进行鼻疽检疫时，统一按本标准规定办理。

1.3　本标准以鼻疽菌素点眼反应为主，必要时进行补体结合反应、鼻疽菌素皮下注射反应或眼睑皮内注射反应。

1.4　凡鼻疽临床症状显著的马、骡、驴，确认为开放性鼻疽的，可以不进行检疫。

1.5　各种检疫记录表（见 7 附表），须保存 2 年以上。

2　鼻疽菌素点眼操作方法

2.1　器材药品：

2.1.1　鼻疽菌素、硼酸、来苏尔、脱脂棉、纱布、酒精、碘酒、记录表。

2.1.2　点眼器、唇（耳）夹子、煮沸消毒器、镊子、消毒盘、工作服、口罩、线手套。

注意：在所盛鼻疽菌素用完或在点眼过程中被污染（接触结膜异物）的点眼器，必须消毒后再使用。

2.2　点眼前必须两眼对照，详细检查眼结膜和单、双瞎等情况，并记录。眼结膜正常者可进行点眼，点眼后检查颌下淋巴结，体表状况及有无鼻漏等。

2.3　规定间隔 5~6 日做两回点眼为一次检疫，每回点眼用鼻疽菌素原液 3~4 滴（0.2~0.3mL）。两回点眼必须点于同一眼中，一般应点于左眼，左眼生病可点于右眼，并在记录中说明。

2.4　点眼应在早晨进行，最后第 9 小时的判定须在白天进行。

2.5　点眼前助手固定马匹，术者左手用食指插入上眼睑窝内使瞬膜露出，用拇指拨开下眼睑构成凹兜，右手持点眼器保持水平方向，手掌下缘支撑额骨眶部，点眼器尖端距凹兜约 1cm，拇指按胶皮乳头滴入鼻疽菌素 3~4 滴。

2.6 点眼后注意系拴，防止风沙侵入、阳光直射眼睛及动物自行磨擦眼部。

2.7 判定反应。在点眼后 3、6、9 小时，检查 3 次，尽可能于注射 24 小时后再检查一次。判定时先由马头正面两眼对照观察，在第 6 小时要翻眼检查，其余观察必要时须翻眼。细查结膜状况，有无眼眦，并按判定符号记录结果。

2.8 每次检查点眼反应时均应记录判定结果。最后判定以连续两回点眼之中最高一回反应为准。

2.9 鼻疽菌素点眼反应判定标准。

2.9.1 阴性反应：点眼后无反应或结膜轻微充血及流泪，为阴性，记录为 "–"。

2.9.2 疑似反应：结膜潮红，轻微肿胀，有灰白色浆液性及黏液性（非脓性）分泌物（眼眦）的，为疑似阳性，记录为 "±"。

2.9.3 阳性反应：结膜发炎，肿胀明显，有数量不等脓性分泌物（眼眦）的为阳性，记录为 "+"。

3 鼻疽菌素皮下注射（热反应操作方法）

3.1 药品器材：

3.1.1 鼻疽菌素原液、来苏尔、酒精、碘酒、脱脂棉、纱布、记录表。

3.1.2 工作服、口罩、线手套、毛刷、毛剪、耳夹子、注射器、针头、体温计、煮沸消毒器、消毒盘、镊子。

3.2 皮下注射前一日做一般临床检查，早午晚分别测量并记录体温，体温正常的方可做皮下注射。

3.3 皮下注射前所测 3 次体温，其中如有一次超过 39℃，或 3 次体温平均数超过 38.5℃，或在前一次皮下注射后，尚未经过一个半月以上的，均不得做皮下注射。

3.4 注射部位通常在左颈侧或胸部肩胛前，术部剪毛消毒后注射鼻疽菌素原液 1mL。

3.5 牲畜在注射后 24 小时内不得使役，不得饮冷水。

3.6 注射通常在零点进行。注射后 6 小时起测温，每隔 2 小时测一次（即注射后 6、8、10、12、14、16、18、20、22、24 小时），连续测温 10 次后，再于 36 小时测温一次，详细记录并画出体温曲线，同时记录局部肿胀程度，以备判定。局部肿胀以手掌大（横径 10cm）为明显反应。

3.7 皮下注射鼻疽菌素的马、驴、骡可发生体温反应及局部或全身反应。

3.7.1 体温反应：鼻疽病畜一般在皮下注射鼻疽菌素后 6~8 小时体温开始上升，12~16 小时体温上升到最高，此后逐渐降低。有的在注射 30~36 小时后，体温再度轻微上升。

3.7.2 局部反应：注射部位发热、肿胀、疼痛，以注射后 24~36 小时最为显著，直径可达 10~20cm，并逐渐消散，有时肿胀可存在 2~3 天。

3.7.3 全身反应：注射后精神不振，食欲减少，呼吸短促，脉搏加快，步态跟跄，战栗，大小便次数增加，颌下淋巴结肿大。

3.8 鼻疽菌素皮下注射（热反应）判定标准如下。

3.8.1 阴性反应：体温升至39℃以下并无局部或全身反应。

3.8.2 疑似反应：体温升至39℃（不超过39.6℃），有轻微全身反应及局部反应者，或体温升至40℃以上稽留并无局部反应时，也可认为疑似反应。

3.8.3 阳性反应：体温升至40℃以上稽留及有轻微局部反应，或体温在39℃以上稽留并有显著的局部反应（肿胀横径10cm以上）或有全身反应。

4 鼻疽菌素眼睑皮内注射操作方法

4.1 药品及器材：

4.1.1 鼻疽菌素（用前随时稀释，鼻疽菌素1份用0.5%石炭酸生理盐水3份充分混匀）。

4.1.2 1~2mL注射器、针头（用前煮沸消毒）、消毒盘、煮沸消毒器、镊子、耳夹子、工作服、口罩、线手套。

4.1.3 酒精、碘酒、硼酸、来苏尔、纱布、脱脂棉、记录表。

4.2 注射前检查结膜及眼睛是否单、双瞎等情况。注射后检查颌下淋巴结及有无鼻漏，并详细记录检查情况。

4.3 注射部位通常在左下眼睑边缘1~2cm内侧眼角1/3处皮肤实质内，注射前用硼酸棉消毒注射部位。

4.4 注射前助手保定马匹，术者用食指、拇指捏住下眼睑，右手持注射器，手掌（小指外缘）支撑头部对左手捏起的眼睑皱襞术部斜向刺入下眼睑皮内，注入0.1mL鼻疽菌素。食指感觉注射液推进迟滞，局部呈现小包，即为药液已进入皮内。

4.5 注射一般在早晨。注射后第24、36、48小时分别进行检查，并详细记录结果。

4.6 鼻疽菌素眼睑皮内注射反应判定标准。

4.6.1 阴性反应：无反应或下眼睑有极轻微肿胀、流泪的，为阴性反应，记录为"－"。

4.6.2 疑似反应：下眼睑稍肿胀，有轻微疼痛及发热，结膜潮红，无分泌物或仅有浆黏液性分泌物的，为疑似阳性，记录为"±"。

4.6.3 阳性反应：下眼睑肿胀明显，有显著的疼痛及灼热，结膜发炎畏光，有脓性分泌物的，为阳性，记录为"＋"。

5 开放性鼻疽临床诊断鉴别要领

5.1 将病畜保定，术者和助手穿工作服（避免白色），戴胶皮手套、口罩、风镜及保护面具。先用3%来苏尔水，洗净病畜鼻孔内外后，在病畜前侧面适当位置，术者用手打开鼻孔，助手用反射镜或手电筒照射鼻腔深部，仔细检查黏膜上有无鼻疽特有结节溃疡及星芒状瘢痕及其他异状。检查完毕将服装、器材分别进行消毒（用3%来苏尔水浸1小时或煮沸10分钟），避免交叉传染。

5.2 鼻腔鼻疽临床症状如下。

5.2.1 鼻汁：初在鼻孔一侧（有时两侧）流出浆液性或黏液性鼻汁，逐渐变为不洁灰黄色脓性鼻汁，内混有凝固蛋白样物质，有时混有血丝并带有臭味，呼吸带哮鸣音。

5.2.2 鼻黏膜发生结节及溃疡：在流鼻汁同时或稍迟，鼻腔黏膜尤其是鼻中隔黏膜上出现新旧大小不同、灰白色或黄白色的鼻疽结节，结节破溃构成大小不等、深浅不一、边缘隆起的溃疡（结节与溃疡多发生于鼻腔深部黏膜上），已愈者呈扁平如星芒状、冰花状的瘢痕。

5.2.3 颌下淋巴结肿大：急性或慢性鼻疽的经过期颌下淋巴结肿胀，初有痛觉，时间长久则变硬、触摸无痛感，附着于下颌骨内面不动，有时也呈活动性。

5.3 皮肤鼻疽临床症状如下。

皮肤鼻疽多发于四肢、胸侧及下腹部，在皮肤或皮下组织发生黄豆大小或胡桃、鸡蛋大结节，不久破裂流出黏稠、灰黄或红色脓汁（有时带血），形成浅圆形溃疡或向外穿孔呈喷火状溃疡。结节和溃疡附近淋巴结肿大，附近淋巴管粗硬呈念珠状水肿，肿胀周围呈水肿浸润，皮肤肥厚，有时呈蜂窝织炎，象皮腿，公畜并发睾丸炎。

5.4 开放性鼻疽判定标准。

5.4.1 凡有 5.2.1、5.2.2、5.2.3 病变的，均为开放性鼻疽。

5.4.2 凡有第 5.2.1 病状而无 5.2.2、5.2.3 病状的或有 5.2.1、5.2.3 项病状而无 5.2.2 病状的，可用鼻疽菌素点眼，呈阳性反应的为开放性鼻疽。

5.4.3 凡有 5.3 症状的，即为开放性鼻疽。

5.5 不具备 5.4 项症状，并有可疑鼻疽临床症状的，判定为可疑开放性鼻疽。

6 鼻疽补体结合反应试验操作办法

6.1 采取被检血清

6.1.1 药品器材：

6.1.1.1 来苏尔、石炭酸、酒精、碘酒、纱布、脱脂棉。

6.1.1.2 灭菌试管、试管架、试管签、送血箱、煮沸消毒器、消毒盘、镊子、毛刷、毛剪、采血针（带胶管，每针采一次后必须清洗煮沸消毒后，再行使用）。

6.1.2 在被检牲畜颈前 1/3 处静脉沟部位剪毛消毒，将灭菌采血针刺入颈静脉，使血液沿管壁流入试管内，防止血液滴入产生泡沫，引起溶血现象。

6.1.3 采出的血液，冬季应放置室内防止血清冻结，夏季应放置阴凉之处并迅速送往试验室。如在 3 昼夜内不能送到，应先将血清倒入另一灭菌试管内，按比例每 1mL 血清加入 1~2 滴 5% 石炭酸生理盐水溶液，以防腐败。运送时使试管保持直立状态，避免振动。

6.2 预备试验（溶血素、补体、抗原等效价测定）

6.2.1 准备下列材料

6.2.1.1 标准血清：鼻疽阴、阳性马血清。

6.2.1.2 鼻疽抗原。

6.2.1.3 溶血素。

6.2.1.4 补体：采取健康豚鼠血清。采血前饥饿 7~8 小时，于使用前一日晚由心脏采血，如检查材料甚多，需大量补体时，亦可由颈动脉放血，放于培养皿或试管中，待血液凝固后再轻轻划破或剥离血块后移于冰箱，次日清晨分离血清。如当日采血，可直接盛于离心管中，置恒温箱 20 分钟，将血块搅拌后，在离心器中分出血清亦可。每次补体应由 3~4 个以上豚鼠血清混合。

6.2.1.5 绵羊红细胞：绵羊颈静脉采血，脱纤防止血液凝固，并离心 3 次，以清洗红细胞。第一次每分钟 1 500~2 000 转离心 15 分钟，吸出上清液加入细胞量 3~4 倍的生理盐水轻轻混合后做第二次离心，方法同前。使用前将洗涤后的细胞做成 2.5% 细胞液（即 1∶40 倍溶液）。稀释后的红细胞最多保存一天，但离心后的红细胞在冰箱中可保存 3~4 日。

6.2.1.6　生理盐水：1 000mL 蒸馏水中加入 8.5g 氯化钠，灭菌后使用。

6.2.2　溶血素效价测定，每一月左右测价一次，按下列方法进行（参照表一）。

6.2.2.1　将稀释成 1∶（100~5 000）不同倍数的溶血素血清各 0.5mL 分别置于试管中。

6.2.2.2　将 1∶20 倍补体及 1∶40 绵羊红细胞各 0.5mL 分别加入上述试管中。

6.2.2.3　另外制作缺少补体、缺少溶血素的对照管，并补充等量生理盐水。

6.2.2.4　每管分别添加生理盐水 1mL，置于 37~38℃ 水浴箱中 15 分钟。

6.2.2.5　观察结果：能完全溶血的最少量溶血素，即为溶血素的效价，也称为 1 单位（对照管均不应溶血），当补体滴定和正式试验时，则应用 2 单位（或称为工作量）即减少 1 倍稀释。

表一

溶血素稀释	1∶100	1∶500	1∶1000	1∶1500	1∶2000	1∶2500	1∶3000	1∶3500	1∶4000	1∶5000	对 照		
溶血素	0.5	0.5	0.5	0.5	0.5	0.5	0.5	0.5	0.5	0.5	−	0.5	−
1∶20 补体	0.5	0.5	0.5	0.5	0.5	0.5	0.5	0.5	0.5	0.5	0.5	−	−
2.5% 红细胞	0.5	0.5	0.5	0.5	0.5	0.5	0.5	0.5	0.5	0.5	0.5	0.5	0.5
生理盐水	1.0	1.0	1.0	1.0	1.0	1.0	1.0	1.0	1.0	1.0	1.5	1.5	2.0

6.2.3　补体效价测定

每次进行补体结合反应试验，应于当日测定补体效价。先用生理盐水，将补体做 1∶20 稀释，然后按表二进行操作。

表二　　　　　　　　　　　　补体效价测定　　　　　　　　　　　　单位：mL

成分 \ 管号	1	2	3	4	5	6	7	8	9	10	对照管 11	12	13
20 倍补体	0.1	0.13	0.16	0.19	0.22	0.25	0.28	0.31	0.34	0.37	0.5		
生理盐水	0.4	0.37	0.34	0.31	0.28	0.25	0.22	0.19	0.16	0.13	1.5		
抗原（工作量，不加抗原管加生理盐水）	0.5	0.5	0.5	0.5	0.5	0.5	0.5	0.5	0.5	0.5	1.5		
10 倍稀释阳性血清或 10 倍稀释阴性血清	0.5	0.5	0.5	0.5	0.5	0.5	0.5	0.5	0.5	0.5	2.0		

振荡均匀后置 37~38℃水浴 20 分钟

二单位溶血素	0.5	0.5	0.5	0.5	0.5	0.5	0.5	0.5	0.5	0.5	/	0.5	
2.5% 红细胞悬液	0.5	0.5	0.5	0.5	0.5	0.5	0.5	0.5	0.5	0.5	0.5	0.5	0.5
阳性血清加抗原	#	#	#	#	#	#	#	#	#	+++	#		
阳性血清未加抗原	#	#	#	+++	+	+	—	—	—	—	#		
阴性血清加抗原	#	#	#	+++	++	+	—	—	—	—	#		
阴性血清未加抗原	#	#	#	+++	++	+	—	—	—	—			

补体效价：是指在 2 单位溶血素存在的情况下，阳性血清加抗原的试管完全不溶血，而在阳性血清未加抗原及阴性血清不论有无抗原的试管发生完全溶血所需最少补体量，就是所测得补体效价。如表二中第 7 管 20× 稀释的补体 0.28mL 即为工作量补体，按下列计算，原补体在使用时应稀释的倍数：

$$\frac{\text{补体稀释倍数}}{\text{测得效价}} \times \text{使用时每管加入量} = \text{原补体稀释倍数}$$

上列按公式计算为：20/0.28×0.5=35.7

即此批补体应作 1：35.7 倍稀释，每管加 0.5mL 为一个补体单位。考虑到补体性质极不稳定，在操作过程中效价会降低，故使用浓度比原效价高 10% 左右。因此，本批补体应作 1：35 稀释使用，每管加 0.5mL。

6.2.4　抗原效价，最少每半年滴定一次，具体操作方法如下（参照表三）：

6.2.4.1　将抗原原液稀释为 1：10 至 1：500，各以 0.5mL 置于试管中，共作成 12 列。

6.2.4.2　在第 1 列不同浓度的抗原稀释液中，加入 1：10 的阴性马血清 0.5mL；在第 2 列不同浓度的抗原稀释液中，加入生理盐水 0.5mL；在第 3 列到第 7 列不同浓度的抗原稀释液中，分别加入 1：10、1：25、1：50、1：75 及 1：100 的强阳性马血清 0.5mL。

表三　　　　　　　　　　　　　　　　　　　　　　　　　　　　　　　　　单位：mL

抗原稀释	1：10	1：50	1：75	1：100	1：150	1：200	1：300	1：400	1：500
抗原	0.5	0.5	0.5	0.5	0.5	0.5	0.5	0.5	0.5
阴（阳性）血清	0.5	0.5	0.5	0.5	0.5	0.5	0.5	0.5	0.5
补体（工作量）	0.5	0.5	0.5	0.5	0.5	0.5	0.5	0.5	0.5

37~38℃水浴箱中 20 分钟　　　　　　　　　　　　　　　　　　　　　　　单位：mL

2.5% 红细胞	0.5	0.5	0.5	0.5	0.5	0.5	0.5	0.5	0.5
溶血素（工作量）	0.5	0.5	0.5	0.5	0.5	0.5	0.5	0.5	0.5

6.2.4.3　于前述各不同行列试管中，各加入补体（工作量）0.5mL。

6.2.4.4　置 37~38℃水浴箱中 20 分钟。

6.2.4.5　加温后，各溶液中再加入 0.5mL 的 2.5% 红细胞及 2 单位溶血素后，再置 37~38℃水浴箱中 20 分钟。

6.2.4.6　选择在不同程度的阳性血清中，产生最明显的抑制溶血现象的，在阴性血清及无血清之抗原对照中则产生完全溶血现象的抗原最大稀释量为抗原的工作量。

抗原效价测定结果观察举例

抗原稀释		1：10	1：50	1：70	1：100	1：150	1：200	1：300	1：400	1：500
血	1：10	#	#	#	#	#	#	+++	+++	++
清	1：25	#	#	#	#	#	#	+++	++	+
稀	1：50	+++	#	#	#	#	+++	++	+	−
释	1：75	+++	++	+++	+++	+++	++	+	−	−
	1：100	++	++	+++	+++	+++	+	−	−	−

根据以上举例的结果，抗原的效价为 1：150 的稀释量。

6.3 正式试验

6.3.1 在 6.2.1 至 6.2.4 的预备试验基础上，进行正式试验（参照表四）

6.3.1.1 排列试管加入 1：10 稀释被检血清，总量为 0.5mL，此管准备加抗原。另一管总量为 1mL，不加抗原作为对照。

6.3.1.2 马血清在 58~59℃加温 30 分钟，骡、驴血清在 63~64℃加温 30 分钟。

6.3.1.3 加入鼻疽抗原（工作量）0.5mL。

6.3.1.4 加入补体（工作量）0.5mL。

6.3.1.5 加温后各试管中再加入 2.5% 红细胞稀释液 0.5mL 及 2 单位溶血素 0.5mL。

6.3.1.6 再置 37~38℃水浴箱中 20 分钟。

6.3.2 为证实上述操作过程中是否正确，应同时设置对照试验。

6.3.2.1 健康马血清

6.3.2.2 阳性马血清

6.3.2.3 抗原（工作量）

6.3.2.4 溶血素（工作量）

表四

正式试验			对照					
			阴性血清		阳性血清		抗原	溶血素
生理盐水	0.45	0.9	0.45	0.9	0.45	0.9	−	1.0
被检血清	0.05	0.1	0.05	0.1	0.05	0.1	−	−

58~59（或 63~64）℃水浴箱中 30 分钟

抗原（工作量）	0.5	—	0.5	—	0.5	—	1.0	—
补体（工作量）	0.5	0.5	0.5	0.5	0.5	0.5	0.5	0.5

37~38℃水浴箱中 20 分钟

2.5% 红细胞	0.5	0.5	0.5	0.5	0.5	0.5	0.5	0.5
溶血素（工作量）	0.5	0.5	0.5	0.5	0.5	0.5	0.5	0.5

37~38℃水浴箱中 20 分钟

判定（举例）	#	–	–	–	#	–	–	–

6.3.3 加温完毕后，立即做第一次观察。阳性血清对照管须完全抑制溶血，其他对照管完全溶血，证明试验正确。静置室温 12 小时后，再做第二次观察，详细记录两次观察结果。

6.3.4 为正确判定反应结果，按下述办法制成标准比色管，以判定溶血程度（参照表五）。

6.3.4.1 置 2.5% 红细胞稀释液 0.5、0.45 → 0.05（其参数为 0.05）mL，于不同试管中，另一管不加。

6.3.4.2 选择 6.3.1 试验中完全溶血者数管混合（其参数为 0.25），按下表份量顺次加入前项各不同量的红细胞稀释液中。

6.3.4.3 再补充生理盐水（即 2.0、1.8 → 0.2mL 等），使每管之总量为 2.5mL。

表五

溶血程度（%）	0	10	20	30	40	50	60	70	80	90	100
2.5% 红细胞	0.5	0.45	0.4	0.35	0.3	0.25	0.2	0.15	0.1	0.05	0
溶血素	0	0.25	0.5	0.75	1.0	1.25	1.5	1.75	2.0	2.25	2.5
生理盐水	2.0	1.8	1.6	1.4	1.2	1.0	0.8	0.6	0.4	0.2	0
总量	2.5	2.5	2.5	2.5	2.5	2.5	2.5	2.5	2.5	2.5	2.5

6.3.5 判定标准：

6.3.5.1 阳性反应

红细胞溶血 0~10% 者为 #；

红细胞溶血 10%~40% 者为 +++；

红细胞溶血 40%~50% 者为 ++；

6.3.5.2 疑似反应

红细胞溶血 50%~70% 者为 +；

红细胞溶血 70%~90% 者为 ±；

6.3.5.3 阴性反应

红细胞溶血 90%~100% 者为 –。

附件二　1996—2000年全国消灭马鼻疽规划

马鼻疽是由鼻疽假单胞菌引起马属动物的一种慢性传染病，属人畜共患传染病。据记载，从50年代初到80年代末，河北省、山西省、内蒙古自治区、天津市、北京市、陕西省、甘肃省、宁夏回族自治区、青海省、新疆维吾尔自治区、辽宁省、吉林省、黑龙江省、山东省、江苏省、安徽省、河南省、贵州省、四川省、云南省、西藏自治区等21个省（市、区）马鼻疽程度不同地发生流行，给广大农牧民造成巨大的经济损失，严重影响了我国养马业的发展。几十年来，经各地采取严格检疫、扑杀病畜、环境消毒、限制阳性畜流动等综合性防制措施，到90年代初，鼻疽疫情明显得到控制。目前基本具备消灭马鼻疽条件。

1992年农业部颁发了《马鼻疽防制效果考核标准及验收办法》，各地据此加强了对鼻疽的检测和疫区县的考核验收工作。青海、辽宁两省已率先通过农业部考核验收，达到了消灭马鼻疽标准。为了进一步加强鼻疽疫情的监测工作，加快全国消灭马鼻疽进程，特制定本规划。

一、指导思想

"九五"期间，我国消灭马鼻疽工作的指导思想是：认真贯彻国家动物防疫法规和有关配套法规，在巩固"八五"防制成果的基础上，坚持"预防为主"方针，继续采取检疫、扑杀相结合的综合性防制措施，2000年前在全国消灭马鼻疽。

二、目标

（一）总体目标

1996—2000年，五年内全国消灭马鼻疽。

（二）具体目标

1. 1996—1998年，山西、天津、北京、陕西、甘肃、宁夏、新疆、吉林、山东、江苏、安徽、河南、四川、贵州等十四省（市、区）达到马鼻疽消灭标准。

2. 1996—1998年，河北、内蒙古、黑龙江、云南、西藏五省（区）做好检疫净化工作，1999年再监测一年，到2000年达到马鼻疽消灭标准。

三、措施

（一）技术措施

1. 对原疫区的马属动物全部采用鼻疽菌素点眼方法进行检疫。

2. 对用鼻疽菌素点眼方法检出的阳性马和确诊的病马扑杀后无害化处理。

3. 在原疫区经三年检疫的马属动物全部为阴性，即可进行考核验收。

4. 经考核验收达标的省（区、市），仍要定期进行鼻疽监测工作。

（二）行政措施

1. 各级人民政府和农牧主管部门要加强对消灭马鼻疽工作的领导，将此项工作纳入议事日程。

2. 要组织专门人员，认真检查落实本规划的执行情况。

3. 继续做好马鼻疽防制的宣传工作，普及马鼻疽防制知识，加强群众的防病意识。

附件三　2001—2005年全国马鼻疽防治规划

马鼻疽是鼻疽杆菌引起的一种主要侵害马属动物的人畜共患传染病，也是世界动物卫生组织（OIE）规定必须强制报告的疫病。几十年来，我国各级人民政府和畜牧兽医管理部门非常重视马鼻疽的防治工作，通过采取严格的检疫、扑杀、消毒等综合性防治措施，有效地控制和消灭了马鼻疽。"九五"期间，全国21个马鼻疽原疫区省（区、市），除西藏自治区外，已有20省（区、市）（即河北、山西、内蒙古、天津、北京、陕西、甘肃、宁夏、青海、新疆、辽宁、吉林、黑龙江、山东、江苏、安徽、河南、贵州、四川、云南）通过了农业部考核验收，达到了部颁马鼻疽消灭标准。

为进一步加强马鼻疽防治工作，巩固目前的防治成果，保证在2008年奥运会前消灭马鼻疽，特制定本规划。

一、指导思想

认真宣传、贯彻《中华人民共和国动物防疫法》，在巩固"九五"马鼻疽防治成果的基础上，坚持"预防为主"方针，采取以监测、扑杀为主的防治措施，确保"十五"期间在全国范围内消灭马鼻疽。

二、目标

（一）总体目标

"十五"期间全国消灭马鼻疽。

（二）具体目标

1.除西藏自治区外，原无马鼻疽疫情的10个省（区、市）和已通过考核验收达到马鼻疽消灭标准的北京、天津、河北、山西、内蒙古、辽宁、吉林、黑龙江、陕西、甘肃、宁夏、青海、新疆、山东、江苏、河南、安徽、四川、云南、贵州等20个省（区、市）继续保持无马鼻疽。

2.2003年，西藏自治区达到马鼻疽消灭标准，2004—2005年连续保持无马鼻疽。

三、措施

（一）技术措施

1.原无马鼻疽疫情和已达到马鼻疽消灭标准的省（区、市），要继续做好马鼻疽监测工作。每年监测比例为，马属动物存栏50万匹以上（包括50万匹）的抽检1%；存栏50万匹以下的抽检1.5%，按此比例抽检数不足100匹的，按100匹抽检。尚未达到消灭马鼻疽标准的省（区、市），每年对有疫情的县的全部马属动物进行检查，无疫情的县每年按存栏的2%抽检。

2.监测方法为临床检查和鼻疽菌素点眼。

3.检出的阳性马，全部扑杀并无害化处理。

4.加强检疫、严防病畜流动传播疫情。

5.各省（区、市）对所辖区域内的马属动物要严格管理，登记造册。实行分类指导，按比例抽样监测。

（二）行政措施

1.提高认识，强化防病意识，做到依法灭病。

2.各级人民政府和畜牧兽医行政管理部门要加强对马鼻疽防治工作的领导，并将该项工作纳入议事日程。

3.各地要组织专门人员，定期对本规划的落实情况进行认真检查，同时，农业部对各省（区、市）的落实情况进行抽查。

4.经费的筹集，采取以地方为主，中央适当补助的原则，各地对防治专项经费要合理安排，科学使用，并做好监督检查。

附件四 马鼻疽防治技术规范

马鼻疽（Glanders）是由假单胞菌科假单胞菌属的鼻疽假单胞菌感染引起的一种人畜共患传染病。我国将其列为二类动物疫病。

为预防、控制和消灭马鼻疽，依据《中华人民共和国动物防疫法》及有关的法律法规，特制定本规范。

1 适用范围

本规范规定了马鼻疽的诊断、疫情报告、疫情处理、防治措施、控制和消灭标准。

本规范适用于中华人民共和国境内从事马属动物的饲养、经营和马属动物产品加工、经营，以及从事动物防疫活动的单位和个人。

2 诊断

2.1 流行特点

以马属动物最易感，人和其他动物如骆驼、犬、猫等也可感染。鼻疽病马以及患鼻疽的其他动物均为本病的传染源。自然感染主要通过与病畜接触，经消化道或损伤的皮肤、黏膜及呼吸道传染。本病无季节性，多呈散发或地方性流行。在初发地区，多呈急性、暴发性流行；在常发地区多呈慢性经过。

2.2 临床特征

本病的潜伏期为 6 个月。

临床上常分为急性型和慢性型。

急性型 病初表现体温升高，呈不规则热（39~41℃）和颌下淋巴结肿大等全身性变化。肺鼻疽主要表现为干咳，肺部可出现半浊音、浊音和不同程度的呼吸困难等症状；鼻腔鼻疽可见一侧或两侧鼻孔流出浆液、黏液性脓性鼻汁，鼻腔黏膜上有小米粒至高粱米粒大的灰白色圆形结节突出黏膜表面，周围绕以红晕，结节坏死后形成溃疡，边缘不整，隆起如堤状，底面凹陷呈灰白色或黄色；皮肤鼻疽常于四肢、胸侧和腹下等处发生局限性有热有痛的炎性肿胀并形成硬固的结节。结节破溃排出脓汁，形成边缘不整、喷火口状的溃疡，底部呈油脂样，难以愈合。结节常沿淋巴管径路向附近组织蔓延，形成念珠状的索肿。后肢皮肤发生鼻疽时可见明显肿胀变粗。

慢性型 临床症状不明显，有的可见一侧或两侧鼻孔流出灰黄色脓性鼻汁，在鼻腔黏膜常见有糜烂性溃疡，有的在鼻中隔形成放射状瘢痕。

2.3 病理变化

主要为急性渗出性和增生性变化。渗出性为主的鼻疽病变见于急性鼻疽或慢性鼻疽的恶化过程中；增生性为主的鼻疽病变见于慢性鼻疽。

肺鼻疽 鼻疽结节大小如粟粒，高粱米及黄豆大，常发生在肺膜面下层，呈半球状隆起于表面，有的散布在肺深部组织，也有的密布于全肺，呈暗红色、灰白色或干酪样。

鼻腔鼻疽 鼻中隔多呈典型的溃疡变化。溃疡数量不一，散在或成群，边缘不整，中央像喷火口，底面不平呈颗粒状。鼻疽结节呈黄白色，粟粒呈小豆大小，周围有晕环绕。鼻疽瘢痕的特征是呈星芒状。

皮肤鼻疽 初期表现为沿皮肤淋巴管形成硬固的念珠状结节。多见于前驱及四肢，结节软化破溃后流出脓汁，形成溃疡，溃疡有堤状边缘和油脂样底面，底面覆有坏死性物质或呈颗粒状肉芽组织。

2.4 试验室诊断

2.4.1 变态反应诊断

变态反应诊断方法有鼻疽菌素点眼法、鼻疽菌素皮下注射法、鼻疽菌素眼睑皮内注射法，常用鼻疽菌素点眼法（见附件）。

2.4.2 鼻疽补体结合反应试验（见附件）。该方法为较常用的辅助诊断方法，用于区分鼻疽阳性马属动物的类型，可检出大多数活动性患畜。

2.5 结果判定

无临床症状慢性马鼻疽的诊断以鼻疽菌素点眼为主，血清学检查为辅；开放性鼻疽的诊断以临床检查为主，病变不典型的，则须进行鼻疽菌素点眼试验或血清学试验。

2.5.1 具有明显鼻疽临床特征的马属动物，判定为开放性鼻疽病畜。

2.5.2 鼻疽菌素点眼阳性者，判定为鼻疽阳性畜。

3 疫情报告

3.1 任何单位和个人发现疑似疫情，应当及时向当地动物防疫监督机构报告。

3.2 动物防疫监督机构接到疫情报告并确认后，按《动物疫情报告管理办法》及有关规定及时上报。

4 疫情处理

4.1 发现疑似患病马属动物后，畜主应立即隔离患病马属动物，限制其移动，并立即向当地动物防疫监督机构报告。动物防疫监督机构接到报告后，应及时派员到现场进行诊断，包括流行病学调查、临床症状检查、病理检查、采集病料、试验室诊断等，并根据诊断结果采取相应防治措施。

4.2 确诊为马鼻疽病畜后，当地县级以上人民政府畜牧兽医行政管理部门应当立即派人到现场，划定疫点、疫区、受威胁区；采集病料、调查疫源，及时报请同级人民政府对疫区实行封锁，并将疫情逐级上报国务院畜牧兽医行政管理部门。县级以上人民政府根据需要组织有关部门和单位采取隔离、扑杀、销毁、消毒等强制性控制、扑灭措施，并通报毗邻地区。

4.2.1 划定疫点、疫区、受威胁区

疫点 指患病马属动物所在的地点，一般是指患病马属动物的同群畜所在的养殖场（户）或其他有关屠宰、经营单位。

疫区 是指患病马属动物所在的自然村（屯）、饲养马属动物单位以及发病前三个月经常活动的地区或以疫点为中心，半径 3~5 公里范围内的区域。疫区划分时注意考虑当地的饲养环境和天然屏障（如河流、山脉等）。

受威胁区 是指疫区邻近的自然村（屯）、单位，或疫区外顺延 5~30 公里范围内的区域。

4.2.2 封锁

疫点（区）封锁期间，染疫和疑似染疫的马属动物及其产品不得出售、转让和调群，禁止移出疫区；繁殖马属动物要用人工授精方法进行配种；种用马属动物不得对疫区外马属动物配种；对可疑马属动物要严格隔离检疫；关闭马属动物交易市场。禁止非疫区的马属动物进入疫区，并根据扑灭疫情的需要对出入封锁区的人员、运输工具及有关物品采取消毒和其他限制性措施。

4.2.3 隔离

当发生马鼻疽时，要及时应用变态反应等方法在疫点对马属动物进行检测，根据检测结果，将马属动物群分为患病群、疑似感染群和假定健康群三类。立即扑杀患病群，隔离观察疑似感染群、假定健康群。经 6 个月观察，不再发病方可解除隔离。

4.2.4 检测

疫区内须对疑似感染马属动物和周围的马属动物隔离饲养，每隔 6 个月检测一次，受威胁区每年进行两次血清学（鼻疽菌素试验）监测，直至全部阴性为止；无疫区每年进行一次血清学检测。

4.2.5 扑杀

对临床病畜和鼻疽菌素试验阳性畜，均须在不放血条件下进行扑杀。

4.2.6 销毁处理

病畜和阳性畜及其胎儿、胎衣、排泄物等按照 GB16548《畜禽病害肉尸及其产品无害化处理规程》进行无害化处理。焚烧和掩埋的地点应选择距村镇、学校、水源、牧场、养殖场等 1 公里以外的地方，挖深坑将尸体焚烧后掩埋，掩埋土层不得低于 1.5 米。

4.2.7 消毒

对患病或疑似感染马属动物污染的场所、用具、物品等严格进行消毒；污染的垫料及粪便等采取堆积泥封发酵、高温等方法处理后方可使用。

4.2.8 封锁的解除

疫区从最后一匹病马属动物扑杀处理后，并经彻底消毒等处理后，对疫区内监测 90 天，未见新病例；且经过半年时间采用鼻疽菌素试验逐匹检查，未检出鼻疽菌素试验阳性马属动物的，并对所污染场所、设施设备和受污染的其他物品彻底消毒后，经当地动物防疫监督机构检查合格，由原发布封锁令机关解除封锁。

5 预防与控制

5.1 加强饲养管理，做好消毒等基础性防疫工作，提高马匹抗病能力。

5.2 检疫

异地调运马动物，必须来自非疫区；出售马属动物的单位和个人，应在出售前按规定报检，经当地动物防疫监督机构检疫，证明马属动物装运之日无马鼻疽症状，装运前 6 个月内原产地无马鼻疽病例，装运前 15 天经鼻疽菌素试验或鼻疽补体结合反应试验，结果为阴性，并签发产地检疫证后，方可启运。

调入的马属动物必须在当地隔离观察 30 天以上，经当地动物防疫监督机构连续两次（间隔 5~6 天）鼻疽菌素试验检查，确认健康无病，方可混群饲养。

运出县境的马属动物，运输部门要凭当地动物防疫监督机构出具的运输检疫证明承运，证明随畜同行。运输途中发生疑似马鼻疽时，畜主及承运者应及时向就近的动物防疫监督机构报告，经确诊后，动物防疫监督机构就地监督畜主实施扑杀等处理措施。

5.3 监测

稳定控制区 每年每县抽查 200 匹（不足 200 匹的全检），进行鼻疽菌素试验检查，如检出阳性反应的，则按控制区标准采取相应措施。

消灭区 每县每年鼻疽菌素试验抽查马属动物 100 匹（不足 100 匹的全检）。

6 控制和消灭标准

6.1 控制标准

6.1.1 县级控制标准

控制县（市、区、旗）应达到以下三项标准：

A、全县（市、区、旗）范围内，连续两年无马鼻疽临床病例。

B、全县（市、区、旗）范围内，连续两年检查，每年抽检 200 匹（不足 200 匹全检），经鼻疽菌素试验阳性率不高于 0.5％。

C、鼻疽菌素试验阳性马属动物全部扑杀，并做无害化处理。

6.1.2 市级控制标准

全市（地、盟、州）所有县（市、区、旗）均达到控制标准。

6.1.3 省级控制标准

全省所有市（地、盟、州）均达到控制标准。

6.1.4 全国控制标准

全国所有省（市、自治区）均达到控制标准。

6.2 消灭标准

6.2.1 县级马鼻疽消灭标准必须具备以下两项条件：

A、达到控制标准后，全县（市、区、旗）范围内连续两年无马鼻疽病例。

B、达到控制标准后，全县（市、区、旗）范围内连续两年鼻疽菌素试验检查，每年抽检 100 匹（不足 100 匹者全检），全部阴性。

6.2.2 市级马鼻疽消灭标准

全市（地、盟、州）所有县（市、区、旗）均达到消灭标准。

6.2.3 省级马鼻疽消灭标准

全省所有市（地、盟、州）均达到消灭标准。

6.2.4 全国马鼻疽消灭标准

全国所有省（市、自治区）均达到消灭标准。

附件五　中华人民共和国动物防疫法

（2007 年修订）

第一章　总　则

第一条　为了加强对动物防疫活动的管理，预防、控制和扑灭动物疫病，促进养殖业发展，保护人体健康，维护公共卫生安全，制定本法。

第二条　本法适用于在中华人民共和国领域内的动物防疫及其监督管理活动。进出境动物、动物产品的检疫，适用《中华人民共和国进出境动植物检疫法》。

第三条　本法所称动物，是指家畜家禽和人工饲养、合法捕获的其他动物。

本法所称动物产品，是指动物的肉、生皮、原毛、绒、脏器、脂、血液、精液、卵、胚胎、骨、蹄、头、角、筋以及可能传播动物疫病的奶、蛋等。

本法所称动物疫病，是指动物传染病、寄生虫病。

本法所称动物防疫，是指动物疫病的预防、控制、扑灭和动物、动物产品的检疫。

第四条　根据动物疫病对养殖业生产和人体健康的危害程度，本法规定管理的动物疫病分为下列三类：

（一）一类疫病，是指对人与动物危害严重，需要采取紧急、严厉的强制预防、控制、扑灭等措施的；

（二）二类疫病，是指可能造成重大经济损失，需要采取严格控制、扑灭等措施，防止扩散的；

（三）三类疫病，是指常见多发、可能造成重大经济损失，需要控制和净化的。

前款一、二、三类动物疫病具体病种名录由国务院兽医主管部门制定并公布。

第五条　国家对动物疫病实行预防为主的方针。

第六条　县级以上人民政府应当加强对动物防疫工作的统一领导，加强基层动物防疫队伍建设，建立健全动物防疫体系，制定并组织实施动物疫病防治规划。

乡级人民政府、城市街道办事处应当组织群众协助做好本管辖区域内的动物疫病预防与控制工作。

第七条　国务院兽医主管部门主管全国的动物防疫工作。

县级以上地方人民政府兽医主管部门主管本行政区域内的动物防疫工作。

县级以上人民政府其他部门在各自的职责范围内做好动物防疫工作。

军队和武装警察部队动物卫生监督职能部门分别负责军队和武装警察部队现役动物及饲养自用动物的防疫工作。

第八条　县级以上地方人民政府设立的动物卫生监督机构依照本法规定，负责动物、动物产品的检疫工作和其他有关动物防疫的监督管理执法工作。

第九条 县级以上人民政府按照国务院的规定，根据统筹规划、合理布局、综合设置的原则建立动物疫病预防控制机构，承担动物疫病的监测、检测、诊断、流行病学调查、疫情报告以及其他预防、控制等技术工作。

第十条 国家支持和鼓励开展动物疫病的科学研究以及国际合作与交流，推广先进适用的科学研究成果，普及动物防疫科学知识，提高动物疫病防治的科学技术水平。

第十一条 对在动物防疫工作、动物防疫科学研究中做出成绩和贡献的单位和个人，各级人民政府及有关部门给予奖励。

第二章 动物疫病的预防

第十二条 国务院兽医主管部门对动物疫病状况进行风险评估，根据评估结果制定相应的动物疫病预防、控制措施。

国务院兽医主管部门根据国内外动物疫情和保护养殖业生产及人体健康的需要，及时制定并公布动物疫病预防、控制技术规范。

第十三条 国家对严重危害养殖业生产和人体健康的动物疫病实施强制免疫。国务院兽医主管部门确定强制免疫的动物疫病病种和区域，并会同国务院有关部门制定国家动物疫病强制免疫计划。

省、自治区、直辖市人民政府兽医主管部门根据国家动物疫病强制免疫计划，制定本行政区域的强制免疫计划；并可以根据本行政区域内动物疫病流行情况增加实施强制免疫的动物疫病病种和区域，报本级人民政府批准后执行，并报国务院兽医主管部门备案。

第十四条 县级以上地方人民政府兽医主管部门组织实施动物疫病强制免疫计划。乡级人民政府、城市街道办事处应当组织本管辖区域内饲养动物的单位和个人做好强制免疫工作。

饲养动物的单位和个人应当依法履行动物疫病强制免疫义务，按照兽医主管部门的要求做好强制免疫工作。

经强制免疫的动物，应当按照国务院兽医主管部门的规定建立免疫档案，加施畜禽标识，实施可追溯管理。

第十五条 县级以上人民政府应当建立健全动物疫情监测网络，加强动物疫情监测。

国务院兽医主管部门应当制定国家动物疫病监测计划。省、自治区、直辖市人民政府兽医主管部门应当根据国家动物疫病监测计划，制定本行政区域的动物疫病监测计划。

动物疫病预防控制机构应当按照国务院兽医主管部门的规定，对动物疫病的发生、流行等情况进行监测；从事动物饲养、屠宰、经营、隔离、运输以及动物产品生产、经营、加工、贮藏等活动的单位和个人不得拒绝或者阻碍。

第十六条 国务院兽医主管部门和省、自治区、直辖市人民政府兽医主管部门应当根据对动物疫病发生、流行趋势的预测，及时发出动物疫情预警。地方各级人民政府接到动物疫情预警后，应当采取相应的预防、控制措施。

第十七条 从事动物饲养、屠宰、经营、隔离、运输以及动物产品生产、经营、加工、贮藏等活动的单位和个人，应当依照本法和国务院兽医主管部门的规定，做好免疫、消毒等动物疫病预防工作。

第十八条　种用、乳用动物和宠物应当符合国务院兽医主管部门规定的健康标准。

种用、乳用动物应当接受动物疫病预防控制机构的定期检测；检测不合格的，应当按照国务院兽医主管部门的规定予以处理。

第十九条　动物饲养场（养殖小区）和隔离场所，动物屠宰加工场所，以及动物和动物产品无害化处理场所，应当符合下列动物防疫条件：

（一）场所的位置与居民生活区、生活饮用水源地、学校、医院等公共场所的距离符合国务院兽医主管部门规定的标准；

（二）生产区封闭隔离，工程设计和工艺流程符合动物防疫要求；

（三）有相应的污水、污物、病死动物、染疫动物产品的无害化处理设施设备和清洗消毒设施设备；

（四）有为其服务的动物防疫技术人员；

（五）有完善的动物防疫制度；

（六）具备国务院兽医主管部门规定的其他动物防疫条件。

第二十条　兴办动物饲养场（养殖小区）和隔离场所，动物屠宰加工场所，以及动物和动物产品无害化处理场所，应当向县级以上地方人民政府兽医主管部门提出申请，并附具相关材料。受理申请的兽医主管部门应当依照本法和《中华人民共和国行政许可法》的规定进行审查。经审查合格的，发给动物防疫条件合格证；不合格的，应当通知申请人并说明理由。需要办理工商登记的，申请人凭动物防疫条件合格证向工商行政管理部门申请办理登记注册手续。

动物防疫条件合格证应当载明申请人的名称、场（厂）址等事项。

经营动物、动物产品的集贸市场应当具备国务院兽医主管部门规定的动物防疫条件，并接受动物卫生监督机构的监督检查。

第二十一条　动物、动物产品的运载工具、垫料、包装物、容器等应当符合国务院兽医主管部门规定的动物防疫要求。

染疫动物及其排泄物、染疫动物产品，病死或者死因不明的动物尸体，运载工具中的动物排泄物以及垫料、包装物、容器等污染物，应当按照国务院兽医主管部门的规定处理，不得随意处置。

第二十二条　采集、保存、运输动物病料或者病原微生物以及从事病原微生物研究、教学、检测、诊断等活动，应当遵守国家有关病原微生物实验室管理的规定。

第二十三条　患有人畜共患传染病的人员不得直接从事动物诊疗以及易感染动物的饲养、屠宰、经营、隔离、运输等活动。

人畜共患传染病名录由国务院兽医主管部门会同国务院卫生主管部门制定并公布。

第二十四条　国家对动物疫病实行区域化管理，逐步建立无规定动物疫病区。无规定动物疫病区应当符合国务院兽医主管部门规定的标准，经国务院兽医主管部门验收合格予以公布。

本法所称无规定动物疫病区，是指具有天然屏障或者采取人工措施，在一定期限内没有发生规定的一种或者几种动物疫病，并经验收合格的区域。

第二十五条　禁止屠宰、经营、运输下列动物和生产、经营、加工、贮藏、运输下列动物产品：

（一）封锁疫区内与所发生动物疫病有关的；

（二）疫区内易感染的；

（三）依法应当检疫而未经检疫或者检疫不合格的；

（四）染疫或者疑似染疫的；

（五）病死或者死因不明的；

（六）其他不符合国务院兽医主管部门有关动物防疫规定的。

第三章　动物疫情的报告、通报和公布

第二十六条　从事动物疫情监测、检验检疫、疫病研究与诊疗以及动物饲养、屠宰、经营、隔离、运输等活动的单位和个人，发现动物染疫或者疑似染疫的，应当立即向当地兽医主管部门、动物卫生监督机构或者动物疫病预防控制机构报告，并采取隔离等控制措施，防止动物疫情扩散。其他单位和个人发现动物染疫或者疑似染疫的，应当及时报告。

接到动物疫情报告的单位，应当及时采取必要的控制处理措施，并按照国家规定的程序上报。

第二十七条　动物疫情由县级以上人民政府兽医主管部门认定；其中重大动物疫情由省、自治区、直辖市人民政府兽医主管部门认定，必要时报国务院兽医主管部门认定。

第二十八条　国务院兽医主管部门应当及时向国务院有关部门和军队有关部门以及省、自治区、直辖市人民政府兽医主管部门通报重大动物疫情的发生和处理情况；发生人畜共患传染病的，县级以上人民政府兽医主管部门与同级卫生主管部门应当及时相互通报。

国务院兽医主管部门应当依照我国缔结或者参加的条约、协定，及时向有关国际组织或者贸易方通报重大动物疫情的发生和处理情况。

第二十九条　国务院兽医主管部门负责向社会及时公布全国动物疫情，也可以根据需要授权省、自治区、直辖市人民政府兽医主管部门公布本行政区域内的动物疫情。其他单位和个人不得发布动物疫情。

第三十条　任何单位和个人不得瞒报、谎报、迟报、漏报动物疫情，不得授意他人瞒报、谎报、迟报动物疫情，不得阻碍他人报告动物疫情。

第四章　动物疫病的控制和扑灭

第三十一条　发生一类动物疫病时，应当采取下列控制和扑灭措施：

（一）当地县级以上地方人民政府兽医主管部门应当立即派人到现场，划定疫点、疫区、受威胁区，调查疫源，及时报请本级人民政府对疫区实行封锁。疫区范围涉及两个以上行政区域的，由有关行政区域共同的上一级人民政府对疫区实行封锁，或者由各有关行政区域的上一级人民政府共同对疫区实行封锁。必要时，上级人民政府可以责成下级人民政府对疫区实行封锁。

（二）县级以上地方人民政府应当立即组织有关部门和单位采取封锁、隔离、扑杀、销毁、消毒、无害化处理、紧急免疫接种等强制性措施，迅速扑灭疫病。

（三）在封锁期间，禁止染疫、疑似染疫和易感染的动物、动物产品流出疫区，禁止非疫区的易感染动物进入疫区，并根据扑灭动物疫病的需要对出入疫区的人员、运输工具及有

关物品采取消毒和其他限制性措施。

第三十二条　发生二类动物疫病时，应当采取下列控制和扑灭措施：

（一）当地县级以上地方人民政府兽医主管部门应当划定疫点、疫区、受威胁区。

（二）县级以上地方人民政府根据需要组织有关部门和单位采取隔离、扑杀、销毁、消毒、无害化处理、紧急免疫接种、限制易感染的动物和动物产品及有关物品出入等控制、扑灭措施。

第三十三条　疫点、疫区、受威胁区的撤销和疫区封锁的解除，按照国务院兽医主管部门规定的标准和程序评估后，由原决定机关决定并宣布。

第三十四条　发生三类动物疫病时，当地县级、乡级人民政府应当按照国务院兽医主管部门的规定组织防治和净化。

第三十五条　二、三类动物疫病呈暴发性流行时，按照一类动物疫病处理。

第三十六条　为控制、扑灭动物疫病，动物卫生监督机构应当派人在当地依法设立的现有检查站执行监督检查任务；必要时，经省、自治区、直辖市人民政府批准，可以设立临时性的动物卫生监督检查站，执行监督检查任务。

第三十七条　发生人畜共患传染病时，卫生主管部门应当组织对疫区易感染的人群进行监测，并采取相应的预防、控制措施。

第三十八条　疫区内有关单位和个人，应当遵守县级以上人民政府及其兽医主管部门依法作出的有关控制、扑灭动物疫病的规定。

任何单位和个人不得藏匿、转移、盗掘已被依法隔离、封存、处理的动物和动物产品。

第三十九条　发生动物疫情时，航空、铁路、公路、水路等运输部门应当优先组织运送控制、扑灭疫病的人员和有关物资。

第四十条　一、二、三类动物疫病突然发生，迅速传播，给养殖业生产安全造成严重威胁、危害，以及可能对公众身体健康与生命安全造成危害，构成重大动物疫情的，依照法律和国务院的规定采取应急处理措施。

第五章　动物和动物产品的检疫

第四十一条　动物卫生监督机构依照本法和国务院兽医主管部门的规定对动物、动物产品实施检疫。

动物卫生监督机构的官方兽医具体实施动物、动物产品检疫。官方兽医应当具备规定的资格条件，取得国务院兽医主管部门颁发的资格证书，具体办法由国务院兽医主管部门会同国务院人事行政部门制定。

本法所称官方兽医，是指具备规定的资格条件并经兽医主管部门任命的，负责出具检疫等证明的国家兽医工作人员。

第四十二条　屠宰、出售或者运输动物以及出售或者运输动物产品前，货主应当按照国务院兽医主管部门的规定向当地动物卫生监督机构申报检疫。

动物卫生监督机构接到检疫申报后，应当及时指派官方兽医对动物、动物产品实施现场检疫；检疫合格的，出具检疫证明、加施检疫标志。实施现场检疫的官方兽医应当在检疫证明、检疫标志上签字或者盖章，并对检疫结论负责。

第四十三条　屠宰、经营、运输以及参加展览、演出和比赛的动物，应当附有检疫证明；经营和运输的动物产品，应当附有检疫证明、检疫标志。

对前款规定的动物、动物产品，动物卫生监督机构可以查验检疫证明、检疫标志，进行监督抽查，但不得重复检疫收费。

第四十四条　经铁路、公路、水路、航空运输动物和动物产品的，托运人托运时应当提供检疫证明；没有检疫证明的，承运人不得承运。

运载工具在装载前和卸载后应当及时清洗、消毒。

第四十五条　输入到无规定动物疫病区的动物、动物产品，货主应当按照国务院兽医主管部门的规定向无规定动物疫病区所在地动物卫生监督机构申报检疫，经检疫合格的，方可进入；检疫所需费用纳入无规定动物疫病区所在地地方人民政府财政预算。

第四十六条　跨省、自治区、直辖市引进乳用动物、种用动物及其精液、胚胎、种蛋的，应当向输入地省、自治区、直辖市动物卫生监督机构申请办理审批手续，并依照本法第四十二条的规定取得检疫证明。

跨省、自治区、直辖市引进的乳用动物、种用动物到达输入地后，货主应当按照国务院兽医主管部门的规定对引进的乳用动物、种用动物进行隔离观察。

第四十七条　人工捕获的可能传播动物疫病的野生动物，应当报经捕获地动物卫生监督机构检疫，经检疫合格的，方可饲养、经营和运输。

第四十八条　经检疫不合格的动物、动物产品，货主应当在动物卫生监督机构监督下按照国务院兽医主管部门的规定处理，处理费用由货主承担。

第四十九条　依法进行检疫需要收取费用的，其项目和标准由国务院财政部门、物价主管部门规定。

第六章　动物诊疗

第五十条　从事动物诊疗活动的机构，应当具备下列条件：

（一）有与动物诊疗活动相适应并符合动物防疫条件的场所；

（二）有与动物诊疗活动相适应的执业兽医；

（三）有与动物诊疗活动相适应的兽医器械和设备；

（四）有完善的管理制度。

第五十一条　设立从事动物诊疗活动的机构，应当向县级以上地方人民政府兽医主管部门申请动物诊疗许可证。受理申请的兽医主管部门应当依照本法和《中华人民共和国行政许可法》的规定进行审查。经审查合格的，发给动物诊疗许可证；不合格的，应当通知申请人并说明理由。申请人凭动物诊疗许可证向工商行政管理部门申请办理登记注册手续，取得营业执照后，方可从事动物诊疗活动。

第五十二条　动物诊疗许可证应当载明诊疗机构名称、诊疗活动范围、从业地点和法定代表人（负责人）等事项。

动物诊疗许可证载明事项变更的，应当申请变更或者换发动物诊疗许可证，并依法办理工商变更登记手续。

第五十三条 动物诊疗机构应当按照国务院兽医主管部门的规定，做好诊疗活动中的卫生安全防护、消毒、隔离和诊疗废弃物处置等工作。

第五十四条 国家实行执业兽医资格考试制度。具有兽医相关专业大学专科以上学历的，可以申请参加执业兽医资格考试；考试合格的，由国务院兽医主管部门颁发执业兽医资格证书；从事动物诊疗的，还应当向当地县级人民政府兽医主管部门申请注册。执业兽医资格考试和注册办法由国务院兽医主管部门商国务院人事行政部门制定。

本法所称执业兽医，是指从事动物诊疗和动物保健等经营活动的兽医。

第五十五条 经注册的执业兽医，方可从事动物诊疗、开具兽药处方等活动。但是，本法第五十七条对乡村兽医服务人员另有规定的，从其规定。

执业兽医、乡村兽医服务人员应当按照当地人民政府或者兽医主管部门的要求，参加预防、控制和扑灭动物疫病的活动。

第五十六条 从事动物诊疗活动，应当遵守有关动物诊疗的操作技术规范，使用符合国家规定的兽药和兽医器械。

第五十七条 乡村兽医服务人员可以在乡村从事动物诊疗服务活动，具体管理办法由国务院兽医主管部门制定。

第七章 监督管理

第五十八条 动物卫生监督机构依照本法规定，对动物饲养、屠宰、经营、隔离、运输以及动物产品生产、经营、加工、贮藏、运输等活动中的动物防疫实施监督管理。

第五十九条 动物卫生监督机构执行监督检查任务，可以采取下列措施，有关单位和个人不得拒绝或者阻碍：

（一）对动物、动物产品按照规定采样、留验、抽检；

（二）对染疫或者疑似染疫的动物、动物产品及相关物品进行隔离、查封、扣押和处理；

（三）对依法应当检疫而未经检疫的动物实施补检；

（四）对依法应当检疫而未经检疫的动物产品，具备补检条件的实施补检，不具备补检条件的予以没收销毁；

（五）查验检疫证明、检疫标志和畜禽标识；

（六）进入有关场所调查取证，查阅、复制与动物防疫有关的资料。

动物卫生监督机构根据动物疫病预防、控制需要，经当地县级以上地方人民政府批准，可以在车站、港口、机场等相关场所派驻官方兽医。

第六十条 官方兽医执行动物防疫监督检查任务，应当出示行政执法证件，佩戴统一标志。

动物卫生监督机构及其工作人员不得从事与动物防疫有关的经营性活动，进行监督检查不得收取任何费用。

第六十一条 禁止转让、伪造或者变造检疫证明、检疫标志或者畜禽标识。

检疫证明、检疫标志的管理办法，由国务院兽医主管部门制定。

第八章　保障措施

第六十二条　县级以上人民政府应当将动物防疫纳入本级国民经济和社会发展规划及年度计划。

第六十三条　县级人民政府和乡级人民政府应当采取有效措施，加强村级防疫员队伍建设。

县级人民政府兽医主管部门可以根据动物防疫工作需要，向乡、镇或者特定区域派驻兽医机构。

第六十四条　县级以上人民政府按照本级政府职责，将动物疫病预防、控制、扑灭、检疫和监督管理所需经费纳入本级财政预算。

第六十五条　县级以上人民政府应当储备动物疫情应急处理工作所需的防疫物资。

第六十六条　对在动物疫病预防和控制、扑灭过程中强制扑杀的动物、销毁的动物产品和相关物品，县级以上人民政府应当给予补偿。具体补偿标准和办法由国务院财政部门会同有关部门制定。

因依法实施强制免疫造成动物应激死亡的，给予补偿。具体补偿标准和办法由国务院财政部门会同有关部门制定。

第六十七条　对从事动物疫病预防、检疫、监督检查、现场处理疫情以及在工作中接触动物疫病病原体的人员，有关单位应当按照国家规定采取有效的卫生防护措施和医疗保健措施。

第九章　法律责任

第六十八条　地方各级人民政府及其工作人员未依照本法规定履行职责的，对直接负责的主管人员和其他直接责任人员依法给予处分。

第六十九条　县级以上人民政府兽医主管部门及其工作人员违反本法规定，有下列行为之一的，由本级人民政府责令改正，通报批评；对直接负责的主管人员和其他直接责任人员依法给予处分：

（一）未及时采取预防、控制、扑灭等措施的；

（二）对不符合条件的颁发动物防疫条件合格证、动物诊疗许可证，或者对符合条件的拒不颁发动物防疫条件合格证、动物诊疗许可证的；

（三）其他未依照本法规定履行职责的行为。

第七十条　动物卫生监督机构及其工作人员违反本法规定，有下列行为之一的，由本级人民政府或者兽医主管部门责令改正，通报批评；对直接负责的主管人员和其他直接责任人员依法给予处分：

（一）对未经现场检疫或者检疫不合格的动物、动物产品出具检疫证明、加施检疫标志，或者对检疫合格的动物、动物产品拒不出具检疫证明、加施检疫标志的；

（二）对附有检疫证明、检疫标志的动物、动物产品重复检疫的；

（三）从事与动物防疫有关的经营性活动，或者在国务院财政部门、物价主管部门规定外加收费用、重复收费的；

（四）其他未依照本法规定履行职责的行为。

第七十一条　动物疫病预防控制机构及其工作人员违反本法规定，有下列行为之一的，由本级人民政府或者兽医主管部门责令改正，通报批评；对直接负责的主管人员和其他直接责任人员依法给予处分：

（一）未履行动物疫病监测、检测职责或者伪造监测、检测结果的；

（二）发生动物疫情时未及时进行诊断、调查的；

（三）其他未依照本法规定履行职责的行为。

第七十二条　地方各级人民政府、有关部门及其工作人员瞒报、谎报、迟报、漏报或者授意他人瞒报、谎报、迟报动物疫情，或者阻碍他人报告动物疫情的，由上级人民政府或者有关部门责令改正，通报批评；对直接负责的主管人员和其他直接责任人员依法给予处分。

第七十三条　违反本法规定，有下列行为之一的，由动物卫生监督机构责令改正，给予警告；拒不改正的，由动物卫生监督机构代作处理，所需处理费用由违法行为人承担，可以处一千元以下罚款：

（一）对饲养的动物不按照动物疫病强制免疫计划进行免疫接种的；

（二）种用、乳用动物未经检测或者经检测不合格而不按照规定处理的；

（三）动物、动物产品的运载工具在装载前和卸载后没有及时清洗、消毒的。

第七十四条　违反本法规定，对经强制免疫的动物未按照国务院兽医主管部门规定建立免疫档案、加施畜禽标识的，依照《中华人民共和国畜牧法》的有关规定处罚。

第七十五条　违反本法规定，不按照国务院兽医主管部门规定处置染疫动物及其排泄物，染疫动物产品，病死或者死因不明的动物尸体，运载工具中的动物排泄物以及垫料、包装物、容器等污染物以及其他经检疫不合格的动物、动物产品的，由动物卫生监督机构责令无害化处理，所需处理费用由违法行为人承担，可以处三千元以下罚款。

第七十六条　违反本法第二十五条规定，屠宰、经营、运输动物或者生产、经营、加工、贮藏、运输动物产品的，由动物卫生监督机构责令改正、采取补救措施，没收违法所得和动物、动物产品，并处同类检疫合格动物、动物产品货值金额一倍以上五倍以下罚款；其中依法应当检疫而未检疫的，依照本法第七十八条的规定处罚。

第七十七条　违反本法规定，有下列行为之一的，由动物卫生监督机构责令改正，处一千元以上一万元以下罚款；情节严重的，处一万元以上十万元以下罚款：

（一）兴办动物饲养场（养殖小区）和隔离场所，动物屠宰加工场所，以及动物和动物产品无害化处理场所，未取得动物防疫条件合格证的；

（二）未办理审批手续，跨省、自治区、直辖市引进乳用动物、种用动物及其精液、胚胎、种蛋的；

（三）未经检疫，向无规定动物疫病区输入动物、动物产品的。

第七十八条　违反本法规定，屠宰、经营、运输的动物未附有检疫证明，经营和运输的动物产品未附有检疫证明、检疫标志的，由动物卫生监督机构责令改正，处同类检疫合格动物、动物产品货值金额百分之十以上百分之五十以下罚款；对货主以外的承运人处运输费用一倍以上三倍以下罚款。

违反本法规定，参加展览、演出和比赛的动物未附有检疫证明的，由动物卫生监督机构责令改正，处一千元以上三千元以下罚款。

第七十九条　违反本法规定，转让、伪造或者变造检疫证明、检疫标志或者畜禽标识的，由动物卫生监督机构没收违法所得，收缴检疫证明、检疫标志或者畜禽标识，并处三千元以上三万元以下罚款。

第八十条　违反本法规定，有下列行为之一的，由动物卫生监督机构责令改正，处一千元以上一万元以下罚款：

（一）不遵守县级以上人民政府及其兽医主管部门依法作出的有关控制、扑灭动物疫病规定的；

（二）藏匿、转移、盗掘已被依法隔离、封存、处理的动物和动物产品的；

（三）发布动物疫情的。

第八十一条　违反本法规定，未取得动物诊疗许可证从事动物诊疗活动的，由动物卫生监督机构责令停止诊疗活动，没收违法所得；违法所得在三万元以上的，并处违法所得一倍以上三倍以下罚款；没有违法所得或者违法所得不足三万元的，并处三千元以上三万元以下罚款。

动物诊疗机构违反本法规定，造成动物疫病扩散的，由动物卫生监督机构责令改正，处一万元以上五万元以下罚款；情节严重的，由发证机关吊销动物诊疗许可证。

第八十二条　违反本法规定，未经兽医执业注册从事动物诊疗活动的，由动物卫生监督机构责令停止动物诊疗活动，没收违法所得，并处一千元以上一万元以下罚款。

执业兽医有下列行为之一的，由动物卫生监督机构给予警告，责令暂停六个月以上一年以下动物诊疗活动；情节严重的，由发证机关吊销注册证书：

（一）违反有关动物诊疗的操作技术规范，造成或者可能造成动物疫病传播、流行的；

（二）使用不符合国家规定的兽药和兽医器械的；

（三）不按照当地人民政府或者兽医主管部门要求参加动物疫病预防、控制和扑灭活动的。

第八十三条　违反本法规定，从事动物疫病研究与诊疗和动物饲养、屠宰、经营、隔离、运输，以及动物产品生产、经营、加工、贮藏等活动的单位和个人，有下列行为之一的，由动物卫生监督机构责令改正；拒不改正的，对违法行为单位处一千元以上一万元以下罚款，对违法行为个人可以处五百元以下罚款：

（一）不履行动物疫情报告义务的；

（二）不如实提供与动物防疫活动有关资料的；

（三）拒绝动物卫生监督机构进行监督检查的；

（四）拒绝动物疫病预防控制机构进行动物疫病监测、检测的。

第八十四条　违反本法规定，构成犯罪的，依法追究刑事责任。

违反本法规定，导致动物疫病传播、流行等，给他人人身、财产造成损害的，依法承担民事责任。

第十章　附　则

第八十五条　本法自 2008 年 1 月 1 日起施行。

附件六　国家中长期动物疫病防治规划（2012—2020 年）

动物疫病防治工作关系国家食物安全和公共卫生安全，关系社会和谐稳定，是政府社会管理和公共服务的重要职责，是农业农村工作的重要内容。为加强动物疫病防治工作，依据动物防疫法等相关法律法规，编制本规划。

一、面临的形势

经过多年努力，我国动物疫病防治工作取得了显著成效，有效防控了口蹄疫、高致病性禽流感等重大动物疫病，有力保障了北京奥运会、上海世博会等重大活动的动物产品安全，成功应对了汶川特大地震等重大自然灾害的灾后防疫，为促进农业农村经济平稳较快发展、提高人民群众生活水平、保障社会和谐稳定作出了重要贡献。但是，未来一段时期我国动物疫病防治任务仍然十分艰巨。

（一）动物疫病防治基础更加坚实

近年来，在中央一系列政策措施支持下，动物疫病防治工作基础不断强化。法律体系基本形成，国家修订了动物防疫法，制定了兽药管理条例和重大动物疫情应急条例，出台了应急预案、防治规范和标准。相关制度不断完善，落实了地方政府责任制，建立了强制免疫、监测预警、应急处置、区域化管理等制度。工作体系逐步健全，初步构建了行政管理、监督执法和技术支撑体系，动物疫病监测、检疫监督、兽药质量监察和残留监控、野生动物疫源疫病监测等方面的基础设施得到改善。科技支撑能力不断加强，一批病原学和流行病学研究、新型疫苗和诊断试剂研制、综合防治技术集成示范等科研成果转化为实用技术和产品。我国兽医工作的国际地位明显提升，恢复了在世界动物卫生组织的合法权利，实施跨境动物疫病联防联控，有序开展国际交流与合作。

（二）动物疫病流行状况更加复杂

我国动物疫病病种多、病原复杂、流行范围广。口蹄疫、高致病性禽流感等重大动物疫病仍在部分区域呈流行态势，存在免疫带毒和免疫临床发病现象。布鲁菌病、狂犬病、包虫病等人畜共患病呈上升趋势，局部地区甚至出现暴发流行。牛海绵状脑病（疯牛病）、非洲猪瘟等外来动物疫病传入风险持续存在，全球动物疫情日趋复杂。随着畜牧业生产规模不断扩大，养殖密度不断增加，畜禽感染病原机会增多，病原变异几率加大，新发疫病发生风险增加。研究表明，70% 的动物疫病可以传染给人类，75% 的人类新发传染病来源于动物或动物源性食品，动物疫病如不加强防治，将会严重危害公共卫生安全。

（三）动物疫病防治面临挑战

人口增长、人民生活质量提高和经济发展方式转变，对养殖业生产安全、动物产品质量安全和公共卫生安全的要求不断提高，我国动物疫病防治正在从有效控制向逐步净化消灭过渡。全球兽医工作定位和任务发生深刻变化，正在向以动物、人类和自然和谐发展为主的现代兽医阶段过渡，需要我国不断提升与国际兽医规则相协调的动物卫生保护能力和水平。随着全球化进程加快，动物疫病对动物产品国际贸易的制约更加突出。目前，我国兽医管理体制改革进展不平衡，基层基础设施和队伍力量薄弱，活畜禽跨区调运和市场准入机制不健全，野生动物疫源疫病监测工作起步晚，动物疫病防治仍面临不少困难和问题。

二、指导思想、基本原则和防治目标

（一）指导思想

以邓小平理论和"三个代表"重要思想为指导，深入贯彻落实科学发展观，坚持"预防为主"和"加强领导、密切配合，依靠科学、依法防治，群防群控、果断处置"的方针，把动物疫病防治作为重要民生工程，以促进动物疫病科学防治为主题，以转变兽医事业发展方式为主线，以维护养殖业生产安全、动物产品质量安全、公共卫生安全为出发点和落脚点，实施分病种、分区域、分阶段的动物疫病防治策略，全面提升兽医公共服务和社会化服务水平，有计划地控制、净化和消灭严重危害畜牧业生产和人民群众健康安全的动物疫病，为全面建设小康社会、构建社会主义和谐社会提供有力支持和保障。

（二）基本原则

1.政府主导，社会参与

地方各级人民政府负总责，相关部门各负其责，充分调动社会力量广泛参与，形成政府、企业、行业协会和从业人员分工明确、各司其职的防治机制。

2.立足国情，适度超前

立足我国国情，准确把握动物防疫工作发展趋势，科学判断动物疫病流行状况，合理设定防治目标，开展科学防治。

3.因地制宜，分类指导

根据我国不同区域特点，按照动物种类、养殖模式、饲养用途和疫病种类，分病种、分区域、分畜禽实行分类指导、差别化管理。

4.突出重点，统筹推进

整合利用动物疫病防治资源，确定国家优先防治病种，明确中央事权和地方事权，突出重点区域、重点环节、重点措施，加强示范推广，统筹推进动物防疫各项工作。

（三）防治目标

到2020年，形成与全面建设小康社会相适应，有效保障养殖业生产安全、动物产品质量安全和公共卫生安全的动物疫病综合防治能力。口蹄疫、高致病性禽流感等16种优先防治的国内动物疫病达到规划设定的考核标准，生猪、家禽、牛、羊发病率分别下降到5%、6%、4%、3%以下，动物发病率、死亡率和公共卫生风险显著降低。牛海绵状脑病、非洲猪瘟等13种重点防范的外来动物疫病传入和扩散风险有效降低，外来动物疫病防范和处置能力明显提高。基础设施和机构队伍更加健全，法律法规和科技保障体系更加完善，财政投入机制更加稳定，社会化服务水平全面提高。

专栏 1　优先防治和重点防范的动物疫病

优先防治的国内动物疫病（16 种）	一类动物疫病（5 种）：口蹄疫（A 型、亚洲 I 型、O 型）、高致病性禽流感、高致病性猪蓝耳病、猪瘟、新城疫。
	二类动物疫病（11 种）：布鲁菌病、奶牛结核病、狂犬病、血吸虫病、包虫病、马鼻疽、马传染性贫血、沙门菌病、禽白血病、猪伪狂犬病、猪繁殖与呼吸综合征（经典猪蓝耳病）。
重点防范的外来动物疫病（13 种）	一类动物疫病（9 种）：牛海绵状脑病、非洲猪瘟、绵羊痒病、小反刍兽疫、牛传染性胸膜肺炎、口蹄疫（C 型、SAT1 型、SAT2 型、SAT3 型）、猪水泡病、非洲马瘟、H7 亚型禽流感。
	未纳入病种分类名录、但传入风险增加的动物疫病（4 种）：水泡性口炎、尼帕病、西尼罗河热、裂谷热。

三、总体策略

统筹安排动物疫病防治、现代畜牧业和公共卫生事业发展，积极探索有中国特色的动物疫病防治模式，着力破解制约动物疫病防治的关键性问题，建立健全长效机制，强化条件保障，实施计划防治、健康促进和风险防范策略，努力实现重点疫病从有效控制到净化消灭。

（一）重大动物疫病和重点人畜共患病计划防治策略

有计划地控制、净化、消灭对畜牧业和公共卫生安全危害大的重点病种，推进重点病种从免疫临床发病向免疫临床无病例过渡，逐步清除动物机体和环境中存在的病原，为实现免疫无疫和非免疫无疫奠定基础。基于疫病流行的动态变化，科学选择防治技术路线。调整强制免疫和强制扑杀病种要按相关法律法规规定执行。

（二）畜禽健康促进策略

健全种用动物健康标准，实施种畜禽场疫病净化计划，对重点疫病设定净化时限。完善养殖场所动物防疫条件审查等监管制度，提高生物安全水平。定期实施动物健康检测，推行无特定病原场（群）和生物安全隔离区评估认证。扶持规模化、标准化、集约化养殖，逐步降低畜禽散养比例，有序减少活畜禽跨区流通。引导养殖者封闭饲养，统一防疫，定期监测，严格消毒，降低动物疫病发生风险。

（三）外来动物疫病风险防范策略

强化国家边境动物防疫安全理念，加强对境外流行、尚未传入的重点动物疫病风险管理，建立国家边境动物防疫安全屏障。健全边境疫情监测制度和突发疫情应急处置机制，加强联防联控，强化技术和物资储备。完善入境动物和动物产品风险评估、检疫准入、境外预检、境外企业注册登记、可追溯管理等制度，全面加强外来动物疫病监视监测能力建设。

四、优先防治病种和区域布局

（一）优先防治病种

根据经济社会发展水平和动物卫生状况，综合评估经济影响、公共卫生影响、疫病传播能力，以及防疫技术、经济和社会可行性等各方面因素，确定优先防治病种并适时调整。除已纳入本规划的病种外，对陆生野生动物疫源疫病、水生动物疫病和其他畜禽流行病，根据疫病流行状况和所造成的危害，适时列入国家优先防治范围。各地要结合当地实际确定辖区内优先防治的动物疫病，除本规划涉及的疫病外，还应将对当地经济社会危害或潜在危害严重的陆生野生动物疫源疫病、水生动物疫病、其他畜禽流行病、特种经济动物疫病、宠物疫病、蜂病、蚕病等纳入防治范围。

（二）区域布局（国家对动物疫病实行区域化管理）

1. 国家优势畜牧业产业带

对东北、中部、西南、沿海地区生猪优势区，加强口蹄疫、高致病性猪蓝耳病、猪瘟等生猪疫病防治，优先实施种猪场疫病净化。对中原、东北、西北、西南等肉牛肉羊优势区，加强口蹄疫、布鲁菌病等牛羊疫病防治。对中原和东北蛋鸡主产区、南方水网地区水禽主产区，加强高致病性禽流感、新城疫等禽类疫病防治，优先实施种禽场疫病净化。对东北、华北、西北及大城市郊区等奶牛优势区，加强口蹄疫、布鲁菌病和奶牛结核病等奶牛疫病防治。

2. 人畜共患病重点流行区

对北京、天津、河北、山西、内蒙古、辽宁、吉林、黑龙江、山东、河南、陕西、甘肃、青海、宁夏、新疆 15 个省（区、市）和新疆生产建设兵团，重点加强布鲁菌病防治。对河北、山西、江西、山东、湖北、湖南、广东、广西、重庆、四川、贵州、云南 12 个省（区、市），重点加强狂犬病防治。对江苏、安徽、江西、湖北、湖南、四川、云南 7 个省，重点加强血吸虫病防治。对内蒙古、四川、西藏、甘肃、青海、宁夏、新疆 7 个省（区）和新疆生产建设兵团，重点加强包虫病防治。

3. 外来动物疫病传入高风险区

对边境地区、野生动物迁徙区以及海港空港所在地，加强外来动物疫病防范。对内蒙古、吉林、黑龙江等东北部边境地区，重点防范非洲猪瘟、口蹄疫和 H7 亚型禽流感。对新疆边境地区，重点防范非洲猪瘟和口蹄疫。对西藏边境地区，重点防范小反刍兽疫和 H7 亚型禽流感。对广西、云南边境地区，重点防范口蹄疫等疫病。

4. 动物疫病防治优势区

在海南岛、辽东半岛、胶东半岛等自然屏障好、畜牧业比较发达、防疫基础条件好的区域或相邻区域，建设无疫区。在大城市周边地区、标准化养殖大县（市）等规模化、标准化、集约化水平程度较高地区，推进生物安全隔离区建设。

五、重点任务

根据国家财力、国内国际关注和防治重点，在全面掌握疫病流行态势、分布规律的基础上，强化综合防治措施，有效控制重大动物疫病和主要人畜共患病，净化种畜禽重点疫病，有效防范重点外来动物疫病。农业部要会同有关部门制定口蹄疫（A 型、亚洲 I 型、O 型）、高致病性禽流感、布鲁菌病、狂犬病、血吸虫病、包虫病的防治计划，出台高致病性猪蓝耳病、猪瘟、新城疫、奶牛结核病、种禽场疫病净化、种猪场疫病净化的指导意见。

（一）控制重大动物疫病

开展严密的病原学监测与跟踪调查，为疫情预警、防疫决策及疫苗研制与应用提供科学依据。改进畜禽养殖方式，净化养殖环境，提高动物饲养、屠宰等场所防疫能力。完善检疫监管措施，提高活畜禽市场准入健康标准，提升检疫监管质量水平，降低动物及其产品长距离调运传播疫情的风险。严格执行疫情报告制度，完善应急处置机制和强制扑杀政策，建立扑杀动物补贴评估制度。完善强制免疫政策和疫苗招标采购制度，明确免疫责任主体，逐步建立强制免疫退出机制。完善区域化管理制度，积极推动无疫区和生物安全隔离区建设。

专栏 2　重大动物疫病防治考核标准

疫病		到 2015 年	到 2020 年
口蹄疫	A 型	A 型全国达到净化标准	全国达到免疫无疫标准
	亚洲 I 型	全国达到免疫无疫标准	全国达到非免疫无疫标准
	O 型	海南岛达到非免疫无疫标准；辽东半岛、胶东半岛达到免疫无疫标准；其他区域达到控制标准	海南岛、辽东半岛、胶东半岛达到非免疫无疫标准；北京、天津、辽宁（不含辽东半岛）、吉林、黑龙江、上海达到免疫无疫标准；其他区域维持控制标准
高致病性禽流感		生物安全隔离区达到免疫无疫或非免疫无疫标准；海南岛、辽东半岛、胶东半岛达到免疫无疫标准；其他区域达到控制标准	生物安全隔离区和海南岛、辽东半岛、胶东半岛达到非免疫无疫标准；北京、天津、辽宁（不含辽东半岛）、吉林、黑龙江、上海、山东（不含胶东半岛）、河南达到免疫无疫标准；其他区域维持控制标准
高致病性猪蓝耳病		部分区域达到控制标准	全国达到控制标准
猪瘟		部分区域达到净化标准	进一步扩大净化区域
新城疫		部分区域达到控制标准	全国达到控制标准

（二）控制主要人畜共患病

注重源头管理和综合防治，强化易感人群宣传教育等干预措施，加强畜牧兽医从业人员职业保护，提高人畜共患病防治水平，降低疫情发生风险。对布鲁菌病，建立牲畜定期检测、分区免疫、强制扑杀政策，强化动物卫生监督和无害化处理措施。对奶牛结核病，采取检疫扑杀、风险评估、移动控制相结合的综合防治措施，强化奶牛健康管理。对狂犬病，完善犬只登记管理，实施全面免疫，扑杀病犬。对血吸虫病，重点控制牛羊等牲畜传染源，实施农业综合治理。对包虫病，落实驱虫、免疫等预防措施，改进动物饲养条件，加强屠宰管理和检疫。

专栏 3　主要人畜共患病防治考核标准

疫病	到 2015 年	到 2020 年
布鲁氏菌病	北京、天津、河北、山西、内蒙古、辽宁、吉林、黑龙江、山东、河南、陕西、甘肃、青海、宁夏、新疆 15 个省（区、市）和新疆生产建设兵团达到控制标准；其他区域达到净化标准	河北、山西、内蒙古、辽宁、吉林、黑龙江、陕西、甘肃、青海、宁夏、新疆 11 个省（区）和新疆生产建设兵团维持控制标准；海南岛达到消灭标准；其他区域达到净化标准
奶牛结核病	北京、天津、上海、江苏 4 个省（市）达到净化标准；其他区域达到控制标准	北京、天津、上海、江苏 4 个省（市）维持净化标准；浙江、山东、广东 3 个省达到净化标准；其余区域达到控制标准
狂犬病	河北、山西、江西、山东、湖北、湖南、广东、广西、重庆、四川、贵州、云南 12 个省（区、市）狂犬病病例数下降 50%；其他区域达到控制标准	全国达到控制标准

（续表）

疫 病	到 2015 年	到 2020 年
血吸虫病	全国达到传播控制标准	全国达到传播阻断标准
包虫病	除内蒙古、四川、西藏、甘肃、青海、宁夏、新疆7个省（区）和新疆生产建设兵团外的其他区域达到控制标准	全国达到控制标准

（三）消灭马鼻疽和马传染性贫血

当前，马鼻疽已经连续三年以上未发现病原学阳性，马传染性贫血已连续三年以上未发现临床病例，均已经具备消灭基础。加快推进马鼻疽和马传染性贫血消灭行动，开展持续监测，对竞技娱乐用马以及高风险区域的马属动物开展重点监测。严格实施阳性动物扑杀措施，完善补贴政策。严格检疫监管，建立申报检疫制度。到2015年，全国消灭马鼻疽；到2020年，全国消灭马传染性贫血。

（四）净化种畜禽重点疫病

引导和支持种畜禽企业开展疫病净化。建立无疫企业认证制度，制定健康标准，强化定期监测和评估。建立市场准入和信息发布制度，分区域制定市场准入条件，定期发布无疫企业信息。引导种畜禽企业增加疫病防治经费投入。

专栏4 种畜禽重点疫病净化考核标准

疫 病	到 2015 年	到 2020 年
高致病性禽流感、新城疫、沙门菌病、禽白血病	全国祖代以上种鸡场达到净化标准	全国所有种鸡场达到净化标准
高致病性猪蓝耳病、猪瘟、猪伪狂犬病、猪繁殖与呼吸综合征	原种猪场达到净化标准	全国所有种猪场达到净化标准

（五）防范外来动物疫病传入

强化跨部门协作机制，健全外来动物疫病监视制度、进境动物和动物产品风险分析制度，强化入境检疫和边境监管措施，提高外来动物疫病风险防范能力。加强野生动物传播外来动物疫病的风险监测。完善边境等高风险区域动物疫情监测制度，实施外来动物疫病防范宣传培训计划，提高外来动物疫病发现、识别和报告能力。分病种制定外来动物疫病应急预案和技术规范，在高风险区域实施应急演练，提高应急处置能力。加强国际交流合作与联防联控，健全技术和物资储备，提高技术支持能力。

六、能力建设

（一）提升动物疫情监测预警能力

建立以国家级试验室、区域试验室、省市县三级动物疫病预防控制中心为主体，分工明确、布局合理的动物疫情监测和流行病学调查试验室网络。构建重大动物疫病、重点人畜共患病和动物源性致病微生物病原数据库。加强国家疫情测报站管理，完善以动态管理为核心的运行机制。加强外来动物疫病监视监测网络运行管理，强化边境疫情监测和边境巡检。加强宠物疫病监测和防治。加强野生动物疫源疫病监测能力建设。加强疫病检测诊断能力建设和诊断试剂管理。充实各级兽医试验室专业技术力量。实施国家和区域动物疫病监测计划，增加疫情监测和流行病学调查经费投入。

（二）提升突发疫情应急管理能力

加强各级突发动物疫情应急指挥机构和队伍建设，完善应急指挥系统运行机制。健全动物疫情应急物资储备制度，县级以上人民政府应当储备应急处理工作所需的防疫物资，配备应急交通通讯和疫情处置设施设备，增配人员物资快速运送和大型消毒设备。完善突发动物疫情应急预案，加强应急演练。进一步完善疫病处置扑杀补贴机制，对在动物疫病预防、控制、扑灭过程中强制扑杀、销毁的动物产品和相关物品给予补贴。将重点动物疫病纳入畜牧业保险保障范围。

（三）提升动物疫病强制免疫能力

依托县级动物疫病预防控制中心、乡镇兽医站和村级兽医室，构建基层动物疫病强制免疫工作网络，强化疫苗物流冷链和使用管理。组织开展乡村兽医登记，优先从符合条件的乡村兽医中选用村级防疫员，实行全员培训上岗。完善村级防疫员防疫工作补贴政策，按照国家规定采取有效的卫生防护和医疗保健措施。加强企业从业兽医管理，落实防疫责任。逐步推行在乡镇政府领导、县级畜牧兽医主管部门指导和监督下，以养殖企业和个人为责任主体，以村级防疫员、执业兽医、企业从业兽医为技术依托的强制免疫模式。建立强制免疫应激反应死亡动物补贴政策。加强兽用生物制品保障能力建设。完善人畜共患病菌毒种库、疫苗和诊断制品标准物质库，开展兽用生物制品使用效果评价。加强兽用生物制品质量监管能力建设，建立区域性兽用生物制品质量检测中心。支持兽用生物制品企业技术改造、生产工艺及质量控制关键技术研究。加强对兽用生物制品产业的宏观调控。

（四）提升动物卫生监督执法能力

加强基层动物卫生监督执法机构能力建设，严格动物卫生监督执法，保障日常工作经费。强化动物卫生监督检查站管理，推行动物和动物产品指定通道出入制度，落实检疫申报、动物隔离、无害化处理等措施。完善养殖环节病死动物及其无害化处理财政补贴政策。实施官方兽医制度，全面提升执法人员素质。完善规范和标准，推广快速检测技术，强化检疫手段，实施全程动态监管，提高检疫监管水平。

（五）提升动物疫病防治信息化能力

加大投入力度，整合资源，充分运用现代信息技术，加强国家动物疫病防治信息化建设，提高疫情监测预警、疫情应急指挥管理、兽医公共卫生管理、动物卫生监督执法、动物标识及疫病可追溯、兽用生物制品监管以及执业兽医考试和兽医队伍管理等信息采集、传输、汇总、分析和评估能力。加强信息系统运行维护和安全管理。

（六）提升动物疫病防治社会化服务能力

充分调动各方力量，构建动物疫病防治社会化服务体系。积极引导、鼓励和支持动物诊疗机构多元化发展，不断完善动物诊疗机构管理模式，开展动物诊疗机构标准化建设。加强动物养殖、运输等环节管理，依法强化从业人员的动物防疫责任主体地位。建立健全地方兽医协会，不断完善政府部门与私营部门、行业协会合作机制。引导社会力量投入，积极运用财政、金融、保险、税收等政策手段，支持动物疫病防治社会化服务体系有效运行。加强兽医机构和兽医人员提供社会化服务的收费管理，制定经营服务性收费标准。

七、保障措施

（一）法制保障

根据世界贸易组织有关规则，参照国际动物卫生法典和国际通行做法，健全动物卫生法律法规体系。认真贯彻实施动物防疫法，加快制定和实施配套法规与规章，尤其是强化动物疫病区域化管理、活畜禽跨区域调运、动物流通检疫监管、强制隔离与扑杀等方面的规定。完善兽医管理的相关制度。及时制定动物疫病控制、净化和消灭标准以及相关技术规范。各地要根据当地实际，制定相应规章制度。

（二）体制保障

按照"精简、统一、效能"的原则，健全机构、明确职能、理顺关系，逐步建立起科学、统一、透明、高效的兽医管理体制和运行机制。健全兽医行政管理、监督执法和技术支撑体系，稳定和强化基层动物防疫体系，切实加强机构队伍建设。明确动物疫病预防控制机构的公益性质。进一步深化兽医管理体制改革，建设以官方兽医和执业兽医为主体的新型兽医制度，建立有中国特色的兽医机构和兽医队伍评价机制。建立起内检与外检、陆生动物与水生动物、养殖动物与野生动物协调统一的管理体制。健全各类兽医培训机构，建立官方兽医和执业兽医培训机制，加强技术培训。充分发挥军队兽医卫生机构在国家动物防疫工作中的作用。

（三）科技保障

国家支持开展动物疫病科学研究，推广先进实用的科学研究成果，提高动物疫病防治的科学化水平。加强兽医研究机构、高等院校和企业资源集成融合，充分利用全国动物防疫专家委员会、国家参考试验室、重点试验室、专业试验室、大专院校兽医试验室以及大中型企业试验室的科技资源。强化兽医基础性、前沿性、公益性技术研究平台建设，增强兽医科技原始创新、集成创新和引进消化吸收再创新能力。依托科技支撑计划、"863"计划、"973"计划等国家科技计划，攻克一批制约动物疫病防治的关键技术。在基础研究方面，完善动物疫病和人畜共患病研究平台，深入开展病原学、流行病学、生态学研究。在诊断技术研究方面，重点引导和支持科技创新，构建诊断试剂研发和推广应用平台，开发动物疫病快速诊断和高通量检测试剂。在兽用疫苗和兽医药品研究方面，坚持自主创新，鼓励发明创造，增强关键技术突破能力，支持新疫苗和兽医药品研发平台建设，鼓励细胞悬浮培养、分离纯化、免疫佐剂及保护剂等新技术研发。在综合技术示范推广方面，引导和促进科技成果向现实生产力转化，抓好技术集成示范工作。同时，加强国际兽医标准和规则研究。培养兽医行业科技领军人才、管理人才、高技能人才，以及兽医实用技术推广骨干人才。

（四）条件保障

县级以上人民政府要将动物疫病防治纳入本级经济和社会发展规划及年度计划，将动物疫病监测、预防、控制、扑灭、动物产品有毒有害物质残留检测管理等工作所需经费纳入本级财政预算，实行统一管理。加强经费使用管理，保障公益性事业经费支出。对兽医行政执法机构实行全额预算管理，保证其人员经费和日常运转费用。中央财政对重大动物疫病的强制免疫、监测、扑杀、无害化处理等工作经费给予适当补助，并通过国家科技计划（专项）等对相关领域的研究进行支持。地方财政主要负担地方强制免疫疫病的免疫和扑杀经费、开展动物防疫所需的工作经费和人员经费，以及地方专项动物疫病防治经费。生产企业负担本企业动物防疫工作的经费支出。加强动物防疫基础设施建设，编制和实施动物防疫体系建设规划，进一步健全完善动物疫病预防控制、动物卫生监督执法、兽药监察和残留监控、动物疫病防治技术支撑等基础设施。

八、组织实施

（一）落实动物防疫责任制

地方各级人民政府要切实加强组织领导，做好规划的组织实施和监督检查。省级人民政府要根据当地动物卫生状况和经济社会发展水平，制定和实施本行政区域动物疫病防治规划。对制定单项防治计划的病种，要设定明确的约束性指标，纳入政府考核评价指标体系，适时开展实施效果评估。对在动物防疫工作、动物防疫科学研究中作出成绩和贡献的单位和个人，各级人民政府及有关部门给予奖励。

（二）明确各部门职责

畜牧兽医部门要会同有关部门提出实施本规划所需的具体措施、经费计划、防疫物资供应计划和考核评估标准，监督实施免疫接种、疫病监测、检疫检验，指导隔离、封锁、扑杀、消毒、无害化处理等各项措施的实施，开展动物卫生监督检查，打击各种违法行为。发展改革部门要根据本规划，在充分整合利用现有资源的基础上，加强动物防疫基础设施建设。财政部门要根据本规划和相关规定加强财政投入和经费管理。出入境检验检疫机构要加强入境动物及其产品的检疫。卫生部门要加强人畜共患病人间疫情防治工作，及时通报疫情和防治工作进展。林业部门要按照职责分工做好陆生野生动物疫源疫病的监测工作。公安部门要加强疫区治安管理，协助做好突发疫情应急处理、强制扑杀和疫区封锁工作。交通运输部门要优先安排紧急调用防疫物资的运输。商务部门要加强屠宰行业管理，会同有关部门支持冷鲜肉加工运输和屠宰冷藏加工企业技术改造，建设鲜肉储存运输和销售环节的冷链设施。军队和武警部队要做好自用动物防疫工作，同时加强军地之间协调配合与相互支持。

附件七　关于苏联马鼻疽补体结合反应中抗原与抗体反应域之研究

费恩阁　汪宗耀　刘俊华

一、绪言

自 Schutz 和 Schubert 倡用补体结合反应诊断鼻疽之后，各国先后采用，我国亦采用此法进行诊断，但到目前为止，在方法上虽有小的改良，仍未脱离原法之范畴。

苏联学者经过系统的试验和研究的结果，创出了简单、准确之一管法的新式式，自 1952 年已被我们采用。随血清学之进步，在补体结合反应上，Dean、Goldwarthy 等皆认为应重视抗原与抗体之关系，就此若松、西等进行了追试，但其补体结合反应术式完全属于旧范畴。

苏联学者很早就进行了系统的研究，创用了简单、准确的一管法。Я.Р.Коваленко、Я.Е.Коляков 等主张补体结合反应术式中抗原之滴定，应利用抗原与抗体之关系观察法进行。我等为了了解掌握苏联新补体结合反应中抗原与抗体之关系，以期将所得到的成绩介绍如下，以供同志们参考。

二、试验材料及方法

1.补体结合反应术式

按 Я.Р.Коваленко、Я.Е.Коляков、М.М.Иванов 等所介绍之苏联补体结合反应术式进行。

2.抗原

试验用之鼻疽抗原为本所按苏联方法制备之第三批液体抗原。所用抗原在使用前保存在冰箱内。

3.鼻疽血清

采用经剖检确认为鼻疽之自然感染马血清 23 份，试验时血清之稀释方法是根据预备试验测知之血清结合价之高低，分两种方式进行，第二种方式为 10、20、30、40、50；第二种方式为 10、25、50、75 及 100 等。

4.试验方法

将 23 匹自然感染鼻疽马的血清按上述两种方式及抗原按 10、50、75、100、150、200、300、400、500 进行递减稀释后，利用一单位补体（即溶菌系之滴度）按上述术式进行交叉补体结合反应试验，观察其反应域构成状态及抽出其中结合价较高之 11 份血清，在利用 1 单位补体之同时，并增加 2 单位（溶菌系滴度 ×2）及 4 单位（溶菌系滴度 ×4）等两组进行试验，以期明了补体增量时产生之反应域的变化。这里所指反应域是最高阻止溶血反应域

（以下简称为反应域）。

三、试验成绩

1. 自然感染鼻疽马血清之反应域

将自然感染鼻疽马血清递减稀释液及抗原递减稀释液，进行补体结合反应试验结果，其相互之间构成反应域如图1及图2所示。

（1）自然感染鼻疽马209号及2号血清之反应域

将自然感染鼻疽马血清209号及2号，根据预备试验时血清价之不同，进行不同程度之稀释；即209号按第一种方式及2号按第二种方式稀释之后和递减稀释之抗原进行补体结合反应。

第209号血清：

抗原稀释50只与10血清完全结合而阻止溶血，其他随抗原量75、100、150、200之稀释倍数增大，而完全阻止溶血之血清补体结合价亦随之逐渐上升为20、30、40及50，但以抗原量200时补体结合价为最高，抗原量超过200时结合价有急剧减弱之倾向。将各种稀释倍数抗原之最高阻止溶血之血清补体结合价连结之，成一与三角形相近之多角形，这曲线所概括范围即所谓之抗原与抗体的反应域，亦即抗原浓厚部分结合被阻止或微弱，这种现象称反应阻止带现象或称前带现象。抗原量减少到适量时，与血清呈最高之结合价；如抗原量200结合价高达50，这最高点即反应域最突出之点，一般称之为反应域顶点，即苏联学者所谓之与最大稀释倍数血清结合呈最高阻止溶血之抗原稀释倍数，此际抗原之稀释倍数乃是所谓之抗原滴度。亦即抗原之最适量，与若松、西等所谓之 A 相反应顶点相符合。抗原量超过200即结合价急剧下降，一般称之为后带现象。10血清与抗原结合阻止溶血之最大倍数为400。

第2号血清：

2号血清虽稀释倍数与209号不同，但其反应域之状态与209号并无差别，即抗原量过剩是发生明显之前带现象，亦以抗原量200结合价为最高；但以完全阻止溶血之血清结合价观之，抗原量150、200及300结合价皆为50，很难找出反应域之顶点，唯有血清75则很明显以与抗原量200呈最高阻止溶血，说明该反应域之顶点为抗原量200。更因该血清含抗体浓厚，所以10血清列完全阻止溶血之抗原最大稀释倍数为500，因此在抗原量超过200时结合价之减弱不如209号之急剧。

总之，无论血清强弱与否以及血清稀释倍数之不同，其反应域无大差别，反应域顶点也一致，皆于抗原浓厚部分发生前带现象，抗原减少到最适量时，与血清之结合价最高；抗原量减少到最适量时，结合价因血清所含之抗体多少不同，其减弱之状态不一；含抗体浓者逐渐减弱，含抗体少者则减弱较为急剧。因此形成10血清列完全阻止溶血之抗原最大稀释倍数也不一样，如209号为400，2号为500。

（2）自然感染鼻疽马21匹血清之反应域

自然感染鼻疽患马21匹之血清按预备试验结合价之强弱不同，将7号、36号、48号、86号、112号、147号、153号、177号、191号、322号、323号、354号、371号等14匹按第一方式稀释，及1号、108号、132号、143号、145号、364号、368号等7匹按第二方式稀释后，与上述209及2号进行同样观察。

即全部供试马血清不论稀释方式如何，皆与抗原过剩量发生前带现象；随抗原之减少，结合价逐渐增高，皆以抗原量200之结合价为最高（反应域顶点）。在抗原量再减少（即超过200时）则所有血清结合价将会根据其含抗体之浓度不同，有的急剧减弱，有的逐渐减弱或消失，因此造成10血清列完全阻止溶血之抗原最大稀释倍数不一：即按第一方式稀释之14例中200者2例，占14.28%；300者3例，占21.43%；400者6例，占42.86%；500者3例，占21.43%。按第二种方式稀释之7例中：300者2例，占28.57%；500者5例，占71.43%。

总之，上述23例血清不论稀释方式如何，与同一抗原之递减稀释液之补体，进行补体结合试验结果，皆出现上述相似之定形反应域，其反应域之顶点均一致，皆为200。但其10血清列完全阻止溶血之抗原最大稀释倍数，因血清中含抗体之浓度不同而不一致：即200者2例，占8.69%；300者5例，占21.74%；400者7例，占30.43%；500者9例，占39.14%。

2.补体增量对反应域之影响

由供试自然感染鼻疽马血清中选出结合价高者11份，其递减稀释液和抗原递减稀释液，在利用1单位补体之同时增加2单位及4单位等两种，进行补体结合试验观察反应域之变化。

（1）自然感染鼻疽马108号血清反应域之变化

自然感染鼻疽马血清108号按10、20、30、40、50稀释后进行试验。

即1单位补体：以10血清列抗原量10~500完全阻止溶血为基础，构成了结合价高达50之广大的定形之反应域，其顶点为抗原200。2单位补体：则反应域显著缩小，即以10血清列抗原量75~300完全阻止溶血为基础，结合价高达30之定形反应域，并向前方转移，其顶点向前方推进一位为150。4单位补体：更显著地缩小及向前方转移，即以10血清列抗原量75~100完全阻止溶血为基础，结合价仅达20之小反应域，其顶点向前方推进一位为100。

由此可见随补体之增量，反应域亦缩小，并向前方转移，同时顶点向前推进亦颇显著。

（2）自然感染鼻疽马10匹血清反应域之变化

将自然感染鼻疽马血清191号、112号、147号、177号、48号、31号等6匹按第一方式及132号364号、368号、143号等4匹按第二方式稀释后与108号进行同样之试验，试验结果如图4所示。

即不因血清稀释方法之不同而不一致，全部试验例与108号相似，随补体之增量，反应域亦缩小，并向前转移，反应域之顶点亦向前方推进。

2单位补体：10例中8例构成与1单位相似之定形反应域，但范围比1单位小，并向前方转移；147及177号2例反应甚弱，前者只10血清列抗原量150完全阻止溶血，后者虽10血清列亦完全阻止溶血者，但仍以抗原量150呈最高阻止溶血，已不能构成反应域。反应域之顶点全部皆向前方推进，仍以推进一位，即150者居多，计8例；推进两位，即100者2例。

4单位补体：10例中已有112及147号2例反应域完全消失，其他反应域更加缩小及向前方显著转移。只132号1例尚出现反应域外，其他7例只于10血清列可找出不同程度之最大阻止溶血倍数，已不能构成反应域。8例之顶点比之2单位更皆向前推进一位。

总之，补体 1、2 及 4 单位对反应域之影响，随着补体量之增加，反应域亦显著缩小，并向前方转移，同时反应域之顶点亦向前方推进。2 单位补体比 1 单位向前推进一位者，11 例中占 9 例；推进两位者 2 例。4 单位补体之全部各例均比 2 单位向前方推进一位。

四、讨论

补体结合反应之反应域的研究，首次由 Dean 及 Goldwarthy 指出，他们观察了抗原过剩量呈反应阻止带现象。至于旧的补体结合反应，若松、西等分别利用粉末抗原及液体抗原，按 Schutz 和 Schubert 术式观察了抗原过剩量之反应阻止带现象，而强调抗原之用量应采用最适量。

先进的苏联兽医学者，很早就对这一问题进行了系统的研究，结果不但改革了补体结合反应式，并依抗原和抗体关系，创出抗原滴度之先进经验。苏联为鼻疽补体结合反应术式中之抗原滴定，用反应域之试验法进行，尤其前两式主张与最大稀释倍数血清结合呈最高阻止溶血之抗原稀释倍数，即抗原之滴度，也就是最高阻止溶血反应域之顶点，并在苏联国家兽医生物制品之检定中已被采用。

欲明确在苏联新补体结合反应术式中抗原与抗体之关系，利用自然感染鼻疽马血清 23 例，试验结果如前章所述：不论血清强弱或稀释方式如何，皆呈现上述相似之定形反应域。即于抗原过剩量时呈明显之反应阻止带现象，抗原稀释到最适量时呈最高之结合价，稀释超过最适量时，结合价急剧或逐渐下降。并且在同一抗原 1 单位补体等相同情况下，其反应域之顶点完全一致。但因血清中含抗体浓淡之不同，10 血清列完全阻止溶血之抗原最大稀释倍数很不一致。

补体增量（1 单位、2 单位及 4 单位）对反应域之影响试验结果如前章所述：随补体之增量，其反应域亦随之显著缩小，并向前方转移，其反应域之顶点，亦随补体量之增加而向前方逐步推进。

由此新补体结合反应术式中抗原与抗体之关系，虽然我等利用血清例数不多，不能断言，但已窥知其一般。所以在马鼻疽实际诊断中抗原之滴定，应按苏联学者主张的按用构成反应域之滴定法，并且使用量采用其顶点。这样滴定时虽然之自然感染鼻疽马血清不同，结果抗原滴度很少发生波动，而能使抗原滴度稳定，可防止过剩或不足之偏向。如采用与 10 鼻疽马血清发生完全阻止溶血的抗原最大稀释倍数的 2 单位，则因采用之血清含抗体之浓度不同，10 血清与抗原最大结合倍数不一，因之使抗原滴度不得稳定而发生波动，易造成过多过少之现象。

五、摘要

我等欲明确苏联新补体结合反应之先进经验中抗原与抗体之关系，利用按苏联方法制造之抗原及剖检确证鼻疽之自然感染鼻疽马血清，进行了反应域之观察，及增加补体用量观察了对反应域之影响，其试验成绩摘要如下。

1. 全部供试血清完全呈现相似之类三角形的反应域，即抗原过剩时呈明显之反应阻止带现象，抗原稀释到最适量时与血清呈现最高之结合价（此点即反应域之顶点），抗原稀释超过最适量时则结合价急剧或逐步减弱。

2.全部供试血清虽有抗体之浓淡及稀释方式之不同，但反应域相似并且反应域之顶点趋于一致。

3.全部供试血清反应域之顶点虽然趋于一致，但因血清中含抗的体之浓淡不一，10 血清列完全阻止溶血之抗原最大稀释倍数并不一致。

4.随补体增量（1、2 及 4 单位），反应域亦随之显著缩小及向前方转移。并且反应域之顶点亦随补体之增量，明显地向前方逐步推进，以推进一位（1 单位为 200，2 单位为 150，4 单位为 100）者最多，推进两位者较少。

5.有上述结果可知，在实际马鼻疽之诊断中，抗原之滴度应按构成反应域之方法进行测定，但马鼻疽血清可按预备试验测知之结合价不同进行 10、20、30、40、50 或 10、25、50、75、100 等之稀释，更易助长定形反应域之构成。与血清最大稀释倍数结合呈最高阻止溶血之抗原稀释倍数，亦即最高阻止溶血反应域之顶点，即为抗原之滴度。

在本试验进行中，承赵庆森所长、朱建章研究员的热心指导，本文草成后，又蒙赵庆森、赵桐朴两所长的诚挚指正，特此一并致谢。

附件八 间接血凝抑制试验在马鼻疽诊断上的应用

马从林

（军马卫生研究所）

从 1967 年开始，应用间接血凝试验进行马鼻疽诊断的研究。采用鞣酸法将鼻疽抗原吸附在醛化血球上，先后对健康马、马来因马、鼻疽马（包括开放性鼻疽马和马来因点眼与补反均呈阳性的马）及人工感染马等 762 份血清中相应的抗体进行了检测，并与补体结合反应作了比较，现将结果报告如下。

一、材料和方法

1. 抗原

为本组自制及哈尔滨兽药厂出品。

2. 血清

鼻疽阳性血清采自内蒙 82 号病马；阴性血清为哈尔滨兽药厂出品；被检血清采自内蒙古、黑龙江、吉林、辽宁、广州军区和成都军区等 16 个单位。使用时以 85 ℃ 30 分钟灭活，必要时用绵羊红细胞吸附。

3. 鞣酸

用蒸馏水配成 1% 溶液，放冰箱内保存，可使用一周。临用时以生理盐水配成所需浓度。

4. 戊二醛血球的制备

健康绵羊红细胞用生理盐水洗 5 次，每次 3 000 转 / 分钟离心 5~10 分钟把沉积血球和 1% 戊二醛溶液放在 冰箱内冷却到 4 ℃，然后按 1 份血球加入 10 份 1% 戊二醛溶液的比例，边加边摇匀，醛化 30~40 分钟。再用生理盐水洗 5 次，配成 1% 血球悬液，放 4 ℃冰箱内可保存 6 个月以上。

5. 致敏血球的制备

① 鞣化血球 取一定量的 10% 醛化血球液，置于离心管中，用生理盐水洗两次，将沉积血球用生理盐水配成 3% 血球悬液。加入等量的鞣酸溶液，混匀，置 37℃水浴中作用 15 分钟，取出离心，再用生理盐水洗一次，最后用生理盐水配成 3% 血球悬液。

② 抗原致敏血球 3% 鞣化血球加入等量的用 pH 6.4 PBS 稀释成 100 的鼻疽抗原，混匀，置 37℃水浴中致敏 30 分钟，取出离心除去多余抗原，然后用 1% 正常兔血清盐水洗 2 次，最后用正常兔血清盐水配成 1% 血球悬液。

6. 试验方法

用微量滴管吸取 0.5% 正常兔血清盐水滴在 96 孔 V 型血清盘孔中，每孔 1 滴（0.025 毫升），用微量稀释棒吸被检血清在血清盘中作连续倍数稀释，每份血清作两排孔，第一排每孔加致敏血球 1 滴（0.025 毫升），第二排每孔加未致敏的血球 1 滴。同时作阳性血清、阴性血清对照、稀释液对照。然后将血清盘置于微型振荡器上振荡 1 分钟，使血清和血球充分混合，放在室温中 2 小时后记录结果。

判定标准：以"#、+++、++、+、−"五个等级符号表明反应强度。

"#"红细胞形成薄层凝集，布满整个孔底；

"+++"红细胞形成薄层凝集，布满整个孔底；但中央有少量红细胞沉降成小点；

"++"孔底有中等量的红细胞沉积，周围有一层薄凝集的红细胞；

"+"细胞沉于孔底中央，周围有故的凝集红细胞；

"−"红细胞全部沉降在孔底中央，呈圆点状，周围无散在的红细胞。

以作为试验滴度的终点。

二、试验结果

1. 影响间接血凝主要因素的测定

① 鞣酸浓度、作用时间的测定　将 1 % 鞣酸溶液用生理盐水稀释成 5 千、1 万、2 万、3 万、4 万的浓度，分别鞣化醛化血球，用鼻疽抗原致敏，对鼻疽阳性血清、阴性血清作血凝试验，其结果如表 1。

表 1　鞣酸浓度对血凝的影响

鞣酸浓度	阳性血清稀释度								
	10	20	40	80	160	320	640	1280	2560
1∶5000		+++	+++	++	++	++	++	+	−
1∶10000		+++	+++	+++	+++	+++	++	+	−
1∶20000		#	#	#	#	#	#	++	−
1∶30000		#	+++	+++	+++	#	+++	++	−
1∶40000		++	++	++	++	++	++	+	+
	阴性血清								
1∶5000	−	−	−	−	−	−	−		
1∶10000	−	−	−	−	−	−	−		
1∶20000	−	−	−	−	−	−	−		
1∶30000	−	−	−	−	−	−	−		
1∶40000	−	−	−	−	−	−	−		

表 1 说明血球经鞣酸处理后，鼻疽抗原就能被吸附在血球上，与特异性血清呈现凝集反应。用较大范围浓度的鞣酸处理血球均可使抗原吸附在血球上，但是鞣酸浓度过高或过低，血球吸附抗原的量就减少，使敏感性降低。而 1∶2 万的鞣酸浓度处理的血球，其血凝效价最高。同时也做了不用鞣酸处理血球，直接用抗原致敏，其结果血球吸附的抗原量很少，血凝反应效价极低（见表 4 ）。鞣酸处理的时间以 15 分钟为好，再增加时间，其反应敏感性不再增高。

② 致敏血球 pH 值的测定　为了获得最好的敏感性和最稳定的致敏血球，鼻疽抗原与鞣

化血球结合过程中需要稳定的 pH 值。在其他条件不变的情况下，用 pH 值 5.4、5.8、6.4 和 7.2 的 PBS 分别稀释抗原致敏血球，与鼻疽阳性血清、阴性血清作血凝，其反应结果如表 2。

表 2　致敏血球不同 pH 值对血凝的影响

pH	阳性血清稀释度								
	10	20	40	80	160	320	640	1280	2560
5.4	#	#	#	#	#	#	++	+	−
5.8	#	#	#	##	##	+++	+		
6.4	#	#	#	##	##	#	++		
7.2	#	#	#	##	#	++	++−		

阴性血清及其他对照均阴性反应。

表 2 说明不同 pH 值的 PBS 稀释的抗原致敏血球其血凝效价不同，pH 值 5.4 和 7.2 的血凝效价较低，而 pH 值 6.4 时，血凝效价最高。

2. 致敏血球鼻疽抗原浓度的测定

在其他条件下不变的情况下，将鼻疽抗原用 pH 值 6.4 的 PBS 稀释成 25、50、100、200、300、400 等不同的浓度，分别致敏鞣化血球，制成 1% 致敏血球，与阳性血清、阴性血清作血凝，测定其最适抗原浓度，其反应结果见表 3。

表 3　不同浓度的抗原致敏血球对血凝的影响

抗原浓度	阳性血清稀释度									
	5	10	20	40	80	160	320	640	1280	2560
25	#	#	#	#	#	#	#	+++	++	+
50	#	#	#	#	#	#	#	#	+++	+
100	#	#	#	#	#	#	#	#	++	
200	#	#	#	#	++	++	+	+	−	−
300	+	+	+	+	+	+	+		−	−
400	−	−	−	−	−	−	−	−	−	−

从表 3 可以看出血凝的敏感性与致敏血球时的抗原浓度有明显的关系，抗原浓度过高或过低，血凝反应效价降低。而 100 倍稀释时，血凝反应滴度最高。同时血凝反应与抗原质量有关，不同批次的抗原，其血凝滴度不同。表 1 试验所用的抗原是哈尔滨兽药厂出品，表 2、3 试验用的是自制抗原。因此，改用不同批次抗原时，要测定其最适浓度。

3. 几种醛化血球的比较

用甲醛、戊二醛、丙酮醛以及丙酮醛和甲醛（双醛化）分别制成醛化血球，按前述方法致敏，对鼻疽阳性、阴性血清做血凝，测定其效价，其反应结果如表 4。

表 4　不同醛化血球对血凝效价的比较

醛化血球种类	鼻疽阳性血清							
	50	100	200	400	800	1600	3200	6400
戊二醛血球 + 鞣酸处理	#	#	#	#	#	+++	+	–
戊二醛血球（不用鞣酸处理）	++	++	++	+	+	–	–	–
丙酮醛血球 + 鞣酸处理	#	#	#	#	+++	++	–	–
丙酮醛血球（不用鞣酸处理）	++	++	++	+	–	–	–	–
双醛化血球 + 鞣酸处理	#	#	#	#	#	+++	+	–
双醛化血球（不用鞣酸处理）	++	++	++	++	++	–	–	–
甲醛化血球 + 鞣酸处理	#	#	#	#	++	+	–	–
甲醛化血球（不用鞣酸处理）	+	+	+	–	–	–	–	–

4.阴性血清及其他对照均阴性

从表 4 可以看出几种醛化血球不用鞣酸处理，吸附的抗原量很少，血凝反应效价较低。而用鞣酸处理后的血球，其血凝效价都很高，其中戊二醛血球和双醛化血球最高，其次是丙酮醛血球和甲醛化血球。由于戊二醛血球制备省时间，比较稳定，因而我们采用戊二醛血球。

5.敏感性和特异性试验

① 戊二醛血球经 1：2 万浓度的鞣酸溶液 37℃鞣化 15 分钟，然后用 pH6.4 的 PBS 稀释成 100 倍的鼻疽抗原致敏 37℃ 30 分钟，制成 1% 致敏血球，检查鼻疽阳性血清和阴性血清，阳性血清的血凝效价为 1 280~2 560 倍，而补反的效价为 40~80 倍，可看出间接血凝的效价比补反的效价高 30 多倍。

② 对黑龙江、吉林、内蒙古、辽宁等省的 14 个单位的健康马 39 匹、牛 19 头；疫区马来因点眼阴性反应的马骡 324 匹、点眼阳性反应的 232 匹以及鼻疽马 34 匹，进行了间接血凝和补反，其结果见表 5。

表 5　健马、牛与不同类型鼻疽马检测结果比较

	检测数目	间接血凝		补反		
		+	–	+	±	–
健康马牛	39	–	39	–	–	39
	19	–	19	–	–	19
马来因点眼阴性马	324	6	318	–	3	321
马来因点眼阳性马	232	161	71	60	26	146
鼻疽马	34	34	–	25	2	7

从表 5 可以看出，对健马和牛，间接血凝和补反均阴性，对疫区马来因点眼阴性马 324 匹，血凝检查 6 匹阳性补反有 3 匹疑似；对马来因点眼阳性马 232 匹，间接血凝检出 161 匹阳性，检出率为 69.4%，补反检出 60 匹阳性，检出率 25.8%。经统计学处理，x^2=88.13，$P<0.01$，二者检出率相差非常显著。对鼻疽马 34 匹，间接血凝全部检出，补反是 25 匹，

经统计学处理，$x^2=30.88$，$P<0.10$，二者相差非常显著。

③ 对经病理学确诊的 14 匹鼻疽马，间接血凝检测 14 匹均为阳性，补反检测 11 匹有 8 匹阳性（有 3 匹未作补反）。

④ 7 匹人工感染马的检测结果：7 匹健康马分成三组。第一组 1、2、3 号马先接种鼻疽死菌抗原，第二组 4、5、6 号马先接种经超声波粉碎的鼻疽菌抗原，第三组号 0 马只接种活菌。接种前马来因点眼均为阴性，间接血凝和补反均阴性。接种后每周采血检查一次，并定期进行马来因点眼。一、二组马接种后，一周就出现抗体，第一组第 4 周间接血凝抗体效价最高，第二组第二周最高，以后就逐渐下降。27 周后，7 匹马同时进行活菌接种，第一次皮下接种 5 千个菌，两周后第二次皮下接种 1 万个菌。接种一周后抗体开始上升，4 周后第二组抗体效价最高，平均 1 280 倍，第一组平均 640 倍，第三组 160 倍，以后逐渐下降。马来因点眼接种死菌后均未出现反应，接种活菌后除 1、5 号马中途死亡外，其余均在三周后出现阳性反应。第一、二组人工感染马从接种死菌抗原后检测了 39 周，间接血凝和补反均呈阳性；第三组接种后一周，间接血凝出现阳性反应，补反在 5 周后才出现阳性。

⑤ 对类鼻疽马血清的检查 1 份类鼻疽马血清用鼻疽补反、鼻疽间接血凝以及类鼻疽补反和类鼻疽间接血凝同时检测，结果鼻疽补反 2 匹阳性，间接血凝 9 匹阳性；而类鼻疽的补反和间接血凝 12 匹均为阳性。鼻疽间接血凝最高效价为 160 倍，类鼻疽间接血凝效价最高 1 280 倍。说明鼻疽和类鼻疽在血清学上有交叉反应。

三、讨 论

1. 间接血凝是一种微量、简便、快速和敏感的血清学检验方法。在敏感性上比鼻疽补反高。对鼻疽马能全部检出；对 7 匹人工感染马每次检查均呈阳性，对马来因点眼阳性马 232 匹检出 161 匹，这些均高于补反的检出率。但是影响间接血凝的因素很多，如某一条件不适合就会影响血凝的敏感性和特异性。特别是鼻疽抗原质量要好，否则非特异性高。对不同批次的抗原，其血凝效价也是不一样的。如在上述测定影响间接血凝主要因素的试验中，第一个试验用的抗原是买来的，以后的试验用的抗原是自己制备的。后者的血凝效价高于前者。先后制备了 50 批次的致敏血球，绝大部分比较稳定，只有少数批次的致敏血球效价较低或非特异性较强，因此在制备致敏血球时要掌握好各种因素。

2. 鼻疽间接血凝可使用醛化血球和绵羊新鲜血球，而新鲜血球敏感性比醛化血球高一个滴度。但是，新鲜血球保存时间短。不同批次或不同动物个体血球的差异可造成试验前后结果不一致，也会影响结果分析。醛化血球能保存半年以上，可克服这个缺点。几种醛化血球比较，戊二醛血球和双醛化血球较好，比较稳定；甲醛化血球敏感性较低，有时出现较高的非特异性凝集效价。

3. 鼻疽和类鼻疽之间存在着交叉反应，这早已为人们所熟知。通过对 12 匹类鼻疽马血清的检测也证明了这一点，这 12 匹马用鼻疽菌素和类鼻疽菌素点眼均呈阳性反应，说明二者在变态反应也发生交叉，这 12 份血清用类鼻疽间接血凝检测全为阳性，最高效价 1 280；用鼻疽间接血凝检测 9 匹阳性，最高效价 160 倍。而鼻疽阳性血清用鼻疽间接血凝检测效价为 1 280、2 560 倍，用类鼻疽间接血凝检测效价作为 1 280~2 560 倍。这就说明鼻疽和类鼻疽有明显的交叉反应。在今后的鼻疽检疫中，特别是南方地区的鼻疽检疫，要注意和类鼻疽鉴别。

四、小结

1. 本试验对影响鼻疽间接血凝的主要因素进行测定，建立了检测鼻疽血清抗体的微量间接血凝方法。

2. 对健康马 39 匹、牛 19 头进行检测均为阴性；对 232 匹马来因点眼阳性马检测，血凝检出 161 匹，补反检出 60 匹，对鼻疽马 34 匹，血凝均为阳性，补反 25 匹阳性，对病理学确诊的 14 匹鼻疽马，间接血凝均为阳性；补反检测 11 匹，8 匹阳性。证明间接血凝的检出率高于补反。对 7 匹人工感染马第一、二组检测 39 周，第三组检测了 12 周间接血凝均阳性。

附件九 马鼻疽免疫对流电泳和琼脂双扩散试验

崔青山 李润萍 甄英凯 姚湘燕

近年来，在马鼻疽检疫中，除仍采用鼻疽菌素点眼和补体结合反应外，尚未见应用其他新的诊断方法。张宝发等曾用冻融和振荡的方法，制备鼻疽抗原，对鼻疽菌素点眼阳性马的血清进行对流电泳后放置16小时判定结果，然而未做特异性和检出率试验，也未论述作为血清学诊断方法的应用问题。我们在鼻疽菌核糖体抗原的抽提试验中，以超声波打碎法和高速离心法制备鼻疽菌可溶性抗原，对鼻疽马（包括开放性、活动性、马来因马）、类鼻疽马和其他病马及健马、骡、驴的血清，进行了免疫对流电泳和琼脂双扩散试验，结果表明其特异性强、对活动性鼻疽马检出率明显高于补体结合反应，尤其对流电泳法能在短时间内（60~90分钟）快速、准确地判定结果。

一、材料和方法

1. 鼻疽菌

挑选光滑型鼻疽菌接种于甘油琼脂培养基上，于73℃培养84小时。然后用灭菌生理盐水把菌苔洗下来，置于60℃水浴中1小时杀菌，即为菌悬液。

2. 鼻疽菌可溶性抗原的抽提

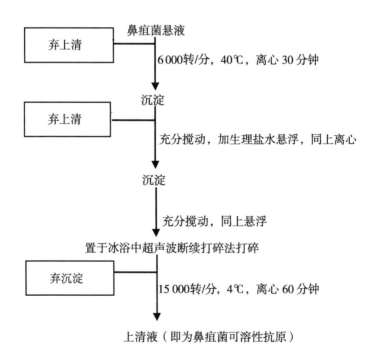

3.被检血清

近两年来搜集的鼻疽马（包括开放性、活动性、马来因马）、人工感染类鼻疽马和传贫、疑似脑炎、锥虫、疤疹等病马及健康马、骡、驴的血清。

4.免疫对流电泳和双扩散法

（1）琼脂胶和琼脂板　用离子强度 0.06，pH 8.6 的巴比妥缓冲液配制的 1% 琼脂胶（含 0.1% NaNO$_3$）；琼脂板用 6×9 厘米玻璃板上浇注 10 毫升溶化的琼脂胶，其厚度约为 2 毫米，如被检马例数少时，可用载玻片制备琼脂板。

（2）免疫对流电泳法　取浇好的琼脂板如图 1 的格式打孔，分别点入被检血清和抗原，将琼脂板移到盛有巴比妥缓冲液的电泳槽上，接通电压 20 伏，电流约 15~20 毫安/每块琼脂板，电泳 60~90 分钟。凡在 90 分钟以内在抗原与被检血清孔之间产生 1 至数条沉淀线者判为阳性，不产生沉淀线者判为阴性。

（3）双扩散法：取浇好的琼脂板如图 2 的格式打孔，分别点入抗原和被检血清，将琼脂板平放于垫有湿润纱布的搪瓷盘中，加盖放置室温或在 52℃ 温箱中自由扩散。凡在 1~3 天内在抗原与被检血清孔之间产生 1 至数条沉淀线者判为阳性，不产生沉淀线者判为阴性。

二、结果与讨论

（一）超声波打碎时间对菌体裂解和抗原性的影响

为确定以超声波打碎法裂解鼻疽菌的适宜时间，在超声波打碎过程中隔一定时间取样，以电镜负染法检查菌体裂解程度，以补体结合反应和对流电泳法检查抗原性，其结果如表 1。

表 1　超声波打碎时间对菌体裂解和抗原性的影响

	菌体裂解程度	补反抗原效价（倍）						对流电泳
		200	400	1000	1200	1400	1600	
打碎前	菌体形态完整	0	0	30	60	80	90	出现较弱沉淀线
打碎 12 分钟	一多半菌破碎	0	0	0	0	30	40	出现 3 条沉淀线
打碎 24 分钟	大部分菌破碎	0	0	0	0	0	30	同上
打碎 39 分钟	大部分菌破碎	0	0	0	0	0	0	同上，有 1 条致密
打碎 60 分钟	绝大部分菌破碎	0	0	0	0	10	40	同上，反应减弱

注：0 表示完全阻止溶血，数字 10~90 表示溶血百分数。

从表 1 中可见，随着超声波作用时间的增加，菌体裂解效果也增高，由菌体内部释放出来的可溶性成分也增多，因此菌体裂解物的补反抗原效价和对流电泳抗原性也增高。超声波打碎 93 分钟者大部分菌体裂解了，其补反抗原效价达到 1 600 倍（尚未到终点），对流电泳沉淀线也较强。然而，超声波打碎 60 分钟者，虽能继续提高菌体裂解效果，却降低补反抗原效价和对流电泳抗原性，其原因有待进一步研究。所以，我们认为超声波打碎法裂解鼻疽菌的时间不宜过长，大约 4 分钟为宜。

（二）马鼻疽对流电泳和双扩散反应的特异性和检出率

1.特异性

为弄清超声波打碎法制备的鼻疽菌可溶性抗原 的特异性，对 5 例鼻疽马、126 例健康马、骡、驴及人工感染类鼻疽马、传贫、西北疑脑炎、锥虫、焦虫、疱疹等病马110例，进行了对流电泳和双扩散试验。其结果，鼻疽马血清产生1至数条沉淀线（见图1、图2），还有类鼻疽马血清产生交叉反应；其余病马和健康马、骡、驴的血清都不产生任何沉淀线，均为阴性反应（见表2）。由此可见，鼻疽菌可溶性抗原同鼻疽马血清在对流电泳和双扩散反应中产生的抗原—抗体沉淀反应，具有较强的特异性。至于类鼻疽马血清的交叉反应，如同鼻疽补体结合反应与类鼻疽之间产生类属反应一样，是由于鼻疽菌和类鼻疽菌中含有共同抗原所致。从沉淀线的强度来看，对流电泳的沉淀线致密、清楚；而在双扩散反应中抗原、抗体向四周扩散，因此其沉淀线有的微弱，不太清楚。

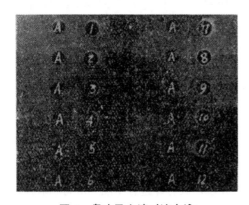

图1 鼻疽马血清对流电泳
A孔为抗原，孔径4毫米，1~21为被检血清孔，孔径为5~6毫米

图2 鼻疽血清双扩散
Ag为抗原孔，孔径为6毫米，其余孔为被检血清孔，孔径为5毫米

2. 检出率

对55例鼻疽马血清进行对流电泳和双扩散试验及补体结合反应，其结果如表2。

表2 马鼻疽对流电泳和双扩散反应的特异性、检出率

		例数	点眼	补反	对流	扩散
健康马、骡、驴		216			0	0
传贫马		24			0	0
西北疑脑炎马		12			0	0
锥虫马		9			0	0
焦虫马		4			0	0
疱疹马		48			0	0
类鼻疽马		4			3/4	2/4
鼻疽马	开放性	10	10/10	7/10	10/10	8/10
	活动性	17	17/17	17/17	17/17	12/14
	马来因马	28	28/28	0	11/28	9/23
总 计		55	55/55	24/55	38/55	29/47

注：因血清不足，一部分马未做。

表 2 中可见，从对流电泳检出率来看，10 例开放性和 17 例活动性鼻疽马对流电泳全为阳性，而且 82 例马来因马中有 n 例对流电泳呈阳性。因此，鼻疽马对流电泳总检出率（38/55）明显高于补反检出率（24/55）。

其次，从双扩散反应检出率来看，10 例开放性和 14 例活动性（3 例因血清不足未做）鼻疽马双扩散反应呈阳性的分别为 8/10 和 12/14，而且 32 例马来因马（5 例因血清不足也未做）中双扩散反应呈阳性的有 9 例（对流电泳均为阳性）。可见，各类鼻疽马双扩散反应检出率都低于对流电泳检出率，但由于马来因马中一部分马双扩散反应呈阳性，因此鼻疽马双扩散反应总检出率（29/47）也高于补反检出率（24/55）。

对流电泳和双扩散反应都属沉淀反应，但前者由于抗原、抗体向单一方向移动，因此其反应敏感度高，理所当然其检出率高于后者。可见对流电泳法较补反和双扩散法具有快速、沉淀线清楚、检出率高等优点。

根据多次试验中体会到，马鼻疽对流电泳沉淀线出现的快慢、检出率的高低，同制备抗原所用菌株的型别（必须为光滑型）和抽提的可溶性抗原质量（即抗原效价）有密切关系。对流电泳的成功与否，取决于能否抽提出高质量的可溶性抗原。本试验较张宝发等试验能在短时间内产生沉淀线的原因，可能是抗原的制备方法不同，抗原的质量优于后者。

3. 对流电泳和双扩散

结果与病理病变的比较为了弄清对流电泳和双扩散反应对鼻疽马进行病理剖检和组织学检查。

附件十 马鼻疽诊断方法的研究

中国农业科学院哈尔滨兽医研究所

鼻疽是世界上蔓延最广、危害性较严重的单蹄兽的一种慢性传染病，也是公共卫生角度应当重视的一种人畜共患传染病。

1882 年 Lossler u.schutz 发现了鼻疽杆菌，阐明了病性，同时在诊断法的研究上也取得了飞速的进步，1891 年俄罗斯学者 X.N 盖耳曼及 O.N·卡耳宁格首先制出了变态反应原——马来因，1907 年由 Vallei 创出了马来因点眼法，Foth.Mladimiross 等对热反应进行了研究，1905 年在布达佩斯第八次国际兽医委员会上决定了马来因热反应的实施和判定的基本条件，1914 年由伊大利学者 Lansranch；综合点眼及皮下热反应又创出了眼睑皮内反应等变态反应诊断法。

1896 年 Mc Fradyean 开始应用凝集反应诊断鼻疽，1909 年 Sohutz uschubcrt 首先将补体结合反应应用于鼻疽的诊断。

应用：临床学、细菌学、血液学、血清学、变态反应及病理学等方法诊断鼻疽，因此对鼻疽构成了多种多样的诊断方法。

在一般传染病的诊断上依靠一种方法有时是不够的，尤其是病性复杂的鼻疽更是这样。时重等主张以马来因热反应与凝集反应并用；Schnurlr 等主张点眼反应与凝集反应并用；Frohnlr 主张点眼与血液检查法并用；Schutz Schublrt 等主张补体结合反应与凝集反应并用；Luhrs 主张点眼反应与补体结合反应并用；Miessner.Marek 等主张点眼反应、补体结合反应及凝集反应等三种反应并用；奥田、丰岛、持田等在 1933 年利用蒙古马试验研究结果也主张点眼反应、补体结合反应及凝集反应三种方法并用。

苏联米洛夫佐洛夫及格洛霍夫主张以临床学、反复点眼反应及补体结合反应并用为主，同时再辅助以皮下热反应及促进反应；同时苏联国家将被检马骡首先进行临床学的诊断。出现临床症状的开放性鼻疽，立即扑杀，缺乏或无鼻疽临床症状的马匹。用马来因反复点眼 3~4 次及补体结合反应两次，点眼及补体结合反应阳性马判为鼻疽而捕杀之；补体结合反应阴性但点眼反应持续阳性马，则于皮下接种马来因 2 毫升经 9~12 天再进行两次补体结合反应检查，阳性马判为活动性鼻疽而捕杀，阴性马则判为马来因马；两次补体结合反应阴性而点眼反应交错者实施热反应检查阳性者为马来因马，阴性者解除隔离。马来因马送马来因农场集中隔离使役。苏联由于采取了这样积极的系统的防制办法，因此很快地就消灭了鼻疽。

新中国成立前，由于反动阶级的统治，畜牧业长期的被遗弃，因此农畜疾病广泛散播，其中尤以鼻疽更为猖獗散漫全国，新中国成立后由于人民政府的努力，鼻疽病已逐渐减少，但因过去的疮痍严重，一时难以全部恢复，因此也严重地影响了我国的养马事业和经济建设事业。据几年来的不完全统计，东北地区的污染率，平均为 14% 左右：其中开放性鼻疽占 0.9%。依此推算，东北地区将有鼻疽马 56 万匹，开放性鼻疽马 3 万匹左右。

1952年我军马骡的污染率平均为14.4%。因此大力开展鼻疽检疫工作是发展我国的养马事业及保障军马健康的一个重要步骤。

我们为了学习苏联先进的鼻疽检疫经验并结合我国的具体情况，以便大力开展检疫工作，因此于1953年利用淘汰的所谓马来因反应阳性马330匹，进行了鼻疽检疫的方法上的研究，拟为我国今后的鼻疽检疫工作创造规范。兹将试验成绩分述如下，供同志们参考，并请指正。

一、试验材料及方法

1.试验材料

（1）试验马　此次试验用马330匹，系于1953年春，在某些单位经鼻疽检疫认为是马来因点眼反应阳性而补体结合反应阴性的马匹，分期于8—10月间调集集中而用之于试验。

（2）试验用的生物制品

① 马来因：系军马卫生科学研究所按苏联方法制造的第13批出品。

② 鼻疽抗原：系军马卫生科学研究所按苏联方法制造的液体抗原第3批出品，其效价为200倍。

③ 溶血素：军马卫生科学研究所出品，其效价为1 500倍。

2.主要试验方法

（1）马来因点眼反应　每次按规定之间隔，往左眼内点马来因3~4滴，点眼后经第2、4、6、8、12及24小时进行六次观察反应，并将其反应状态记录之，然后综合所有情况按下列标准判定：

阴性反应：点眼后无任何变化，或结膜轻度潮红、肿、胀、流泪者；

疑似反应：结膜潮红肿胀流泪，在内眼角有少量即豌豆大或其以下的脓性眼眦者；

阳性反应：由马来因点眼引起各种不同程度之化脓性结膜炎，即结膜高度潮红水肿，眼睑肿胀或封闭，沿下眼睑缘出现索样脓漏，通常由内眼角流出者。

我们为了观察反应强度与剖检之关系，将阳性反应分为弱阳（+）、中阳（++）及强阳（+++）。

弱阳性（+）：眼睑轻度肿胀，脓样分泌物由豌豆大以上乃至眼睑之一半者；

中阳性（++）：眼睑肿胀显著，脓样分泌物超过半个眼睑或达于全眼睑者；

强阳性（+++）：上下眼睑高度肿胀及分泌大量脓样眼漏，睫毛胶着因而眼睑封闭者。

（2）热反应

按苏联方法进行，即：在进行首先测量体温三次，平均体温在38.5℃以下，其中任何一次的最高体温均未超过39℃时，即在马匹颈侧或胸前皮下注射马来因毫升，注射后使马匹充分休息，在20~24小时内禁止饮冷水，于注射后第6小时起每隔2小时检温一次，直检至第24小时，于36小时再测温一次，并观察注射局部及全身反应，最后综合判定之。

阳性反应：马匹体温上升到39.6~40℃，同时伴有明显的局部及全身反应者。

疑似反应：体温上升39℃，但不超过39.6℃。有不明显之全身及局部反应者，或体温升至40℃而无局所反应者。

阴性反应：体温在39℃以下无局部及全身反应者。

（3）促进反应　点眼反应持续为阳性，补体结合反应两次为阴性的马匹，按米洛夫佐夫及格洛霍夫的方法，于皮下注射马来因 2 毫升，经 9~15 天后，采血进行补体结合反应试验，是阳性反应者确定为促进反应阳性；阴性者确定为促进反应阴性。促进反应阳马判为鼻疽，阴性马判为马来因马。

（4）补体结合反应（以下简称补反）　按苏联补反操作方法进行，补体使用溶菌系之效价；抗原采用与血清最大稀释倍数结合呈最高阻止溶血之抗原稀释倍数。

（5）病理解剖学的检查法　试验马用 0.5% 硝酸、土地年酒精溶液静脉注射 20~80 毫升扑杀后，然后进行系统的肉眼观察，并采取部分器官进行组织学检查。

（6）细菌学的检查　按下列三种方式进行

① 直接涂抹培养　采用血液甘油琼脂、血液孔雀绿酸性复红甘油琼脂及血液硫堇葡萄糖甘油琼脂等平板。

② 增菌培养　利用血液甘油肉肠培养 43~72 小时后再用上述平板进行培养。

③ 动物接种试验　将病料五倍乳剂给雄性天竺鼠接种，用每匹马的病料各 1 毫升接种于天竺鼠的腹腔内（两头）和皮下（一头），观察 15 天，其间如有倒毙者立即剖检，如未倒毙则于日后扑杀剖检之。

二、试验的步骤

我们这次研究进行的程序，主要是根据苏联扑灭鼻疽的先进检疫方式拟订的。

三、试验成绩

今将试验马 330 匹的各项试验成绩，按试验的进行程序分别统计如下。

1. 试验马的反复点眼反应

补体结合反应，剖检及细菌学检查等成绩的综合统计，将试验马 330 匹的反复点眼反应。

试验马经三次及部分四次反复点眼结果，出现 26 种不同的类型，我们根据点眼反应的类型，将试验马分为三群即 +++、±++、+±+ 及 -++ 等四种类型为持续反应群，计 275 匹占 77.87%；-±--、--±-、±-±- 及 ---- 等四种类型为阴性群，计 25 匹占 7.58%；其余各次反应交错的十八种类型为交错反应群，计 48 匹占 14.5%。试验马 330 匹中，补体结合反应阳性者为 33 匹占 10%；其中点眼反应持续阳性群计 27 匹占 8.18%；点眼反应交错群计 6 匹占 1.82%。点眼反应阴性群未发现有补体结合反应阳性者。

将三群试验马中的各种点眼反应类型及补体结合反应阳性马抽出 178 匹，剖检结果，有 110 匹占 61.30%，发现有鼻疽病变，其中，补体结合反应阳性的 33 匹全部发现鼻疽病变；三群马的剖检率以点眼反应持续阳性群为最高，达 72.58%，交错反应群次之占 45.23%，阴性反应群为最少，仅占 8.33%。

将剖检阳性马 110 匹中的 92 匹进行细菌学检查结果，有 68 匹占了 73.91% 分离出典型的疽杆菌。

（1）鼻疽马三次点眼反应成绩　将剖检确认病变的鼻疽马 110 匹的生前马来因三次点眼反应成绩比较统计之如表 2。

（2）马来因反复点眼，对鼻疽马检出的关系 将剖检确认病变的鼻疽马 110 匹之生前四次点眼反应成绩积累统计之见表 3。

表 1 鼻疽马 110 匹四次点眼反应积累统计

		点眼成绩					细菌检查					备注
		匹数		累积成绩			匹数	阳性阴性				
		匹数	%	匹数	占全马%	占积累%	匹数	匹数	%	匹数	%	
第一次	110	阳性 84	76.36	84	76.36	77.06	70	51	72.87	19	27.14	
		疑似 8	2.27	8	2.27	100.0	7		85.71	1	14.29	
		阴性 18	16.37	16	16.37	100.0	15	11	73.33	4	26.67	
第二次	26	阳性 16	16.54	100	90.91	91.74	12	10	83.33	2	16.67	
		疑似 2	7.69	2	1.82	25.0	2	2	100.00			
		阴性 8	30.77	8	127	50.0	8	5	62.5	3	37.5	
第三次	10	阳性 8	80.0	108	98.18	99.08	8	5	62.5	3	37.5	
		疑似										
		阴性 2	20.0	2	1.82	12.5	2	2	100.0			
第四次	2	阳性 1	50.0	109	99.09	100	1	1	100.0			
		疑似										
		阴性 1	50.80	1	0.91	6.25	1	1	100.0			

由上表可知：110 匹鼻疽马中第一次点眼反应阳性的 84 匹，占 76.36%；第二次点眼又有 16 匹呈现阳性反应，累积为 100 匹，累积率为 90.01%；第三次点眼阳性马累积为 109 匹，累积率为 99%；第四次点眼阳性马累积为 109 匹，累积率为 99.09%。

由此说明随点眼次数的增加，阳性马累积率也随之上升。

表 2 鼻疽马 110 匹马来因三次点眼反应成绩比较统计

		点眼		细菌学检查						备注
		匹数	%	匹数	阳性		阴陆			
		匹数	%	匹数	匹数	%	匹数	%		
第一次	110	阳性 84	76.36	70	51	56.33	19	34.63		
		疑似 8	207	7	6	85.71	1	14.29		
		阴性 18	16.37	15	11	64.71	4	35.29		
第二次	110	阳性 92	83.64	76	56	65.88	3	34.12		
		疑似 7	6.39	6	5	83.34	20	16.63		
		阴性 11	10.00	10	7	63.64	1	36.36		
第三次	110	阳性 100	90.91	84	61	64.89	23	35.11		
		疑似 5	4.55	4	4	10.00				
		阴性 5	4.54	4	3	75.0	1	25.0		

由上表可知第一次点眼反应阳性马占 76.36%，疑似反应占 7.27%，计 83.63%；第二次点眼反应阳性占 83.64%，疑似反应占 6.36%，计 90.00%；第三次点眼反应阳性占 90.91%，疑似反应占 4.55%，计 95.46%。

这说明点眼反应阳性率是随点眼次数的增加而逐渐提高。

（3）鼻疽马各次点眼反应的出现时间，持续时间及反应强度的比较将鼻疽马 110 匹的生前各次点眼反应的出现时间、持续时间及反应强度分别统计如下：

① 鼻疽马各次点眼反应出现时间比较　将鼻疽马各次点眼反应出现时间比较统计之如表 4。

表 3　鼻疽马 110 匹三次点眼反应出现时间统计

			2 小时		4 小时		6 小时		8 小时		12/ 小时		24 小时		备注
			匹数	%	匹数	%	匹数	%	匹数	%	匹数	%	匹数	%	
第一次	+	84	22	26.19	39	46.43	20	23.81	2	2.33	1	1.19			
	±	8			1	126	5	62.5	2	25.0					
第二次	+	92	59	64.13	31	33.71	1	1.08	1	1.08					
	±	7	1	14.29	5	71.43	1	14.28							
第三次	+	100	49	420	41	41.0	6	60	4	4.0					
	±	5			3	60.0	1	20.0	1	20.0					

由上表可知阳性反应的出现时间是：第一次点眼以 4 小时为最多，占 46.43%；2 小时次之，占 26.19%；6 小时再次之，占 23.53%；以 12 小时为最少仅占 1.19%。

第二次点眼以第 2 小时为最多，占 64.13%；4 小时次之，占 33.71%；6 及 8 小时为最少各占 3.08%。

第三次点眼也以第 2 小时为最多，占 49%；4 小时次之，占 41%；8 小时为最少，占 4.0%。

这说明随点眼次数的增加反应出现时间也随之加速。

② 鼻疽马各次点眼反应持续时间比较　将鼻疽马 110 匹的生前三次点眼反应的持续时间的统计比较见表 4。

表 4　鼻疽马 110 匹三次点眼反应持续时间比较统计

			2 小时以下		4 小时以下		6 小时以下		8 小时以下		12 小时以下		24 小时以下		备注
			匹数	%	匹数	%	匹数	%	匹数	%	匹数	%	匹数	%	
第一次	阳性	84	16	19.05	23	22.38	20	23.81	14	16.67	5	5.95	7	8.33	
	疑似	8	6	75.0	2	25.0									
第二次	阳性	92	6	6.52	9	9.78	25	27.17	25	22.17	20	21.85	7	2.61	
	疑似	9	5	71.42	1	14.29	1	14.29							
第三次	阳性	100	10	10.0	2	29.0	29	29.0	40	40.0	8	80	7	7.0	
	疑似	5	2	40.0	2	10.0	1	10.0							

由上表可知，阳性反应的持续时间：第一次点眼以持续 4 小时以下为最多，占 22.38%；6 小时以下次之，占 23.53%；2 小时以下再次之，占 18.82%；以 12 小时以下为最少，只占 5.33%。

第二次点眼以持续 6 小时及 8 小时以下为最多，各占 22.17%；12 小时以下次之，占 21.85%；以 2 小时以下者为最少，仅占 6.52%。

第三次点眼以持续 8 小时以下者为最多，占 40%；6 小时以下者次之，占 29%；24 小时以下为最少，仅占 1.0%。

由此可知点眼反应的持续时间是随点眼次数的增加，持续时间也随之延长。

③ 鼻疽马各次点眼反应强度比较 将鼻疽 110 马匹的生前三次点眼反应强度比较统计见表 5。

表 5 鼻疽 110 匹三次点眼反应强度比较统计

		−		±		+		++		+++		备注
		匹数	%	匹数	%	匹数	%	匹数	%	匹数	%	
第一次	110	18	16.37	8	2.27	49	44.55	33	30.0	2	1.82	
第二次	110	11	10.0	7	6.36	57	51.82	28	24.54	7	6.36	
第三次	110	5	4.55	5	4.55	59	23.64	34	30.90	7	6.36	

由上表可根：弱阳性（+），中等阳性（++）及强阳性（+++）者，随点眼次数的增多出现率也有随之增加趋势；但相反阴性及疑似反应是随点眼次数的增加检出率则相对下低。

2. 补体结合反应

将试验 330 匹以 15 天的间隔采血进行两次补体结合反应试验成绩与剖检结果统计见表 6。

表 6 补体结合反应成绩及其与病变及细菌检查的关系

补体结合反应成绩		病理剖检					细菌检查									备注
							病变阳性					病变阴性				
		检查	阳性		阴性		检查	阳性		阴性		检查	阳性		阴性		
匹数	%	匹数	匹数	%	匹数	%	匹数	匹数	%	匹数	%	匹数	匹数	%	匹数	%	
阳性 26	7.88	26	26	100			24	18	75.0	6	25.0						
两次疑似 7	2.12	7	7	100			6	5	83.3	1	16.67						
阴性 297	90.0	145	7	53.10	68	46.90	62	45	72.58	17	27.42	65			65	100	
合计 330	100	178	110	61.80	68	38.20	92	68	73.91	2.4	26.09	65			65	1000	

由上表可知，补体结合反应阳性 26 匹，占 7.88%；两次疑似反应 7 匹，占 2.12%；合计 33 匹，占 10%。阳性及两次疑似反应马剖检结果，全部发现鼻疽病变；细菌性检查结果，由补体结合反应阳性马的 75%，及两次疑似反应马 83.33%，分离出典型的鼻疽杆菌。

3.依点眼反应及补体结合反应结果综合分群成绩

表7 综合点眼及补体结合反应成绩分群统计

		检出匹		剖检成绩					剖检阳性 细菌学检查成绩				备注
		匹数	%	剖检匹数	阳性		阴性		剖检匹数	阳性		阴性	
					匹数	%	匹数	%		匹数	%	匹数	%	
第一群	点眼1~3次阳性而补反阳或两次疑似	33	10	33	33	100			30	23	76.67	7	23.33	
第二群	点眼持续阳性而补反两次阴者	230	69.70	97	62	58.76	34	41.24	51	37	72.55	14	27.45	剖检阴性65匹经详细的细菌学检查结果故未列入统计
第三群	点眼交错而补反两次阴性者	42	12.73	36	13	36.11	23	63.89	10	7	70	3	30	
第四群	点眼反应阴者补反两次阴性者	25	7.57	12	1	8.33	1	91.67	1	1	100			
合计		330	100	178	110	56.76	92	43.24	92	68	73.91	24	26.09	

由上表可知：第一群为点眼反应1~3次阳性、同时补体结合反应阳性或两次疑似反应者，计33匹占10%；剖检全部发现有鼻疸病变；细菌学检查有75.76%发现有典型的鼻疽杆菌。

第二群为点眼反应持续阳性而补体结合反应两次阴性者，计230匹，占9.70%，其中剖检97匹，结果58.76%发现鼻疽病变；细菌学检查51匹，结果72.55%发现有典型的鼻疽杆菌。

第三群为点眼反应交错而补体结合反应两次阴性者，计42匹，占12.73%，其中剖检36匹，结果有36.11%发现鼻疽病变；细菌学检查10匹，结果有70%发现典型的鼻疽杆菌。

第四群为点眼反应阴性而补体结合反应两次阴性者，计25匹，占7.57%，其中剖检12匹，结果1匹，发现鼻疽病变占8.33%；细菌学检查结果也分离出鼻疽杆菌。

由此可知剖检阳性率以第一群为最高100%，因之世界各国按鼻疽处理而扑杀。第二群剖检阳性率为69.70%，有恶化转为急性鼻疽的可能，因此苏联学者主张注射马来因2毫升，使病势恶化加速诊断，于9~15天后采血进行补体结合反应试验，阳性者按鼻疽处理，阴性者为马来因马。

第三群剖检阳性率只占36.11%，苏联学者主张利用热反应进行鉴别阳性者为马来因马，阴性者解除隔离。以上三群马的措施都已被苏联国家在扑灭扑疸当中所采用。

第四群剖检阳性率为8.33%，即剖检12匹中有1匹发现鼻疽病变。因该马在1953年春，经某单位点眼试验而认为阳性，与其他阳性马集中隔离半年后而进行试验。因之不能视之为一般马群的点眼反应阴性马，而应认为是特殊情况。

4．促进反应

为了查明点眼反应持续阳性，而补体结合反应两次阴性马中的活动性鼻疽，在土耳其军队中应用一般称为"安哥拉法"，即将仅对马来因点眼呈阳性或疑似而没有临床症状的马匹，把 10 倍稀释之浓缩马来因静脉内注射 2 毫升，皮下注射 10 毫升，而后每天测体温及观察临床症状如呈现鼻疽临床症状或体温四次持续升高 39.5℃以上，则认为有传播鼻疽的危险而扑杀之。苏联学者 A.n 涅夫陀夫在查明马来因马中活动型鼻疽时，曾给马匹静脉内注射马来因 1.2~5 毫升，然后使马匹服重劳役，观察是否呈现临床症状及补结合反应阳性及血象的变化等。米洛夫佐洛夫及格洛霍夫提倡给马来因马，皮下接种马来因 2 毫升，于第 9 及 15 天采血进行补体结合反应试验，阳性马即为活动性鼻疽。

（1）促进反应成绩与剖检及细菌检查之关系　我们按米洛夫佐洛夫及格洛霍夫所提供的方法将上述点眼反应持续阳性而两次补体结合反应阴性的第二群试验马 226 匹，皮下注射马来因 2 毫升进行了促进试验，并将其中 95 匹进行了剖检，其成绩统计见表 8。

表 8　促进反应成绩与病变及细菌检查之关系统计

检出		剖检成绩					剖检阳性 细菌学检查成绩					备注
匹数	%	剖检匹数	阳性		阴性		剖检匹数	阳性		阴性		
			匹数	%	匹数	%		匹数	%	匹数	%	
阳性 117	51.8	47	31	65.96	16	34.04	24	15	62.5	9	37.5	剖检阴性 29匹经详细的细菌学检查结果均约阴性故列入统计
疑似 27	11.9	5	5	100			4	4	100			
阴性 482	36.3	42	26	60.47	17	39.53	22	17	77.27	5	22.7	
总计 226	100	62	62	65.26	33	34.74	50	36	72	14	28	

由上表知，促进试验结果以阳性者为最多，占 51.80%；阴性者之占 36.30%；疑似者最少占 11.96%。其剖检阳性率：阳性反应马占 65.96%；疑似马阴性马占 60.47%。

其部分剖检阳性马经细菌学检查结果，鼻疽杆菌分离率，阳性马占 62.5%；疑似马占 100%；阴性马占 77.47%。

（2）促进反应成绩与病性的关系　将第二群试验马，经剖检确认为鼻疽的 62 匹马，按病性与生前促进反应成绩比较，统计见表 9。

表 9　促进反应成绩与病性的关系

病性 反应 匹数及%	渗出性		渗出＞增性		渗出＝增性		渗出＜增性		增生性		备注
	匹数	%	匹数	%	匹数	%	匹数	%	匹数	%	
阳性 31	4	12.90	11	35.48	4	12.90	6	19.36	6	19.36	
疑似 5			3	60.0	1	20.0			1	20.0	
阴性 26	6	23.08	9	34.62	1	3.84	7	26.92	3	11.54	
总计 62	10	16.13	23	37.10	6	9.67	13	20.97	10	16.13	

由上表可知，促进反应阳性马：以渗出＞增生性为最多，占 35.48％；渗出＜增生性、增生性者次之，各占 19.36％；渗出性、渗出＝增生性者较少，各占 12.90％。

疑似马，以渗出＞增生性者为最多占 60.0％；渗出＝增生性，增生性者次之，各占 20.0％。

阴性马：以渗出＞增生性者为最多，占 34.62％；渗出＜增生性者次之，占 26.92％；渗出＝增生性者最少，占 3.34％。

总计 62 匹：以渗出＞增生性为最多，占 37.10％；渗出＜增生性者次之，占 20.97％；渗出增生性者为最少，占 9.67％。

5. 热反应

将上述第三群试验马，即点眼反应交错而两次补体结合反应阴性马 34 匹，及为了对照，抽第一群试验马 13 匹进行了热反应试验，其结果统计见表 10。

表 10 热反应成绩及其与病变细菌检查之关系

试验马别	马数	热反应	检出		剖检成绩				剖检阳性马细菌学检查成绩					备注
						阳性		阴性			阳性		阴性	
			匹数	%	匹数	匹数	%	匹数	%	匹数	匹数	%	匹数	%
第一群	13	阳性	13	100	13	13	100			12	7	58.33	5	41.67
第三群	34	阳性	11	32.35	9	2	22.22	7	77.78	2	2	100		
		疑似	14	41.18	14	6	42.86	8	57.14	4	1	25	3	75
		阴性	9	26.47	8	1	12.5	7	87.5	1			1	100
		总计	34	100	31	9	29.03	22	70.97	7	3	42.26	4	57.14

由上表可知：对照的第一群试验马完全为阳性。

第三群试验马实施热反应结果：疑似反应较多，占 41.18％，阳性反应次之，占 32.35％；阴性反应较少，占 26.43％。

剖检结果，确认鼻疽病变者以疑似反应为最多，占 42.86％；阳性次之，占 22.22％；阴性者亦有 12.5％ 有病变，但未分离出鼻疽杆菌。

6. 细菌学检查成绩

表 11 将剖检阳性马 92 匹及剖检阴性马 65 匹进行培养及天竺鼠按种试验其结果

病料	检查匹数	阳性										备注
		培+接+		培+接−		培−接+		小计				
		匹数	%	匹数	%	匹数	%	匹数	%	匹数	%	
剖检阳性	92	54	58.70	9	9.78	5	5.43	68	73.91	24	26.09	
剖解阴性	65									65	100	
合计	157	54	34.39	9	5.73	5	3.18	68	43.31	89	56.69	

由上表可知，剖检阳性马 92 匹，利用培养及天竺鼠接种试验结果是：培养及接种都呈阳性占 58.70%；培养阳性而接种阴性者占 9.78%；培养阴性而接种阳性者占 5.43%。总计鼻疽杆菌分离率为 73.91%。由此说明培养与天竺鼠接种试验不能互相代替，并用时可提高检出率。

剖检阴性马细菌学检查结果全部为阴性。

7. 病理解剖学的检查成绩

将经剖检确认鼻疽病变的 110 匹试验马的病变分析，病性及肺病变的类型等统计之如下：

（1）鼻疽马 110 匹的病变分布　将鼻疽马 110 匹的机体各部鼻疽病变的分布统计见表 12。

由下表可知：第一群 33 匹统计结果由 17 个以上部位发现不同程度的病变；病变检出率以肺为最高，达 90.91%；脾脏次之，占 60.61%；肝脏及肺门淋巴结再次之，各占 51.52%；以咽喉、肌肉、骨、胸肋膜、脾门淋巴结及肠系膜淋巴结为最少，各占 3.03%。

第二群 63 匹统计结果由 13 个以上部位发现不同程度的病变；病变检出率以肺为最高，达 96.83%；肺门淋巴结之次之，占 39.65%；肝脏再次之，占 36.51%；咽背淋巴结占 28.58%；以脾门淋巴结和肠系膜淋巴结为最少，各占 3.17%。

第三群 13 匹统计结果由 7 个部位发现不同程度的病变；检出率以肺为最高，达 100%；肝脏及肺门淋巴结次之，各占 30.77%；脾脏再次之，占 23.08%；以咽背淋巴结及肺门淋巴结为最少，仅占 7.69%。

第四群仅 1 匹由肺、脾及咽背淋巴结等三个部位出现了不同程度的病变。

将上述 110 匹综合统计之病变出现率以肺为最高，达 95.45%；肺门淋巴结次之，占 41.82%；肝脏再次之，占 40.0%；脾占 34.54%；以肌肉、骨、及胸肋膜为最少，各占 0.91%。

表12　鼻疽110马匹病变分布统计

群别	匹数	病变分布匹数及%	肺	肝	脾	鼻	咽喉	气管	肾	颌下淋	咽背淋	肺门淋	肝门淋	脾门淋	肠系淋	其他淋	皮肤	肌肉	骨	脑肋膜
第一群	33	匹数	30	17	20	5	1		2	3	13	17	6	1	1	6	4	1	1	1
		%	90.61	51.52	60.61	15.15	3.03		6.06	9.09	39.39	51.52	18.18	3.03	3.03	18.18	12.12	3.03	3.03	3.03
第二群	63	匹数	61	23	14	12	9	5	3	9	18	25		2	2	4				
		%	96.83	36.51	22.22	19.05	14.29	7.93	4.76	14.29	28.58	39.65		3.17	3.17	6.34				
第三群	13	匹数	13	4	3					2	1	4		1						
		%	100	30.77	23.08					15.38	7.69	30.77		7.69						
第四群	1	匹数	1		1						1									
		%	100		50						100									
合计	110	匹数	105	44	38	17	10	5	5	14	33	46	6	4	3	10	4	1	1	1
		%	95.45	40.0	35.54	15.45	9.00	4.55	4.55	18.72	30.0	41.82	5.45	3.64	2.72	9.09	3.64	0.91	0.91	0.91

（2）鼻疽马110匹之病性分类　将鼻疽马110性分类统计之见表13。

表13　110匹鼻疽马病性分类

病性区别 剖检性匹数	匹数及% 群别	渗出性 匹数	%	渗出＞增性 匹数	%	渗出＜增性 匹数	%	渗出＝增性 匹数	%	增生性 匹数	%	备注
第一群	33	7	21.21	4	12.12	15	45.4	3	9.09	4	22.12	
第二群	63	11	17.46	23	36.51	12	19.05	6	9.52	11	17.46	
第三群	13	5	38.46	4	30.71	3	23.08			1	7.69	
第四群	1			100								
合计	110	23	20.91	32	29.09	30	27.27	9	8.18	16	14.55	

由上表可知：第一群33匹中以渗出＜增生性者为最多，占45.40%；渗出性者次之，占21.21%；渗出＞增生性者及增生性者再次之，各占12.12%；渗出＞增生性者较少，占9.09%。

第二群以渗出＞增生者为最多，占36.51%；渗出＜增生性者次之，占19.05%；渗出＝增生性者较少，占9.52%。

第三群12匹中以渗出性者较多，占38.46%；渗出＞增生性者次之，占30.77%；生性者最少，占7.69%。

第四群的1匹为渗出＞增生性者。

（3）鼻疽马肺脏鼻疽病变的病型分类　将110匹鼻疽马其肺脏有病变的100匹病型分别统计比较见表14。

表14　剖检鼻疽马100匹肺脏各种鼻疽病型出现率

病变名称 匹数及%	小叶性肺炎	增生性鼻疽结节	增生性粟粒性鼻疽结节	胶样肺炎	慢性支气管周围炎	渗出粟粒性鼻疽结节	大叶性肺炎	肺空洞	肺硬结	腹肋膜炎
匹数	48	66	27	19	9	19	11	9	6	1
%	48	48	27	19	9	19	11	9	6	1

注：增生性鼻疽结节系于肺脏形成小豆大—大豆大的肉芽性结节。

由上表可知：有种10病型。以小叶性肺炎为最多，占48%；增生性鼻疽结节次之，占48%；增生性粟粒性鼻疽结节再次之，占27%；以胸肋膜炎为最少，仅占1%。

四、讨论

马匹在感染鼻疽初期先出现凝集素和补体结合物质，但马来因反应出现稍迟。达进行期则凝集素逐渐消失，而失去诊断价值；补体结合反应和点眼反应则很为明显。再经过一定时期所谓静止期则补体结合反应消失或消弱而只点眼反应阳性。这是公认的事实。

因之时重，Schntirer、Schtiz、Schubert、Skhrs、Miessner Marek 奥田等都主张多种反应并用。苏联学者 C．H 维舍列斯基。Я．E．柯拉柯夫、米洛夫佐洛夫及格洛霍夫，M．伊瓦诺夫，彭达林柯及一些苏联有指导性材料主张利用临床学诊断，马来因点眼及补体结合反应为基础，再辅助以热反应及促进反应等，综合诊断法。

1. 点眼反应

C．H·维舍列斯基、Я．E．柯拉柯夫、米洛夫佐夫及格洛霍夫、彭达林·克等，认为马来因点眼反应无论在急性、慢性、潜伏性以及初愈的鼻疽病畜都能有一定的反应，因此说明马来因点眼反应的诊断价值颇大。根据米洛夫佐洛夫及格洛霍夫的试验成绩，慢性鼻疽第一次点眼有 60% 出现反应，第二次点眼有 95% 出现反应，第三次点眼出现反应数可达 98%。因此，主张在鼻疽检疫时进行反复点眼三次，已被苏联国家在鼻疽防制上所采用。我们这次研究结果第一次点眼将鼻疽马检出 76.36%；第二次点眼检出 90.91%，第三次点检出达 98.18%；第四次点眼检出为 99.09%，与苏联学者的试验结果是相近似的。由此说明由于反复点眼显著地提高了检出率，使鼻疽马在检疫过程中之遗漏缩小到最小限度，而减少了传染源，这是先进的社会主义国家苏联比之资本主义国家能在短时间内消灭了鼻疽的最主要原因。

但是虽然进行反复点眼仍不能将鼻疽马完全检出，尚有少数被遗漏。根据此次试验三次点眼有 1.82%，四次点眼有 0.91% 仍被遗漏。这已由苏联学者所指出，是造成捕灭鼻疽必须进行有计划地反复检疫的最主要原因，由此次试验亦已证实。我国由于鼻疽污染较严重。慢性的鼻疽马虽经 3~4 次点眼仍不能将其完全检出。因此为了消灭我国的马鼻疽，必须是有计划地、长期地反复检疫才可能达到目的。点眼次数一般应增加到三次，如条件许可时进行四次则更为妥当。

反复点眼不但能提高检出率，同时随点眼次数的增加反应出现时间也随之加速、反应持续时间也延长及反应程度也加剧，因之点眼后反应的观察虽然是越勤越好，但按苏联先进经验点眼后；3、6、9 及 24 小时进行四次观察为适宜。

2. 热反应

关于热反应的应用价值问题学者们的主张也有些不同，HutyraMarek. 认为热反应是马来因反应中最敏感的一种反应；茨英维地科夫认为当马来因点眼反应消失时热反应较点眼反应为敏感、弗拉季米罗夫和马特维叶夫提出点眼反应不显著或不肯定时应当采用热反应；但是 O.H 维舍列斯基认为热反应没有任何超过点眼反应的优点，而且不如点眼反应检出率那样高及方法简便。因此，苏联仅在双目失明马，点眼反应交错马及点眼反应阴性而补体结合反应阳性马的诊断时应用，苏联在鼻疽检疫过程中点眼反应交错而两次补体结合反应阴性马。进行热反应试验，阳性者判为马来因；马阴性者解除隔离。

我们这次试验结果阴性反应群的 9 匹中，剖检 8 匹，其中有 1 匹（占 12.5%）发现鼻疽病变，在肺脏发现大豆大，中心黄色干酪化，周围被有灰白色结缔组织囊的三个结节，但未分离出鼻疽杆菌。但由于我们试验的例数太少，据此很难评价热反应的作用，更有累积例数进一步研究的必要。

3. 促进反应

苏联学者 A·II·涅夫陀夫，米洛夫佐洛夫及格洛霍夫认为马来因点眼反应阳性马中的急性鼻疽，利用补体结合反应检出时，有 20% 被遗漏，同时又认为健康马注射马来因不能引起补体结合反应，但是具有活动性鼻疽过程时则产生抗体，于第 9 及 15 天采血进行补体结合反应呈阳性，这说明由于注射马来因能使病程加剧。因之苏联国家规定在鼻疽检疫过程中点眼反应持续阳性而两次补体结合反应阴性马，进行皮下注射马来因 2 毫升，经 9 及 15 天采血进行补体结合反应，阳性者判为活动性鼻疽，阴性者为马来因马。

我们此次接种了 226 匹，依剖检 95 匹的结果来看，阳性及阴性马无论是病变的检出率，病性以及鼻疽杆菌的检出等都无明显的区分。看来并未起到将活动性鼻疽完全揭发出来的作用，同时多数马来因马由于促进病势恶化而成为开放性鼻疽。因此我们的意见是在我国目前阶段检疫中采用尚早，更有待进一步试验研究的必要。

4. 补体结合反应

补体结合反应是血清反应中具有高度特异性的一种反应与剖检病变的符合率在 95%~99%。苏联学者认为补体结合反应只能在急性或慢性鼻疽转化为急性的病机转化过程中应用时可得圆满的结果；慢性鼻疽仅有 10%~20% 呈现反应。因此有的学者认为补体结合反应是急性鼻疽的指征，但是也有些学者反对之。我们此次的试验结果补体结合反应阳性马 33 匹占试验马的 10%，占马来因反应阳性马 305 匹的 10.32%；同时剖检之 100% 发现鼻疽病变，根据病性来看有 12.12% 是增生性，同时渗出小于增生性者占 45.4%。这与苏联学者的经验是相一致的，虽然检出的阳性马并非完全是急性鼻疽，但绝大多数甚至 100% 可发现鼻疽病变。因此，各国尤其是苏联在扑灭鼻疽过程中将点眼反应阳性，同时补体结合反应亦呈阳性的马、骡扑杀，这一经验应用到我国马群则是无何偏向的。

5. 细菌学的检查

我们这次是采用了培养及动物按种试验并用方法，因之细菌的检出率较高，同时也证实了培养及动物试验不能互相代替，但是并用之可提高鼻疽杆菌的检出率。

6. 关于鼻疽马各器官病变的分布

Eberbeck 之报告以肺脏的检出率最高，占 97.02%；肺门淋巴结次之，占 83.92%；鼻腔占 56.07%；肺脏占 53.44%，脾占 50.17%，咽背淋巴结占 42.28%；市川剖检蒙古马 305 匹，结果以肺脏检出率为最高，占 94.0%；鼻腔次之，占 49.7%；脾再次之，占 46.6%；肝为 38.0%；肺门淋巴结为 28.5%。

山极氏剖检蒙古马 179 匹结果亦以肺脏检出最高，占 82.7%；肝脏次之为 81.0%；鼻腔为 38.5%；脾脏为 34.6%。

我们此次剖检的 110 匹鼻疽马的检出率以肺为最高，占 95.45%；肺门淋巴结次之，占 41.82%；肝脏再次之，占 40.0%，脾脏占 33.63%，咽背淋巴结占 30.00%。由此说明各个学者的剖检成绩，其病变的分布都不一致，但以肺脏的检出率为最高，这是由于剖检马匹当时的病势发展程度不同所致。

五、结论

此次利用试验马 330 匹，按苏联的先进鼻疽检疫方式进行系统的试验研究结论如下：

1. 点眼反应

（1）根据试验成绩反复点眼对鼻疽的检出率为：第一次点眼是 76.36%；第 2 次为 90.91%；第 3 次为 98.18%；第 4 次达 99.09%。由此说明苏联先进的反复点眼法较之资本主义国家所主张的一次点眼法是优越的：因此我们的意见是我国马、骡的鼻疽检疫一般应点眼三次：每次间隔 5~6 天或第 2 次与第 3 次间隔 15 天。

（2）反复点眼不但可显著的提高检出率同时随点眼次数的增加，反应出现时间也加快，持续时间也延长以及反应程度也随之加剧。因此我们认为我国马匹点眼后的反应观察是越勤越好。按 3、6、9、24 小时进行四次观察最为妥当。

2. 补体结合反应

为鼻疽各种诊断法中剖检阳性率最高之方法，我们此次剖检之补体结合反应阳性马 109% 发现鼻疽病变。应配合点眼以 15 天的间隔进行两次。点眼反应阳性而补体结合反应阳性或两次可疑者，进行捕杀处理，无何偏向。关于点眼反应与补体结合反应配合问题，根据苏联文献记载，在军马检疫时，无论点眼反应阳性或阴性全部采血进行补体结合反应试验，如遇点眼反应阴性而补体结合反应阳性马应进行热反应试验，阳性判为鼻疽，阴性者解除隔离。但民马检疫时只将点眼阳性马进行采血试验。我们这次试验尚未遇到补体结合反应阳性点眼反应阴性例。说明这种情况甚少，并且补体结合反应需用的设备繁多，操作复杂，我国目前阶段尚难全面开展，因此我们认为在我国目前阶段的检疫过程中，可将马来因点眼反应阳性马采血进行试验较为得当。

3. 热反应

反复点眼反应结果交错而补体结合反应两次阴性马，利用热反应做进一步诊断。根据此次试验结果：34 匹中有 9 匹，占 26.47%，热反应阴性，但剖检结果有 12.5% 仍可确认鼻疽病变，但因试验例数过少难以断言，应进一步加强这方面的研究，目前我们认为仍应按苏联经验的规定，补体结合反应两次阴性，而反复点眼反应交错马或双目失明马应进行热反应，阳性者判为马来因马，阴性者解除隔离。

4. 促进反应

复点眼持续阳性而补体结合反应两次阴性马，实施促进反应揭发其中的活动性鼻疽，此次试验结果阳性者占 51.8%，疑似占 11.9%，阴性占 36.3%。但根据剖检后病变的检出率，病变性质以及细菌学检查结果，阳性及阴性者并无显著的差别；同时其病性皆以渗出性，渗出增性者占最多数，这说明由马来因的注射激发的结果而引起病变活动化，因此，在我国目前仅采取分群隔离使役的情况下，我们认为以不应用为宜。

5. 细菌学的检查

剖检阳性马 92 匹的细菌学检查结果由 68 匹分离出鼻疽杆菌占 73.91%：其中培养及动物按种试验两者阳性者占 58.70%，只培养阳性者占 278%；仅接种阳性者占 5.43%，这说明培养或动物试验不能互相代替，并用时可提高检出率。

6.病理解剖学的检查

此次试验剖检马中有110匹发现了鼻疽病变，其病变分布全身，但以肺脏被侵害为最多，占95.45%，肺门淋巴结次之，占41.82%，肝脏再次之，占40.0%，脾脏更次之，占33.63%，咽背淋巴结占30.0%，颌下淋巴结占18.72%，鼻腔占15.45%。

从病性来看以渗出＞增生性者为最多，占29.09%，渗出＜增生性者次之，占22.27%，渗出性者再次之，占20.91%，增生性者占14.55%，以渗出＝增生性者为最少，占8.18%。

肺脏有鼻疽病变的100匹鼻疽马，其肺脏出现有小叶性肺炎，增生性鼻疽结节，增生性粟粒鼻疽结节，胶样肺炎，慢性支气管周围炎，渗出性粟粒性鼻疽结节，大叶性肺炎，肺空洞，肺硬结及胸肋膜炎等10种病型其中以小叶性肺炎为最多，占48.0%；增生性鼻疽结节次之，占46.0%；增生性粟粒性鼻疽结节再次之，占27.0%；以胸肋膜炎为最少，仅占1%。

附件十一 鼻疽免疫研究工作初步总结

中国农业科学院哈尔滨兽医研究所

马鼻疽的免疫问题，前人有过极为丰富的研究。近20年来鼻疽病在世界各国虽然逐渐被消灭，但这一问题并未获得解决，马鼻疽病在我国流行甚广，为害严重。根据文献记载，1951年东北地区重点调查污染率即达到14%。东北是我国马产地区之一，以马匹为主要农耕动力，因此鼻疽病的流行不仅直接威胁到马产事业的发展而且也影响到农业生产的发展。1954年原东北人民政府畜牧处为了消灭马鼻疽病，曾指示我所开展鼻疽免疫方面的研究工作。兹将几年来工作进行情况报告如下。请各位批评指正。

一、动物有机体对鼻疽菌变异影响的研究

1. 鼻疽菌对牛、羊的试验性感染试验（略）

详见畜牧兽医学报，第三卷，第一期，第36~43页（1958）。

2. 牛体通过对鼻疽菌变异的影响

牛体通过的方法是将鼻疽菌的24~48小时甘油肉汤培养物，注射于公牛的一侧睾丸实质内，注射量为0.1~0.2毫升，注射后每日观察其临床表现与睾丸肿胀程度，待睾丸肿大至一定程度，即由急性炎症过程转入慢性肿胀以后（约需30~40天），用外科手术切除肿胀的睾丸或宰杀后采取睾丸，分离细菌。将获得的培养物再接种于甘油肉汤中，培养24小时，注射于第二代牛的睾丸中。在一定代次之间用地鼠和海猪进行测毒，观察其毒力增减情况，必要时进行生化检查及免疫原性试验。

这一试验共用两个菌种（M7，M224），目前M7已继至21代，M224继至17代，继代的牛一般于注射后第一天体温即上升，经4~5日逐渐恢复正常，亦有稽留10日左右者。高热期间食欲减退、注射侧睾丸红肿，通常可肿大4~6倍，有时破溃并流出大量脓汁。局部有痛感，喜卧下。肿大的睾丸切除检查时，可见有大量黄白带青色的黏稠脓汁；实质内有散发的坏死灶。附睾肿胀甚至化脓。睾丸周围结缔组织增生，宰杀后作病理解剖学检查，一般除注射侧睾丸外，其他脏器均无明显病变，另一侧睾丸亦不受波及。在数十例继代牛只中，仅有二例肺部出现结节，与鼻疽马肺部的结节极相类似，并曾自结节中分离出鼻疽菌。注射的牛于注射后7~10日采血作血清学检查，所有的牛均为补体结合反应阳性。反应一般可持续二个月以上，亦有在74~100天后（去势后30天以上）补体结合反应转为阴性者。

两系继代牛最初几代的接种剂量为2.0毫升，3~10代以后则减至0.1毫升，亦可同样发病。M7系曾于10代、16代分别以地鼠与海猪测毒，对地鼠与海猪的毒力仍然很强。M224对地鼠的毒力亦无显著变化。目前两系菌种无论在菌落形态或生化反应上均未表现出明显的变化。

在继代过程中曾将M7菌种用通气培养方法培养6小时后，接种于牛的睾丸内，继代7

代，结果并未发现此种幼龄培养物具有易受机体影响的倾向。

我们曾对以 M7 强毒菌种接种睾丸的牛 1 头，进行了长期的观察。结果证明，睾丸肿胀至一定程度后即自行破溃并排出脓汁，以后可以自然愈合，牛只体况日渐好转，但睾丸却未见消退。截至目前已观察 27 个月，睾丸仍继续保菌。接种后 9 个月、13 个月、20 个月从睾丸分离细菌均获得鼻疽菌的纯粹培养物。第 20 个月分离的细菌对地鼠的毒力仍很强（LD_{50} 为 6.59）。对海猪的毒力也无明显改变。目前仍在继续观察中。

3. 绵羊通过对鼻疽菌变异的影响

绵羊通过是将鼻疽菌的 24 小时甘油肉汤培养物 2.0 毫升，注射于 1 岁以内、体重 10~15 公斤的公绵羊左侧睾丸实质内，待其死亡时由睾丸内分离鼻疽菌，再以相同培养方法接种于第二代绵羊。在不同代次之间用地鼠和海猪进行测毒，以观察其毒力增减情况，必要时作生化检查与免疫原性试验。

这一试验，使用两个菌种（R3，M224）分别继代。目前 R3 系已继代 36 代，M224 系已继代至 30 代。继代羊只于接种后均有显著的体温反应，注射后 24 小时体温高达 40℃以上，以后稽留在 40℃左右，精神不振，食欲减退甚至废绝，第 6~8 天出现鼻汁，初期为浆液性以后则转为脓性、濒死期常发生强烈鼻塞音。睾丸肿胀 2~3 倍，发热有疼感，除注射侧的睾丸外，有时另一侧的睾丸也发生相同的炎性肿胀，喜卧地，偶有咳嗽及关节肿胀等症状，经 10~15 天死亡，死前体温下降。继代羊只采血作血清学检查时补体结合反应均为阳性，一般在注射后第 4 天即开始出现反应，可持续到死亡。剖检尸体时主要的病理变化为鼻腔米粒大至黄豆大的黄白色结节或大小不等的溃疡；睾丸呈鼻疽性睾丸炎，实质内有坏死灶或化脓，附睾亦常化脓，实质脏器中，脾多呈急性肿胀，肝有轻度肿胀与程度不同的退行性变化，肺有肺炎灶，多发于右肺尖叶，个别羊偶亦出现典型的鼻疽结节并能分离出鼻疽菌；肾一般为急性肾炎。淋巴结肿胀，出血甚至有坏死点。淋巴结中以肩前、颌下、耳下、咽喉等上部淋巴结损害较重。从鼻中隔、睾丸、脾脏和上部淋巴结都易于分离出鼻疽菌，从肝、肺及其他部位的淋巴结分离细菌较为困难。截至目前，继代菌种在对试验动物的毒力、菌落形态和生化特性上均无显著的变化。对绵羊的毒力则有逐渐增强的倾向，两系菌种在 10 代以前接种剂量均为 2.0 毫升，10 代以后减至 9.1 毫升亦可发病。28~30 甚至减到 0.02 毫升亦同样可以发病。但在第 20 代和 30 代前后以小剂量接种时，绵羊的病程又延长（此时菌种对试验动物的毒力并无明显的改变），但一般在恢复原来较大的接种量以后又可以使其病程缩短。

在进行上述试验时，我们曾以 R3 菌种 24 小时甘油肉汤培养物作母羊静脉接种（接种量为 5~10 毫升）继代和用 M7 菌种通气 6 小时培养物公羊睾丸实质内接种继代的试验。两系分别继代 10 代。结果：RS 菌种母羊静脉继代系多呈慢性经过，病程较长（20~30 天以上）病状主要为流鼻涕和大部分羊的关节肿胀、跛行，末期甚至呈瘫痪状态。有二例在泌乳期的乳腺出现了肿胀和化脓。剖检时除鼻中隔与关节（个别例化脓）外，其他主要脏器及淋巴结多数均无明显病变。细菌学检查除鼻腔及关节易于分离出鼻疽菌外，其余部位的出菌率较低。M7 菌种通气培养物睾丸继代系在临床症状与病理变化上与用一般方法培养的其他两个菌种基本上没有区别，但发病经过多为急性，病程较短，常在注射后 10 天以内死亡。两系菌种在通过绵羊 10 代以后无论在对试验动物的毒力方面或在菌落形态和生化特性方面均无显著改变。10 代以后这两系都停止了继代。

4. 家兔通过对鼻疽菌变异的影响

1954 年末曾以大剂量的鼻疽强毒菌种 R3 和 R28 的培养物分别注射家兔各 1 只，注射的家兔分别于注射后第 30 和 32 天死亡，自死亡家兔的脾脏中分离得鼻疽的纯培养物后，即将这两个自家兔分离的菌种混合通过家兔。4 代以前用 48~72 小时的斜面加等高甘油肉汤制成的悬液，皮下注射 1 毫升。第 4~38 代改用 48~72 小时的甘油肉汤培养物皮下注射 1 毫升。39 代以后改用 48 小时的甘油肉汤脾脏培养物皮下注射 1 毫升。目前已继代至 73 代。

继代家兔于注射后第 2 日即有体温反应，体温增高 1℃或 1℃以上，继续稽留 10~15 日死亡。剖检时脾、肝有明显的肿大和坏死灶，死亡较早的则病变不明显或没有病变。肺一般无变化。自脾脏中皆可分离出鼻疽菌。

原始菌种对家兔的致病量很低，多次通过家兔以后对兔的毒力显著增强。以 24 小时甘油肉汤培养物制成 10 倍稀释液皮下注射 0.1 毫升，对家兔作毒力试验结果如下。

菌液稀释		10^{-1}	10^{-2}	10^{-3}	10^{-4}	10^{-5}	10^{-6}	10^{-7}
家兔通过前	R3	0/2	0/2	0/2				
	R28	1/2	1/2	0/2				
家兔通过后 （R3、R28 混合菌种）	18 代	2/2	2/2					
	25 代		2/2	2/2	2/2	2/2		
	26 代					2/2	2/2	0/2
	46 代			2/2	2/2	2/2	0/2	
	55 代			2/2	2/2	2/2	2/2	

与此同时，继代的菌种对海猪和地鼠的致病力无显著的变化，但对小白鼠的毒力则显著地减弱。兹将原始菌种和家兔通过菌种的 24 小时甘油肉汤培养物对小白鼠测毒的结果，比较如下。

菌液稀释		原液	10^{-1}	10^{-2}	10^{-3}	10^{-4}
家兔通过前	R3	4/4	4/5	3/5	5/5	3/5
	R28	5/5	3/4	5/5	5/5	4/5
家兔通过后	44 代	0/9	0/10	0/10	0/10	
	46 代		0/10	0/9	0/9	

原液每毫升约含活菌 1.5 亿。

为了进一步测定继代菌种对小白鼠的致病力减弱的程度，曾用甘油琼脂斜面培养物的洗液制成不同稀释液，皮下注射 0.1 毫升，对小白鼠作毒力试验，结果如下。

	原液	10^{-1}	10^{-2}	10^{-3}
55 代	0/6	1/6	0/5	0/6

原液每毫升约含活菌 120 亿。

由上表可见，小白鼠在皮下注射活菌（0.012~12）亿个活菌时，仅个别的小白鼠发病，证明家兔通过后菌种在其对小白鼠致病力方面已发生了相当深刻的变异。由于继代菌种对小白鼠毒力的减弱。我们曾用第 55 代以后的菌种对小白鼠进行一系列的免疫试验，这些试验证明家兔通过的菌种对小白鼠具有一定的免疫原性。例如用第 55 代菌种对白鼠所作免疫试验；免疫注射三次间隔 7~10 天，每次皮下注射 0.1 毫升，第三次免疫后间隔 14 日注射强毒，强毒注射时将免疫小白鼠分为两组，一组注射强毒菌种 R28 的 24 小时甘油肉汤培养物，另一组注射强毒菌种 R3 的培养物，结果如下。

	原液	原液	10^{-1}	10^{-2}	10^{-3}	10^{-4}	10^{-5}
1	免疫组	5/6	3/6	3/6	0/5	0/5	0/5
	对照组	6/6	3/4	5/6	5/5	4/0	3/5
2	免疫组	2/5	3/6	0/6	0/6	0/6	2/6
	对照组	6/6	2/3	5/6	5/6	2/6	0/2

第 1 组强毒菌种为 R28，第 2 组为 R3。

在另一试验中用 55 代菌种的 24 小时甘油肉汤培养物对白鼠免疫 4 次：免疫剂量及间隔日期同上，强毒注射时用对白鼠毒力已显著增强的白鼠通过菌种（A35~13 代），亦获得相同的结果。

	10^{-1}	10^{-2}	10^{-3}	10^{-4}	10^{-5}
免疫组	2/5	4/5	1/5	1/5	0/5
对照组	5/5	5/5	5/5	5/5	5/5

用第 63 代菌种免疫白鼠来探讨免疫次数与免疫力的关系，结果如下。

免疫次数	10^{-1}	10^{-2}	10^{-3}	10^{-4}	10^{-5}
1	1/5	3/6	2/6	2/6	0/6
2	2/4	4/5	3/4	0/6	0/6
3	2/4	0/4	0/5	0/5	0/5
对照	6/6	5/5	4/6	3/6	1/4

免疫方法为 24 小时甘油肉汤培养物皮下注射 0.1 毫升，间隔日数为 9~11 日，第 3 次注射后第 14 天注射强毒，强毒菌种为 R3 及 R28 的混合培养物。

用第 67 代菌种的 24、48、72 和 96 小时的培养物分别免疫白鼠 4 组，免疫三次间隔 7 天，第 3 次免疫后 22 天注射强毒，强毒菌种为 R3 及 R28 两个菌种的混合培养物。试验结果未能发现不同培养时间的培养物，对白鼠的免疫力有显著的差异。

我们曾对这一菌种进行形态学的、生化性状方面的和血清学的检查，除菌落形态较小，在斜射光线下观察时绿色荧光性较强、刻纹较深外，在生化特性和血清学性状方面均未发现显著变异。

5. 小白鼠通过对鼻疽菌疫异的影响

小白鼠通过的方法是将鼻疽的 24 小时甘油肉汤培养物注射于体重 18~20 克的小白鼠，

待其死亡或者于观察一个月后宰杀检查病变，并采取脾脏分离鼻疽菌，再注射下一代小白鼠。

这一试验共使用4个菌种（强毒M224以及动物通过菌种兔系A35，羊系S47，牛系S15）分别继代。各系在10代之前用24小时肉汤培养物腹腔注射0.1~0.2毫升。10代以后除A35系仍以上述方法继代外，其余三系改为将48小时甘油琼脂斜面培养物用5.0毫升甘油肉汤洗下，皮下注射0.5毫升。

目前，A35系已继至25代。初代白鼠死亡很慢甚至不死，但第2代以后小白鼠的死亡时间逐渐缩短，15代以后7~12天大部分均可死亡，所以继代较快，其余三系目前已继至13~15代，10代以前极少死亡，多数均在一个月后宰杀继代，因而继代速度较慢，改为皮下注射并增加注射剂量以后，继代的白鼠开始在注射后第7~12天相继死亡，继代时间也有缩短的倾向。继代白鼠死亡或于一个月后宰杀检查，可见显明的病变，主要为脾肿4~6倍，肝脏有密发的灰白点，个别白鼠的肺脏有结节。从脾脏都能分离出菌。

A35系在18代时曾以白鼠进行测毒，以24小时甘油肉汤培养物的10^{-1}~10^{-5}各稀释度注射的白鼠均有半数以上的死亡，观察1个月后宰杀尚未死亡的白鼠也都见有严重的病变并分离出鼻疽菌。证明A35系菌种对白鼠的毒力已显著增强。

6. 海猪通过对鼻疽菌变异的影响

我们从1954年开始此项工作。将强毒菌种R3和R18的24小时甘油肉汤培养物100倍稀释，分别注射于雄性海猪4只，腹腔注射0.1毫升。注射后海猪睾丸肿大化脓，约经10日左右宰杀，自睾丸采取脓汁2~3铂耳，稀释于5.0毫升甘油肉汤中，注射于第2代海猪腹腔内，注射量0.5毫升。以后即按同样方法继代。从1954~1957年两个菌种各继115代，在继代过程中两个菌种无论在形态、生化特性或毒力上均未表现明显的改变，因此在继代115代时停止了这一工作。

在继代到50代时，为了缩短继代时间，曾采取接种后第4天的材料继代，但仅继代10代左右，由于睾丸肿胀化脓不显著，又不得不延长继代时间。亦曾采用增加活菌数的方法进行，结果仍不能使继代进度加快。

在继代过程中分别对36代、50代、60代、90代前后之菌种用海猪、地鼠测毒，以观察其毒力的变化。以地鼠测毒时不仅看不出减弱，反而稍有增强的趋势，如R3、36代对地鼠LD_{50}为5.24，97代则大于7.00，R18、65代对地鼠LD_{50}为3.23，94代为4.42，但以海猪测毒时，则无显著变化。

二、化学药品对鼻疽变异影响的研究

1. 磺胺嘧啶（SD）对鼻疽菌变异的影响

试验用R3和R28两个强毒菌种，分别接种于含有不同SD浓度的培养基中，用三种不同方法继代，即五日肉汤继代，十日肉汤继代和二日琼脂斜面继代。

五日肉汤继代系SD之含量开始为0.5%毫克，以后逐渐增加，第30代以前SD含量增加不规则，第30代时R3为15%毫克，R18为10%毫克；以后每10代增加一次，每次增加5%毫克。两个菌种分别继代110代，最终SD含量R3为45%毫克，R18为40%毫克。在继代过程中，R3自25代以后即开始出现P型（伪膜型）集落，77代已全部变为P型，但 81 代以后又有普通型集落出现。R18 则始终无显著变异。R3 的毒力于第 30 代开始减弱，但 40 代又增强，90 代又减弱，但 110 代菌种之 24 小时肉汤培养物注射地鼠，皮下注射 0.1~0.3 毫升，注射的地鼠仍有一部分死亡。R18 在 90 代以后对地鼠之毒力亦减弱，第 110 代菌种用上述剂量注射地鼠时，注射的地鼠均不死亡。

十日肉汤继代系 SD 之含量开始亦为 0.5% 毫克，第 30 代均增加到 10% 毫克，继代的两系菌种中 R18 继代至 30 代无显著变异，即停止继代 R3 于第 30 代开始减弱，仍继续继代，30 以后每 5 代增加 SD 含量一次，继代至 55 代 SD 之含量达到 35% 毫克。用 55 代菌种之 24 小时甘油肉汤培养物注射地鼠，皮下注射 0.1~0.3 毫升，注射的地鼠均不死亡。在 30~55 代之间菌种的毒力不稳定，35~40 代之间曾一度增强，45 代以后才再度减弱。在继代过程中两个菌种除发生荧光性上的分化外，均未发现其他明显的变异。

二日斜面继代系两个菌种分别继代 240 代，SD 含量开始为 0.1% 毫克，30 代以前 SD 含量增加不规则，第 30 代均达到 10% 毫克。以后每 10 代增加一次，每次 5% 毫克，最终 SD 含量两个菌种均为 115% 毫克，R3 于第 140 代毒力开始减弱，但始终不稳定，第 240 代菌种注射地鼠时仍可致死大部分地鼠。R18 于 150 代开始减弱，但在 150~220 代之间毒物并不稳定。第 240 代菌种对地鼠之毒力显著减弱，皮下注射 24 小时甘油肉汤琼脂培养物 0.1~0.3 毫升的地鼠不死亡。在继代表中两个菌种在 140~180 代之间均有粗糙型出现，但以后均消失。220~240 代之间 R3 有红色荧光较强的集落分化。

将五日肉汤继系 R18 第 110 代菌种与二日斜面继代系 R18 第 240 代菌种的 48 小时斜面培养物分别用肉汤洗下制成含菌 15 亿、45 亿、90 亿及 180 亿的菌液，分别注射地鼠 4 组，皮下注射 0.1 毫升，结果仅有个别地鼠死亡，证明这两个菌种对地鼠之毒力已有明显的减弱。用这两个菌种分别对海猪做免疫试验：连续免疫三次，间隔 1~2 周，每次皮下注射活菌 15 亿，第三次免疫后 14 日注射强毒鼻疽菌培养物 10^{-3} 稀释液 0.1 毫升，观察 2 个月，结果两个菌种对海猪均未表现任何免疫力。

2. 重铬酸钾对鼻疽菌变异的影响

本试验共用 5 个鼻疽强毒菌种（R14、R18、R20、R28 和 R41），分别接种于含有不同浓度重铬酸钾的 3% 甘油肉汤（pH6.8）中，3~5 天继代一次。培养基中重铬酸钾含量最初为 10% 毫克，最终为 25% 毫克。继代方法分为 2 种，即直接继代与挑选。S 型菌落继代，兹将试验结果分述如下。

（1）直接继代　5 个菌种分别继代 28~33 代。在继代过程中，一个菌种（R18）从第 11 代开始出现 D 型至第 12 代全部变为 D 型，另一个菌种（R41）于第 4 代开始出现 D 型，至第 17 代全部变为 D 型。这种 D 型培养物对海猪没有致病力。以 2~5 天的 D 型培养物免疫海猪，皮下注射 2.0 毫升，注射的海猪亦无免疫力。一个菌种（R28）在 13~15 代之间曾一度出现 D 型集落，但以后仍恢复为 S 型，这个菌种对地鼠的毒力在 27 代开始减弱。另两个菌株在形态上无显著变化，其一（R14）对地鼠的毒力自 25 代开始减弱。另一个（R20）在 25 代以后对地鼠的毒力亦逐渐减弱。第 33 代对海猪已无致病力，这三个减弱的菌种对地鼠、白鼠及海猪均无免疫力。

（2）挑选 S 型菌落继代　5 个菌种分别继代 18~22 代。在继代过程中两个菌种（R20 和 R28）在菌落形态上基本无变化；一个菌种（R14）在 14 代以后常出现 R 型，另两个菌种在 19 代以后常有带网纹的集落出现。菌体形态随继代次数的增加亦有逐渐呈多形态性的趋势。4 个菌种在第 20 代对地鼠测毒时，其中两个菌种（R14 和 R41）的毒力已减弱（其中 R14 为 R 型）。毒力减弱的菌种（R41）对地鼠、小白鼠、海猪作免疫力试验亦均无免疫力。

曾将直接继代系的三个菌种（R14、R20、R28）和挑选 S 型继代系的一个弱毒菌种（R41）混合对猫、海猪、白鼠和家兔以及驴 3 头（皮下 2 头、皮内 1 头）和驹 5 头（皮下）作免疫试验，结果均无免疫力。

3. 链霉素对鼻疽菌变异的影响

正式试验之前曾测定鼻疽菌对链霉素的敏感性。结果证明，少数菌种在肉汤中链霉素含量为 3.12 微克 / 毫升时生长即受到抑制，但多数菌种在链霉素含量为 6.25~12.5 微克 / 毫升时才受到抑制。

试验时以 pH 6.8 的 3% 甘油肉汤为基础培养基，在其中加入一定量的链霉素，试验共用 9 个强毒菌种，链霉素的含量 1~10 代为 1 微克 / 毫升，11~20 代为 5 微克 / 毫升，21~30 代为 10 微克 / 毫升，31~40 代为 10 毫克 / 毫升。每 2~5 天继代一次。每隔 10 代测定对链霉素的敏感性一次，同时增加链霉素的含量一次。一部分试验利用敏感性试验中药物浓度最高而仍有细菌生长的一管作为继代的菌种。

在继代过程中曾对菌落形态进行观察，除有平滑型及兰色荧光之菌落出现外并未发现其他各种变异的菌落。第 40 代菌种对链霉素均产生依赖性，在不含链霉素的琼脂平皿不生长。

第 30 代菌种曾对地鼠作毒力试验，皮下注射 24 小时培养物 0.1 毫升，仅有部分地鼠死亡。证明大部分菌种的毒力均已减弱。第 40 代的菌种毒力更弱，皮下注射 4.5 亿活菌亦不能使地鼠全部死亡。

由 7 个毒力已减弱的菌种选出菌落形态不同的 12 个系，分别对海猪作免疫力试验，每组免疫海猪 5 只，皮下注射 15 亿 ~30 亿活菌，连续免疫 3 次，间隔 1~2 周。第三次免疫后二周注射强毒，观察 2 个月，结果 12 组免疫海猪均未表现出免疫力。

4. 异烟肼对鼻疽菌变异的影响

用 2 个鼻疽强毒菌种对异烟肼作耐药性试验，证明其最大耐药量为 2 毫克 / 毫升。在此基础上用 3% 甘油肉汤配制含有 5 种不同浓度（0.2、0.5、1.0、1.5 及 2.0 毫克 / 毫升）异烟肼的培养基，分别接种鼻疽菌继代，每 2~4 天继代一次。目前已继代至 126 代，第 90 代菌种对海猪毒力试验，证明毒力已开始减弱。这一试验尚在继续进行，详细结果有待以后报告。

三、死菌疫苗的研究

死菌疫苗的研究大致可以分为 3 个阶段，即① 根据苏联，M·M·伊万诺夫的小猪副伤寒疫苗制造方法制成的固体及液体混合疫苗；② 利用通气和通氧方法制成的疫苗；③ 石蜡疫苗。制成的疫苗大部分均系用地鼠做试验一部分用海猪和小白鼠做试验，一部分同时用 2~3 种小动物做试验。用地鼠及小白鼠做试验时大部分均系按 LD_{50} 方法计算疫苗的免疫指数。

按照小猪副伤寒疫苗的制造方法制成的固体液体混合疫苗 12 批，对地鼠做试验全部无效。其中 3 批曾用小白鼠做试验，1 批对小白鼠的免疫指数为 1 038，其他 2 批亦无效。对小白鼠效力较好的批，用小白鼠及海猪重复做试验时亦无效。

以不同方法制成的通气和通氧疫苗 30 批，对地鼠、小白鼠及海猪作免疫力试验，均无免疫力，对一部分动物曾进行腹腔与皮下免疫的比较试验、腹腔与皮下注毒的比较试验、不同免疫次数的比较试验等，均未发现有意义的差异。用保存菌种及其变异株共 50 个品系分别制成 48 小时通气培养疫苗 50 批，对地鼠做试验亦全部无效。用这种方法未能发现不同菌种在免疫原性上具有有意义的差别。

石蜡疫苗的试验共 4 次，对不同培养基和培养方法，不同杀菌方法以及乳剂中加入或不加入死结核菌进行了比较。第一次制苗 10 批，对海猪做试验时有 2 批表现了一定的死疫力；强毒注射后其中一批保护 3/5，一批保护 5/6 的海猪不受感染（对照猪 6 支全部感染）。第二次制苗 6 批效力均不明显。第三次制苗 5 批，其中以通气培养物制成的疫苗 2 批，也分别保护 3/5 及 5/6 的海猪不受感染，对照海猪 6 支亦全部感染。以上三次试验均系用粗制羊毛脂作吸水剂。第 4 次改用精制羊毛脂作吸水剂制苗 12 批。其中强毒菌种召 4 制造的通气培养疫苗 2 批也表现了一定的免疫力，强毒注射后分别保护 5/6 及 4/5 的海猪不受感染（对照海猪 5/6 感染）。到目前为止，这种疫苗虽然一部分对海猪表现了一定的效力，但由于以相同的方法制成的疫苗效力未能达到一致的标准，因此尚难肯定其是否一定有效，仍有待进一步的研究。

四、鼻疽菌落变异型的研究

菌种的变异和选育研究，是菌苗研究的基础之一，而菌落型及其各种性状的研究，是它的一个重要方面，在鼻疽菌研究土，过去关于这个方面的研究报告并不多，我们从 1955 年以来，对鼻疽菌种的选择方法和变异类型问题，也曾作过一些研究，初步结果如下。

经过菌落发育的比较试验，证明鼻疽菌在含有 1/1 000 裂解赤血球沪液的 3% 甘油琼脂上，37℃培养 2 天，生长比较满意，并有利于观察菌落的结构和荧光性。添加血清于培养基中并不显著促进菌落的生长，但菌落荧光较好。我们观察菌落的方法是将 3% 甘油肉汤的 24 小时培养物接种于 pH 值 6.8 含有 1/1 000 血红素液，10% 羊血清及 3% 甘油的 2.2% 琼脂平板上，37℃培养 2 天，在 1.3×6 倍扩大下，利用 45 度斜射照明光源观察。

我们主要对所谓"平滑型"菌落作比较详细的观察，发现"平滑型"中原强毒型为 N型，另有不同的荧光性变异型，即 FB.TS.S.FR 及 NF 等，其间并有各种中间型。此外，对非荧光性变异型如 M.O.B，干燥型及其中间型以及矮小型（D）变异亦作了观察，对子集落变异及楔状分化现象也作了一些观察。

各种菌落型的主要特点如下。

N 型：菌落较大，丰满，前部及两侧有黑褐刻纹，黄带金黄绿兰荧光对地鼠的 LD_{50} 为 5.0~6.0（腹腔注射）或 6.0~6.5（皮下注射）。生化活动性较其他型为强。

FR 型：菌落较大，橙红有刻纹，刻纹及金黄绿兰荧光的程度依菌株而不同，毒力较低至很低，毒力低的，对地鼠之致死量 >5 000 万。

TS 型：菌落较小，穹窿较低，橙红无刻纹，前沿灰而无荧光，后部带轻度金黄绿兰荧光，毒力很低，对地鼠之致死量 >10 亿。生化性状主要是蛋白酶活性较低。

S 型：菌落较小，橙黄红至橙红黄，刻纹隐微，毒力较低。实际上是 TS 型的，一种中间型。

NF 型：菌落有大有小，穹窿度低，灰白带微绿兰，缺金黄荧光性，有些菌株刻纹及结构较粗松，带橙红光。毒力较低至很低，低的对地鼠致死量 >10 亿。

FB 型：菌落较小，穹窿度低透明度较大，结构及刻纹较细密，绿兰带金黄荧光。对地鼠之毒力大致同 N 型，对海猪之毒力比 N 型较强，蛋白酶活动性较低。

以上 N 型是原型，其他各型是 N 型的荧光性变异型。目前由自然病畜及病人分离的菌株，原型为 N 型，各种变异型只是通过试验室培养及保存后才发现的。FB 型是向 D 型变异的，FB–D 变异系统，其间有各种中间型。愈近于 D 型，毒力愈低，碱性活动的蛋白酶先丧失，酸性活动的蛋白酶后丧失，至 D 型则完全缺乏两种蛋白酶，FR 主要向 NF 或 TS 变异，其间亦有各种中间型，毒力随分化的程度而渐减弱，典型 TS 及 NF 毒力很低，TS 的蛋白酶活动性亦减弱，但两种蛋白酶活动性仍存在。FR–D 及 FR–NF 或 FR–TS 等最后之变异型都是 R 型（前者为 DR，后者为大小不同 R）。

D 型：特点是菌落一致微小，甚至呈所谓"微渣状"。典型 D 型即所谓 DS（持田勇 1940），呈正圆形；结构及边沿致密，周围有微纹，表面有浅兰荧光，在不同条件下，可以分化出各种不同的荧光性变异 D 型，粗糙 D 型（DR）及干燥 D 型（dD）。D 型菌落在某些杂菌菌落的周围，有时表现出"卫星型"生长。毒力很低。完全丧失酸性活动的及碱性活动的两种蛋白酶，在马铃薯柱上不能生长；对葡萄糖分解较其他各型为速。硫化氢产生微弱或不产生。

M 型：菌落较大，穹窿度高，黏稠性大，用铂圈可以引出长丝。无荧光。毒力比 N 型为低。生化活动性较强。

C 型：根据菌落的大小，干燥和皱褶的程度以及中心凹陷的有无，大致可分为两种。一种菌落较小，中心陷凹，灰白干燥，皱褶显著，长入琼脂内，不易钩取。另一种菌落较大，皱褶较低，中心无凹，棕黄、稍带软泥性，易于钩取。不稳定，易分化，在室温放置十余日后，逐渐黏液化。对地鼠仍具有一定毒力。生化活动性的变异不大。

干燥型：干燥型的类型不同，在形态上有大型，矮小及皱褶等型，共同的特点是质地干而易碎，表面无光泽，有干燥感，典型者无荧光，呈黑褐土棕黄色。不稳定，易分化，毒力一般，较低至很低。

P 型（伪膜型）：某些 NF 或 FR 的变异型（如叶状菌落及波边形菌落）在普通 3% 甘油琼脂平板上培养时，菌落周围呈薄膜状生长层，但移回含有血清血红素的平板上时，仍呈叶状或波边形菌落。屈于 NF–R 变异中的一种中间型，只是由于培养条件不同而引起菌落形态的差异，毒力减低。

R 型：毒力很低，对地鼠之致死 <10 亿，生化活动性无显著变异。

以上各种菌落型除 C 型，干燥型及个别荧光性变异型在甘油肉汤中呈澄清生长外，其余均呈混浊生长。呈澄清生长的荧光性变异型都是弱毒。

菌体形态除 R 型呈链杆状多颗粒外，其他各种没有显著的差异。当以碱性美兰染色后再以碘液作用时，D 型培养物的菌体淡染呈菌影状，而菌体两端或中心，包含有浓染的圆形颗粒体。这种状态，特别以 48 小时培养物为著。其他各种菌落型的比较老的培养物，亦有这种状态存在，但不像 D 型的典型和显著。此外，各种大型菌落型的 2~5 天培养物，有少数菌体内出现类脂包涵体（SudanIV 染色）。

1/160~1/10 000 台盼黄及碱性复红，0.84%~5% 氯化钠溶液对变异型的鉴定没有显著的意义。

我们曾选出弱毒变异型 10 株（大部分属于 NF 及 TS 型），对地鼠及海猪进行过初步免疫试验（一次接种），结果没有显著的免疫原性。另外，曾用多 R 株型对家兔作过免疫试验，结果没有免疫原性。

五、试验动物对鼻疽的敏感性试验

1.海猪

根据多次试验的结果，海猪对鼻疽的敏感性个体差异极大，在多数情况下注射 10^{-3} 稀释的 24 小时甘油肉汤培养物 0.1 毫升可以发病，皮下注射比腹腔注射时敏感性较大，注射 10^{-4} 稀释液 0.1 毫升时亦可发病。体重不同的海猪的敏感性亦有一定的差异，300~350 克的小海猪比 500~550 克的大海猪的敏感性稍强。自制黏液素可以增强鼻疽菌对海猪的毒力 10 倍以上，卵黄液可以增强 10~100 倍，琼脂陶土则否。

2.地鼠

地鼠对鼻疽菌的敏感性极强，一般强毒菌株对地鼠的 LD_{50}，腹腔注射 0.2 毫升时在 5.6~7.0，腹腔注射 0.1 毫升时在 5.0~6.0 之间。皮下注射比腹腔注射更为敏感，一般相差 7~10 倍。培养物的年龄，对 LD_{50} 并无显著影响。48 小时肉汤培养物中的活菌数虽比 24 小时肉汤多 1 倍，但 LD_{50} 基本相同。同一菌种在一年半期间内对地鼠测毒 13 次，LD_{50} 在 4.7~6.5 之间，毒力有逐渐减弱的趋势。自制黏液素可以提高鼻疽菌对地鼠的毒力 10 倍左右。将病理材料注射地鼠分离鼻疽菌较用海猪更易获得阳性结果。

3.小白鼠

小白鼠对鼻疽菌的敏感性也表现出很大的个体差异，不论是皮下或腹腔注射 24 小时肉汤培养物原液或 10^{-1} 稀释液 0.1 毫升，不一定全部发病，注射 10^{-4} 或 10^{-5} 稀释液有时也可以有 4/6~5/6 发病，但皮下注射感染性较强。白鼠感染后很少死亡，接种后不同时间（4~10 周）宰杀，感染率并无显著差异。用小白鼠做试验时自制黏素和 0.4% 琼脂对鼻疽菌无明显的增毒作用。

4.鸡胚

鸡胚对鼻疽菌的敏感性极强，孵化 3 日的鸡胚卵黄囊内注射不同稀释的 24 小时肉汤培养物 0.1 毫升，测毒的 15 个菌种中 LD_{50} 均在 7.0 以上，对海猪及地鼠毒力甚低的菌种对鸡胚的毒力亦极强。某些人工减弱菌种对鸡胚的毒力减低，死亡时间亦延长。

5.马

马 24 匹分 3 批作敏感性试验，皮下注射 24 小时肉汤培养物 10^{-1}~10^{-3} 稀释液 1.0 毫升，注射的马全部发病。马 19 匹口服 24 小时肉汤培养物 1.0 毫升，亦全部发病，其中口服一次即感染的为 13 匹，口服二次后方发病的 5 匹，口服三次的一匹。幼驹三匹分别皮下注射 24 小时肉汤培养物 10^{-3}~10^{-4} 和 10^{-5} 稀释液 1 毫升，亦均发病。

6.驴

驴的敏感性很高，皮下注射 24 小时肉汤培养物 10^{-5} 稀释液 1 毫升的共 6 头，全部发病。注射 10^{-6} 稀释液 10 毫升的共 10 头，9 头发病，注射 10^{-7} 稀释液 1 毫升的 2 头，仅 1 头发病，注射 $10^{-5} \sim 10^{-7}$ 稀释液 2.0 毫升的各 2 头，全部发病。

7.大白鼠

大白鼠对鼻疽菌的敏感性是很钝的。用静脉接种方法感染，我们没有获得阳性结果。以胸腔和睾丸接种方法曾引起部分大白鼠的感染。

静脉接种感染：用强毒 24 小时甘油肉汤培养物 1.0 毫升及 0.25 毫升各注射大白鼠 2 支。注射后 107 天宰杀，剖检病变和细菌培养均为阴性。

胸腔接种感染：用强毒 24 小时甘油肉汤培养物（每毫升含活菌 1.57 亿）。原液 0.05 毫升及 10^{-3} 稀释液 0.05 毫升，各注射大白鼠 2 支。结果仅原液 0.05 毫升组死亡 1 支（16 天），从脾、肝肾等脏器分离出菌。但剖检无显明病痕。其余 3 支在注射后 107 天宰杀，其中 10^{-3} 稀释液 0.05 毫升组 1 支有显著的脾肿（并）分离出鼻疽菌。此外用浓厚菌液（48 小时甘油琼脂斜面培养物洗下的细菌悬液）注射大白鼠 2 支。每支 0.05 毫升（每毫升含活菌 7.5 亿）。注射后第 7 天死亡 1 支，另 1 支经 113 天宰杀，结果，剖检与检菌均为阴性。

睾丸接种感染：以 48 小时甘油琼脂斜面培养物洗下约细菌悬液 0.1 毫升，注射 7 支大白鼠。注射后 520.96 天共死亡 4 支，其中，1 支有病变并分离出鼻疽菌。其余 3 支经 113 天宰杀，结果 1 支有病变，2 支分离出鼻疽菌。

8.鸡、鸽

鸡、鸽对鼻疽菌的敏感性也是很钝的。我们以强毒菌种 48 小时甘油琼脂斜面培养物洗下的细菌悬液，静脉注射成年鸡、鸽各 2 支。鸡注射 1.0 毫升（活菌 4.3 亿），鸽注射 0.5 毫升（活菌 2.15 亿），接种后鸡、鸽均有不规律的体温反应，最高达 42.7℃，此外未发现其他明显的临床症状。注射后分别于第 14 和 19 日各宰杀 1 支，剖检和菌检均为阴性。另外，又用 20 倍的活菌量静脉注射鸡、鸽各 2 支，（鸡 83.7 亿，鸽 41.8 亿），注射后体温升高到 43.3℃，次日即下降至常温，其中 1 支鸡一度发生跛行，以后痊愈，此外并无其他表现。注射后经 2 周全部宰杀，剖检无明显变化，仅 1 支鸡由脾脏分离出菌，鸽及另一支跛行恢复的鸡均为阴性。

六、抗生素对试验动物试验性鼻疽病的治疗试验

用三种抗生素（金霉素、土霉素和氯霉素）在试管内对鼻疽菌作敏感性试验时，证明鼻疽菌对金霉素最敏感，土霉素次之，氯霉素又次之，因而选用金霉素与土霉素对地鼠进行治疗试验，地鼠感染强毒（24 小时甘油肉汤培养物 10^{-4} 稀释，皮下注射 0.1 毫升）24 小时后，分别胃内投入不同剂量的金霉素与土霉素，每日二次，连续治疗 5 日。结果证明二者皆有疗效，以金霉素的疗效较大。地鼠的分组与治疗效果如下表。

组别		治疗剂量	治疗效果 +	
			金霉素	土霉素
治疗组	1	0.3	1/10	10/10
	2	1.0	*1/10	2/10
	3	3.0	0/10	*2/10
药物对照组		3.0	0/6	*1/6
强毒对照组		10/10		

* 死因不明，剖检与培养皆为阴性。
+ 表中分子表示死亡的地鼠数，分母表示用作治疗的总头数。

对海猪试验：

第一次试验，海猪感染强毒（24 小时甘油肉汤培养物 10^{-2} 稀释腹腔注射 0.1 毫升）第三日（出现睾丸反应后）开始治疗，治疗组海猪 16 支，分别给予金霉素 9 和 18 毫克，每日胃内投入三次，连续治疗 4 日，结果试验组海猪睾丸反应全部消失，对照海猪皆有明显的睾丸反应。药物对照海猪 5 支，每日胃内投入金霉素 18 毫克。停止治疗时治疗组与药物对照组海猪发生中毒并逐渐死亡，观察 50 日的结果如下表。

组别		治疗剂量（毫克）	治愈率	发病或死亡率	备注
治疗组	1	9	1/8	7/8*	
	2	18	0/8	8/8	
药物对照组		9	—	5/5	
强毒对照组		—	—	7/7	

* 一支海猪观察期满剖检培养结果为阴性。

第二次试验：

治疗组海猪 6 支，强毒感染（24 小时甘油肉汤培养物 10^{-3} 稀释皮下注射 0.1 毫升）7 日后开始治疗，第 1、2、4 日各皮下与肌内注射金霉素 20 毫克。强毒对照组海猪 10 支，分别皮下注射强毒 10^{-3} 与 10^{-4} 稀释液 0.1 毫升，观察 70 日。观察期中治疗组有 3 支海猪死亡，剖检时未发现鼻疽病痕，亦未分离出鼻疽菌，可能系死于其他原因；另外 3 支海猪在 70 日后宰杀，剖检与培养皆为阴性，表明已被治愈。强毒对照组海猪 10^{-3} 有 4/5 发病，10^{-4} 组有 5/5 发病。

以上二次试验结果表明，金霉素对海猪试验性鼻疽病有疗效。口服易发生中毒死亡。皮下或肌内注射时则可以减轻海猪的中毒，同时获得治愈。

七、鼻疽菌在液体培养基内生长的研究

（略）详见微生物学报，1957 年，第 5 卷，第 3 期，第 262~270 页。

八、结束语

在本文中我们将马病研究室几年来在鼻疽免疫问题方面所进行的工作作了一个简单的总结。大致可以归纳如下。

1. 在动物通过方面我们进行了鼻疽菌通过牛、绵羊、家兔、小白鼠和海猪的试验。其中牛体通过已继代至 17~21 代；绵羊通过已继代至 30~36 代；家兔通过已继代至 73 代；小白鼠通过 1 系继代至 25 代，3 系继代至 13~15 代。其中家兔通过的菌种对兔的毒力已显著增强；对小白鼠的毒力则减弱，对小白鼠的免疫力试验证明有一定的免疫原性。小白鼠通过的菌种对小白鼠的毒力均已增强，牛羊通过的菌种对牛羊机体也表现了更加适应的倾向。

2. 化学药物减毒的试验证明，鼻疽菌在含有 SD，重铬酸钾及链霉素的培养基中生长和继代，可能发生一系列的变异，多数菌种在通过一定代数以后毒力减弱，但以所获得的弱毒菌体对试验动物作免疫力试验时，均无免疫力，异菸肼的减毒试验已继代至 126 代，尚在继续中。

3. 死菌疫苗的研究不论是固体及液体混合疫苗或通气及通氧培养疫苗对试验动物均未表现任何免疫效力。石蜡疫苗一部分虽可使试验动物获得一定的免疫力，但疫苗的效力不稳定，仍有待进一步的研究。

4. 在菌落型变异的研究中由于利用了斜射光线检查的方法，观察到普通所谓平滑型菌落，在荧光性及结构方面可能表现各种程度的变异，并初步研究了各种变异型的生化特性，毒力和免疫原性。

5. 在鼻疽菌对各种试验动物的致病力方面，初步研究了对海猪、地鼠、小白鼠、鸡胚、马、驴、大白鼠、鸡和鸽的致病力，证明地鼠、鸡胚和驴对鼻疽菌有很大的易感性。

6. 研究了金霉素和土霉素对试验动物的试验性鼻疽的治疗效力，并证明金霉素对鼻疽病有显著的疗效。

7. 研究了鼻疽菌的通气和通氧培养方法，并证明鼻疽菌在通气和通氧条件下可以得到极为良好的生长。

总起来看，几年来我们在鼻疽免疫问题上作了一些工作，但是由于我们的理论水平不高，文献不足，设备条件也受到一些限制，所以在这些工作上都是存在一些缺点的，主要是不够细致，不够系统和不够全面，希望同志们加以批评和指正。

附件十二　鼻疽菌定向变异及免疫研究

韩有库，李佑钧，陈贵连，金言，刘景华

（长春农学院兽医系微生物教研室）

一、绪言

关于微生物的变异问题，很久以前，无论在理论方面或在实用方面，曾为许多研究家们的研究对象。可是，只是在发现了生物遗传和变异规律的米丘林学说出世之后，才指出了理解微生物变异的正确道路，并能引导这个变异到人民经济需要的方面上去。

伟大的俄国学者米丘林首先以许多试验证明了：活的生物由于外界环境的作用很容易改变，并且认为在自然界中没有绝对不变的生物。李森科由于发展了米丘林学说，认为活的生物体性质改变的原因，不外是外界环境条件和新陈代谢类型改变的结果。因此，米丘林和李森科学说证实了无论是复杂的生物或者是简单的微生物的生物学特性，都可以按照试验者的希望去改变它们。

病原细菌的变异问题过去在兽医和医用微生物学领域中已经作了许多试验，并且在不少方面也曾经得到很大的成功。例如：在高温作用下获得变异成功的巴德、钱柯夫斯基炭疽疫苗株，到现在已经 70 多年，还在有效地被利用着。结核菌的胆汁作用变异株－卡介苗也成功地应用于结核的预防接种。猪丹毒柯涅夫疫苗－兔体通过菌株也已经在苏联应用了 50 多年。这些例子，由于历史较久我们不准备多举。最近苏联的兽医微生物学家们在布氏杆菌病、野兔疫、猪丹毒、鼠疫等活菌菌苗的创制和使用上获得了很大的成功。

根据茨维地科夫氏在鼻疽杆菌的定向变异资料的记载，于 1927—1928 年苏联兽医试验研究所曾用苯胺染料作用于鼻疽菌，以期获得致弱的菌株，但并未记明其后的结果。又据茨氏记载，全苏兽医科学研究所曾用重铬酸钾肉汤来致弱鼻疽杆菌，证明通过 18 代以后对猫即不能引起发病。曾以此菌免疫了三匹马，其中两匹只有稀少的鼻疽结节，另一匹无结节，而对照未免疫马则发生全身性鼻疽，即皮肤与内脏均有病变。

关于鼻疽菌的变异研究，最早丰岛、奥田等人（1939）也曾经作过研究，并证实了变异型菌的形态学和培养特性与毒力的关系。关于利用弱毒活菌于免疫的研究方面，1906 年 M.Nicolle 氏曾经用少量活菌对海猪进行免疫，结果认为可以赋予低度的免疫力。持田勇氏（1938）曾利用变异 D 型鼻疽菌对小白鼠进行免疫研究，认为有相当免疫效果。在过去第十四回东亚家畜防疫会议报告记录上也曾载有利用孔雀绿减毒鼻疽菌，对日本马接种时能耐过 30 个白金耳活菌量，然用 1/500 白金耳强毒菌量攻击接种时，可以耐过感染。苏联学者魏雪列斯院士也曾经利用弱毒菌培养物（柯涅夫第二苗）给幼驹进行免疫，结果认为免疫组比对照组感染后病程迁延，并且易于耐过。又 Lobel 氏也曾经用牛胆法培地培养鼻疽菌制成了弱毒菌苗。最近赵桐朴同志曾利用孔雀绿减毒鼻疽菌作免疫试验，结果认为无免疫力。

我教研室诸同志在学习先进的米丘林、李森科的定向变异理论的基础上，在我校总顾问拉克契奥诺夫的指导下，从五四年起开始进行鼻疽菌定向异及免疫的试验研究，现在将过去所作的概要汇报于后，希望同志们给以批评和指正。

二、研究方法

（一）选用的菌株

我们所选用的鼻疽菌株系我室于 1953 年 12 月由鼻疽患马肺脏分离之典型光滑型鼻疽菌，具有典型的形态学和生化学特征，在平板琼脂上菌落正圆、光滑；镜检时，菌体单在或成双，并无长链。革兰染色阴性。在抗原性方面，凝集原性和免疫原性（凝集素产生性的）均良好。毒力：对海猪的最小致死量为 1/1 000 毫克。

（二）选用的色素、胆汁和驯化方法

选用锥黄素、孔雀绿、煌绿、胆汁（牛）、SD（Na）、结晶紫等六种色素和试剂。先分别检查其对鼻疽杆菌的最小敏感量，然后找出小于最小敏感量的适当量作为开始使用的浓度。也就是说，先把色素（胆汁除外）以灭菌蒸馏水溶解后，按需要量添加于已溶化的甘油琼脂培养基中，制成斜面，然后将鼻疽菌移植于该培养基中，每代培养时间一般为 24~48 小时。每隔10~20 代则适当地增进色素或胆汁浓度一次，并同时将各该种驯化菌涂布于平板培养基上观察菌落是否为光滑型（S 型），如稍有变异倾向则立即进行菌落之挑选，以防菌落改变为粗糙型（R 型）。但可以允许它们改变为矮小型（D 型）。除观察菌落以外，并辅之以显微镜的检查。因为粗糙型菌落往往必伴以长链的菌丝。兹将各种色素试剂浓度增进记录列于表 1。

表 1　各种色素试剂增进记录

使用色素试剂名称	驯化开始浓度	最后浓度	增进倍数
锥黄素	1 万倍	500 倍	20
孔雀绿	5 万倍	500 倍	100
煌绿	10 万倍	500 倍	200
胆汁	50 倍	3 倍	17
SD（Na）	50 万倍	500 倍	1000
结晶紫	10 万倍	1000 倍	100

（三）形态学及生化学特性的变异

到 1955 年 12 月末为止，驯化期间已将达 20 个月，驯化代数最少为 220 代（紫），最多为 291 代（煌）。其形态学和生化学特性变异见表 2。

表2 各种驯化鼻疽菌形态学和生化学性状的变异

观察项目 菌株别	革兰染色	形态	糖发酵作用	H₂S	靛基质	菌落
黄（270）	−	混有长链	− − − − − −	+	−	S(sp)
孔（286）	−	正常	− − − − −	+	−	S(sp)
煌（291）	−	正常	+ − − − − −	−	−	S
胆（295）	−	正常	+ − − − − −	±	−	S
SD（245）	−	正常	+ − − − − −	−	−	S(D)
紫（220）	−	混有长链	+ − − − − −	−	−	D
原株	−	正常	+ − − − −	+	−	S
齐株	−	正常	+ − − − −	+	−	S

如表2所载，在形态学上，除黄、紫二组混有不少的长链菌以外，其他组驯菌仍和对照菌一样，为典型的单在的或成双的小杆菌。

在菌落形态上，紫组菌已变为典型的小型（D型）菌落，即在37℃培育3天以后，其菌落直径仅为0.3~0.5mm，而正常鼻疽菌菌落直径为2~4mm。SD型菌落亦有向D型变异的趋向（菌落直径为1~2mm上下），其他各组均为S型菌落。但个别菌株（如黄株、孔株）不断在型落周围出现伪菌苔，所以需要不断进行菌落挑选。在糖发酵能力上只是黄、孔二组丧失了发酵葡萄糖的能力。在硫化氢的产生力上也发生了变异，即煌、SD，紫三组丧失了H₂S产生力，其他无大变化。

三、抗原性的变异

为了观察变异菌的抗原性的变异，选取4种家兔免疫血清（即原株、煌、胆和黄4种）对各种不同菌作凝集反应，以期检查各驯化菌的被凝集性，结果如表3。

从表3的结果可以看出，在以原株、煌和胆的3种血清所作的试验中，黄和SD两变异菌的被凝集性较其他各菌大为减弱；在对黄组血清的试验中，被凝集性较好的是黄株和SD株。所以初步看出黄株和SD株的抗原性（凝集原性）似有所改变。

为了更进一步观察抗原性的变异：曾进行了凝集素吸收试验，结果如表4。

表 3 各种驯化鼻疽菌的被凝集性

菌株	原株 1:200	1:400	1:800	1:1600	1:3200	1:6400	1:12800	煌 1:200	1:400	1:800	1:1600	1:3200	1:6400	1:12800	胆 1:200	1:400	1:800	1:1600	1:3200	1:6400	1:12800	1:25600	1:512000	黄 1:200	1:400	1:800	1:1600	1:3200	1:6400	1:12800	抗原对照
黄	—	—	—	—	—	—	—	—	—	—	—	—	—	—	+++	++	++	—	—	—	—	—	—	++++	++++	++++	++	+	—	—	—
孔	++++	++++	+++	+++	++	++	—	++++	++++	+++	+++	+++	++	—	++++	++++	+++	+++	+++	++	++	+	—	+++	++	++	—	+	+	—	—
煌	++++	++++	++++	++++	++	++	—	++++	++++	++++	+++	+++	++	+	++++	++++	+++	+++	+++	++	++	+	—	++	++	++	—	—	—	—	—
胆	++++	++++	++++	+++	++	+	—	++++	++++	+++	+++	+++	++	±	++++	++++	+++	+++	++	++	±	+	—	++	—	—	—	—	—	—	—
SD	++	++	++	+	±	±	—	+	+	+	±	±	±	—	+++	+++	+++	±	±	±	+	±	±	++++	+++	+++	+++	+++	+++	—	+
紫	++++	++++	+++	+++	++	++	—	++++	++++	++++	++++	+++	+++	+	++++	+++	+++	+++	+++	+++	+	±	±	++++	+++	+++	++	+	—	—	+
原	++++	++++	++++	+++	++	++	—	++++	++++	+++	+++	++	++	—	++++	+++	+++	+++	+++	++	+	—	—	++	—	—	—	—	—	—	—

表 4　凝集素吸收试验结果

吸收菌	凝集原	免疫血清种类				
		原株	胆	煌	黄	
黄	1. 黄	0	0	0	0	（表说明）0=1：400
	2. 孔	2	5	4	0	不凝集；数字表明凝集
	3. 煌	3	5	4	0	价
	4. 胆	3	5	3	0	2=1：800
	5. SD	0	0	0	0	3=1：1600
	6. 紫	3	5	4	0	4=1：3200
	7. 原	3	5	4	0	5=1：6400
孔	1. 黄	0	0	0	0	
	2. 孔	0	0	0	0	
	3. 煌	0	0	0	0	
	4. 胆	0	0	0	0	
	5. SD	0	0	0	0	
	6. 紫	0	0	0	0	
	7. 原	0	0	0	0	
煌	1. 黄	0	0	0	0	
	2. 孔	0	0	0	0	
	3. 煌	0	0	0	0	
	4. 胆	0	0	0	0	
	5. SD	0	0	0	0	
	6. 紫	0	0	0	0	
	7. 原	0	0	0	0	
胆	1. 黄	0	0	0	0	
	2. 孔	0	0	0	0	
	3. 煌	0	0	0	0	
	4. 胆	0	0	0	0	
	5. SD	0	0	0	0	
	6. 紫	0	0	0	0	
	7. 原	0	0	0	0	
SD	1. 黄	0	0	0	0	
	2. 孔	2	4	3	0	
	3. 煌	2	4	3	0	
	4. 胆	2	3	2	0	
	5. SD	0	0	0	0	
	6. 紫	2	3	2	0	
	7. 原	2	4	3	0	
紫	1. 黄	0	0	0	0	
	2. 孔	0	0	0	0	
	3. 煌	0	0	0	0	
	4. 胆	0	0	0	0	
	5. SD	0	0	0	0	
	6. 紫	0	0	0	0	
	7. 原	0	0	0	0	
原	1. 黄	0	0	0	1	
	2. 孔	0	0	0	0	
	3. 煌	0	0	0	0	
	4. 胆	0	0	0	0	
	5. SD	0	0	0	0	
	6. 紫	0	0	0	0	
	7. 原	0	0	0	0	

从表 4 可以看出，各种血清（黄除外）用黄株和 SD 株吸收时，凝集素不能被吸收干净，证明这两株的抗原性已经有了很大程度的改变。

四、毒力的变异

伴随驯化之进展，我们曾于不同驯化代数时进行了数次毒力检查，观察本菌在驯化过程中是否有毒力降低的倾向，兹将检查结果列于表 5，说明于后。

表 5　驯化鼻疽菌第一次毒力检查（对海猪，驯化代数 70~110 代）

海猪号	使用菌株及驯化代数	（腹腔内注射量）	生死及经过日数	结果				备注
				临床	剖检	菌分离	判定	
1	黄 110 代		生	短时体温反应	—	—	减弱	50 天杀
2			生				减弱	50 天杀
3	孔 110 代		死 9 天	+	+	+	强	
4		48小时肉汤培养菌0.5毫升（腹腔内）	死 15 天	+	+	+	强	
5	黄 110 代		死 10 天	+	+	+	强	
6			死 13 天	+	+	+	强	
7	胆 90 代		生	—	—	—	减弱	50 天杀
8			生	—	—	—	减弱	50 天杀
9	SD80 代		死 7 天	+	+	+	强	
10			死 22 天	+	+	+	强	
11	紫 70		死 21 天	+	+	+	强	
12			死 5 天	其他事故死				
13	原株		死 7 天	+	+	+	强	
14			死 7 天	+	+	+	强	

（海猪体重 600~800 克）

从表 5 可以看出，在这样大的菌量（肉汤培养 0.5 毫升）腹腔内注射的情况下，黄、胆两株对海猪已丧失了致死能力，接种后 50 天屠宰以后，各脏器均未培养出鼻疽菌来。原株接种海猪 2 匹均于 7 天内致死，其他各株也均于 22 天以内先后致死，除在临床上有睾丸肿胀反应外，剖检、细菌分离也都得到阳性结果。

表6 驯化鼻疽菌第二次毒力检查（对小白鼠，代数为145~180代）

小白鼠号	菌株及代数	注射量	经过	剖检症状			菌分离		
				肺	肝	脾	肺	肝	脾
1	黄160代			—	—	—	—	—	—
2				—	—	—	—	—	—
3				—	—	—	—	—	—
4	孔180代			—	—	—	—	—	—
5				—	—	—	—	—	—
6		48小时肉汤培养菌（腹腔内）	于第32天杀死	—	—	—	—	—	—
7	煌180代			—	—	—	—	—	—
8				—	—	—	—	—	—
9				—	—	—	—	—	—
10	胆150代			—	—	—	—	—	—
11				—	—	—	—	—	—
12				—	—	—	—	—	—
13	SD145代			—	—	—	—	—	—
14				—	—	—	—	—	—
15				—	—	—	—	—	—
16	紫145代			—	—	—	—	—	—
17				—	—	—	—	—	—
18				—	—	—	—	—	—
19	原株	0.1毫升	9天死	—	—	k2.5$^{\times}$	—	+	∞
20				—	—	k2.5$^{\times}$	+	+^{3}	∞
21		0.01毫升	32天杀	—	—	k2$^{\times}$	+	+	8
22			28天死	—	—	k3$^{\times}$	+	+	8
23		0.001毫升	32天死	—	—	k2$^{\times}$	—	—	+
24			32天死	—	—	2$^{\times}$	—	—	+^{3}

注："k"为结节；"×"指脾肿程度。

培养"+"为菌落数十个发育之意；十个以下菌落并附以数字；"∞"为生长菌苔之意。

表6是以驯化株145~180代对小白鼠所作的毒力检查。接种量是0.1毫升肉汤培养物（腹腔内）。对照原株菌量有三种，即0.1毫升，0.01毫升和0.001毫升。结果知道，小白鼠对鼻疽菌比海猪钝感，即使感染以后也能经过较长期间不死亡（如对照21号）。但是小白鼠是可以感染鼻疽菌的。对照组中均有明显的脾鼻疽变状（鼻疽结节、脾肿），且由脏器中可以分离出鼻疽菌来。反之，驯化组中六株对小白鼠已经丧失了致病力。

表7 驯化鼻疽菌第三次毒力检查（对海猪，驯化代数220~295代）

驯化菌及代数	注射量（皮下）	使用海猪数	局部反应数	死亡数	培养时出现细菌数	备注
孔286代	1/20毫克	6	4/6	0/6	0/6	58天杀
煌291代	全上	6	5/6	0/6	0/6	58天杀
胆295代	全上	6	0/6	0/6	0/6	58天杀
紫220代	全上	6	0/6	0/6	0/6	58天杀
原株	1/200毫克	6	6/6	6/6	6/6	8~28天死

注：分母为动物数；分子为反应数、死亡数或出现细菌海猪数

表 7 是利用四个驯化变异菌所作的毒力检查，证明孔、煌、胆、紫四个变异菌株（驯化代数为 220~295）对海猪的致病力已经显著地减弱，虽注射 1/20 毫克的菌量也不能使海猪致死。但这四株中煌和孔株接种以后，部分动物在局部形成小指头大的肿胀，有的肿胀在化脓之后破溃排脓，然后形成瘢痕而痊愈，一部分动物有一过性体温反应（升 1.5℃以上，持续 1~3 天）。在第 58 天屠杀时，从脏器中未分离出鼻疽菌来。

1. 对猫的毒力检查

复于 1956 年 6 月曾以煌和胆两个菌株对猫作了毒力检查，即以 1/10 毫克的菌量接种于猫的后脑部皮下；每个菌株各种 2 只猫，接种后经 20 天的观察：局部有肿胀和化脓现象，待破溃后形成瘢痕，屠杀后解剖并进行细菌分离培养，所有 4 只猫的脏器均未分离出鼻疽菌，只有在煌株接种猫的后脑局部曾有 1 只分离到了细菌。根据苏联文献的记载，猫对鼻疽菌最为敏感，且得病后多取急性败血症而死。此次虽接种大量的煌和胆两种变异菌，但仍未能使之致死，可见变异菌的毒力确已相当减低。

2. 毒力恢复试验

我们初步将上记三株变异菌（即孔、胆、紫）用普通甘油琼脂连续通过培养 57 代，在其间不加任何色素和胆汁，结果并未发现毒力有所恢复或提高（以 1/10 毫克各注 2 匹海猪，结果无变化）。

由以上表 5、6 和表 7 以及对猫的试验结果来看，可知伴随在特殊培养基上驯化的进展，鼻疽菌的毒力可逐渐大为降低，对海猪注 1/20~1/10 毫克菌；对猫注 1/10 毫克菌、对驴注 2~6 毫克菌（见下述"免疫原性检查"）也不能使之发生典型的疾病，只在接种局部引起硬结性肿胀和化脓，部分动物出现一过性体温反应。

五、免疫原性检查

为了进一步究明当鼻疽菌毒力减低之后是否仍然保有其免疫原特性，利用驯化菌作预防接种，对海猪和驴进行了下列免疫试验。

利用海猪 20 匹，以孔、煌、胆、紫四个变异菌分别作二次免疫注射，每组 5 匹，两次免疫注射间隔为 7 天，60 天后用强毒鼻疽菌（Ma24 株）1/50 毫克进行攻击，结果如上表所示，即免疫组各组死 1 匹，其余 4 匹均耐过感染，经 60 天后屠杀时，所有脏器及淋巴结均未分离出细菌来。只有在煌、胆组中各有 1 匹海猪于局部仍保有少量细菌（分离培养阳性）。对照组 5 匹海猪全部感染鼻疽，经剖检和培养证明为阳性。

此次试验利用一次免疫法（1/10 毫克皮下）过 20 天后用 1/10 毫克强毒菌（Ma24 株）攻击，结果免疫组的免疫率分别是：孔为 7/9，胆为 6/10，紫为 7/10。但对照组中也有 2 匹海猪耐过了感染，这与动物个体的抵抗性有关。此外在免疫耐过动物中有 6 匹动物只在局部尚保有少数细菌，但其他脏器及淋巴结中均属无菌。

第三次免疫是用制成的冻干菌苗进行的，当时在培养基上计算活菌数的结果，孔组的免疫活菌数为 1.3 亿个细菌，胆组为 1.8 亿个细菌。经 29 天后再以强毒鼻疽（572 号菌株）1/50 毫克（相当于 15 717 000 个活菌）进行攻击，结果孔组免疫率为 3/6，胆组免疫率为 7/8，在对照组 9 匹海猪中有 7 匹死于鼻疽其中有 2 匹曾耐过感染。

为了研究变异菌对驴的接种反应和检查其免疫力：用驴 6 匹，其中 4 匹作免疫试验，2 匹作为对照。免疫注射共计两次，第一次接种新培养菌 2 毫克（当日计算活菌数均为 22 亿个菌，胆为 18.8 亿个细菌），过 10 天后，又各接种 6 毫克（均为颈部皮下注射）。接种前后每天详细检查体温；并每隔天左右进行变态反应试验和采血作凝集反应和补体结合反应。免疫接种后之体温反应为：第一次接种后最高体温升至 39.3℃左右，持续 1~2 天后下降至常温；当二次免疫接种后，最高体温反应至 41.2℃左右，持续 1~2 天下降。局部反应有肿胀（开掌大）、灼热等反应，过 7~8 天后即消肿，未发现有化脓现象。可见注射活菌苗用量虽大，也不能引起驴感染鼻疽。

在免疫后第 25 天用强毒鼻疽菌（572 号）的 1/5 毫克进行攻击（本菌对海猪的 M·L·D 为 1/5 000 毫克），结果对照组驴于第 7 天和第 9 天患急性鼻疽致死；免疫组中的驴也分别于 10~13 天患急性鼻疽死亡，经剖检和细菌培养均为阳性，由上述结果证明，对驴看不出赋予免疫力。

从以上免疫试验的；结果来看，对海猪的免疫试验中，共使用 63 匹动物，前后进行过三次试验，其免疫力分别为 50%~87.5%（四种变异菌的免疫力差别不明显），证明可赋予海猪以一定的免疫力，但对驴免疫则无效。

六、结论

我们利用添加锥黄素、孔雀绿、煌绿、牛胆汁、磺胺嘧啶钠盐、结晶紫等六种色素试剂的培养基对典型的强毒鼻疽杆菌进行驯化培养经过 20 个月驯化（220~291 代）的结果，其变异情形如下。

① 在形态学和菌落方面的变化，由于受到不断地控制和解离，所以变异是不大的，未使之发生 R 型变异情形。尽管如此，其中，黄、紫二组在镜检上若干菌体有形成长链菌倾向。在菌落解离上，紫株已完全变成了小型菌落（D 型），SD 株有趋向小型菌落的倾向，其他基本上仍保持 S 型菌落之特征。在糖发酵能力上，黄、孔二组丧失了对葡萄糖发酵的能力，而煌绿，SD 紫三组也同时丧失了 H_2S 的产生力，其他无大变化。

② 在抗原性的变异方面，依交互凝集反应和交互吸收试验检查的结果，发现驯化株黄和 SD 两株的抗原性发生了深刻的变异，推测系丧失了某些抗原性因子。其他各株看不出明显的变化。

③ 在毒力变异方面，可知伴随驯化之进展：毒力可以逐渐降低变为弱毒株，在驯化株六组中，黄和胆二组毒力是最先降低（70~110 代）的。以后其他各株也相继降低。

待驯化至 20 个月即 220~291 代以后，驯化菌对海猪（用 1/20~1/10 毫克）、猫（用 1/10 毫克）；驴（用 2~6 毫克）等都丧失了足以引发典型疾病的致病力。只在接种局部引起硬结性肿胀和化脓，在体温反应上也只可看到一过性体温反应。

④ 在免疫原性检查上曾先后利用 63 匹海猪进行了 3 次免疫试验，证明孔、煌、胆、紫四组驯化菌对海猪可赋予一定程度的免疫力（在试验范围内免疫率为 50%~87.5%），但对驴免疫则无效。

附件十三 重铬酸钾对鼻疽菌变异影响的研究

龚成章

（中国农业科学院哈尔滨兽医研究所）

用化学药物促进病原微生物的变异，获得弱毒疫苗菌种用于传染病的预防，这种方法，早已被许多学者所应用。

关于鼻疽菌变异的研究，一些学者曾有过报道。在免疫研究方面，根据 Цветков（1947 年）的记载，苏联在 1927—1928 年曾以苯胺染料作用于鼻疽菌，以后又用重铬酸钾肉汤来致弱鼻疽菌，并对马作了免疫试验。我们在鼻疽免疫研究工作中，利用重铬酸钾减弱鼻疽菌，也获得了弱毒菌株，并对试验小动物、驴和驹作了免疫试验。兹将其结果报告如下。

一、材料和方法

（一）菌种

试验用的鼻疽菌种 R14、R18、R20、R28 和 R41 共 5 株，都是试验室保存的强毒，菌落型全是典型的光滑型（即 S 型）。

（二）培养基

先将重铬酸钾（cp）溶于蒸馏水中，以无灰滤纸滤过，然后蒸汽灭菌，制成不同浓度的重铬酸钾水溶液，加入于 3% 甘油肉汤（pH 值 6.8）中，作为继代用培养基。

（三）继代方法

继代分直接继代和挑选 S 型继代两系。直接继代系将上述 5 株菌种分别移入含不同浓度重铬酸钾的肉汤中，在 37℃ 温箱中培养 3~5 日，吸出 0.1~0.2 毫升菌液接种于下代培养基中培养，连续继代。挑选 S 型继代系将菌种用上述同样方法培养，然后将培养物划线培养于含 10% 羊血清 0.1% 血红素甘油琼脂平皿上，每代都挑选典型 S 型集落，移入下代培养基中进行继代。

（四）变异的观察方法

两系菌种分别用血清血红素甘油琼脂平皿上生长的菌落进行集落型的观察。集落型分为：光滑型（S 型）；粗糙型（R 型）- 集落型较大，边缘粗糙不正；皱型（C 型）- 集落干韧、有皱褶、有的中心凹陷；矮小型（D 型）- 呈正圆形，一致的微小，结构及边缘致密。每代菌种都制成涂片标本，染色，观察菌体形态变化。两系不同代次菌种以甘油肉汤的 24 小时培养物，用豚鼠和田鼠进行测毒。对豚鼠用原液 0.5 毫升腹腔注射，观察 45 天后宰杀，计算其死亡和宰杀的检菌结果。对田鼠用 10^{-3} 稀释菌液 0.1 毫升皮下注射，观察 15 天计算其死亡数。另外用鸡胚进行测毒，用上述培养物 10^{-4}~10^{-3} 稀释的菌液，分别接种于孵化 8 日龄的鸡胚卵黄囊 0.1 毫升，观察 6~7 日，按 Reed–Muench 氏法计算其 ID_{50}。

二、试验结果

（一）继代经过和集落型的变异

两系继代用培养基所含重铬酸钾的剂量开始时均为 10% 毫克，直接继代系按每 10 代前后增加一次药物浓度（20%、25%、33%、25%），分别继至 28~33 代。挑选 S 型继代系按每 6 代左右增加药物浓度一次（同上浓度），分别继至 18~23 代。两系最终代次所含重铬酸钾的浓度为 25%。两系浓度第四次增加为 33%，因为间隔代次短，浓度增加快，影响了细菌的生长，仅继 1~2 代遂又恢复为 25% 的浓度。

在继代过程中，两系的大部分菌株，虽然保持了 S 型集落，但是在不同代次间，曾出现过变异型集落（见表 1）。

表 1 两系菌种变异型集落的出现情况

菌种	直接继代系	挑选 S 型继代系
R14	8~10 代、16 代、23 代、25 代、28 代有小 S 型	16 代、17 代、21 代有小 S 型
R18	5 代出现小 S 型、7~9 代 S 型与小 S 型各占 1/2、11~13 代出现小 S 型与 D 型的中间型、14~28 代变为 D 型、27 代曾出现 C 型	11 代、16 代有小 S 型，17 代有 R 型，19 代有带皱型集落，24 代有 C 型
R20	没有变异	没有变异
R28	8~14、21 代有小 S 型	变异较少
R41	4~5 代有小 S 型、14 代有中间型、15~21 代变为 D 型	6 代、7 代、8 代、16 代有小 S 型、19 代以后有 C 型

特别是直接继代系 R18、R41 两株 15 代后都变为 D 型。与此相反，R20 菌株在两系继代中始终未发生变异。R18、R41 两株不仅在直接继代系中变为 D 型，而且在挑选继代系中也出现过 R 型和 C 型。随代次的增加，集落形态亦逐渐呈多形态的变异。由此可见在相同条件下，不同菌株之间的差异是很明显的。此外，从直接继代系 R28 菌种可以看出，药物浓度的改变与出现变异型集落有密切关系，如在 8~20 代时药物浓度为 20%，21~24 代为 25%，恰好在变更药物浓度的 21 代出现变异型。

（二）毒力的变异

在继代过程中，两系不同代次的菌种。分别用豚鼠和田鼠测毒（见表 2），结果表明，直接继代系 5 株菌种中的 2 株 D 型（R18，R41）分别在 15 代、17 代时毒力已减弱，其余 3 株在 20~30 代之间毒力也减弱了。挑选 S 型继代系的 5 株菌种中有 2 株（R14、R41）亦减弱。

表 2 两系菌种对豚鼠和田鼠的毒力

菌种	直接继代系			挑选 S 型继代系		
	代次	豚鼠	田鼠	代次	豚鼠	田鼠
R14	20	1/2		10	2/2	
	30	0/3		20		3/6
				23	0/3	
R18	8	2/2		10	2/2	
	15	0/2		20		5/6
R20	20	2/2		15		6/6
	25	—	2/6	20		6/6

（续表）

菌种	直接继代系			挑选 S 型继代系		
	代次	豚鼠	田鼠	代次	豚鼠	田鼠
	30	0/3				
	13	2/2	4/6			
R41	17	0/2		10	2/2	
				20		2/6
R28	17	2/2		23	0/3	
	30	0/3				

直接继代系的 2 个 D 型变异株的毒力减低较快。为了进一步明确其毒力情况，分别又以鸡胚和猫作了毒力试验，结果见表 3。

表 3　D 型菌株对鸡胚的毒力

菌种	代次	LD_{50}		菌 种	代次	LD_{50}	
		3 天计算	7 天计算			3 天计算	7 天计算
R 18	12	<2	4.16	R 41	25	3.2	4.32
	20	3.02	5.49		17	3.0	4.50

注：弱毒对鸡胚的 LD_{50} 为 7.25~7.50。

以 R18 的 15 代菌种 24 小时肉汤培养物原液 0.1 毫升皮下注射 2 只猫，观察 35 天都没有死亡。由此可见 D 型菌株的毒力对鸡胚和猫都已减弱。

除 D 型以外，我们又对直接继代系的 3 株菌种（R14、R20、R28）和挑选继代的 R41~23 菌种，用大剂量分别对田鼠和驴作了毒力测定，4 个菌株各以（0.59~1.68）亿活菌注射田鼠，观察 1 个月没有死亡。又以 4 株菌种混合，注射 118 亿于驴的皮下时，体温一度上升后即下降，观察 24 天后宰杀，仅肺有极轻的病痕（结节），并分离出鼻疽菌，其他脏器均未分离出鼻疽菌。对豚鼠注射 10 亿以下的活菌，豚鼠可以安全耐过。对小白鼠皮下注射同上培养物原液至 10^{-4} 稀释的菌液 0.1 毫升亦安全。由此可见这 4 株菌种对豚鼠、田鼠、小白鼠和驴的毒力已减弱。

三、免疫试验

毒力减弱的菌种分别用豚鼠、田鼠、小白鼠、驴和驹进行了免疫试验。

（一）弱毒菌种对豚鼠的免疫试验

两株 D 型对豚鼠的免疫试验（见表 4），证明无免疫原性。除 D 型以外，两系共有 5 株毒力减弱的菌种，分别对豚鼠作免疫试验的结果如表 5 所示。

表4　D型变异株对豚鼠的免疫试验

菌种	代次	培养日数	强毒注射结果	对照
R 18	15	2	5/6	6/6
R 18	12	5	6/6	
R 18	15	5	4/6	} 3/6*
R 41	17	4	4/6	

* 强度毒力较弱。

表5　5株菌种对豚鼠的免疫试验

系别	菌种	注射弱毒活菌数（亿）	间隔日数	注射强毒	结果
直代接	R14~30	1.68	35	10^{-3} 0.1 毫升腹腔注射	3/6
继系	R28~30	0.70	35	10^{-3} 0.1 毫升腹腔注射	3/5
	R 20~33	5.60	35	10^{-3} 0.1 毫升腹腔注射	2/6
挑代选	R 14~23	0.77	35	10^{-3} 0.1 毫升腹腔注射	4/6
继系	R 41~23	0.81	35	10^{-3} 0.1 毫升腹腔注射	3/6
	对照			10^{-3} 0.1 毫升腹腔注射	4/6

由表5可见，5株菌种中的R14~23与对照组相同（以后的免疫试验中取消了这一菌株），R28~30的结果与对照组相差无几，但其余3株，尤其是R20~33株的结果都比对照组豚鼠少死亡1~2只，这可能与注射弱毒的菌数比其他菌株多4~6倍有关。为了进一步明确弱毒菌种对豚鼠的免疫原性，又进行了不同途径的多次注射弱毒菌的免疫试验，其结果如表6。

表6　弱毒菌种对豚鼠不同途径的免疫试验

菌种	注射途径	三次注射弱毒剂量（亿）*			间隔日数	免疫组		对照组	
		1	2	3		10^{-2}	10^{-3}	10^{-2}	10^{-3}
R20~30	皮内	1.12	0.82	0.62	42	2/5	4/6		
	皮下	8.00	5.90	4.40	42	5/6	5/6		
R28~30	皮内	1.00	0.87	1.30	41	4/6	4/6		
	皮下	7.70	6.25	9.75	41	5/6	3/6		
R14~23	皮内	0.28	—X	1.05	39	2/6	3/6	3/6	5/6
	皮下	2.05	—X	7.50	39	4/6	2/6		
R41~23	皮内	0.35	0.67	1.59	39	6/6	4/6		
	皮下	2.50	4.87	11.40	39	2/6	2/6		

* 每次注射间隔10天
X 计数平皿生长不良

由表6可见，弱毒菌种对豚鼠皮内与皮下两组之间在4株菌种中有3株看不出明显差异，但R41~23皮下组死亡4/12，对照组则死亡8/12。两次豚鼠的免疫试验结果，第1次保护较多的是R20~33，而第2次却是R41~23。因此难以确定哪一株的免疫原性较强。以后又以混合4株菌种对豚鼠作了免疫试验，结果如表7所示。

表7 4株混合菌种对豚鼠的免疫试验

注射强毒剂量	弱毒注射量（亿）*			间隔日数	免疫组	对照组
	1	2	3			
10^{-3}	1.85	4.5	5.0	40	4/6（2/6）	4/5（3/5）
10^{-4}	1.85	4.5	5.0	40	4/6（4/6）	4/5（3/5）

（ ）表示死亡数
* 每次间隔 10~14 天

由上表可见，免疫组的结果仍比对照组死亡少（6/12~6/10）。

从上述几批免疫试验结果看来，弱毒菌株对豚鼠还表现有某种程度的免疫原性。但总的说来，免疫原性是很低的。

（二）弱毒菌株对小白鼠的免疫试验

用 4 株弱毒菌株，分别对小白鼠多次注射后，攻强毒的结果（见表 8）证明，4 株菌种对小白鼠都有不同程度的免疫原性。其中以 R14、R20 的免疫指数较高。但以后重复此项试验时，发现在未注射前有部分小白鼠死亡；宰杀未死的也有一少部分出现了病变。说明在斜面上继代保存 1 年以后，弱毒菌种的毒力有些恢复，因此未能获得相同的结果。

表8 弱毒菌株对田鼠的两批免疫试验结果

菌株	方法、剂量	ID_{50}	免疫指数
R 20	皮下注射弱毒（0.7亿~0.8亿）活菌，	2.0	100
R 28	注射 3 次，每次间隔 10 天，第 3 次	2.4	38.8
R 14	注射后 39 天攻强毒 10^{-5}~10^{-1}	1.18	660.7
R 41		2.32	47.9
对照		4.00	—

（三）弱毒菌株对田鼠的免疫试验

对田鼠共进行两批免疫试验（见表 9），无论一次免疫或三次免疫，都没能表现出免疫原性。

表9 弱毒菌株对田鼠的两批免疫试验结果

菌株	免疫结果（LD_{50}）	免疫指数
R 20	5.79（4.6）	<1（2.5）
R 28	5.39（5.0）	1（1）
R 14	5.25（5.0）	1.3（1）
R 41	5.35（5.0）	1（1）
对照	5.35（5.0）	

（四）弱毒菌种对猫的免疫试验

用 4 株混合菌种，前后共作了两批免疫试验，结果证明：（见表 10）1 号猫观察 1 个月不死，说明产生了一定的抵抗力。第 Ⅱ 批免疫的 3 只猫中，有 1 只因菌株毒力不稳定，未注射强毒即死亡；其余 2 只，1 只延长了死亡日期，另 1 只耐过。两批对照猫都在注毒后 10~15 天死亡。可见试验菌种虽然不够安全，却能产生一定的抵抗力。

（五）弱毒菌种对驹和驴的免疫试验

4 株弱毒菌种混合对驹的免疫试验，共进行两批（见表 10）。第一批免疫 2 匹幼驹，其中 1 匹注射强毒，另 1 匹为了证明安全性于第三次免疫注射后 58 天宰杀，剖检结果，无明显病痕，细菌学检查阴性。特别是 3 号驹的强毒注射量比对照驹大 100 倍，在注毒后 1 个月内没有体温反应。从这一情况看来，弱毒死疫驹表现了一定程度的抵抗力。在第二批免疫试验中，未攻强毒的 7 号驹证明，菌种的毒力尚未稳定。攻强毒的 3 匹驹中有 2 匹发病，临床症状明显，5 号驹在注毒后 96 天鼻疽菌素点眼和补体结合反应都是阳性。与此相反，8 号驹则无体温反应，在攻毒后 37 天鼻疽菌素点眼和补体结合反应转为阴性，且持续 126 天以上，证明此驹也获得一定的抵抗力。但此驹在观察 38 天后与另 2 匹鼻疽阳性马同圈饲养，经 9 个月后宰杀，肺有新的渗出性结节。对驴的免疫试验结果证明，弱毒菌种无免疫原性。

表 10　弱毒菌种对驹和驴的免疫试验

组别	动物号	注射弱毒					间隔日数	强毒注射（1.0毫升）	临床表现	宰杀时间	病变	检菌
		第1次（亿）	间隔日数	第2次（亿）	间隔日数	第3次（亿）						
免疫	驹3	405	35	238	42	300	60	10^{-3}	30天无体温反应，5、18天鼻疽菌素点眼，补体结合反应阳性，60天开放	12个月	肺有极少数帽针头大结节	（-）
	驹1							10^{-5}		39天		（-）
对照	驹2							10^{-4}	体温反应明显，弛张热，日温差1~2℃	47天	鼻中隔溃疡、肺结节	（-）
									体温反应明显，弛张热，日温差1~2℃		鼻中隔溃疡、肺结节	
免疫	驹5	26.4	14	91.2	9	176	54	10^{-5}	有体温反应，19天鼻疽菌素点眼（±）、23、96天补体结合反应（+）、40天跛行	9个月	肺有结节	（-）
	驹6	26.4	14	91.2	9	176	54	10^{-6}		29天	鼻、肺有病变，皮下化脓	（+）
	驹8	26.4	14	91.2	9	176	54	10^{-5}	有体温反应，6天跛行，17天开放	$9\frac{1}{2}$月	肺渗出性结性节	（+）
对照	驹9							10^{-6}	无体温反应，23天鼻疽菌素点眼（-），补体结合反应（+）、37、64、98、126天变态反应、补体结合反应全是（-）、38天后混群饲养	50天~50天	无明显病痕	（-）
	驹10							10^{-5}	有体温反应，23天鼻疽点眼、补体结合反应（+）: 有体温反应，23天鼻疽点眼、补体结合反应（+）		鼻、肺有病变	（+）

（续表）

组别	动物号	注射弱毒						强毒注射（1.0毫升）	临床表现	宰杀时间	病变	检菌
		第1次（亿）	间隔日数	第2次（亿）	间隔日数	第3次（亿）	间隔日数					
免疫	驴15	8.95	32	228	12	265	48	10^{-5}	高热稽留，12天开放	14天（死）	肺、鼻有病变	（+）
	驴44	12.2	12	228	12	265	48	10^{-5}	高热稽留，12天开放		病变	（+）
	驴45*	124	12	228	12	265	48	10^{-5}	高热稽留，12天开放		肺、鼻有病变	（+）
对照	驴12							10^{-5}	高热稽留，12天开放		病变	（+）
	驴16							10^{-6}	高热稽留，12天开放		肺、鼻有病变 肺、鼻有病变 肺、鼻有病变	（+）

* 皮内注射弱毒

四、讨论

关于鼻疽菌的变异问题，最早丰岛、奥田（1939年）曾有过报导，叙述了变异型菌株的形态、培养特性与毒力的关系。以后持田（1938—1939年）又报告过D型菌的毒力，并证实对小白鼠有一定的免疫原性。韩有库等（1958年）证明结晶紫弱毒菌种D型的毒力很低，并可赋予豚鼠一定的免疫力。我们所获得的2个D型变异株，它对豚鼠和鸡胚的毒力很低，这一结果与过去的报告是一致的。但对豚鼠进行免疫试验却没有表现出免疫原性，这与我们过去使鼻疽菌在BCG培养基上传代获得的D型菌株（R14~134）对豚鼠免疫试验的结果相同。其原因可能与菌株的易变性和变异程度有关。在直接继代系的5株菌种中就有2株变为D型，同时此2株在挑选继代中也表现多形态变异的趋势。与此相反，R20菌株无论在哪一系中都始终未变。可见在相同条件下鼻疽菌的变异不同的菌株是有差异的。这样集落型易变的菌株，可能其抗原性也易受损害，随以毒力减弱，其免疫原性亦减低。因此，在获取活疫苗弱毒菌种时，注意菌株的选择问题是很重要的。

鼻疽菌有无免疫性问题，长时间以来，很多学者的意见是有分歧的。一些学者：Дедюдин，Одейник 和 Авраменко（1937年）认为有免疫性。相反，Владимиров，Нокар，Hutyra、Marek、Manninger 等都认为无免疫性。田嶋（1955年）虽然承认有免疫性，但认为其程度可能是弱的。重铬酸钾减弱的4株弱毒菌种的免疫试验结果证明，对豚鼠还表现有某种程度的免疫原性；对小白鼠免疫，R20、R14菌株分别获得660、100的较高免疫指数；对猫至少可以推迟发病日期，甚至可以耐过，这些结果也绝不是偶然的。不仅对小动物如此，同时也可以从对驹的免疫试验中得到证实。如3号驹在等于此对照驹大100倍强毒剂量攻击下，还能在一个月以上没有体温反应和临床症状，第二批的8号驹注射强毒后长期无体温反应，而且鼻疽菌素点眼、补体结合反应较为阴性后又持续3个月以上。在注射强毒的4匹免疫马中，2匹表现有抵抗力，这一结果与 Цветков（1947年）记载在 ВВНИИ 所获得的重铬酸钾弱毒免疫 3 匹马，两匹有一个结节，另 1 匹在解剖上无所见的结果基本上是一致的。从而证实鼻疽菌确有免疫原性存在。

从试验结果可以看出，免疫动物所表现的抵抗力是不强的，这可能与致弱的途径和方法有关。логинов（1951 年）在他的报告中指出，要使微生物对一定浓度的某种物质的适应，该物质的量必须是逐渐增加的，同时也必须是长期的。由于我们把药物的浓度增加的快、剂量间差大、代次间隔亦短，可能使菌株毒力迅速减低的同时其免疫原性也受到影响。即表现出减弱毒力与保存抗原之间的矛盾。因此，如何了解鼻疽菌的整个抗原谱以及它们在构成毒力和致病性上所占的地位，以便掌握其减弱程度，才有利于选出适当变异程度的菌株。这些问题，尚待今后进行探讨。

在弱毒菌株免疫试验中，猫、豚鼠、小白鼠和驹能表现某种程度的抵抗力；相反，在田鼠和驴体上却毫无表现。特别是猫与田鼠和驴都是敏感动物，其表现却不同，这可能与动物的敏感程度有关。田鼠的敏感性比猫强，驴比马强，所以表现出抵抗力的差异。我们认为在弱毒菌种免疫原性不强的条件下，动物敏感性愈高，愈难表现其抵抗力。所以这种敏感性高的试验动物是不宜用来作鼻疽免疫试验的。

五、结论

① 通过重铬酸钾肉汤继代的鼻疽菌在毒力上显著减低。4 株弱毒菌种分别免疫小白鼠、豚鼠、猫和驹时，对强毒攻击表现出某种程度的免疫原性，但对敏感性极强的田鼠和驴则无免疫原性。

② 通过重铬酸钾继代的鼻疽菌可以分化为毒力很低的 D 型，对豚鼠没有表现出免疫原性。

③ 重铬酸钾致弱菌种的毒力不够稳定，在培养基上继代保存一年以后对小白鼠、猫和驹的毒力都有所恢复。

这一试验是在粟寿初主任指导下进行的，在工作中曾得到杨国祯同志很多帮助；又蒙周圣文主任指导病理解剖，谨此一并致谢。

附件十四　链霉素对鼻疽菌毒力的影响

粟寿初

（中国农业科学院哈尔滨兽医研究所）

某些细菌在链霉素的作用下毒力减弱，并产生对链霉素的抗药性或依赖性，乃众所周知的事实；文献中也可见到利用对链霉素有依赖性的细菌来探索获得新的弱毒疫苗菌种的可能性的报告。例如，Herzberg 和 Elberg 等曾先后报告一株对链霉素有依赖性的羊型布氏杆菌对小白鼠、豚鼠和猴的毒力减弱并具有免疫原性。Olitzki 等从 19 号牛型布氏杆菌也分离出一株对链霉素有依赖性的变株；Jacotot 等并证明该变株的免疫原性和原来的 19 号菌种相同而毒力则更弱。桥本达一郎，Olitzki 以及 Reitman 和 Iverson 曾分别用对链霉素有依赖性的结核杆菌、霍乱弧菌和伤寒杆菌对试验动物作免疫试验，并证明有一定的免疫原性。最近，Simon 和 Berman 也证明对链霉素有依赖性的牛型和猪型布氏杆菌对豚鼠有免疫原性。

在鼻疽弱毒菌种的研究工作中，为了进一步减弱兔化弱毒菌种的毒力，我们曾参照 Herzberg 等的方法从兔化弱毒鼻疽菌种分离得对链霉素有抗药性或依赖性的变种，并对试验动物作了毒力和免疫原性试验；为了对照的目的，从鼻疽强毒菌种也进行了同样的分离和试验。兹将这些初步试验的结果报告如下。

一、试验材料和方法

1.菌种

（1）兔化弱毒鼻疽菌种 – 鼻疽强毒菌种 R28 通过家兔 90 代后所获得的弱毒鼻疽菌种（简称 A90）。其对小白鼠的毒力较弱，腹腔注射 150 万个活菌时，小白鼠基本不发病；腹腔注射 1500 万个活菌时，部分小白鼠发病；腹腔注射 1.5 亿个活菌时，则几乎全部均可发病。这一菌种对家兔、豚鼠和猫的毒力均极强。

（2）鼠系强毒鼻疽菌种 –R28 通过家兔 35 代和小白鼠 40 代后所获得的强毒菌种（简称 A35~40）。其对小白鼠的毒力极强，用 24 小时小瓶肉汤培养物作皮下注射时，ID_{50} 常在 6.4~7.4 之间。

（3）鼻疽强毒菌种 – 鼻疽强毒菌种 R28，系试验室保存的强毒菌种。

2.培养基

普通甘油琼脂及甘油肉汤，含甘油 3%，pH6.8。倾注琼脂平板时，在普通甘油琼脂中加入无菌的绵羊血清 10% 和绵羊血红素 0.1%。制备链霉素培养基时，将市售国产链霉素用无菌生理盐水稀释，按一定比例加于上述培养基中。

3.试验动物

小白鼠体重 18~20 克，豚鼠 250~300 克，家兔 1 000~1 500 克，均系本所小动物室繁殖的。生后 1~2 年的猫，购自市场。

4. 变异菌株的分离

将鼻疽菌接种于普通甘油琼脂斜面上，在 37℃ 定温箱培养 48 小时后，用生理盐水洗下，制成浓厚菌液，用比浊法修正菌液浓度，使每毫升约含活菌 100 亿左右，然后接种于含链霉素 10~5 000 微克/毫升的琼脂平板 7~12 个和含链霉素 0.5~5 000 微克/毫升的肉汤 10~13 管中。接种量均为 0.1 毫升（约含活菌 10 亿）。置 37℃ 定温箱培养 48~72 小时。当平板上出现菌落时，取同一菌落先后接种不含链霉素和含链霉素的肉汤各一管；肉汤则不论有无可见的生长，每管均分别接种含链霉素和不含链霉素的琼脂平板。培养基的链霉素含量均为 500 微克/毫升。接种的平板和肉汤置 37℃ 定温箱培养 48 小时。

5. 毒力试验

将变株接种于含链霉素 500 微克/毫升的甘油琼脂斜面上，置 37℃ 定温箱培养 48 小时，加适量生理盐水作成均匀悬液，然后用比浊法修正菌液浓度，使原液每毫升约含活菌 150 亿。原液经适当稀释后，皮下或腹腔注射小白鼠。观察一个月后将小白鼠宰杀，检查病变并作培养。

6. 免疫原性试验

除另有说明者外，均系将变株接种于含链霉素 500 微克/毫升的小瓶甘油肉汤中。小三角瓶的容量为 125 毫升，内装肉汤 50 毫升。在 37℃ 定温箱培养 48 小时后，注射 0.1 毫升（约含活菌 0.15 亿）于小白鼠皮下。经 14 天左右注射鼠系强毒菌种的 24 小时小瓶甘油肉汤培养物，强毒注射时免疫小白鼠和对照小白鼠均分为五组，每组小白鼠 4~5 只，分别注射强毒培养物的 10^{-3}~10^{-7} 稀释液 0.1 毫升（原液每毫升约含 2 亿个活菌）。强毒注射后观察一个月，最后宰杀小白鼠，检查病变并作培养。按 Reed 和 Muench 方法计算 ID_{50} 和免疫指数。

二、试验结果

1. 链霉素对兔化弱毒菌种 A90 毒力的影响

试验共进行两次。第一次在 10 个平板中，仅含链霉素 1 250 微克/毫升的一个平板出现了一个菌落。在 13 管肉汤中，则有含链霉素 0.5、2.5、640 和 1 250 微克/毫升的四管肉汤有生长；其中含链霉素 0.5 和 2.5 微克/毫升的两管于移植后仅在普通琼脂平板上生长，而后二管则在两种平板上均有生长。第二次试验在七个平板中，仅含链霉素 250 微克/毫升的平板上长了七个菌落；在 12 管肉汤中则从含链霉素 10 微克/毫升的一管内分离出来一株对链霉素有依赖性的变株。

将上述变株接种于含有不同浓度链霉素的肉汤中培养，证明这些变株链霉素都有很强的抗药性，即在含链霉素 5 000 微克/毫升的肉汤中均生长良好。从含链霉素 10 微克/毫升的肉汤中分离的对链霉素有依赖性的变株，则在链霉素含量少于 50 微克/毫升的肉汤中不生长。

这些变株对小白鼠的毒力试验结果见表 1。

表 1 从兔化弱毒菌种 A90 分离的变株对小白鼠的毒力

试验日期	试验菌株		注射方法和剂量			
	编号	对链霉素的依赖性	75 亿, SC	15 亿, ip	7.5 亿, ip	1.5 亿, ip
59, 7, 3	A90-SM1250	—		4/5		2/5
59, 7, 3	A90-SM250	—	3/4	5/5		1/5
59, 9, 12	A90-SM250	—		5/5	5/5	5/5
59, 12, 3	A90-SMB640	—			1/5	1/4
59, 7, 3	A90-SMB10a	+	0/3	1/5		0/5
59, 8, 10	A90-SMB10a	+			1/5	
59, 8, 29	A90-SMB10a	+	0/5		0/5	0/5
59, 12, 9	A90-SMB10a	+		5/5	1/5	0/5
59, 12, 9	A90-SMB10a	+		3/4	3/5	1/5
59, 8, 29	A90-SMB10b	+	0/4		0/5	0/5
60, 1, 6	A90-SMB10b		0/5	5/5	0/5	0/5

注：1. 编号中 SM 代表从链霉素平板分离的变株。SMB 代表从链霉素肉汤分离的变株。数字代表原培养基的链霉素含量。a、b 系同一管肉汤接种的两个链霉素平板，以后并分别继代保存的两管菌种；a 平板的链霉素含量为 250 微克 / 毫升，b 平板为 50 微克 / 毫升；

2. 分母代表试验小白鼠数，分子代表死亡或感染的小白鼠数，后同

由上表可见，从平板分离的变株毒力较强，而从肉汤分离的则较弱，此原菌种 A90 的毒力显然更弱一些。用从肉汤分离的毒力较弱的两个变株对小白鼠作了免疫试验，其中有两批小白鼠的免疫剂量为 10 亿活菌。制备这两批疫苗时，系将变株接种于含链霉素 500 微克 / 毫升的琼脂斜面上，在 37℃培养 48 小时，用生理盐水洗下菌苔，按比浊法使每毫升含活菌 100 亿左右。注射量为 0.1 毫升。试验结果见表 2。

表 2 从兔化弱毒菌种 A90 分离的变株对小白鼠的免疫试验

试验日期	菌株编号	免疫剂量（亿）	免疫组 ID_{50}	对照组 ID_{50}	免疫指数
59, 5, 5	A90-SMB10a	10	5.15	6.34	14.4
59, 10, 14	A90-SMB10a	0.15	6.75	≥ 7.40	≥ 4.4
59, 10, 14	A90-SMB10b	0.15	5.75	≥ 7.40	≥ 44.6
59, 12, 5	A90-SMB10b	0.15	6.22	6.37	1.4
60, 1, 19	A90-SMB10a	0.15	5.80	6.37	4.0
60, 7, 25	A90-SMB10a	10	5.32	6.83	32.0
60, 1, 19	A90-SMB640	0.15	5.50	6.37	8.0

试验证明，这些变株对小白鼠有一定的免疫原性，但免疫指数不够高。免疫剂量的大小对免疫原性没有显著的影响。

我们曾将兔化弱毒菌种 A90 的 48 小时琼脂斜面培养物用生理盐水洗下，制成浓厚菌液，接种琼脂平板数个（接种量均为 0.1 毫升），在紫外光灯下照射 4~4.5 分钟，然后置 37℃培养。48 小时后，从紫外光照射 4 分钟的平板任意选择较大和中等大菌落各一，从照

射 4.5 分钟的平板任意选择大、中、小型的菌落各一，分别接种于甘油琼脂斜面上。斜面在 37℃培养 48 小时后，用少量肉汤洗下菌苔，分别接种于含链霉素 2 500 微克 / 毫升的琼脂平板 3~5 个，在 37℃培养 48 小时后现察有无菌落生长，其结果见表 3。

表 3 A90 经紫外光照射后在链霉案平板上的生长

菌落编号	原培养物照射时间（分钟）	菌落大小	接种平板数	平板上的菌落数				
				1	2	3	4	5
1		大	5	0	1	0	0	0
2	4	中	4	31	14	1	10	–
3		大	5	0	0	0	0	0
4	4.5	中	4	0	0	0	0	–
5		小	3	1	1	0	–	–

从这些平板各取一个菌落悬浮于少量生理盐水中，各接种含有不同浓度链霉素的肉汤 11 管，证明这些变株对链霉素均有很强的抗药性，在含链霉素 10 000 微克 / 毫升的肉汤中均生长良好。其中 1 号菌落的变株和 5 号菌落的两个变株之一，并对链霉素有依赖性；在含链霉素 50 微克 / 毫升的肉汤中生长良好，而在含链霉素 5~10 微克 / 毫升的肉汤中不生长。

没有详细测定这些变株对小白鼠的毒力。初步试验证明，皮下注射 75 亿时，小白鼠不感染；腹腔注射 15 亿时，则小白鼠全部死亡。用从 2 号菌落分离的无依赖性的变株和从 5 号菌落分离的有依赖性的变株对小白鼠作免疫试验时，第一次试验皮下注射 0.15 亿个活菌，两个变株的免疫指数均为 40；第二次试验时皮下注射 10 亿个活菌，无依赖性的菌株的免疫指数为 20.5，有依赖性的菌株则为 13。

2. 链霉素对鼻疽强毒菌种 R28 毒力的影响

在接种的 10 个平板中，仅含链霉素 10 微克 / 毫升的平板出现了一个菌落，这一菌落当移植于另一链霉素平板时无生长。在 10 管肉汤中有三管有生长，其中含链霉素 2.5 微克 / 毫升的一管仅在普通平板上生长，含链霉素 20 和 2 500 微克 / 毫升的两管则在两种培养基上均有生长。用从肉汤分离的、对链霉素有耐药性的两个变株对小白鼠作毒力试验，结果见表 4。

表 4 从鼻疽强毒菌种 R28 分离的变株对小白鼠的毒力

试验日期	菌株编号	注射方法和剂量				
		75 亿，SC	15 亿，ip	7.5 亿，ip	1.5 亿，5p	0.15 亿，ip
59，11，23	R28–SMB20	1/6	6/6	6/6		
60，1，6	R28–SMB20	1/5		5/5		
60，2，8	R28–SMB20				3/4 3/5	0/5
59，9，7	R28–SMB2500		1/4	0/5		
59，11，23	R28–SMB2500	0/6	6/6	3/6		

由上表可见，从链霉素肉汤分离的强毒菌种 R28 的变株，对小白鼠的毒力也显著减弱；其中 R28-SMB20 对小白鼠的毒力与兔化弱毒菌种 A90 近似或稍弱，而 R28-SMB2500 的毒力则显然更弱一些。对小白鼠所作免疫试验证明，这两个变株对小白鼠都具有肯定的免疫原性，尤其是 R28-SMB20 表现得更明显一些。免疫试验的结果见表 5。

表 5　从鼻疽强毒菌种 R28 分离的变株对小白鼠的免疫试验

试验日期	菌株编号	免疫组 ID_{50}	对照组 ID_{50}	免疫指数
59，10，14	R28-SMB20	4.82	≥ 7.4	≥ 380
59，12，5	R28-SMB20	3.63	6.37	555
59，10，14	R28-SMB2500	6.00	≥ 7.4	≥ 25.1

曾用这两个变株各注射兔两只，注射量均为 75 亿个活菌。结果 R28-SMB20 注射的两只兔均有轻微的体温反应，一只于注射后第 9 天死亡，剖检无可见病变，仅从脾脏分离出鼻疽菌。R28-SMB2，500 注射的两只兔则均无体温反应。第一次注射后第 10 天对存活的三只兔再次注射活菌 75 亿，除 R28-SMB20 注射的一只有轻微反应外，R28-SMB2500 注射的两只仍无明显的反应。第二次注射后一个月，对 R28-SMB20 和 R28-SMB2500 免疫的兔各一只注射强毒，皮下注射通过家兔 120 代的兔系菌种的 10^{-5} 稀释液 0.1 毫升（原液每毫升约含活菌 2 亿）；同时注射对照兔一只，注射量相同。结果对照兔于注射后第 9 天死亡，免疫兔亦分别于第 17 天和 22 天死亡，均有明显病变并分离出鼻疽菌。R28-SMB2500 注射的另一只兔未注强毒，于第二次免疫后 24 天宰杀，无可见病变，细菌检查亦为阴性。这一试验证明，鼻疽强毒菌种 R28 的变株，对兔的毒力亦减弱，但在这一试验中未能证明其对兔有免疫原性。

皮下注射 R28-SMB20 活菌 75 亿的猫一只，于注射后第 9 天死亡。注射部化脓，脾、肝、肺均无病变，但分离出鼻疽菌。另外的一只猫，第一次皮下注射 R28-SMB2500 约 75 亿活菌，一个月后再皮下注射 R28-SMB20 约 30 亿活菌，一个月后第三次注射 R28-SMB20 约 7.5 亿活菌，又一个月后第四次皮下注射 R28-SMB20 约 50 亿活菌。这只猫于第四次注射后 27 日死亡，脾、肝、肺及局部均有病变，并分离出对链霉素有抗药性的鼻疽菌。

此外，还曾用 R28-SMB20 注射豚鼠四只，皮下注射活菌 1.5 亿，其中二只分别于注射后 39 天和 43 天死亡。剖检时无可见病变，但一只从脾和肝、一只从肺分离出鼻疽菌。

剩下的两只豚鼠于三个月后第二次注射活菌 50 亿，亦分别于注射后 98 和 100 天死亡。脾、肝、肺均仅有轻微病变，但分离出能抗链霉素的鼻疽菌。

在试验过程中，曾从 R28-SMB20 的培养物分离出一株对链霉素有一定依赖性的变株（称 R28-SMB20d），其对小白鼠的毒力比 R28-SMB20 更弱，腹腔注射 7.5 亿活菌时，小白鼠死亡 2/5，注射 1.5 亿时则全部均不感染。不过对小白鼠作免疫试验时，这一变株未表现出明显的免疫原性。为了观察先注射较小剂量的 R28-SMB20 或毒力更弱的 R28-SMB20d 对随后注射较大剂量的 R28-SMB20 的安全性有无影响，曾用 5 只兔做试验，其经过和结果见表 6。

表 6　R28-SMB20 对兔的安全性试验

兔号	第一次（60，2，8）		第二次（60，3，10）		第三次（60，5，1S）		反应情况
	菌株	剂量（亿）	菌株	剂量（亿）	菌株	剂量（亿）	
1	SMB20	1.5	SMB20	50	SMB20	50	第一、二次注射后无反应；第三次注射第 25 天后，体温一直在 40℃ 上下，第 67 天死亡。
2	SMB20	1.5	SMB82	50	SMB20	—	第一次注射后第二天体温41℃；第二次注射后第19~37 天体温经常在 40℃上下，第 37 天死亡。
3	SMB20d	7.5	SMB20	50		—	第一次注射后无反应；第二次注射后第 2~19 天有轻微体温反应，第 21 天死亡。
4	SMB20d	7.5	SMB20	50		—	两次注射后均无明显反应，第二次注射后 43 天死亡。脾、肝、肺无病变，脾培养阳性。
5	SMB20d	7.5	SMB20	50		50	第一、二次注射后均无反应，第三次注射后第一天死亡，死前五日腹泻。脾、肝、肺有病变、培养阳性

这一试验再一次证明，大剂量注射时，R28-SMB20 可使家兔死亡；第一次注射较小的剂量或注射毒力更弱的 R25-SMB20d，对以后重复注射较大剂量的 R28-SMB20 并未能赋予明显的保护作用。

3. 链霉素对鼠系强毒鼻疽菌种 A35-40 毒力的影响

在这一试验中共接种了 12 个平板，仅含链霉素 500 微克/毫升的一个平板出现了两个菌落；在 10 管肉汤中，仅含链霉素 20 和 40 微克/毫升的两管肉汤有生长。在这 3 个变株中，从含链霉素 20 微克/毫升的肉汤分离的变株对链霉素有依赖性。这 3 个变株对小白鼠的毒力见表 7。

表 7　从鼠系强毒鼻疽菌种 A35-40 分离的变株对小白鼠的毒力

试验日期	菌株编号	注射方法和剂量			
		75 亿，SC	7.5 亿，ip	1.5 亿，ip	0.15 亿，ip
60，2，10	A35-40-SM500	1/5		0/4	0/5
60，2，10	A35-40-SMB20	0/4	0/5	0/5	0/5
60，2，10	A35-40-SMB40	5/5	5/5	5/5	5/5

由表 7 可见，从鼠系强毒菌种 A35-40 分离的 3 个变株中，有两个变株对小白鼠的毒力已显著减弱，另一个（A35-40-SMB40）的毒力则仍较强。用毒力较弱的两个变株对小白鼠作免疫试验，皮下注射 10 亿个活菌，18 天后分为两组，分别皮下注射 10^{-5} 和 10^{-6} 稀释的鼠系强毒培养物 0.1 毫升，强毒注射后观察一个月，亦证明其对小白鼠有肯定的免疫原性，见表 8。

表8 从鼠系强毒鼻疽菌 A35-40 分离的变株对小白鼠的免疫原性

试验日期	试验日期	对链霉素的依赖性	强毒注射剂量			
			10^{-5}		10^{-6}	
			死亡	病变	死亡	病变
60，9，20	A35-40-SM500	-	0/6	2/6	0/5	0/5
60，9，20	A35-40-SMB20	+	2/6	3/6	0/6	3/6
	对照		4/4	4/4	3/6	4/6

在试验过程中，曾将 A35-40-SM500 在不含链霉素的普通琼脂斜面上继代 10 次，第 10 代的菌种对链霉素仍有抵抗力，但对小白鼠的毒力则显著增强。皮下注射 10 亿活菌的小白鼠 12 只，于 45 天内死亡 9 只；其余 3 只于第 50 天宰杀，两只有明显病变并分离出鼻疽菌；1 只肺部有病变，培养阴性。

三、讨论

接种大量鼻疽菌于含有链霉素的琼脂平板或肉汤时，可以获得对链霉素有抵抗力或依赖性的变株。变异的发生和培养基中链霉素含量的多少没有明显的关系，但在肉汤中出现变异的机会似乎比在平板上要多一些。值得注意的是，兔化弱毒菌种 A90 经紫外光照射后，当选择不同菌落接种于链霉素平板时，不仅出现变异菌落的平板的数目增加了，其中个别菌落显然较其他菌落更易发生变异（参见表3）。

从含有链霉素的培养基分离的变株，不论其对链霉素有无依赖性，对小白鼠的毒力均减弱，而且具有一定的免疫原性。总的来看，有依赖性的变株对小白鼠的毒力似乎比无依赖性的更弱一些，而免疫原性也较低一些。在现有的资料中，只有从强毒菌种 R28 分离的变株 R28-SMB20 对小白鼠有较好的免疫原性。这一变株对猫、豚鼠和兔的毒力虽然也有所减弱，但重复注射或大剂量注射时这些动物仍不免死亡，表明其毒力仍然太强；至于个别幸存的兔子用兔化鼻疽菌种作强毒攻击时，未表现出明显的免疫力的原因，则有待进一步的探讨。

从鼠系强毒菌种分离的 A35-40-SM500，在不含链霉素的琼脂斜面上继代 10 次后，对小白鼠的毒力明显增强，证明这种变株在不含链霉素的环境中是不稳定的；根据本报告的资料，尚不能断定变株在含有链霉素的培养基中继代是否能长期保持稳定。

必须指出，Herzberg 等所分离的对链霉素有依赖性的羊型布氏杆菌的免疫原性也是不够强的，但是他们从这一变株分离出来的对链霉素敏感的逆变株（reverted clones）（称 Rev.1）对试验动物却表现了较好的免疫原性。自从 Elberg 等报告用 Rev.1 免疫山羊的结果以后，这一逆变株已受到许多国家的学者注意，Jones 等、Elberg 和 Alton 用它对山羊，Renoux 和 Drimmelen 对绵羊做了试验，均获得满意的结果；虽然 Курдина 对豚鼠、Elberg 和 Faunce 对猴和 Spink 等对人所作的试验均证明这一逆变株的毒力比牛型布氏杆菌要强一些。由此可见，在弱毒鼻疽菌种的研究工作中，为了获得毒力更弱而免疫原性更强的变种，除了应该分离更多的对链霉素有抗药性或依赖性的变株、并通过动物试验进行筛选外，能否从对链霉素有依赖性的变株中分离出对链霉素敏感，而免疫原性更强的逆变株的问题，也值得进一步加以探讨。

四、总结

将鼻疽菌的浓厚菌液接种于含有不同量链霉素的琼脂平板或肉汤时，可分离出对链霉素有抗药性或依赖性的变株；经紫外光照射过的兔化弱毒菌种，在链霉素平板上有更易发生变异的倾向。不论是从鼻疽强毒菌种或其变种（包括兔化弱毒菌种和鼠系强毒菌种）分离出来的变株，对小白鼠的毒力均减弱。用这些变株免疫小白鼠时，大部分均表现有一定的免疫原性。总起来看，对链霉素有依赖性的变株对小白鼠的毒力更弱一些，免疫原性也较低一些。

曾用从鼻疽强毒菌种分离出来的一个对小白鼠有免疫原性的变株对其他试验动物（兔、豚鼠和猫）作毒力试验。在重复注射或大剂量注射后，这些动物差不多全部死亡；个别未死的兔子用兔系菌种作强毒攻击时，未表现出明显的免疫力。

本文简短地讨论了从对链霉素有依赖性的变株或其逆变株选出无毒而有免疫原性鼻疽菌变种的可能性问题。

附件十五　马鼻疽弱毒菌苗对马体的免疫试验

姚湘燕　赵春普　陈斯仪　孙昌荣　宋　旸

（兽医大学军事兽医研究所）

摘要　应用鼻疽杆菌 C67–40^{60}Co（7）兼高温 178 代和 C67–40 高温 180 代两株弱毒菌株，对 8 匹马进行了免疫试验，其中安全试验组 2 匹，免疫试验组 4 匹，对照试验组 2 匹。安全试验组马经 70 天左右的观察后，人工迫杀进行病理解剖和组织学检查，均未发现鼻疽性病变，细菌学检查阴性，表明该弱毒菌苗安全性好。免疫试验组马经 3 个月左右观察后，以不同剂量强毒菌株攻击，除 1 匹马出现一侧性鼻漏外，其余马匹均无临床症状，细菌学检查 4 匹马均为阴性，人工迫杀后经病理学和免疫组织学检查等综合性判定，免疫马有 3 匹耐过强毒菌的攻击而获得保护。而强毒菌攻击的 2 匹对照马均发病，经病理剖检和组织学检查均有鼻疽性病变，细菌学检查阳性。

关键词　马鼻疽杆菌　鼻疽弱毒菌苗　免疫试验　马

应用鼻疽杆菌 C67–40^{60}Co（7）兼高温 178 代和 C67–40 高温 180 代弱毒菌株在对豚鼠进行免疫试验的基础上进行了本试验。

1　材料

1.1　鼻疽强毒菌株

M190（取自中监所）。

1.2　弱毒菌株

C67–40^{60}Co（7）兼高温 178 代和 C67–40 高温 180 代。

1.3　动物马 8 匹，4~8 岁，性别不限

试验前经鼻疽和传贫检疫均为阴性。

2　方法与结果

将 8 匹马分为安全试验组（2 匹）、免疫试验组（4 匹）和对照试验组（2 匹），其试验方法与结果如下。

2.1　安全性试验

取 C67–40^{60}Co（7）兼高温 178 代和 C67–40 高温 180 代弱毒菌株，分别用生理盐水制备成含不同菌数的菌悬液，对安全试验组的 2 匹马（6 号、9 号），颈部皮下接种 4 次（见表 1）。然后分别于末次接种 70 天（6 号）和 68 天（9 号）人工迫杀，进行病理剖检和细菌学检查。结果 2 匹马经 4 次菌苗接种后，除注射局部稍肿，6 号马体温一过性升高（39℃）

外，无任何临床反应。人工迫杀病理剖检，未发现鼻疽性病变，细菌学检查阴性。

2.2 免疫性试验

两株弱毒菌苗菌株，用生理盐水制成含不同菌数的菌悬液，对免疫试验组 4 匹（5 号、7 号、8 号、10 号）均颈部皮下接种 4 次，各次接种的菌苗、菌数、剂量以及间隔时间均同安全性试验。

试验马 1~3 次接种后，体温与局部均无变化，补反与马来因点眼均为阴性；第 4 次接种后，体温正常（5 号、7 号）或一过性升高（8 号、10 号，达 39℃），局部呈鸡卵大硬肿，约 20 天左右消失，补反和马来因点眼均为阳性，经 4 次免疫后观察 3 个月左右，以 M190 强毒菌株经皮下攻击（5 号、7 号 5 000 个菌，8 号、10 号 1 万个菌）后，5 号、7 号体温升高呈弛张热，补反阴性，马来因点眼阳性；8 号体温升高 1~4 天，补反阴性，马来因点眼阳性；10 号马体温升高，攻毒后 70 天出现一侧性鼻漏。病理剖检，5 号、8 号无鼻疽病变；7 号仅脾脏出现 1 个黄豆粒大的结节；10 号鼻中隔黏膜有鼻疽性结节。细菌学检查，4 匹马均为阴性。

对照组 2 匹马攻毒后体温升高，呈稽留热，两侧性鼻漏，病理剖检大部分脏器均呈现典型鼻疽性病变，细菌学检查阴性。

表 1 安全性试验

接种菌株	接种马号	接种次序	接种菌数（亿）	接种量（毫升）	间隔时间（天）	反应
						CFM
^{60}Co（7）高温 178 代		1	0.005	1.0	0	二
^{60}Co（7）高温 178 代		2	0.02	1.0	22	二
^{60}Co（7）高温 178 代	6	3	0.1	1.0	16	二
C67–40 高温 180 代		4	0.1	1.0	71	++
^{60}Co（7）高温 178 代		1	0.005	1.0	0	二
^{60}Co（7）高温 178 代		2	0.02	1.0	22	二
^{60}Co（7）高温 178 代	9	3	0.1	1.0	16	二
^{60}Co（7）高温 178 代		4	0.1	1.0	71	＋＋

2.3 变态反应

见表 2。

表2 马来因点眼反应结果

组别	马号	第1.3次免疫	第4次免疫					强毒攻击	
			15天	28天	45天	63天	82天	5天	34天
免疫组	5	-	+	+	+	+	+	+	+
	7	-	+	+	+	+	+	+	+
	8	-	+	+	+	+	+	+	+
	10	-	+	+	+	+	-	+	+
对照组	11	-						+	+
	12							+	+

注："-"马来因点眼阴性；"+"马来因点眼阳性

2.4 补体结合反应

免疫试验组马第1~3次免疫后，CF均为阴性，第4次免疫后第6天均为阴性，第15天转为阳性，抗体滴度达80，持续2个月左右。但以鼻疽强毒菌攻击后，免疫试验组马转为阴性反应。对照试验组12号马在攻击后第2次采血出现阳性反应；11号马因故未采血。

2.5 鼻疽病变的分布及其类型

免疫试验组马于鼻疽强毒菌攻击后130~135天，对照试验组马于鼻疽强毒菌攻击后62~68天人工迫杀，剖检可见免疫马和对照马的鼻疽病变分布和数量均有所不同。4匹免疫马中，7号马于脾脏有一豆粒大的慢性增生性鼻疽结节；10号马鼻腔黏膜有溃疡，肺脏和颈下淋巴结各有1个初发性鼻疽结节；其他2匹马未发现任何鼻疽病变。而2匹对照马在鼻腔黏膜、肺、脾和淋巴结均出现有1~4处鼻疽性病变。

3 讨论

通过本试验证明，C67–40^{60}Co（7）兼高温178代和C67–40高温180代弱毒菌苗菌株，对马体能产生一定的免疫力。当用鼻疽强毒菌攻击后，免疫组的4匹马中有2匹未发现任何鼻疽性病变，有2匹马出现鼻疽性病变，而对照组的2匹马均出现鼻疽性病变，由此说明经弱毒菌苗免疫的试验马攻以鼻疽强毒菌可获得一定的保护力。但是仅以出现鼻疽性病变例数的多少还不能确切地衡量保护力的高低，应该联系病变的性质、数量、扩散程度以及动物机体的体液免疫和细胞免疫的状况等来衡量其保护力高低。从病理剖检结果来看，10号免疫马出现急性活动性鼻疽病变而且扩散到3个部位（鼻、肺、淋巴结），说明该马没有获得保护；而7号免疫马仅在脾脏局部有增生性鼻疽病变。据文献记载，增生性鼻疽结节是动物机体抵抗力增强的表现，它可使病变局限化而不易扩散，因此也应将7号免疫马归于获得保护之内。

在本试验中，对马匹进行了4次免疫，前3次免疫无论是体温反应，还是马来因点眼反应及补体结合反应均未出现反应，仅在第4次免疫后才出现反应，这与前3次免疫刺激量过低有关。

自然环境条件与机体的免疫力有着密切的关系。在本试验中，由于试验场地所限，试验马只能在无阳光而又潮湿的隔离厩内进行试验、观察，因而马匹的机体抵抗力较正常为低，可能对免疫效果也有一定的影响。

附件十六 鼻疽菌通过牛睾丸继代和对牛胸腔感染试验

龚成章 胡祥璧

（中国农业科学院哈尔滨兽医研究所）

作者等曾在鼻疽菌对牛的试验性感染试验中，证明牛对鼻疽菌极为钝感，但其睾丸组织却有高度的亲和性，虽注射极小的菌量，即可引起显著的局部反应，细菌在此大量繁殖，并能长期保菌。这种条件提供了将鼻疽菌在钝感的牛体中继代并获得具有免疫原性的弱毒疫苗菌种的可能性。在继代过程中，我们初步探讨了对牛胸腔接种鼻疽菌引起全身性感染的可能性。为了促进牛体睾丸继代系和兔体继代系鼻疽菌种的变异，还将这些菌种作了牛胸腔继代的试验。与此同时，又观察了睾丸系继代的耐过牛和以其他方法接种过的牛，经过一定的间隔时期以后，再以致死量的鼻疽菌胸腔注射进行攻毒的结果。

材料和方法

一、菌种

试验共用 4 株鼻疽菌，其中两株是试验室保存的强毒菌种（M7，M224），另外两株为通过别种动物的菌种：C94 是牛睾丸继代系第 24 代菌种，T98 是兔睾丸继代系第 98 代菌种。

二、动物

继代牛为本地黄牛，年龄在 3~5 岁。田鼠购自北京市郊，年龄和体重无一定标准。小白鼠体重为 18~20 克。豚鼠体重为 300~350 克，全部是雄性的。

三、继代方法

（一）睾丸系

将鼻疽菌的 24 小时甘油肉汤培养物，注射于公牛的一侧睾丸实质内，最初几代的剂量为 3.0 毫升，以后逐渐减至 0.1 毫升。注射后观察其临床表现与睾丸肿胀情况，待睾丸肿胀至一定程度，即由急性炎症转为慢性肿胀以后（约 30~40 天），用外科手术切除睾丸或将牛宰杀后采取睾丸分离细菌。再将获得的培养物接种于甘油肉汤中，培养 24 小时，注射于第二代牛的睾丸中。M7 系继代牛从第 26 代以后改为直接继代，即将有病变的睾丸实质组织磨碎后，加甘油肉汤制成组织乳剂（含活菌数约为 3 800 万 / 毫升），注射 5~10 毫升于同一牛的另一侧睾丸或另一健康牛的睾丸中，并把继代时间缩短为 10~15 天。当细菌通过了一定代次的牛之后，即用田鼠、小白鼠和豚鼠进行测毒；观察其毒力以及形态学、生化反应等变化。

（二）胸腔系

将鼻疽菌的 3% 甘油琼脂扁瓶上的 48 小时培养物，用 3% 甘油肉汤洗下，制成细菌悬液，注射于牛的右侧胸腔内，注射量为 200 毫升（含活菌总数为 2.24×10^{12}~4.9×10^{12}）。注射后观察牛的临床症状，待其死亡或经适当日期后宰杀，从肺分离鼻疽菌，再将获得的培养物用同上方法接种于第二代牛。

四、测毒方法

（一）田鼠测毒

以测毒菌种的 24 小时甘油肉汤培养物 10^{-7}~10^{-3} 的稀释液，皮下注射 0.1 毫升，每组用田鼠 5~6 只，注射后观察一个月，按死亡和宰杀后剖检的病变和细菌分离的结果计算 ID_{50}。

（二）小白鼠测毒

用同上培养物 10^{-5}~10^{-1} 的稀释液，皮下或腹腔注射 0.1 毫升，观察一个月，按其死亡或宰杀后的剖检病变和细菌分离的结果计算 ID_{50}。

（三）豚鼠测毒

用同上培养物的不同稀释度皮下注射 0.1 毫升，观察 1.5~2 月，记录死亡与宰杀后剖检和检菌的结果。

试验结果

一、睾丸继代

用两株强毒（M7，M224）分别继代。M7 系继至 37 代，M224 系继至 19 代。继代的牛一般于注射后的翌日，体温即上升至 39~40℃，经 4~5 天逐渐恢复到常温，也有稽留 10 天左右的。在高热期同，继代牛的食欲减退，注射侧睾丸呈现红肿，通常肿大 2~4 倍，有时破溃并流出大量脓汁。肿大的睾丸在切除时可见到周围结缔组织增生肥厚，睾丸实质内有散发的和连接成片的坏死灶，附睾也肿胀或含有大量的黄白色黏稠脓汁。睾丸继代牛经宰杀后作病理解剖检查时，一般仅在注射侧睾丸内有可见病变，其他脏器均无明显的变化，另侧睾丸亦不受波及。值得特别指出的是，在将近 60 例的继代牛中，有 3 例肺出现了鼻疽结节（与鼻疽马肺部的结节相似），并从结节中分离出鼻疽菌。在接种后 7~10 天采继代牛的血作血清学检查时，所有的牛均呈现阳性补体结合反应。这种反应一般可持续两个月以上，也有在 74~100 天后（去势后 30 天以上）转为阴性的。

在继代过程中，两系菌种无论在形态上或生化反应上均未表现出明显的变化。不同代次的菌种分别用田鼠和豚鼠测毒时，证明毒力没有显著的变化。测毒结果如表 1。

表 1　牛睾丸继代系菌种对田鼠和豚鼠的毒力测定

系别代次	田鼠						豚鼠			
	菌液稀释度						菌液稀释度			
	-3	-4	-5	-6	-7	ID_{50}	-2	-3	-4	-5
M7-10	6/6	6/6	5/6	4/6	1/6	6.23		2/3	3/3	2/3
M7-16	6/6	6/6	6/6	6/6	3/6	7.00		1/3	2/3	0/3
M224-9	6/6	6/6	6/6	6/6	0/6	6.50	2/3	2/3	3/3	—
M224-13	—	6/6	—	3/6	—	—	—	—	—	—

在用小白鼠测毒时，我们发现 M7 系第 20 和 23 代菌种的毒力有所减弱，但在第 25 代以后，毒力又有些增强；而 M224 系菌种对小白鼠的毒力则始终没有明显的变化。M7 系第 20 和 23 代菌种对小白鼠毒力减弱的现象，在用同代次的冻干保存菌种重复测毒时，也得到了证实。在重复测毒时第 20 代的 ID_{50} 为 1.48，第 23 代的 ID_{50} 为 1.80。其测毒情况如表 2。

表2　牛睾丸继代系菌种对小白鼠的毒力测定

系别代次	接种方法	培养物活菌数 亿/毫升	菌液稀释度					ID$_{50}$
			−1	−2	−3	−4	−5	
M7−16	皮下	1.15	4/6	6/6	4/6	5/6	1/6	4.11
M7−20	皮下	—	2/6	2/6	2/5	3/6	1/6	2.00
M7−23	皮下	0.91	2/6	1/6	2/6	2/6	0/6	1.46
M7−25	皮下	1.09	3/5	4/5	2/5	4/5	1/5	3.33
M7−32	皮下	1.44	5/5	4/5	1/5	3/5	2/5	3.36
M7−37	皮下	1.43	3/5	3/5	4/5	3/5	2/5	3.64
M224−9	腹腔	1.69	5/5	5/6	6/6	6/6	1/6	4.51
M224−12	腹腔	1.48	4/5	5/5	5/5	5/5	1/5	4.52
M224−17	皮下	1.28	5/6	4/6	6/6	3/6	5/6	4.47
M224−19	皮下	1.47	6/6	6/6	6/6	6/6	5/6	>5

二、胸腔感染与继代

两株菌种（C94，T98）分别继了10代。共用20头牛，其中健康牛16头，睾丸继代耐过牛3头和静脉注射鼻疽菌耐过牛1头。继代牛的体温于注射后5小时就开始升高，一般在24~48小时达41.0℃左右，个别牛甚至高达41.9℃。继代牛的发病过程可分为急性型和亚急性型两种。急性型：体温上升后随即下降，经3~4天死亡，个别牛延至7天，但也有在注射后无体温反应，而在2~3天内死亡的。亚急性型：体温多长期稽留于40℃左右，直至死亡，也有经20天左右体温恢复正常，但体质逐渐消瘦，最终仍不能免于死亡。

无论是急性或亚急性经过的牛，在注射后2~3天，均表现出严重的胸膜炎和肺炎症状。触诊时注射侧的胸壁表现敏感并有疼痛。叩诊时有显明的浊音区。听诊时有程度不同的啰音。急性型经过的牛呼吸加快（48次/分），脉搏增数，精神不振，食欲废绝，喜卧地，迅速死亡。继代的16头健康牛中有5/16出现睾丸肿胀（急性型1例，亚急性型4例）。亚急性型病牛，虽然也有上述症状，但食欲不全废绝，常有咳嗽，甚至从鼻腔流出混有血液的鼻汁，呼吸有恶臭，并有响亮的鼻塞音，病牛高度消瘦，经15~30天死亡。也有部分牛在临床上仅有轻微的胸膜炎和肺炎症状，逐渐消瘦，卧地不起，心力衰竭，最终死亡。

剖检时主要的病理变化为：急性型呈急性纤维素性胸膜炎，肺与心包膜、膈、胸纵隔、胸膜都有粘连，胸腔内有大量胸水（注射侧多于另一侧）。肺两侧呈广泛的鼻疽性肺炎（右侧重于左侧）。肝呈急性肝炎，布满密发的小坏死灶。脾呈急性肿大。肾呈急性实质性肾小球炎。前部淋巴结（颌下、咽后、肩前、肺门、肝门等）呈髓样肿胀和出血。亚急性型的肺呈同样的胸膜炎和肺炎，甚至有化脓灶和空洞（仅限于注射侧）。无胸水。肝发生肝炎。但脾、肾的变化则不明显。继代的16头健康牛中4例的鼻中隔呈现结节和溃疡（急性型牛1例，亚急性型牛3例）。睾丸发生睾丸炎和副睾丸炎。除肺门淋巴结和注射侧的肩前淋巴结有坏死灶外，其他淋巴结无明显变化。

从急性经过死亡牛的胸水、实质脏器、睾丸、心血和淋巴结（颌下、咽后、肺门、肝门、脾、股前、纵隔、髂）处可以分离出鼻疽菌。死于亚急性经过的牛，则仅能从肺和睾丸分离出菌，其他部位很少培养出菌。胸水内的活菌量并不多，但注射侧胸水中的含菌量比另一侧多，如T98C2号牛死亡时，右侧胸水含菌量为1 742个菌/毫升，左侧含菌量为825个菌／毫升。脾脏的含菌量较多，T98C2号牛脾脏的合菌量为700万个菌／克，T98C4号牛为500万个菌／克。胸腔继代牛的简要情况如表3。

表3　T98系（c）和c94系（P）胸腔继代牛的情况

牛号	注射菌量（个菌）	生存天数	备注
C1-1	4.14×10^{12}	4	
C2-1	3.14×10^{12}	3	
C3-3	3.77×10^{12}	6（杀）	与睾丸系耐过牛C1~C2同时胸腔接种
C4-1	3.28×10^{12}	6	与睾丸系耐过牛C2~2同时胸腔接种
C5-2	3.26×10^{12}	11（杀）	
C6	3.81×10^{12}	7	
C7	3.11×10^{12}	3	高温稽留9天，喘息消瘦
C8	3.6×10^{12}	13（杀）	
C9	2.3×10^{12}	20（杀）	无体温反应，与C3~2胸腔耐过牛以同一培养物同时接
C10	2.4×10^{12}	15	种体温第5天最高41.7℃消瘦长期高温稽留，消瘦
P1[×] P1[×]	2.24×10^{12}	24（杀）	
P2	4.0×10^{12}	35	
P3[*]	2.11×10^{12}	35（杀）	
P4	2.86×10^{12}	28	高温稽留30天，以后症状减轻，精神食欲良好高温稽留
P5	3.48×10^{12}	4	肺症状轻，消瘦，第24天卧地不起
P6	4.48×10^{12}	3	
P7	3.92×10^{12}	22	
P8	3.72×10^{12}	2	无体温反应
P9[×]	2.12×10^{12}	37（杀）	
P10[×]	3.0×10^{12}	11（杀）	

注：×睾丸系耐过牛；＊静脉接种耐过牛

上表中T98系继代的10头牛都是健康牛，除因为继代而需要早期宰杀4头外，其余的继代牛均死亡。C94系继代的10头中除有4头耐过牛是宰杀而不是死亡外，其余6头继代牛也都死亡了。两系继代的12头死亡牛中，有8例为急性型，4例为亚急性型经过。在继代过程中，我们曾减少于胸腔接种的剂量。在T98系第三代时，用比平常剂量小1半和200倍的菌量各注射牛1头。剂量小1半（1.55×10^{12}个菌）的C3-1号牛病程为亚急性经过，在注射后36天死亡，病变轻微，而且从各主要脏器均未分离出鼻疽菌。剂量减少200倍（1.55×10^{10}个菌）的C3-2号牛，有体温反应，但仅持续10天，观察71天，临床上完全恢复正常。以第四代牛的脾乳剂（总活菌数为7.0×10^{8}个菌，约比平常剂量小5000倍）注射的C5-1号牛，在注射后仅有5天的体温反应，症状较轻，精神食欲均良好。观察58天宰杀，剖检仅右侧有极轻的胸膜炎，亦未分离出菌。

牛体胸腔继代的两系菌种在集落形态、生化特性和毒力等方面都没有发生明显的变化。

我们在发现胸腔大量接种牛T98系和C91系菌种可以使牛感染全身性鼻疽以后，曾怀疑这是由于鼻疽菌经过家兔继代和牛体睾丸继代以后对牛的毒力有了增强的表现。为了证实这一问题，我们曾用未和牛接触过的M7强毒菌种胸腔注射于健康牛一头，注射物所含的活菌数为3.8×10^{12}个菌。这头牛于注射后36小时体温上升到39.9℃、40小时即下降为38℃，60小时死亡。其临床表现、病理变化和检菌结果，与上述两系菌种接种的牛也基本相同。证明未经牛体和兔体继代的强毒菌种，胸腔大量接种时亦同样可以使牛发生全身性感染而死亡。

三、以胸腔感染的方法测验睾丸系耐过牛的免疫力

在胸腔继代的过程中，T98 系的最初两代和 C94 系的不同代次，除了注射健康牛以外，还同时以同一培养物和相同的剂量，对睾丸系的耐过牛进行了胸腔注射。前后共 7 头耐过牛，其中 3 头是 C94 系胸腔继代牛（P1，P9，P10）。我们对这些牛再感染以后的经过作了一些观察，其结果如表 4。

在上述 7 头耐过牛中，除 P10 号牛因观察期短，无法作出结论外，所有宰杀的 4 例，在胸腔注射后 320 天，体温均下降或接近恢复，临床症状减轻，精神、食欲良好，营养情况均大有好转。分别于 24~68 天宰杀剖检时，其病变较轻，胸腔及肺的变化亦仅限于一侧，且仅能从注射部位附近的化脓灶及睾丸分离出鼻疽菌。与此相反，C1-2，C2-2 的两头对照牛（C1-1 和 C2-1，参照表 3）则均于注射后 34 天死亡。P1 和 P9 号牛虽然没有对照牛，但从 C94 系的继代中可以看出，凡是首次接种的健康牛都全部死亡（见表 3）。这一事实表明，睾丸系耐过牛经一定时期后对致死性的再感染具有很强的抵抗力。

7 例睾丸系耐过牛在胸腔注射后还有两例死亡。表 4 中一例（T98C4-2）是经过两次睾丸注射的，但由于去势一侧后立即注射另侧，因此影响了去势创的愈合；第 2 次去势以后仅 14 天即胸腔注射，注射时两侧去势创均未恢复；同时此牛患全身性疥癣，长时期体况不良，因而影响了抵抗力的产生。另一例（P9-1）曾长期患严重的慢性腹膜炎，体况不良。这两头牛之所以未能抵抗胸腔注射的攻击，显然和牛体的健康情况不良有关。

表 4　用胸腔注射法对睾丸系耐过牛免疫力的测验

| 牛号 | 胸腔注射前的经过 | | 睾丸注射至胸腔注射的间隔（天） | 胸腔注射 | | 临床表现 | 观察日数 | 主要病变 | 检菌结果 |
	睾丸注射	细菌在睾丸内生存天数		菌种	活菌总数（个菌）				
T98 C1-2	M7 系 25 代耐过牛，两侧睾丸注射，分别与 37、21 天去势，两次注射间隔 37 天	58	77	T98	4.14×10^{12}	高温稽留 7 天，以后逐渐恢复至常温，25 天后精神食欲良好	68（杀）	右侧胸膜炎已吸收，仅右肺有 1 处化脓灶，倒数第 6~7 肋骨注射处有小脓灶	注射局部阳性
T98 C2-2	M7 系 27 代耐过牛两侧睾丸注射，分别于 19、17 天去势，间隔 19 天	36	56	T98C1	3.14×10^{12}	体温上升，20 天后恢复常温，20 天后精神、食欲、体况良好	49（杀）	右侧胸膜炎已陈旧，两侧肺有很轻的肺炎，右肺有一小化脓灶	全部阴性

（续表）

牛号	胸腔注射前的经过		睾丸注射至胸腔注射的间隔（天）	胸腔注射		临床表现	观察日数	主要病变	检菌结果
	睾丸注射	细菌在睾丸内生存天数		菌种	活菌总数（个菌）				
T98 C4-2	M7系30代耐过牛，两侧睾丸注射，分别于18、14天去势，全身疥癣，体况不良，去势创两侧均未愈合	32	28	T98 C3-3	3.28×10^{12}	注射后体温下降，卧地不起	4（死）	两侧胸膜炎和肺炎、脾肿、有肝炎。淋巴结肿胀出血	全部阳性
P1	M224-19代耐过牛，一侧睾丸注射0.1毫升（培养物），72天去势	72	135	C94	2.24×10^{12}	注射后第2、8、16天有三次体温上升，以后即恢复。症状较轻，9天睾丸肿，20天后精神、食欲良好	24（杀）	右侧胸膜炎和肺炎，并有小化脓灶，睾丸实质坏死，附睾化脓	1. 肺 2. 睾丸阳性
P9	M7系29代耐过牛，两侧睾丸注射，分别于10、13天去势，间隔62天	23	35	C94 P8	2.12×10^{12}	12小时体温上升4.19℃，高温稽留20天后症状减轻，体况食欲良好	37（杀）	右侧陈旧胸膜炎，右侧轻微肺炎	1. 肺阳性
P9-1	M7系29代牛一侧睾丸注射11天去势，体况不良	11	35	C94 P8	2.12×10^{12}	无体温反应	2（死）	右侧胸膜炎和肺炎，严重慢性、腹膜炎	全部阳性
P10	M7系32代耐过牛，两侧睾丸注射，分别于11、12天去势，间隔33天	23	78	C94 P9	3.0×10^{12}	高温稽留症状较轻	11（杀）	右侧胸膜炎和肺炎，鼻中隔有结节	1. 肺 2. 脾

除睾丸系耐过牛外，静脉注射或胸腔小剂量注射的牛，在耐过以后，对再感染也具有很强的抵抗力。如C94系P3号牛，在静脉注射睾丸第25代菌种的24小时通气培养物10倍稀释液20毫升后，间隔44天做胸腔接种，呈亚急性轻过，体温长期稽留于39~40℃左右。再经35天宰杀时，除睾丸肿大化脓外，其他病变很轻微，且仅能从睾丸分离出鼻疽菌

（见表 3）。又如 C3-2 号牛，在胸腔注射 1.55×10^{12} 个菌以后，间隔 71 天作左侧胸腔接种，注射后体温稽留于 40℃左右，15 天以后平复；初期症状明显，但以后逐渐减轻，15 天以后症状几乎消失，精神食欲正常，体况良好。经 49 天宰杀剖检时，两侧均有陈旧的轻微的胸膜炎病痕，右肺无变化，左肺仅有化脓灶一处，其他器官无明显变化，仅从左肺分离出鼻疽菌。对照牛（见表 3C7 号牛）则于注射后第三天死于鼻疽。

讨论

过去的学者曾经报道过用皮下、静脉或腹腔注射的方法，都能使牛感染试验性的鼻疽。皮下感染的牛，一般仅产生局限性病灶；腹腔注射时也仅能引起短期发病；静脉注射的牛，特别是犊牛虽然有过可以发病并死亡的报告，但在另一些报告中则没有达到致死的结果；在前一试验中，我们对 4 头成年牛作静脉感染也没有引起死亡。文献中尚未发现用胸腔注射的方法对牛作鼻疽感染的报告。在本试验中，我们以胸腔注射大剂量鼻疽菌的方法，在用两个菌种作胸腔继代试验过程中，共注射 16 头年龄在 3~5 岁的健康牛，这些牛除 4 头因为继代的需要早期宰杀以外，其余都全部感染鼻疽而死亡。在宰杀的 4 头牛中，除 C3-3 号牛因仅观察 6 天无法估计其预后外，其余 3 头（C5-2、C8、C9）在临床上均属亚急性经过，其病理变化及检菌结果与亚急性死亡牛几乎完全相同。而且这些牛在宰杀前，体温反应虽已大致平复，但体况却显著下降。根据我们的经验，胸腔感染的牛，无论其体温反应是长期稽留或逐渐恢复，临床症状严重或减轻，只要营养状况下降，最后都避免不了死亡。如 C3-1 和 C94P4 号牛就是明显的例子。所以我们认为这 3 头牛如果不是因为继代的需要而早期宰杀，最后也是必然死亡的。从病理解剖的结果看来，这些胸腔注射牛都是死于全身性败血症。由此说明，胸腔注射大剂量的鼻疽菌是使牛产生致死性感染的可靠途径，给今后利用钝感的牛进行鼻疽研究提供了一个新的感染方法。

睾丸继代系的耐过牛对胸腔注射足以使一般健康牛致死的剂量的鼻疽菌，表现了明显的抵抗力，可以说是很有兴趣的事。这种抵抗力显然是由于在此之前存在于牛体内的鼻疽菌所引起的，所以是一种免疫力。其产生的强度既与细菌在体内存留时同的长短也与牛体的健康状况的好坏有关。由表 4 可以看出，无论两次或一次睾丸注射都能产生这种免疫力。如 C1-2 号牛接受过两次睾丸注射，细菌在牛体内共存留 58 天；在 C2-2 号牛则为 35 天；P1 号牛虽然只接受一次注射，但因去势较晚，细菌在体内存留长达 72 天，所以也能产生免疫力。另一方面，P9-1 号牛同样只接受一次注射，但由于细菌仅在体内存留 11 天，以致未能产生相同的免疫力。又如 C4-2 号牛的体内虽然有细菌存留相当长的时间，但由于患了全身性疥癣，体况不良，在胸腔注射前其两侧去势创尚未愈合；P9-1 号牛曾患慢性腹膜炎，因而这两头牛都没有产生免疫力。应该指出，这种免疫力不仅产生在睾丸注射鼻疽菌的耐过牛，而且也表现在静脉注射一定剂量或胸腔注射小剂量鼻疽菌的牛。这些结果使我们有理由认为鼻疽菌是有免疫原性的。因此，鼻疽菌免疫问题仍然是值得进一步探讨的。

许多微生物学者证明，将细菌通过异种动物继代可以获得毒力减弱的菌种，如猪丹毒菌通过家兔 4 代即开始减弱，第 7 代的菌种就可以制成菌苗（KOHeB 1889）。牛肺疫菌通过家兔多代以后毒力亦减弱，并有良好的免疫原性。鼻疽菌通过兔体继代，毒力也有减弱[8]。但在我们的试验中，牛睾丸继代系菌种的毒力虽曾一度减弱，然而继续通过睾丸或胸腔继代，亦未能促使其进一步减弱，甚至反而有些增强的表现（见表 2）。鼻疽菌的毒力在牛体内减弱得慢，可能与继代的次数尚少或与继代方法不够恰当有关。由于牛的睾丸组织对鼻疽菌有亲和性，适宜其生长，所以想在较短的期间内改变其性能，是不容易做到的。因此，我们认为，尽管本试验还没有达到减弱继代菌种的毒力的目的，但是继续通过钝感的牛体，并在继代方法上加以改进，由此而动摇鼻疽菌的遗传性的可能性还是存在的。

结论

① 鼻疽菌可以通过睾丸注射的方法在牛体内继代。用两系菌种分别继代 19–37 代次后，细菌对试验动物的毒力基本上还没有减弱。

② 胸腔内注射大量鼻疽菌（活菌总数在 2.24×10^{12} 以上），是引起牛的致死性感染的可靠途径。

③ 睾丸注射过小量鼻疽菌的牛，在去势之后再经过一定的时间，对致死性的胸腔感染表现了显著的免疫力。

＊本试验工作中，承粟寿初主任提供意见，并于本文草成后加以审阅指正；在病理解剖时，曾得到周圣文主任的指导，谨此一并致谢。肖庆林同志曾参加本试验一部分工作

附件十七　鼻疽菌在液体培养基内生长的研究

I. 通气和通氧培养的研究

粟寿涛　童昆周

（中国农业科学院哈尔滨兽医研究所）

近年来在死菌疫苗的研究中越来越多地使用通气培养的方法，有人并认为这种方法可以提高制品的品质，例如，在兽医生物制品方面，苏联 BOJINR 氏（1953 年）就曾报告以通气培养方法制成的小牛副伤寒疫苗和鼻疽菌素的效力较普通的方法制成的更好。

我们在鼻疽免疫研究中，曾对鼻疽菌在液体培养基内的生长作了一些试验，其中包括通气和通氧培养的试验。关于鼻疽菌在通气和通氧条件下的生长，Miller 等（1948 年）和 Bojinr（1953 年）均曾有过简单的报告。我们的报告叙述用一种简单的通气装置来培养鼻疽菌的结果，并探讨影响它的生长的某些因素。

一、试验材料和方法

1. 菌种

R3-26 号鼻疽强毒菌种，系 1954 年 7 月自开放性鼻疽病马分离。菌种在 3% 甘油琼脂斜面（pH 值 6.8）上保存于室温，每 2 周传代一次。传代时均曾接种于含健康绵羊血清 10%、绵羊红血素液 0.1% 的 3% 甘油琼脂平板（pH 值 6.8）上，在 37℃培养 48 小时，然后在解剖显微镜下（6×1.8 倍）用斜射光线检查菌落形态、结构和荧光性，并挑选典型的强毒菌落继代。使用前亦曾按上述方法挑选。

2. 培养基

3% 甘油肉汤，含食盐 0.5%，蛋白胨 1%，pH 值 6.4，分装于容量为 1 000 毫升的广口圆玻瓶（瓶高 18 厘米，瓶底直径 9.5 厘米，瓶口直径 4 厘米），每瓶 600 毫升（培养基高 10.5 厘米），在 120℃高压消毒器内灭菌 20 分钟。

3. 培养物之接种

接种用种子培养物为在 37℃培养 24 小时的琼脂斜面培养物，接种前加入 3% 甘油肉汤 5 毫升洗下，接种量在小量接种时为 0.2 毫升，大量接种时为 2.0 毫升（除另有说明者外，通气培养时均为小量接种，通氧培养时均为大量接种）。接种后培养物每毫升的活菌数，小量接种时为 $1.5 \times 10^6 \sim 4.5 \times 10^6$ 个 / 毫升，大量接种时为 $2.0 \times 10^7 \sim 3.5 \times 10^7$ 个 / 毫升。培养物在 37℃定温箱中培养。

4.活菌数的测定

活菌数的测定根据 Snyder 等（1946 年）的方法。菌液用 3% 甘油肉汤（pH 值 6.8）连续 10 倍稀释，将适当浓度的稀释菌液接种于血清血红素甘油琼脂平板上，接种量为 0.2 毫升，菌液用灭菌弯曲玻棒均匀涂布与琼脂表面，每一稀释液至少接种平板 3 个。平板在 37℃定温箱培养 48 小时，第一天正放，使菌液干燥，第二天再将平皿倒转。48 小时后计算菌落数目，同时并观察菌落形态，注意有无变异。

5. pH 的测定

测定前菌液先在流通蒸汽消毒器中灭菌 40 分钟，然后用比色法测定 pH。当菌液浓度大时，比色不易准确，曾用中性蒸馏水稀释 10 倍。当同一菌液分别用溴麝香草酚蓝及酚红测定结果不一致时，如 pH 值在 6.8 以下即根据溴麝香草酚蓝测定的结果，pH 值在 6.8 以上则根据酚红测定的结果。

6. 通气装置及通气速度的测定

我们所用的通气装置是参考 Miller 等（1948 年），Bojinr（1953 年）和林飞卿等（1954 年）的报告设计的。它的原理就是利用流水吸筒在培养基表面造成的负压使空气经由放置于培养瓶底部的砂棒分散成许多小气泡进入培养基内。培养基的表面盖有灭菌的纯猪油一层，防止产生过多的泡沫。进入培养基内的空气经过灭菌的棉花滤器滤过。在培养瓶与流水吸筒之间设有缓冲瓶数个，其中 2 个装有浓石炭酸液，由培养瓶出来的气体在排出之前要两次通过石炭酸液消毒，以防止鼻疽菌污染室内的空气。

在试验初期，通气速度是直接由调节水流的速度来控制的，由于自来水的水压不稳定，以致通气过程中通气速度常有很大的变化，后来参考 Paeymobvkar 和 Mhtomoba（1955 年）的报告增设了一个调节器，才基本上解决了这个问题，不过我们没有采用他们的环状玻管装置，而改用了一个玻璃活塞。我们还发现，如果在调节瓶的进气管上加一段橡皮管并用夹子轻轻夹住以缩小进气口，则不仅可以调节水压，而且可以加大缓冲瓶内的负压。此时，即可在缓冲瓶上接连 4~5 套培养瓶同时通气。整个通气装置如图 1。

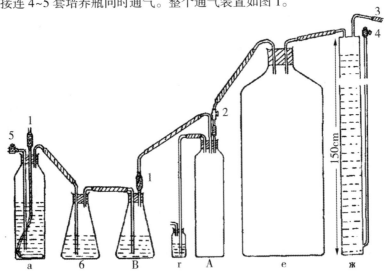

图 1 通气培养装置简图

我们所用的砂棒是一种滤水用的砂棒，长 5.7 厘米，外径 1.6 厘米，内径 0.8 厘米，民主德国制造，孔径不明。实际上不同砂棒的孔径亦不一致，因此每一砂棒的进气速度均必须在每次试验前分别测定。测定的方法是在一个培养瓶内装水 600 毫升，在其中倒置一个容量为 50 毫升的玻璃管，并将砂棒倒插入管内，然后将这个培养瓶接在图 1 所示位置上在一定压力下通气，此时砂棒中放出的气泡即将玻璃管内的水排出，测定管内的水被排出所需的时间，调节水压以求得每分钟进入一定空气所需的水压，同时并记录水银柱的高度，以做试验时调节通气速度的依据。

当然，这种测定通气速度的方法不可能是十分准确的，但是再没有更精确的测定方法的条件之下，根据我们的经验，它却基本上可以使用通气速度有一定的标准，因而保证了试验结果的可重复性，可以比较气量大小对细菌生长的影响，并找到适于细菌生长的通气量。

在通氧培养时，氧气是由氧气瓶经过蔡氏滤器吹入培养基内，通氧速度则有减压器和氢氧吹管的活门来调节，带有水银压力计的缓冲瓶系装置于氧气瓶与滤器之间。通氧速度测定的方法同上。

二、试验结果

1. 通气培养试验

在通气培养时，通气速度无疑是影响细菌生长的重要因素之一，Gee 和 Gerhardt（1946年）以通气方法培养猪流产菌时对此曾作过详细的研究。不过在有关鼻疽菌通气培养的文献中，则不论是 Miller 等（1948 年）或 BOJINR（1953 年）的报告均没有指出通气速度与其生长的关系。我们的试验主要是针对这一问题进行的。

在我们的试验中通气速度分两种：第一种在培养基 600 毫升内，每分钟通入空气 600 升，即每分钟通入空气的量与培养基量的比例为 1∶1，简称大量通气；第二种在培养基 600 毫升内，每分钟通入空气 300 毫升，即空气量与培养基量的比例为 0.5∶1，简称小量通气。比较两种通气量对鼻疽菌生长的影响的试验结果如图 2。

由图 2 可见在通气培养时通气速度对鼻疽菌的生长有显著影响，大量通气时培养物中的最高活菌数为 2.7×10^{10} 个 / 毫升，小量通气时则仅 1.5×10^{10} 个 / 毫升，相差将近一倍。这种差别是具有一定意义的，根据我们多少次试验的结果，大量通气时培养物每毫升中的最高活菌数均在 $2.6 \times 10^{10} \sim 2.7 \times 10^{10}$ 之间，而小量通气则在 $1.4 \times 10^{10} \sim 1.6 \times 10^{10}$ 之间。大量通气时除最高活菌数较多外，菌数增加的速度显然也更快。

在小量通气试验中，我们也曾比较通气前静止培养与不静止培养对鼻疽菌生长的影响。静止培养的试验系在培养物接种之后先行静止培养 12 小时然后通气，结

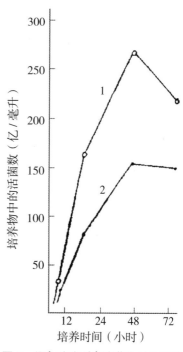

图 2　通气速度对鼻疽菌生长的影响
1. 大气量；2. 小气量

果培养物每毫升的活菌数在 12 小时为 2.2×10^9，24 小时为 4.0×10^9，48 小时为 1.2×10^{10}，72 小时为 1.6×10^{10}，与不静止培养的结果十分接近（参看图 2），可见小量通气时通气前静止培养与不静止培养对鼻疽菌的生长无影响。这一静止培养的试验和图 2 小量通气的曲线比较起来菌数增加的速度似乎较慢，不过我们认为这不可能是受静止培养的影响，这个试验是最初进行的试验之一，当时尚没有调节水压的调节器，在试验过程中通气的速度常有较大的变动，这可能是造成这种差异的原因。

虽然在当时也曾考虑到接种量和培养条件不一致对它的影响，但是再这种通气时间相隔 12 小时的试验中，实际上无法使得接种量和培养条件都完全一致，因此在重复这一试验时，我们改为静止培养 6 小时与不静止培养的比较，而通气速度亦改为大量通气。这一试验中种子培养物自斜面洗下之后接种第一瓶培养基置于 37℃静止培养 6 小时然后通气。在此期间种子培养物放置室温，6 小时后接种第二瓶培养基并立即通气。试验结果表明两瓶培养物的生长完全一致。（图 3），可见静止培养与否在大量通气时对鼻疽菌的生长液无显著影响。

前已指出，在上述试验中接种时均为小量接种，接种后培养物每毫升中的活菌数在 $1.5 \times 10^6 \sim 4.5 \times 10^6$。为了阐明在通气条件下接种量不同对鼻疽菌生长的影响，我们曾进行下列的试验。甘油肉汤 2 瓶分别接种种子培养物的洗液 0.2 及 2.0 毫升，接种后培养物每毫升的活菌数分别为 1.5×10^6 及 1.8 成 10^7，均用大量通气方法培养，结果证明，接种量不同在通气培养的 12~72 小时之内对鼻疽菌的生长基本上没有影响，在 48~72 小时二者的菌数几乎相同（图 4）。

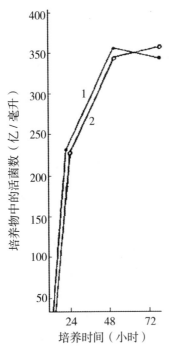

图 3 通气前静止培养 6 小时与不静止培养对鼻疽菌生长的影响

1. 通气前静止培养 6 小时；2. 不静止培养

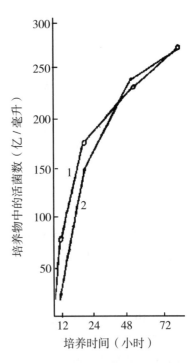

图 4 不同接种量对鼻疽菌生长的影响

1. 大接种量；2. 小接种量

在以上的试验中培养物的 pH 值均没有显著的改变，在 12~24 小时可能稍上升（7.2~7.4），但是当菌数大量增加时就逐渐下降至 6.4~6.6。此外，在以上试验中在计算菌数时我们也曾注意菌落形态的变化，结果均未发现变异的菌落。

2. 通氧培养试验

在通氧培养试验中着重探讨的也是通氧速度对鼻疽菌生长的影响。在最初的几次试验中原来也是用小接种量，但是后来发现在这种条件之下，不论是大量或小量通氧，细菌的生长均甚缓慢，3 次试验的结果见表 1。

表 1　通氧条件下深层培养小量接种时鼻疽菌的生长

试验号	每分钟通氧量（毫升）	培养过程中不同时间（小时）				培养物种的活菌数（亿/毫升）	
		0	12	24	36	48	72
2-1	300	0.024	< 0.5	3.0	154	355	373
2-2	600	0.014	< 0.0065	< 0.33	< 0.55	5.6	426
5-2	600	0.016	0.3	3.0	–	291.6	440

注：带 "<" 记号的数字表示计数平板上的菌落过少，因而计算出来的数字准确性较差。

由表 1 可见在通氧条件下，小量接种时培养物活菌数目增加的速度比通气培养慢，而且大氧量似乎比小氧量更慢，虽然最后的最高活菌数仍然是大氧量的较多。由于这些试验的结果不够满意，所以以后的试验都采用大接种量。大量接种时通氧速度对鼻疽菌生长的影响如图 5。

由图 5 可见大量通氧时在 72 小时培养物中的活菌数可到 6.8×10^{10} 个/毫升，比小量通氧时的最高活菌数 3.1×10^{10} 个/毫升要多出一倍以上。与前述通气培养的结果相比较，而大量通氧所达到的最高活菌数比大量通气所能达到的最高活菌数几乎也多出一倍。可见深层培养时通氧比通气更适于鼻疽菌的生长。

不过在大量通氧试验中也曾出现过一次异常的现象，试验培养物在 48 小时以前生长良好，培养物的活菌数与 48 小时达到 6.6×10^{10} 个/毫升。但 72 小时检查时在 10^{-7} 和 10^{-8} 稀释菌液接种的 9 个平板上，仅 3 个平板各有 1 个菌落，不过划线接种的平板仍有大量生长；96 小时检查，在 10^{-7} 稀释菌液接种的 3 个平板上，仅 1 个平板有 1 个菌落，划线接种的平板也只有稀疏的生长，说明 48 小时后细菌大量死亡。此外，培养物的 pH 值的变化也和正常不同，在正常情况下，不论是大量或小量通氧，培养物的 pH 值一般在 24 小时均上升至 7.2~7.4，48~96 小时仍降回至 6.6~6.2 上下，即并无显著的波动。但在这一试验中培养物的 pH 值则下降极快，在 12~24

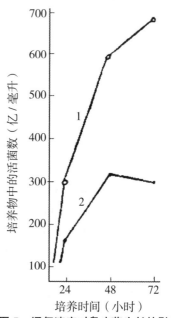

图 5　通氧速度对鼻疽菌生长的影响
1. 大氧量；2. 小氧量

小时由 6.8 上升至 7.4，36 小时降回至 6.4，48 小时 pH 值为 5.6，而 72~96 小时均下降至 4.6。

当时我们曾怀疑 48 小时以后细菌死亡的原因与通氧量有关，因此曾用更大的通氧量进行过两次试验，不过这两次试验没有详细测定通氧速度，只是尽量放大氧量至产生的泡沫尚不溢出培养瓶的程度。试验过程中细菌的生长和培养物的 pH 值变化如表 2。

表 2　通氧量大于 1：1 时培养物中的菌数和 pH 变化

试验号	培养时间（小时）							
	0		24		48		72	
	菌数 *	pH	菌数	pH	菌数	pH	菌数	pH
8–1	0.15	6.4	180	7.4	210	4.6	0**	4.4
8–2	0.15	6.4	170	7.4	170	4.6	0	4.4

* 亿 / 毫升；** 接种 10^{-7} 稀释菌液 0.2 毫升的平板无细菌生长，划线接种的平板亦仅有少数菌落。

由表 2 可见，当通氧量大于 1：1 时，24 小时的活菌数仅能达到小量通氧的水平，在 48 小时亦不继续增长，而此时培养物的 pH 则下降至 4.6，72 小时细菌即大量死亡，可见太大的氧量对鼻疽菌的生长实有不良的影响。由此看来前 - 试验中细菌在 48 小时后死亡的原因，颇可能是在试验过程中通氧速度发生了改变。

在通氧培养时培养物中的活菌数目虽然更多，但也从未发现菌落形态发生型的改变，即使在上述细菌死亡的场合，不论是在计数平板上或划线接种的平板上也均未发现变异的菌落。

三、讨论和总结

鼻疽菌在通气和通氧条件下深层培养时，通气（或通氧）速度对细菌的生长有显著的影响。当培养基 600 毫升中每分钟通入的空气量与培养基量的比例为 1：1 时，在 48~72 小时之内，培养物中的活菌数可达到 2.6×10^{10}~2.7×10^{10} 个 / 毫升；当此种比例为 0.5：1 时最高活菌数为 1.4×10^{10}~1.6×10^{10} 个 / 毫升。当通入的氧量与培养基的比例为 1：1 时，在 48~72 小时之内培养物中的活菌数更高，可达到 4.2×10^{10}~6.8×10^{10} 个 / 毫升；而当二者的比例为 0.5：1 时亦可达到 3.1×10^{10}~3.7×10^{10} 个 / 毫升。根据 Miller 等（1946 年）的资料，通气培养时在 3~5 天之内所达到的最高活菌数为 1×10^9~5×10^9 个 / 毫升，通气培养时为 8×10^9~2×10^{10} 个 / 毫升。可见我们所得的结果要好一些，不仅每毫升培养物中的活菌数较多，而且在不同试验中菌数的差异范围也较小。

在通气培养时接种量相差 10 倍左右对鼻疽菌的生长没有可见的影响，这和 Gee 和 Gerhardt（1946 年）用猪流产菌和 Ungar 等（1950 年）用百日咳杆菌所做试验的结果基本相同。通气前静止培养 6~12 小时与否亦无显著的区别，可见鼻疽菌与伤寒菌不同，接种后立即通气对其生长并无有害作用（林飞卿等，1954 年）。但在通氧培养时曾发现两种比较特殊的情况：① 当培养基中每分钟通入氧气的量大于 1：1 时，细菌于 48 小时之后大量死亡，培养物的 pH 值急速下降；② 小量接种时培养物的生长极为缓慢，而且通氧速度大时比通氧速度小时似乎更慢。可惜我们由于受到条件的限制目前尚不能分析发生这种现象的原因。虽然后一种情况也可能解释为生长的缓慢期的延长；但是缓慢期长达 24~48 小时之久似乎是不太合理的，何况在通气条件下还看不到这种现象。

在通气和通氧培养时，在一般情况下，培养物的 pH 值无显著的变化，在培养过程中细菌的菌落不发生型的变异，而细菌的积累则极多，所以和静止培养比较起来有显著的优越性。在静止培养时，鼻疽菌在 3% 甘油肉汤中培养 15~20 天之后活菌数常常不过只有 5×10^8 个 / 毫升左右，而在培养过程中培养物的 pH 迅速上升，并发生大量的变异，特别是经常观察到大量的所谓"皱褶型"（C 型）和粗糙型（R 型）菌落（根据持田勇（1939）的分类）。不过我们也有过这样的印象，即将通气或通氧培养物接种于平皿上培养 48 小时后在实体显微镜下观察时，菌落虽然并无型的变异，但似乎比该菌种在通气或通氧前的菌落稍小一些，结构较为致密而荧光性亦较强；知识这种特性并不稳定，一经移植即回复到通气前的状态。这种特性能否以连续通气培养的方法加以固定，伴随着这种形态上的改变是否也发生其他性状的改变，则仍有待进一步的观察来证明。

用通气培养方法培养鼻疽菌除在研究工作中有一定的意义外，它在生产上也具有可利用的价值。我们曾试验用通气培养 72 小时的培养物高压灭菌 20 分钟并滤过之后制成鼻疽菌素，对马作点眼试验，并以标准鼻疽菌素作对照，初步证明它的效力绝不低于标准制品的效力，这一试验的结果我们将另文报告。

II. 用通气培养方法制造鼻疽菌素

粟寿初　童昆周　王承寰　徐忠贤　战治民
中国农业科学院哈尔滨兽医研究所

在前一报告 [1957] 中，我们讨论了利用通气培养方法制造鼻疽菌素的可能性，当时曾利用通气培养 72 小时的培养物经高压后滤过制成鼻疽菌素，对 28 匹鼻疽马作点眼试验，并以标准鼻疽菌素作对照，初步证明它的效力并不低于标准鼻疽菌素。后来，考虑到如果要把这种方法利用到生产中去，还必需解决大量培养的问题，因此又进行了大瓶通气培养方法的试验，并着重探讨用不同培养时间的培养物制成的鼻疽菌素的效力。现在将这一试验结果报告于后。

一、试验材料和方法

1. 菌种

Ma28 及 Ma41 两株，系农业部兽医生物药品监察所拨给的鼻疽强毒菌种，保存于普通冰箱中，每半个月用 4% 甘油琼脂继代一次。使用前将菌种接种在 4% 甘油血清血红素平板上，挑选平滑型的集落进行增菌作为种子。

2. 培养基

4% 甘油肉汤含氯化钠 0.5%、蛋白胨 1%、pH 值 6.8~6.9，分装在 10 000 毫升的磨口瓶中，每瓶 6 000 毫升。培养基于分装后高压灭菌 20 分钟。

3. 通气培养鼻疽菌素的制造

将经过挑选的菌种接种在 4% 甘油琼脂扁瓶上置于 37℃ 温室中培养 48 小时，然后加入 4% 甘油肉汤 10 毫升洗下菌苔，用吸管吸出加入培养瓶中通气培养（通气装置同第一篇，仅所用砂棒较大，直径 2.5 厘米，长 14.3 厘米），培养 3、7 或 10 天，然后将培养物用 121℃ 高压灭菌 1.5~2 小时。灭菌后次日或静置一定时间待菌体沉淀后用赛氏滤器滤过。将分别培养的两个菌种（Ma28 和 Ma41）的培养物的滤液等量混合即制成鼻疽菌素，以下简称为通气制品，并根据培养日数的不同简称为"通 3"、"通 7"和"通 10"；其 3∶1 的稀释液（制品 3∶蒸馏水 1）称 75% 稀释液。1∶1 稀释液称 50% 稀释液，均系在使用前稀释。标准鼻疽菌素是本所兽医生物药品制造厂制造的，简称为标准制品。

4. 通气制品的效力检定

通气制品的效力检定是按照鼻疽菌素制造及检验规程〔1952〕的规定进行的。判定反应的标准则根据 1956 年农业部颁发的鼻疽检疫技术操作办法（草案）的规定，即：

阴性反应：点眼后无反应或结膜轻微充血及流泪者，其记录符号为"−"。

疑似反应：结膜潮红，轻微肿胀，分泌灰白色浆液性及黏液性（非脓性）眼眦者，其记录符号为"±"。

阳性反应：结膜发炎，肿胀明显，并分泌数量不等之脓性眼眦者，其记录符号为"+"。

二、试验结果

1. 效力检定

选择已知的鼻疽菌素反应阳性马群共计 250 匹，作变态反应的效力试验，试验结果如表 1 所示。

表 1　通气制品及其 75%、50% 稀释液与标准制品原液对鼻疽马的点眼反应比较 *

组别	眼别	通气制品点左眼 标准制品点右眼 不稀释 +	±	−	75% 稀释 +	±	−	50% 稀释 +	±	−	通气制品点右眼 标准制品点左眼 不稀释 +	±	−	75% 稀释 +	±	−	50% 稀释 +	±	−
通 3	左	20	0	0	20	0	0	20	0	0	19	1	0	20	0	0	19	0	0
	右	20	0	0	20	0	0	20	0	0	19	1	0	20	0	0	19	0	0
通 7	左	21	0	0	19	1	0	19	0	0	20	0	0	19	0	0	19	0	0
	右	21	0	0	19	1	0	19	0	0	20	0	0	19	0	0	19	0	0
通 10	左				7	0	0							6	0	0			
	右				7	0	0							9	0	0			

* 表示数字为马的数目。

从表 1 可以清楚地看出，用通气制品对鼻疽马作点眼反应和标准制品比较时，得到完全一致的结果，即使将通气制品用蒸馏水稀释一倍也不影响到它的效力。值得提出的是，在这一试验中，通气制品和标准制品除了在所有阳性反应的马表现一致的结果之外，而且同时在两匹马上表现一致的疑似反应。

2. 点眼反应出现的时间

在比较通气制品和标准制品的效力时，我们并对各组马匹的反应出现时间进行了观察。从点眼反应出现的时间上看来（表2），不论是通3天或通7天，在不经稀释时对鼻疽阳性马点眼反应出现的时间都几乎和标准制品完全一致。

表2　通气制品与标准制品对鼻疽马点眼反应出现时间的比较

点眼反应	通气制品点左眼 标准制品点右眼			通气制品点右眼 标准制品点左眼		
	3 小时	6 小时	9 小时	3 小时	6 小时	9 小时
	左　右	左　右	左　右	左　右	左　右	左　右
（一）通气 3 日制品与标准制品的比较						
+	9　9	20　20	20　19	1010	18　18	1818
±	1　2	0　0	0　1	1　2	0　0	0　0
－	109	0　0	0（ ）	7　6	0　0	0　0
（二）通气 3 日制品 75% 稀释液与标准制品的比较						
+	5　8	1920	19（20）20	11　2	1915	20　20
±	0　1	1　0	1（0）0	3　1	0　4	0　0
－	15　11	0　9	0（ ）	6　17	1　1	0　0
（三）通气 3 日制品 50% 稀释液与标准制品的比较						
+	3　6	1919	20　20	7　2	1815	19　19
±	3　1	1　1	00	1　1	1　4	0　0
－	14　13	0　0	0（ ）	1116	0　0	0　0
（四）通气 7 日制品与标准制品的比较						
+	155	2121	21　21	16　9	2019	20　20
±	3　5	0　0	00	1　7	0　1	0　0
－	3　7	0　0	0（ ）	3　4	0　0	0　0
（五）通气 7 日制品 75% 稀释液与标准制品的比较						
+	126	1919	19　19	15　8	1717	17　17
±	3　5	1　1	11	0　7	0　0	0　0
－	5　9	0　0	00	2　2	0　0	0　0
（六）通气 7 日制品 50% 稀释液与标准制品的比较						
+	1516	1919	19　19	17　13	1919	18　18
±	2　2	0　0	00	0　3	0　0	1　1
－	2　1	0　0	00	2　3	0　0	0　0
（七）通气 10 日制品 75% 稀释液与标准制品的比较						
+	7　7	7　7	46	6　6	6　6	6　6
±	0　0	0　0	10	0　0	0　0	0　0
－	0　0	0　0	21	0　0	0　0	0　0

*括号内数字为点眼后第 24 小时观察时反应的马数。

从表2的第（二）（三）部分来看，通3天经过稀释后，少数马的反应出现时间比标准制品迟一些。通7天及通10天的75%稀释液则没有表现这种现象〔表2之（五）（七）〕，通7天的50%稀释液也不及通3天的稀释液表现得明显，这说明通7天及通10天比通3天好一些。

3.检疫试验及非特异性试验

我们在一个一年以前曾将鼻疽马排除出去的马群中，用通气制品和标准制品对120匹马进行检疫试验。用其中的80匹马按照规程规定的方法进行点眼比较，对其余的40匹马全部将通气3日制品点在右眼，标准制品点在左眼，试验结果见表3。

表3　通气3日及7日制品与标准制品对120匹马检疫比较

反应差别	点眼结果									
	20匹马		20匹马		20匹马		20匹马		40匹马	
	通3 左	标 右	标 左	通3 右	通7 左	标 右	标 左	通7 右	标 左	通3 右
+			1	1	2	1	1	3	5	4
±	1	2	2	1	4	5	1	2	4	6
−	19	18	17	18	14	14	18	15	31	30

从表3中可以看出，通3天的阳性检出率和标准制品基本是一致的，虽然一般马的右眼对鼻疽菌素的敏感性较左眼低，但通3天点右眼标准制品点左眼的40匹马中，对鼻疽阳性马的检出通3此标准制品仅仅少一匹，而疑似反应马反而多2匹，这就说明通3的质量是优越的。通7天的阳性马检出率较标准制品的检出率高则是十分显明易见的。

为了证实通气制品对鼻疽马的检出率高不是由于它具有非特异性，我们用不稀释的通3天和通7天对本所制造鼻疽沉淀素血清的鼻疽菌素反应阴性的健康马80匹进行了非特异性反应试验。通10天则是用某一人民公社的健康马14匹进行的，试验方法和作为对照的标准制品都是和对鼻疽阳性马试验的相同。试验的结果，通气制品和标准制品完全一致，都没有非特异性反应出现。

三、讨论和总结

用通气培养方法培养3日、7日和10日后制成的鼻疽菌素，以标准鼻疽菌素作对照，对鼻疽马所作点眼试验证明，通气制品有很高的特异性而且不能引起非特异性反应。这一结果与苏联沃立克（Волик，1953年）的结果完全相符。用通气培养方法制造鼻疽菌素可以缩短生产时间、降低成本和提高制品质量，并进一步为把手工业生产方式转变到机械化生产方式准备条件。因此值得把这种方法推广到生产实际中去。

用通气制品对污染了鼻疽的马群的80匹马作检疫试验时，通气7日的制品较标准制品的检出率显然要高一些；通气3日制品的检出率虽然不及标准制品高，但是当通3点右眼标准制品点左眼对40匹马做试验时，通3检出率却并不低于标准制品，特别是表现在发生疑似反应的数目较多。由于一般来说马的右眼对鼻疽菌素的敏感性常较左眼低，所以这一结果也足以说明通气3日的制品具有很高的效力。通气制品对鼻疽马的检出率较高并不是因为它具有引起非特异性反应的性质，这是已经由对94匹健康马群所作试验证明了的。

附件十八　鼻疽免疫机理的研究

邓定华　石泉　王信　马丛林　刘王子　姚湘燕　冯书章

赵春普　姜力　范生民

（军事兽医研究所二室）

提要　本试验以鼻疽常规检疫法为基础，采用多种新型体液免疫和细胞免疫检测法，结合病理组织学及临床血液学检查，通过定期检测健马、各种类型鼻疽马与鼻疽强毒菌人工接种感染马，对鼻疽免疫机理进行了研究。试验结果：第一，建立了用于马鼻疽的三种体液免疫检测法和四种细胞免疫试验法；第二，代表保护性免疫检测法的NBT，在检测鼻疽免疫功能上获得了明显的效果；第三，证明了鼻疽体液抗体无杀鼻疽菌的特异功能；第四，阐明了死菌抗原与活菌抗原的免疫机理；第五，证明了鼻疽杆菌属胞内寄生菌，鼻疽免疫马的保护性反应以细胞免疫为主，马来因马及马来因与补体结合反应双阴转马有显著的免疫功能。综合上述试验结果，提出了鼻疽免疫机理的分型规律，即体液免疫属I型，细胞免疫属I型，外周血白细胞分类计数的变化亦属I型。以上试验所获，突破了多年来鼻疽研究的静寂局面，为今后鼻疽的研究指出了方向，提供了新的资料。

鼻疽免疫是兽医学领域尚未解决的难题之一。近十余年来，对这一方面的研究近乎停顿状态。国内由于十年动乱的影响，本病又趋于蔓延。因此，在我们面前又提出了这个老课题。

长期以来，鼻疽免疫的研究，从免疫原的育成和选择，从各种试验动物到马属动物，几乎采用了过去已有的各种方法，竭尽了力所能及的人力、物力，但均未得到明显的成果。微生物学和免疫学突飞猛进的发展，为鼻疽免疫的研究提供了新的理论和先进的技术。为了稳步地开展这一研究，三年来，我们选用体液免疫、细胞免疫、血液学、病理组织学等多种检测方法，通过对鼻疽菌人工接种马（7例）、健马（170例）及各种类型鼻疽马（161例）的定期检测，进行了本试验研究。

一、材料和方法

（一）材料

1.试验室主要器材药品
各个方法中均有记载，此处从略。

2.动物
应用马来因（M）点眼及补体结合（CF）试验分为：马来因马（M+eF-）；双阴转马（M-eF-）。

（二）方法
1.细胞免疫检测方法
详见文献 1、11、12、13、14、15、16、27。

2.体液免疫检测方法

详见文献 2、7、18、19。

3.白细胞分类计数

（常规法）。

4.病理剖检及病理组织学检查

详见文献 23。

（三）鼻疽菌马体接种试验及检测方案

健马 7 匹，分为 A、B、C 三组。自 1981 年 8 月 28 日至 11 月 19 日为死菌接种阶段。A 组 3 匹马，接种 55℃ 30 分钟加温杀死的全菌抗原；B 组 3 匹马，接种加温杀死的超声粉碎抗原。休息 15 周后，A、B 及 C 组（1 匹）同时接种鼻疽强毒活菌 2 次，自 3 月 4 日至 4 月 29 日，每周检测 1 次（见表 1）。

表 1 鼻疽菌抗原接种及检测次数

组别	马号	接种前（第1~2周）	接种抗原①	死菌接种阶段（第3~11周）		体检阶段（第12~26周）	活菌接种阶段④（第27~35周）
				单纯死菌接种②（第3~5周）	加完全佐剂接种③（第6~11周）		
A	1	检测2次	死菌抗原	检测3次	检测6次	停止检测	1 接种前死亡
	2						2 检测9次
	3						3 检测9次
B	4	检测2次	超声粉碎抗原	检测3次	检测6次	停止检测	4 检测9次
	5						5 检测5次后死亡
	6						6 检测9次
C	0	–	–	–	–	–	检测9次

注：①死菌抗原和粉碎抗原含量均为 2 700 亿 / 毫升；
②接种 3 次，接种量依次为 5 毫升、1 毫升、2 毫升；
③第 6 周接种 1 次，接种量为菌液 2 毫升加福氏完全佐剂 2 毫升；
④第 27 和 29 周各接种 1 次，接种量第 1 次 5 000 个菌落，第 2 次 10 000 个菌落。

二、结果

（一）鼻疽菌马体接种试验

1.细胞免疫应答

（1）马来因点眼（变态反应） 死菌接种阶段，点眼反应一直为阴性；活菌接种的 5 匹马，在接种后 1 周有 2 匹马呈现阳性反应，3 周又有 2 匹马呈现阳性，仅 B 组 5 号患急性鼻疽于接种后 5 周死亡，点眼反应一直呈阴性。

（2）微孔塑板四唑氮蓝试验（NBT） 死菌接种阶段，反应数值均无明显增高，仅有所波动，至第 4 周已达较高点（A、B 组 x 均达 18.3），但未超过接种前数值。应用完全佐剂抗原接种后，反应数值反而大幅度下降，长期处于低水平。

活菌接种阶段，第 1 次接种后无明显变化，第 2 次接种后 1 周阳性率大幅度上升，持续3 周，最高值分别为 61（A）、35.5（B）及 68（C），然后亦急剧下降，但下降幅度较死菌接种为缓。NBT 各阶段所表现的马体免疫应答与马来因点眼反应基本上一致。

（3）白细胞黏附抑制试验 LAI　LAI 所表现的马体免疫应答，与 NBT 属于同一范畴，反应规律基本相同。但由于 LAI 常出现负值，因此结果不如 NBT。

（4）吖啶橙玻片微量吞噬试验（MsP）　死菌接种后一周，噬菌率即明显上升，持续 3 周（实际仍在第三次接种范围内）；完全佐剂死菌接种后 1 周有上升趋势，但以后看不出任何变化。活菌接种后，噬菌率也在第 1 周上升，而且上升幅度较死菌接种要高得多，持续达7 周之久。

噬菌指数与杀菌指数的应答规律与噬菌率基本一致。

（5）玫瑰花结试验　包括总玫瑰花和活性玫瑰花（Et 及 Ea）。试验结果都很不理想。①无论死菌或活菌接种与接种前比较反应均无明显差别，②Et 与 Ea 值的比例亦不够合理。

2. 体液免疫应答

（1）补体结合（CF）反应　A 与 B 组于死菌接种后第 1 周均呈现阳性反应，滴度在120 以下，其中 A 组持续 9 周，B 组持续 5 周即下降，活菌接种后 1 周开始上升，2 周超过死菌接种最高峰（A 组 200，B 组 240），尔后 A 组逐渐下降，而 B 组仍继续上升，在 4周竟达 553，到 8 周仍保持 200。C 组活菌接种后 4 周，滴度一直小于 10，5~6 周上升到10，7~8 周才到 20~40。这与 A、B 组死菌接种阶段的抗体上升趋势与滴度相差甚远。从上述结果可以看出，刺激 CF 抗体上升，活菌不如死菌；而同样是死菌，粉碎抗原又不如全菌抗原。

（2）间接血凝（IHA）试验　死菌接种后 1 周抗体即呈高滴度上升，持续 4 周，以后逐渐 F 降。A、B 组规律相同，但 B 组滴度（×668）高于 A 组（×427）。活菌接种后 1 周，B组滴度上升，而 A 组则于第 2 周才上升，持续 5 周，上升滴度 B 组（×853）仍高于 A 组（×368），至 9 周、21 周尚能保持在 240~320。C 组活菌接种 1 周后上升到 40，以后一直维持在 160，至第 9 周降到 80。

（3）酶联免疫吸附测验（ELISA）　本法仅检测死菌接种马。接种前均为 10（OD），接种后第 1 周就上升到 800（×A 组）及 1866（×B 组），以后持续保持相当的高度 8 周，且B 组滴度（×1516）仍高于 A 组（×1174）。

3. 外周血白细胞数的变化

（1）嗜中性白细胞　死菌接种后，嗜中性白细胞有轻微的上升，而在完全佐剂死菌接种后，反而有下降趋势，但本阶段总的波动不大；活菌接种后，大幅度上升，第 2 次接种后 1周达到了顶点，而且持续保持 2（B）、4（A）周。

（2）淋巴细胞　死菌接种阶段。淋巴细胞数波动不大；活菌接种后，则大幅度下降，第2 次活菌接种后 1 周内继续下降，2~3 周稍有回升。

（3）嗜酸性白细胞　死菌接种前（A×8.5，B×4.53）、接种后（A×6.62，B×3.37）

变化不显著，活菌接种后则明显下降（A×1.0，B×0.8）。

（4）单核细胞 A组在接种前2次检测×1.53%，死菌接种后9次检测×2.12%，活菌接种后8次检测×4.65%，细胞数逐渐上升，变化明显。B组在同时间同次数检测，接种前×1.57%，接种后1.49%，差别不大；活菌接种后上升到×2.79%。

4. 接种马体温变化

死菌接种，接种马体温均在第1次接种后42小时内上升到39℃以上，以后第2~4次接种，体温均在24~23小时上升到39℃以上，唯6号马在第2次及4次接种后8小时上升到39℃，第4次于42小时达40℃以上。因此体温反应多在39~40℃。

活菌接种，2~6号马体温均在4~8日内上升到39℃以上。仅2号马超过40℃、第2次接种体温上升较快，分别在1~4日超过39℃。

0号马两次活菌接种均在3~4日后体温上升。总之，不论死菌、活菌接种，每次均有体温反应，但对抗体产生似乎不起决定性或可见的影响。

5. 病理组织学变化

2、3、5、0号马接种感染，体况愈下，健康状态极差，死后剖检均死于活动性鼻疽，机体免疫力亦趋于劣势。

6、7号马亦为活动性鼻疽，但机体健康状态较好，在接种7个月后迫杀，鼻疽性病变仅限于局部，病变周围炎性反应较轻，其外围免疫器官中的淋巴组织增生反应较明显，表现有一定的免疫反应，从其脾脏白髓反应中心的外周区和淋巴鞘区、淋巴结的副脾区中淋巴细胞反应强烈来看，细胞免疫反应似占优势。

4号马为增生性鼻疽，机体状态与6、7号马类似，亦于接种7个月后迫杀，但外围免疫器官的淋巴组织反应增生强烈，细胞免疫反应处于优势。

从上面结果看，鼻疽感染只要转为慢性，机体健康状态好转，就能产生免疫力，而且是细胞免疫反应处于优势。

6. 免疫反应的模式与分型

根据对鼻疽菌接种马各个阶段体液免疫、细胞免疫和白细胞数等21项指标测定结果所显示的规律，提出以下分型（表2）。

Ⅰ型，属于体液免疫反应，在死菌接种阶段反应上升，活菌接种阶段上升更高，如CF、ELISA、IHA、MSP等属之。

Ⅱ型，属于细胞免疫反应，在死菌接种阶段，反应保持正常（无上升趋向），仅在活菌接种阶段，反应开始上升，如M点眼、NBT、LAI均属之。白细胞分类计数五种数值在死菌接种阶段无显著变化，而在活菌接种阶段则明显上升或下降，其中上升者与Ⅱ型相同（嗜中性及单核），而下降者表现虽有差异，但呈现的反应则属一致，因此仍应列入（淋巴细胞与嗜酸性细胞）。从上述免疫应答的规律看Ⅰ型属体液免疫，Ⅱ型属细胞免疫机制。但细胞免疫检测法的检测结果不一定都属于Ⅱ型，也要分析其作用机理，如MSP属之。

表2　鼻疽菌马体接种各阶段检测结果分类模式

项　目	死菌接种（总1~11周） 1 2 3 4 5 6 7 8 9 10 11	休　检 （12~26周）	活菌接种（总27~35~37周） 1 2 3 4 5 6 7 8 9 10 11	分型
M 点眼反应				Ⅱ
N B T				Ⅱ
L A I				Ⅱ
M S F				Ⅰ
C F				Ⅱ
ELISA				Ⅰ
间接血凝				Ⅰ
嗜中性白细胞				Ⅱ
总淋巴细胞				Ⅱ
小淋巴细胞				Ⅱ
单核细胞				Ⅱ
嗜酸性细胞				Ⅱ

注：↓指接种周次，⇩完全佐剂加菌抗原接种；
　　箭头代表反应的升降，▬代表AB二组应答，——代表反应正常

（二）自然感染鼻疽马的免疫应答

本试验分别应用 NBT、MSP、LAL、B 细胞计数（Ao-SP A-SmIgG+ 法）及 ELISA 等五种方法，对健马及 3 种不同类型鼻疽马进行了检测，其结果见表 3，其免疫应答形式及分型如表 4。

表3　五种方法对健马及各种类型鼻疽马检测结果

检测方法	健　马		双阴转马		马来因马		鼻疽马	
	n	$\overline{X}$	n	$\overline{X}$	n	$\overline{X}$	n	$\overline{X}$
NBT（FPC%）	62	7.61	53	58.81	19	55.15	16	12.06
MSP（噬菌率）	61	40.48	51	53.51	17	57.86	11	70.30
LAI（黏抑率）	59	15.37	50	16.92	16	15.00	9	0.20
B 细胞	108	10.29			7	10.87	88	13.82
ELISA（P/N 值）	170	0.73	54	2.06	13	2.28	33	4.52

表 4 五种方法检测结果分型

| 方　法 | 分型 | 健马（A） | 双阴转马（B） | 马来因马（C） | 鼻疽马（D） |

* 箭头代表数值上升或下降，但相互间有显著差异。

** D与A虽均较B、C低，但D与A仍有显著差异，D低于A。

从表 4 可以看出以下几个问题。

（1）反应比较有规律的是 ELISA、NBT 和 MSP；LAI 则较差。

（2）ELISA 结果表明，健马在 2 以下，鼻疽马在 2 以上，而且视病情的发展而数值增高。因此它具有较高的诊断价值，是检测体液免疫反应的较好方法。

（3）双阴转马与马来因马数值极为接近。从这两类马的性质看，均为非进行性鼻疽马，处于走向痊愈的阶段，因此可以认为是具有一定免疫力的。

（4）NBT 是细胞免疫反应的代表，其数值说明：健马对鼻疽是无免疫（保护）力的，其反应数值最低，进行性鼻疽马（M^+CF^+）也同样是无免疫力的，因此这两类马数值接近，而且通过本检测法使健马（M^-CF^-）、鼻疽马（无免疫力）与另两类马（有免疫力）得出非常明显的区别，表现出鼻疽痊愈马的免疫功能。

鼻疽马血清抗体杀菌力试验

应用本法检测健马 23 匹次，对鼻疽杀菌力为 ×9.5%，检测鼻疽马血清 50 匹次，杀菌力 ×10% 左右，两者无显著差异。

三、讨论

（1）对于体液免疫死菌与活菌接种均能引起马体的抗体上升，但刺激抗体上升，以间接血凝为例活菌（ C 组最高 160）不如死菌（ A –B 组 最高 587~887），ELISA 及 CF 与之相同，死菌抗原中全菌抗原（ A 组 27~587）又不如粉碎抗原（ B 组 93 ~887），ELISA 与之类似；而 CF 则后者反逊于前者。

死菌接种引起抗体上升虽然显著高于活菌接种，但死菌抗原接种后 25 周，追加以活菌接种，抗体可以再度上升，而且超过死菌接种水平，超过的幅度仍以粉碎抗原为高（间接血凝 A 组 240~640，B 组 800~1 280）。追加活菌抗原后，抗体不仅升高，持续期也延长。

据报道，以鼻疽死菌苗作基础免疫后再注射弱毒活菌苗，可以有效地提高活菌苗的安全性，但未涉及免疫保护性的提高。本试验更系统地阐明了此类有关免疫问题，并得到一定结果。这与文献记载是一致的。

（2）死菌接种能在 24 小时以内引起如鼻疽感染一样的剧烈全身反应，如高热持续数日，全身违和等症状；多次接种后马体趋于羸瘦衰弱，在接种后 24 周倒毙的 1 号马，剖检证明无鼻疽病变。以上情况很可能与鼻疽菌内毒素有关。据研究，革兰阴性菌内毒素的化学组成为脂多糖，它对温血动物机体具有广泛的生理作用，其中重要的一点就是具有毒性。又据报道，革兰阴性菌的致病作用与内毒素有密切关系。内毒素存于革兰阴性菌胞壁中，在细菌裂解时析出，也可由活菌以发孢方式释出。

（3）死菌接种采用多次法以促进反应，在本试验中可见体液抗体上升；但应用弗氏完全佐剂抗原接种，却未见抗体反应增强，也未引起细胞免疫应答，此与文献记载有所差异。本试验死菌抗原剂量 2 700 亿 / 毫升，第 1 次是 5.0 毫升，2~3 次分别为 1 及 2 毫升，均未影响体液抗体的产生，因此不能认为剂量过大。据文献记载，当佐剂与抗原一起使用时，不易诱导耐受性。因此，本试验似不应认为引起了免疫耐受性，而且弗氏完全佐剂接种后 ELISA 滴度还继续上升。又据免疫转向的机理，以同样抗原混以弗氏完全佐剂进行追加免疫时，只产生抗体而不发生迟发型变态反应，似较合理。

完全佐剂的配方，文献记载均用杀死的分枝杆菌。本试验根据活 BCG 与其他抗原合用后能增强后者的细胞免疫反应，而死 BCG 则不能作试验，但试验结果未达到这一目的。

（4）本所过去曾有报道。鼻疽死菌苗接种 3、4 次后，71 匹马中，3 匹点眼呈阳性，其中 1 匹经剖检证明为鼻疽；51 匹点眼阴性马于强毒活菌攻击后（21~130 天）均呈现阳性反应。本试验结果，进一步证实了鼻疽死菌抗原接种马，完全不能引起细胞免疫反应；唯有活菌抗原才能导致细胞免疫的产生。这对兼性胞内寄生菌鼻疽菌来说是非常重要的数据。文献也报道，加热杀死的结核杆菌或沙门杆菌生理盐水悬液不产生细胞免疫，而是形成以产生抗体为主的体液免疫，与本试验结果一致。

（5）Clolnis 在专题报道中提出了鼻疽菌属于胞内寄生菌，但其证据不充实，也无文献根据。我校病理教研室提出鼻疽免疫是体液免疫与细胞免疫的共同作用。本试验证明，鼻疽保护性反应以细胞免疫 为主，马来因马及双阴转马有显著的免疫功能，死菌免疫效果很差，而且不能引起细胞免疫应答；鼻疽免疫血清抗体无杀鼻疽菌的特异功能；病理组织学检查，在感染转为慢性的 4 号、6 号、7 号马，外周免疫器官的淋巴组织反应较明显至增生强烈；以及 在此以前研究证明本病多呈慢性经过，鼻疽菌不产生外毒素及可以引起体内定期的带菌状态等，均可证明鼻疽菌是属于胞内寄生为主的兼性胞内寄生菌。

（6）本试验通过对不同抗原的人工接种马和各种类型自然感染的鼻疽马，应用体液免疫、细胞免疫和白细胞分类计数等检测法检测，全面衡量得出鼻疽免疫应答定型的规律（见表 5 ）。从表 4 定型的结果看出，体液免疫应答属于 I 型，细胞免疫应属于 II 型，并各有其共同的反应规律。MSP 为何属于体液免疫类型？ 因为血清中的调理素和其他体液因素对嗜中性白细胞及大单核细胞的吞噬具有促进作用，因而它的反应规律就倾向于体液免疫类型，这仅是从免疫（吞噬）功能而言。由于 B 细胞抗体的生产，因此 B 细胞检测数值的变化也归于体液免疫类型。以上分型未曾见于文献，但反应规律有明显的类属，现在予以归纳定型，并留待进一步考验。至于白细胞数的变化，在死菌接种期间，虽然马体呈现以发热为主的全身反应，但五种白细胞数值均显示正常。而在活菌接种阶段，则分别表现上升或下降。嗜中性白细胞及单核细胞是外周血抵抗微生物侵袭的专职吞噬细胞。

表 5　鼻疽免疫应签的分型

检测方法		分型	鼻疽病马体接种反应		健马及各类型自然感染鼻疽马 *			
			死菌接种	活菌接种	健马	双阴转马	马来因马	鼻疽马
1	CF	I	抗体上升	抗体上升	—	—	—	+
2	ELISA	I	抗体上升	抗体上升	1	2	2	3
3	IHA	I	抗体上升	抗体上升				
4	B 细胞	I			1		1	2
5	MSP	I	反应上升	反应上升	1	2	2	3
6	M 点眼	II	反应 –	反应 +	—	—	+	+
7	NBT	II	反应正常	反应上升	1	2	2	–1
8	LAI	II	反应正常	反应上升	1	2	2	–1
9	嗜中性白细胞	II	细胞数正常	细胞数上升				
10	总淋巴细胞	II	细胞数正常	细胞数下降				
11	小淋巴细胞	II	细胞数正常	细胞数下降				
12	单核细胞	II	细胞数正常	细胞数上升				
13	嗜酸性白细胞	II	细胞数正常	细胞数下降				

* 以健马为基础数值 = 正常（1），上升（2），再上升（3），低于正常（–1），以上每一数值之间均有显著或非常显著的差异（P < 0.05 或 P < 0.01）

从其数值上升的规律归入细胞免疫类型是理所当然的；然而淋巴细胞与嗜酸性白细胞的下降，正是表现活菌接种后机体的感染状态，并随免疫功能低沉而下降，因此这也是细胞免疫反应，但形式则有所差异现列为 II 型以供参考。

（7）马体外周血流中白细胞数的变化。自然感染鼻疽病马白细胞增多和淋巴细胞减少是其固有的症状。这在马流感、马传贫、腺病毒感染中有同样的症状。也有记载在马胸疫感染为中后期因细菌继发感染而呈现嗜中性白细胞多及淋巴细胞减少。本试验中这种反应不见于死菌接种而显现于活菌注射，因此它与自然感染是同一范畴、同一表现，并与细胞免疫应答一致，而有其参考价值。其次，淋巴细胞的减少是否象征于免疫力的降低，亦值得考虑。

（8）鼻疽死菌抗原不能引起以细胞免疫为主的保护性疫应答后在抗原结构上起了质的变化而与强毒活菌不同。文献报道，能引起细胞免疫的成分，只存在于活菌之中。因此，鼻疽菌苗研究的方向应当是致弱活菌苗。但是过去研究活苗，采用理化学和生物学等繁多的方法均未获成功，现在分析来看，与抗原结构发生质变的机理有关。今后必须以强毒鼻疽菌为标准进而研究不改变该菌抗原结构的制苗方法。据此，鼻疽菌苗的研制，不仅活苗希望很大，对死苗的研究也赋予了新的认识。

（9）细胞免疫的两种保护性检测法，在表现上有所不同。NBT 表现形式是对感染耐过或治愈的马来因马和双阴转马 FPC 写有非常明显的差异，尤其是对常规法检测同为 M⁻CF⁻ 而不能区别的马，能够检测出来（健马 7.61，双阴转马 58.81）。LAI 的表现是健马与马来因马、双阴转马无显著差别，健马与鼻疽马则有非常明显的差异，这与哈尔滨兽医研究所对传贫马细胞免疫反应的报道属于同一类型。

四、结论

通过本试验研究，在马来因点眼和补体结合反应等常规方法的基础上。建立了三种新型鼻疽体液免疫检测技术（酶联免疫吸附测验、间接血凝试验、鼻疽血清抗体杀菌力试验）和四种新型鼻疽细胞免疫检测技术（NBT、LAI、MSP、AO-S PA-SmIgG+），对鼻疽免疫机理有了新的认识。

（1）代表保护性免疫检测法的 NBT，在检测鼻疽免疫功能上，具有非常明显的效果。例如 FPC %，①健马 7.16，②双阴转马 58.81，③马来因马 55.51，④鼻疽马 12.06。健马与免疫马（②及③）之间有非常明显的差异；①与②同为 $M^-C F^-$，常规法不能鉴别，NBT则能区别。

（2）鼻疽菌马体接种证明，死菌抗原仅能激发体液抗体产生而不能引起细胞免疫反应。活菌抗原则能引起两种免疫应答。试验也说明鼻疽体液抗体属反应性抗体，只有细胞免疫应答才属于保护性免疫。这正是鼻疽免疫需要解决的关键问题。

（3）通过本试验全面分析，提出鼻疽免疫分型的规律与结果，即体液免疫属 I 型，细胞免疫属 II 型，外周血白细胞分类计数的变化亦属 II 型，从而为鼻疽免疫的进一步研究提供了新的资料。

（4）从理论一与实践数据，确定鼻疽菌为胞内寄生为主的兼性胞内寄生菌，从而证实了这一假说。

（5）试验证明，鼻疽体液抗体无杀鼻疽菌的特异功能，活菌接种才能引起细胞免疫应答，结合病理组织学检查结果，说明鼻疽感染马转为慢性即具备以细胞免疫为优势的免疫力，而急性鼻疽体况愈下者，机体细胞免疫力则处于劣势。这些均有力地表明细胞免疫对鼻疽免疫的主导作用，从而为鼻疽免疫预防提出了研究途径。

附件十九　磺胺－鼻疽菌素疗法治疗马鼻疽的试验

胡祥璧　朱尽国　周圣文　华国荫　杨敏　李金璋

刘鼎新　云丹　徐忠贤　牟恩巩　张永江

（中国农业科学院哈尔滨兽医研究所）

鼻疽一病向为世界各国兽医学者公认不治之症，数十年来许多国家的学者应用过无数种的药剂以治疗鼻疽，均告无效。1953 年伊朗 Hessarek 研究所的 Fathi 等曾以磺胺嘧啶与安那莫夫（Anamorve）及磺胺双甲基嘧啶与鼻疽菌素等联合疗法治疗各种类型的鼻疽患马，获得了 96% 的治愈率。这是近 20 年来所仅见的有效的鼻疽治疗报告，对于我国当然有参考使用的价值。本报告中所报道的试验就是根据上述文献来进行的。

试验自 1954 年 1 月开始，至 1955 年底止，先后共计进行人工感染病例 108 匹（驴 42 例、马 66 例），自然病例 210 匹（开放性鼻疽马 86 例、反应性鼻疽马 124 例）。

一、人工感染病例的治疗试验

（一）人工感染驴的治疗试验

1. 试验方法

感染方法共分两种：① 与开放性鼻疽患马实行同居感染；② 人工接种感染。同居感染系使健驴与开放性鼻疽马同槽饲养，如发现试验驴体温升高到 39℃ 以上并稽留超过 3~4 日，同时伴发精神委顿、食欲减退或废绝、跛行或个别公驴发生睾丸肿大等症状，即进行治疗试验，不等待开放症状的出现。人工接种系将不同剂量的鼻疽强毒活菌（一般用 24 小时甘油肉汁培养物 10^{-5}~10^{-6}1 毫升，个别例曾注射 10^{-1}1 毫升，后一剂量相当于 10 000~100 000 个最小致死量）注射于健驴的皮下，待其发病后即进行治疗试验。

治疗方法：每日以磺胺双甲基嘧啶 12 克（或磺胺噻唑 12 克）两次分服，并每日皮下注射鼻疽菌素稀释液（稀释方法见后）2 毫升，整个治疗过程为 30 日。由于人工感染驴的病势重笃，食欲不振，很难把磺胺药物混于饲料中给服，故在治疗开始的最初 1~3 日内先行磺胺噻唑钠溶液的静脉注射（每日以 10% 磺胺噻唑钠溶液 150 毫升静脉注射），待体温下降，食欲逐渐恢复后，即将磺胺药物混饲给予。

2. 试验经过与结果

按照作用试验的磺胺种类而分为两组进行。

第一组：以磺胺双甲基嘧啶与鼻疽菌素（简称 SMT-M）疗法进行治疗，共治疗 23 例，另以 8 例作对照，此 8 例对照驴均在感染后 2~3 周内呈典型急性鼻疽死亡。治疗的 23 例中，6 例在治疗后复发死亡或迫杀，其余 17 例经观察半年至一年以上，均无复发症状。以一部分病例进行病理剖检，证明完全治愈。治愈率为 73.9%。

第二组：以磺胺噻唑与鼻疽菌素（简称 ST-M）疗法治疗 9 例，另以 2 例作对照。对照

2 例均呈典型急性鼻疽死亡。治疗 9 例中，6 例在治疗后复发死亡或迫杀，其余 3 例观察 3 个月后进行病理剖检，证明完全治愈。治愈率为 33.3%。

全治人工感染驴治疗试验的结果，可以概括为以下 3 点。

（1）磺胺－鼻疽菌素疗法对于人工感染驴的病势有明显的抑制效力，投药后症状迅速消失，在投药期间病势不再发展。但如治疗过迟，以致病势重笃，开放性鼻疽症状明显出现时，始给以磺胺－鼻疽菌素联合疗法（不论 SMT–M 或 ST–M），不但不能获得彻底的治愈效果，即临床症状的减轻也不易见到。根据我们应用两种磺胺药物治疗的结果，磺胺双甲基嘧啶的疗效远较磺胺噻唑为高（SMT–M 疗法的治愈率为 73.9%，ST–M 疗法的治愈率为 33.3%），对照驴则 100% 死亡。

（2）驴患鼻疽时，它的发病经过都是急性的，如不治疗即会死亡，这就可使药物的疗效表现得比较明确，并能在短时间内看出端倪。治疗效果在病理剖检上也表现得非常明确，对照与治疗无效的病理均呈急性鼻疽病变，治愈病例则无鼻疽病变，或者病变甚少，也经结缔组织化或钙化，治愈迹象极其牢固。

（3）在人工感染驴的检疫上，我们曾经多次摸索试验，迄未能找出比较好的方法，特别是在鼻疽诊断上有着重要意义的变态反应，无论是对治疗驴或对照驴、新感染者或感染末期者，应用鼻疽菌素两次点眼及三次点眼（感染后一周开始点眼），均无一例呈现阳性反应。在鼻疽诊断上有参考意义的补体结合反应的出现亦很不规律，仅有 1/3 出现一时性的阳性反应，其余大部分为阴性反应。因此驴鼻疽的变态反应和血清学的诊断是犹待研究的一个问题。

（二）人工感染马的治疗试验

1. 试验方法

感染的方法分为两种：① 接种感染—将鼻疽强毒活菌（24 小时甘油肉汁培养物 10^{-1}~10^{-2} 1 毫升）注射于健马的皮下或肌肉内，使其感染；② 经口感染—将鼻疽强毒活菌（24 小时甘油肉汁培养物原液 1 毫升）混于饲料中给予。

治疗方法：每日以磺胺双甲基嘧啶 30 克，三次分服，并皮下注射稀释的鼻疽菌素 5 毫升（第一日用 1 : 1 000、第二日用 1 : 900、第三日用 1 : 800、第四日用 1 : 700，以后按日递增其浓度，直至第 19 日用 1 : 10、第 20~30 日用 1 : 5 稀释液）。整个疗程为 30 日。对于食欲大为减损或废绝的严重病例，最初数日应用磺胺噻唑钠（25 克）静脉内注射，待食欲稍有恢复后，再以磺胺双甲基嘧啶混饲给予。

2. 试验经过与结果

感染后的症状：接种感染共计进行 43 例，一般在接种 24~48 小时后，试验动物的体温突然升高，随后呈现显著的不整热（38.0~41.0℃）、食欲减退、精神萎靡，但兴奋性增强，稍遇外来刺激，就易发生惊恐不安；下颌淋巴结肿胀、包皮及下腹部皮下出现大小不等的浮肿。在全部接种病例中有 1/3 在感染后 1~2 周内发生关节肿大以致破溃（多见于腕关节及跗关节），呈重度跛行，喜长时伏卧，食欲锐减，体况日趋消瘦。此种病例如不及时治疗，则迅速开放，经过 2~3 周在极度衰弱的状态下死亡。其余大部分病例在很长的时候（长者可达 2~3 个月）保有不规则的热候及表现渐进性的消瘦外，其他症状往往不易看出。经口感染共进行 22 例，感染后的经过与接种感染的轻症型大致相同，短时期内不出现开放性鼻疽症状。

已经感染的病例都出现变态反应与补体结合反应；接种感染马在接种后 1~2 周出现补体结合反应，2~3 周内出现变态反应；经口感染马在喂菌发生不整热后 3~4 周内，变态反应与补体结合反应多同时出现。

人工感染马共计进行 65 例，其中 48 例做治疗试验，17 例作对照。

在人工感染马的治疗试验中，我们获得下列结果。

（1）磺胺—鼻疽菌素疗法对于人工感染马的疗效相当明显，特别是对感染经过严重的试验马，治疗开始后，其不整高热、关节肿大、跛行、皮肤破溃、体况消瘦等症状迅速消失。在 48 例中除 1 例复发恶化外，其他试验马均甚健壮。而对照马则有 1/3 以上在对照内恶化开放，其他变为反应性鼻疽马，体况较治疗试验马稍差。

（2）检疫：在检疫过程中，48 例治疗试验马中有 41 例在治后的不同时间内（最短为 3 个月，最长为 8 个月）变为阴性反应，即占总数的 85.5%，而 17 例对照马则全部始终为阳性反应。

（3）病例剖检：在治疗试验马中，曾选出在检疫上已经变为阴性反应者 5 例，进行病理剖检，所见病痕都是已经变为结缔组织化的治愈病灶。又选出在检疫上仍为阳性反应者 3 例，病理剖检证明未获痊愈。在对照马中曾先后剖检 15 例，均有新鲜鼻疽病变。病理剖检与检疫结果完全相符。

根据上述，可以看出磺胺—鼻疽菌素疗法对于人工感染马的疗效是相当高的，治愈率可达到 85.5%。

二、自然病例的治疗试验

（一）开放性鼻疽马的治疗试验

1. 试验方法

病马的选择标准如下：① 临床上须具有明显的鼻疽症状；② 鼻疽菌素点眼试验须呈明确的阳性反应；③ 补体结合反应亦呈阳性。

治疗方法与人工感染马同，并曾应用过磺胺嘧啶（SD）、磺胺双甲基嘧啶（SMT）、磺胺噻唑（ST）等三种磺胺药物。

治疗期满后，试验马尽量放置与对照马相同的条件下进行饲养管理，每两个月进行鼻疽检疫一次（作鼻疽菌素两次点眼及补体结合反应），并选择部分有代表性的治疗试验病例与健驴实行 1~2 个月的通槽饲养，看它们是否尚有感染力。另外还选择部分有劳役能力的试验马，作长期劳役试验，先给以轻劳役，渐次加其劳役量，最后给以重劳役，以观察治疗的远隔效果。最后试验马在治后的不同时期内与对照马同时剖检，并作细菌培养及组织学观察，以判定治疗效力。

2. 试验经过与结果

开放性鼻疽马治疗试验共进行 64 例（其中 7 例为开放性鼻疽骡），另以 22 例作对照，共计 86 例。这些开放性病畜绝大部分系由黑龙江省双城、海伦两县的农村中购入，其余一小部分则由军队或其他地方拨来。

在治疗试验马与对照马分群时，我们尽量使其病势相等，但部分病势严重、不予治疗即可迅速死亡的病例，则全部拨入治疗试验群众，因为这样可以更加明确地看出治疗效果的有无。

3.试验结果

（1）临床上所见　治疗试验马由于病型的不同，其治疗效果在临床上的表现亦不一致。兹与对照群对比，分述如下。

A.急性开放性鼻疽患马　即指具有体温升高 39.0~40.5℃、精神沉郁、食欲减退或废绝、体况迅速消瘦、鼻孔流出血液脓性鼻汁、呼吸促迫或困难、并伴有鼻塞音，鼻腔检查可见新鲜鼻疽结节及溃疡、下颌淋巴结呈急性肿大，或新发生皮鼻疽等症状的患马。此种病例如不及时施以治疗，在短时日内即有死亡的可能。除病势极其严重已届濒死期的少数病例外，其余绝大多数病例在治疗 4~6 日后，体温即行下降、呼吸困难减轻、精神好转、食欲显著增进。经过 10~20 日，则血液脓性鼻汁逐渐变为黏液性或浆液性，并减量以至完全消失、肿大的颌下淋巴结逐渐缩小、皮下结节渐次萎缩消散，皮肤溃疡愈合平复、患肢的肿胀亦逐见消退。治疗期满后，鼻腔的鼻疽溃疡亦已形成瘢痕或正在形成瘢痕中。这种试验病例绝大部分再经短时期的休养，体况即可完全恢复正常，外观与一般健马无异，但尚有部分病例的疗效不巩固，在治后不久即再度恶化开放。

B.一般开放性鼻疽马　即指由农村中购来的病马，病型是慢性的，不呈明显的开放性鼻疽症状，如不转向恶化，不予治疗短时内尚不至死亡。在治疗 10~30 日后，鼻汁亦逐渐减少而消失、鼻孔外观干净或微湿润、或仍残留少量黏液浆液性鼻汁、时有时无，体况稍有改善或依然如故，总之表现颇不一致。治疗后在观察阶段中体况改善既慢且不明显，再度恶化者为数甚少（仅 1 例）。

C.对照群　在对照过程中有 7 例恶化死亡，3 例经过一段时间的休养，体况亦有明显改善，鼻汁亦见减少或消失；但绝大部分的对照马在体况上基本无变化，或时好时坏，鼻汁时多时少，不断流出。

（2）试验马与对照马传染力的比较

A.鼻汁检菌　选择在治疗后仍有鼻汁流出的试验马 4 例，进行 2~5 次的鼻汁细菌培养及动物接种，结果均为阴性。另选择对照马 3 例，如法进行检菌，结果均为阳性。

B.与健驴同居　曾以治疗试验马 14 例与 15 头健驴进行同居感染，使其同槽对头采食，同一水槽饮水。同居时间一小部分为一个月，绝大部分为两个月。结果，除 1 例因鼻疽复发使同居的两头健驴感染鼻疽外，其余同居健驴均未感染，以后用少量鼻疽菌（24 小时甘油肉汁培养物 10^{-6}~10^{-5} 1 毫升）皮下注射，均典型发病，证明其本身对鼻疽菌仍具有易感性。由此可见经治疗后的鼻疽马，在开放性症状消失后，其传染力亦基本上消失。但若旧病一旦复发，开放症状出现后，传染力也就接踵而至。曾以对照马 5 例与 9 头健驴进行同样感染。结果，除其中 1 例经 37 日的同居仍未感染健驴外，其余 4 例都使同居的健驴感染鼻疽，其中第 20 号对照马曾连续感染三头驴，同居的日期是 5、6、9 日，平均一周便感染一头驴。第 15 好对照马经 6 日，第 32 号对照马经 10 日，第 81 号对照马经 8、30 日，均分别使同居的健驴感染鼻疽。由此可见对照马的传染力是相当强大的，但亦有个别病马例外。

在试验群众有 4 例妊娠母马，在治后观察其中均正常分娩，所产的驹亦健康，并与其母马有半——一年的接触与吮乳，仍未受感染。这种情况一方面说明磺胺－鼻疽菌素疗法对妊娠母马没有不良的影响；另一方面也说明被治疗的母马已失掉了感染力。对照群中亦有一例分娩，其驹在生后三个月随同母马进行剖检，在肺脏发现鼻疽病变，证明已被感染。

从上述的结果中，我们可以明显看出治疗试验马与对照马的传染力是有所不同的。

（3）病理剖检的结果　兹以病理剖检为基础，结合临床经过及细菌检查的结果，将治疗试验群与对照群区分为下列四个类型，以比较其治疗效果。

A. 全治愈型　属于此种类型的病例，在临床上表现良好，外观健壮，开放性鼻疽症状完全消失，检疫大部分变为阴性，在剖检上鼻疽病变均陈旧，如为结节时至少已迈入白恶化的阶段，并在病灶周围形成完整而致密的包囊，镜检上有明显的特异性与非特异性的双环形成；如非上述结节，则病灶均应形成瘢痕组织且不残留任何鼻疽炎性反应；如系皮鼻疽，其溃疡完全愈合平复，其结节完全萎缩消失，肿胀全部消退，不残留任何象皮症。全身实质器官均正常，看不出细菌毒素刺激的迹象。剖检材料的细菌培养及动物接种均为阴性。此种类型的病理剖检与临床表现基本上相符合。列入此种类型的病例，在治疗试验群中几乎全部是初期开放、急性经过、年龄较轻的鼻疽患马，共有 14 例，占治疗试验马剖检总数的 26.3%，在对照群中则绝无仅有。

B. 治愈倾向型　属于此种类型的病例，在临床上外观良好，无开放性鼻疽症状，或虽有不同性质和分量的鼻汁流出（此种病例多伴发慢性上颚窦炎，窦中充满陈状物及脓性物质，这可能是治后仍有鼻汁流出的原因，窦中物检菌均为阴性），但在鼻汁的细菌检查及同居感染的试验中，则均为阴性。检疫仍为阳性反应，或呈时而阳性时而阴性的不规则反应。在剖检上绝大部病灶都是陈旧病变，但有一小部分病灶仍残留某种程度的慢性炎性反应。全身实质器官大体正常，剖检材料的细菌培养及动物接种均为阴性。列入此种类型的病例，在治疗试验群中有 17 例，在对照群中有 3 例。

C. 恶化倾向型　如为治疗试验群，在治疗后开放性鼻疽症状或完全消失或仍有不同性质与分量的鼻汁流出（亦可能为上颚窦炎所致），鼻汁的细菌检查及与健驴同居感染试验均为阴性，体况变化不大，或稍有好转，但检疫仍为阳性反应。如为对照群，在其对照过程中，病势基本上无大变化，仅有部分病例看到鼻汁减少，部分能在鼻汁中检出细菌，在同居感染试验中能感染健驴，体况或稍有改善或依然如故。在剖检上，此种类型虽有大部分陈旧病变，但仍有部分比较新鲜的病灶，尤以肺及支气管淋巴腺的结节多有渗出性病变，包囊不完整或很薄，部分病例甚至形成脓伤，上部呼吸道虽有瘢痕形成，但瘢痕的纤维化程度尚不彻底，其周围甚至有深浅大小不同的糜烂。全身实质器官呈现不同程度的中毒现象。剖检材料的细菌检查及动物接种，对照马半数为阳性，治疗试验马则几乎全部为阴性。这种类型的病例在治疗试验群中有 13 例，在对照群中则有 12 例。

D. 无效（或恶化）型　如为对照群就表现恶化，并多自然死亡。如为治疗试验群，在治后不同时期表现症状复发，日趋恶化，并有部分自然死亡。在剖检时这种病例均有多量新旧混在的鼻疽病变，并伴有实质器官严重的中毒现象（如肝脏炎、肝破裂、肾脏炎、脾脏炎、部分伴有胸膜炎）。剖检材料的动物接种及细菌检查多为阳性。这种类型的病例在治疗试验群中有 13 例，在对照群中有 7 例。

如将三种磺胺治疗试验组中业经剖检的病例按照上述的类型加以区分，就可以大致上看出 SMT 的疗效较优，SD 次之，ST 更次之（表 1）。

表 1　三种磺胺制剂的疗效比较

组别	全治愈型	治愈倾向型	恶化倾向型	无效型	合计
SD	3	4	5	5	17
SMT	10	10	4	8	32
ST	1	3	4		8
共计	14	17	13	13	57

（4）劳役考验　为了进一步观察疗效的彻底性起见，曾先后选择有劳役能力的治疗试验马 6 例，进行劳役考验一年以上，其经过均良好，症状未见复发，体况较不劳役的马更为健壮结实。这就说明治疗过的鼻疽马有一部分是可以恢复劳役能力的，并且不致因适当的劳役而复发。

（二）反应性鼻疽马的治疗试验

1. 试验方法

病马选择的标准是：① 鼻疽菌素点眼试验与补体结合反应均为阳性反应；② 补体结合反应阴性，鼻疽菌素点眼呈一定强度（++）的阳性反应；以符合①者为主要试验病例。治疗方法和治疗后的处置均同开放性鼻疽马，但所用的磺胺，全部为磺胺双甲基嘧啶。

2. 试验经过

此项试验共进行 71 例（点反补反均为阳性者 41 例，仅点反为阳性者 30 例），另以 53 例（点反补反均为阳性者 24 例，点反为阳性者 29 例）作对照。在 71 例治疗试验马中业经死亡或剖检 39 例，对照马 53 例中也经死亡或剖检 22 例。

3. 试验结果

（1）临床观察　治疗试验群中曾发现 8 例恶化开放，对照群中也同样恶化开放 8 例，两相对比，出入不大。

（2）检疫　治疗试验群中有 1/3 病例时而出现阴性时而出现阳性，表现颇不一致，而大多数则基本上无变化。对照群中除极少数在检疫上亦有同样的不规则反应外，绝大多数依然是阳性，彼此比较，亦难看出有截然不同之处。

（3）病例剖检　治疗试验群已剖检的 39 例中仅有 1 例为痊愈型（点反补反均为阴性）。对照群已剖检的 22 例中亦仅有 1 例为痊愈型。从病理剖检上可以明显看出，磺胺－鼻疽菌素疗法对于反应性鼻疽马是没有疗效的。

三、讨论

根据上述材料来看，磺胺－鼻疽菌素疗法（SMT-M）对于人工感染鼻疽病例，不论是驴或马，都有较高而明确的疗效；对于自然病例中的急性开放性鼻疽马也有较好的疗效，然仅限于初期感染急性经过的病例；对于慢性型转化为急性经过的开放性鼻疽马的疗效既不巩固也不彻底；而对于自然病例中的反应性鼻疽马及慢性开放性鼻疽马则根本无效或者疗效甚低。总的来说，与伊朗文献所载 96% 的治愈率是大有出入的。其所以如此，是和我们所用的试验病例的病型和病程的不同，有密切关系的。慢性经过的以及由慢性转化为急性开放性的病例，由于病变很多，新旧兼有，侵害范围较广，病程较长，以致治疗无效或者疗效很低。至于人工感染病例与初期感染急性开放性鼻疽病例，则由于病变绝大多数为新鲜病灶，侵害范围较小，病程较短，所以疗效的表现甚为满意。在伊朗的试验中，他们所用的试验病例可能有下列的特点：① 伊朗马属于阿拉伯系统马，对于鼻疽比我国的马匹较为敏感，感染后多为急性经过；② 伊朗的试验都是用的军马，军队中有定期的检疫制度，故检出者多为初期感染鼻疽的患马（一般慢性病例早被排出）；③ 军马多为生力充沛的优良壮龄马，有良好的饲养管理条件及合理的使役制度。前两点是符合于我们的人工感染病例及初期感染急性经过病例，后一点是对于鼻疽治疗的有利条件。故他们获得 96% 的治愈率是有可能的。而我国的马匹对于鼻疽一般是比较不敏感的，除少数患马在感染后呈急性经过而迅速死亡者外，大多数病例在感染后呈不明显的初期经过，然后逐渐转入慢性过程，一般呈周期性的时好时坏的经过，但患畜往往经过数年而不死。我们由农村所购买及军队所拨来的试验动物绝大部分就是这样的病例，以这样的试验病例与伊朗所用的试验病例所获得的效果相比较，结果当然会大有出入。

鼻疽是一种极其复杂而变化多端的传染病，既往曾经许多兽医学者的辛劳努力，迄未能获得一差强人意的治疗方法，现在打算以一种简单的疗法来治疗各种类型的鼻疽，是很难办到的。基于上述事实与理由，我们不难看出磺胺－鼻疽菌素疗法虽然有着一定的使用价值，但必须很好掌握鼻疽类型的性质，特别应当考虑到我国鼻疽患马多为慢性经过的特点。因之，我们认为此种疗法的应用范围智能限于"初期感染的活动性鼻疽"（如定期检疫的进口马、杂种马、优良役用马的初期感染的活动性鼻疽）；同时还应该根据患畜个体的反应状态及神经类型而施以合理的综合疗法，给以良好的生活环境及含有足够的蛋白质及维生素的饲料，治后给以合理劳役（相当于体育疗法），创造一切对至于机转有利的条件，这样将更能提高它的疗效。如果不重视这些因素，而淡出依靠疗法本身的作用，将会使疗效大为降低。总之，应该慎重注意这种疗法的应用范围，如滥加应用，将会造成不应有的贻误与损失。

四、结论

用磺胺－鼻疽菌素疗法对各种类型的鼻疽进行治疗试验的结果，我们发现疗效的表现视病型的不同而有很大差异。

（1）对人工感染鼻疽的驴和马以及初发急性鼻疽的自然病例，磺胺－鼻疽菌素疗法表现了一定的疗效。

在人工感染驴 23 例中 SMT-M 有 73.9% 的治愈率，但 ST 代替 SMT 时，则在 9 个试验例中，仅获得 33.3% 的治愈率，对照驴 10 例全部呈急性鼻疽死亡。

对人工感染鼻疽的 48 例病马，在 SMT-M 治疗后有 85% 的治愈率（变态反应及补体结合反应均为阴性），17 例对照马中 15 例在剖检时有较新的鼻疽病变，其他 2 例对照马的变态反应，仍为阳性。

经过治疗的初期感染急性鼻疽的自然病马 20 例中，有 15 例的变态反应和血清学反应在 3~6 月的期间中变为阴性，其中 11 例经剖检证明为痊愈型，亦即治愈率达 75%。另有 5 例的反应未变，剖检后证明其中 4 例未愈，1 例则毫无病变。

（2）对 116 例一般慢性及反应性的鼻疽马（已剖检 77 例），SMT-M 的疗效甚低或根本无效。

因此，我们认为磺胺－鼻疽菌素疗法对于初期感染的急性病例具有一定的使用价值，可以采用，但对我国农村中一般慢性鼻疽患马是不宜应用的。

附件二十　磺胺噻唑配合中药对于
急性活动性鼻疽马的治疗

朱尽国　李国福　于匆　杜保森　路振海
（中国农业学院哈尔滨兽医研究所）

一、前言

1954—1955 年我们曾采用 磺－鼻疽菌素（SMT–M）联合疗法试治鼻疽马。业经证实，对初期开放急性经过的活动性鼻疽马具有良好疗效。惟惜这种日日注射、频频投药的复杂疗法和高达百元以上的医药成本，尚不能普遍采用与现地。然在现地兽医临床工作上却常常碰到一些体温升高、日趋羸瘦的活动性鼻疽马，迫切需要及时给以有效的治疗，否则，即会迅速开放性死亡。这不仅是临床兽医工作者经常遇到的苦恼，也是目前生产上存在着的现实问题。为此我们根据过去治疗鼻疽的经验，结合祖国兽医治疗学随证施治的特点，在临床工作中以价格较廉的磺胺噻唑配合中药试治急性活动性鼻疽马，初步摸索出成本较低简单易行而有效的治疗方法。兹将我们先后治疗的 30 例的经验，简要介绍如下，以供同志们参考，并希指正。

二、病例分类及临床表现

我们对于治疗试验病例选择的标准是：① 有明显的急性全身症状；② 集体尚未收到严重的侵害。凡无全身症状的慢性开放性鼻疽马及开放过久机体遭受严重侵害的急性活动性鼻疽病例，均谢绝治疗。

我们所试治的 30 例急性活动性鼻疽马，按其临床表现的不同，可区分为下列三类。

（1）属于急性活动性闭锁性鼻疽的 20 例。这种病例即在临床上没有鼻汁和皮疽等开放性鼻疽症状，但体况日见消瘦，不整高热长时持续，精神不振，食欲减退，被毛逆立，部分病例背腰强直、低头困难，常误诊为风湿症，或并发睾丸炎及胸膜炎。颌下淋巴腺多呈急性肿大。对于一般疗法（其中包括中药对症疗法，青霉素疗法，以及剂量不足或未能长时持续的磺胺疗法）表现顽固无效，鼻疽菌素点眼呈阳性反应。

（2）属于初期开放性鼻腔鼻疽的 4 例。这种病例除具有（1）项所述全身症状及鼻疽菌素阳性反应外，并于鼻腔内发现新鲜的结节、溃疡和鼻汁流出。

（3）属于皮鼻疽的 6 例。这种病例除具有上述全身症状及鼻疽菌素阳性反应外，并有新发生的局部或全身性皮鼻疽。

根据临床经验，上述三类病例如不及时给以有效治疗，绝大部分会在不长的时间内死亡。

三、治疗方法

（1）投予磺胺噻唑　我们过去治疗鼻疽基本上是按照伊朗原法投予磺胺，即自始至终每日以磺胺 30 克三次或五次分服，三十日为一疗程。这种投予方法在我们的实践中证明存在着不少的缺点；如最初阶段冲击量的不足是使疗程延长的最大原因。后一阶段仍以同量作为维持量也存在着不必要的浪费。因此，我们为了缩短疗程降低成本，在磺胺投予方法上进行摸索试探，证明下列投予方法最佳。

第 1~5 日，每日磺胺噻唑 40 克，早晚分服。

第 6~10 日，每日磺胺噻唑 30 克，早晚分服。

第 11~20 日，每日磺胺噻唑 20 克，早晚分服。

一般急性活动性闭锁性鼻疽病例均可以 20 日为一整个疗程，但对严重病例必须将疗程延长到 30~40 日，特别是对具有明显开放症状的鼻疽骒更应将疗程延长到 50~60 日，才能收到确实巩固的疗效。如遇患畜呈现严重的消化机能扰乱时，投药方式应尽可能改用磺胺噻唑注射液。（磺胺噻唑 20.0，精制氢氧化钠 3.0，安钠咖 1.5，蒸馏水 500~1 000 水浴灭菌 30 分钟，静脉注射，可连用数日）。

（2）投予中药　体力消耗衰竭和消化机能扰乱是急性活动性鼻疽马的主要共同症候；实践证明投予磺胺噻唑又往往影响消化机能，部分病例甚至发生重度胃肠炎。因此我们针对上述情况，在投予磺胺噻唑的同事给予补中益气的中药，借以迅速改进食欲，增强抵抗力，使患畜尽快地战胜疾病。我们认为对一般急性活动性鼻疽马均以下列方剂较为合适。

黄芪、党参各 75.0，苍术 50.0，当归、茯苓、陈皮、知母、黄柏、木通、甘草各 25.0（以克为单位）。共为细末，早晚分服（每日或每隔日投药一剂）。如遇患畜排粪干燥迟滞时，可酌加大黄、枳实、榔片等药物。

四、疗效观察

治疗病例绝大部分在投予磺胺噻唑和重要 3~5 日后，食欲即见增进，精神好转体温降至正常。经过 10~20 日则颌下淋巴腺和皮肤溃疡逐渐缩小愈合。

我们治疗试验的 30 病例中除两例皮鼻疽由于病势严重和疗程过短（20 日）而在治后不久症状复发，另一例在治疗中途因继发胃肠炎死亡外；其他 6 例经投药 15 日（即用磺胺噻唑 450.0，中药 3~5 剂），19 例经投药 20 日（即用磺胺噻唑 550.0，中药 3~5 剂），1 例经投药 25 日（即用磺胺噻唑 650.0，中药 6 剂），1 例经投药 30 日（即用磺胺噻唑 750.0，中药 8 剂），均获得了临床上的治愈——即在停止给药后，体温不再升高，临床鼻疽症状完全消失，食欲旺盛，体况日见改善。出院后，经分别追访证明患畜劳役能力恢复，最长的已参加劳役一年零两个月，最短的两个月，无复发现象，其治疗率为 90%。

另以四例劳役价值不大的急性活动性闭锁性鼻疽马作对照，均于 2~4 周内开放性死亡或扑杀。

五、病例介绍

病例Ⅰ.门诊 210 号，八岁，青色，骟马，营养中下。

既往情况：半年来通槽马群中曾有三例死于鼻疽，该马在两个月前实行鼻疽菌素点眼首次发现为强阳性反应。近一个月来呈现精神不振，食欲减退，稍给劳役即出汗发喘，体况渐见消瘦。

现症状：患畜精神委顿，食欲大减损，肚腹显着卷缩，行走四肢无力，步履不稳，颌下淋巴腺肿大如胡桃，胸前有（20×20）厘米浮肿一块，压之过敏，两侧鼻翼附着少量黏液性鼻汁，左前肢和右后肢肿胀，并有数处呈喷火口状的破溃。体温呈不整热，脉搏细数（60 左右），肺泡音稍粗砺。

诊断：皮鼻疽。

治疗经过：1957 年 11 月 24 日入院，当日对症投中药一剂，26 日再投一剂，病势益见恶化。27 日开始给予磺胺噻唑和中药治疗。29 日精神好转，食欲增进。12 月 1 日体温降至正常，食欲大增进。以后胸前及腿部浮肿日见消退，破溃逐渐愈合。至 12 月 16 日停止给予磺胺，留院观察，体温无再升高现象。27 日出院。共计用磺胺噻唑 550.0，中药五剂。

病例Ⅱ.门诊 248 号，四岁，红栗色，骟马，营养中等。

既往情况：该马原本肥胖健壮，近两周来发现食欲减少，精神不振，虽曾给予充分休息，并在其他兽医院治疗数次，但迄未见效，仍有日见消瘦的倾向。在两三个月前同槽马有两头骡子死于急性鼻疽，目前同时与该马呈现同一病状的患畜尚有三例。

现症状：患畜精神委顿，被毛粗乱，食欲减损，体温高而不正，颌下淋巴腺肿大如鸡蛋，微痛。左侧肺泡音粗砺，呼吸数 28 次，脉搏细弱（64 次）。鼻疽菌素点眼呈阳性反应。

诊断：活动性鼻疽

治疗经过：1958 年 1 月 6 日入院。经临床检查，确诊为活动性鼻疽。10 日开始用磺胺噻唑和重要治疗。14 日体温降至正常，精神好转，食欲增进。以后颌下淋巴腺逐渐缩小，变成硬固无痛、拇指大的硬结。食欲日见增加，食量超过一般健马。29 日停止给予磺胺噻唑。留院观察，体温无再升高现象。2 月 17 日出院，攻击用磺胺噻唑 550.0，中药五剂。

病例Ⅲ.门诊 177 号、四岁、黑色、公马、营养中等。

既往情况：该马过去鼻疽检疫为阴性。近一周来发现精神不好，食欲减退，背腰强直，但未停止使役。

现症状：患畜被毛逆立，精神显著沉郁，喜长时站立不动，背腰强直，虽稍有食欲，但将饲草放置地面，即不能采食，有明显低头困难现象。颌下淋巴腺稍肿大，体温升高（39.0~40℃之间），脉搏细弱（65 次左右），肺泡音粗砺，鼻疽菌素点眼呈强阳性反应。

诊断：活动性鼻疽

治疗经过：1957 年 11 月 7 日入院，当日即对症投重要清肺散一剂。9 日和 11 日再各投一剂。未见好转，食欲几近废绝，体况日渐消瘦，肚腹卷缩，经鼻疽检疫结合临床检查，确诊为活动性鼻疽。13 日开始磺胺噻唑和中药治疗。15 日精神好转，食欲微增进。16 日体温降至正常。以后食欲日渐增加，腹围膨满，食量超过一般健马，至 27 日停止给予磺胺噻唑。留院观察，体温一直保持正常，营养有明显改善。12 月 9 日出院，共计用磺胺噻唑 450.0，中药四剂。以后完全恢复劳役能力，没有复发现象。

病例Ⅳ．门诊 236 号，六岁、黄色、骟马，营养中上。

既往情况：该马本来健壮，鼻疽检疫呈阴性反应，一周前呈现食欲减少，鼻梁部发生破溃一处，经用外科疗法未见功效，近一两日来右鼻孔有少量鼻汁流出。

现症状：患畜毛尚光泽，食欲不振，精神稍差。鼻梁下端有榛实大深破溃一处，右鼻孔有少量蛋白样黏液性鼻汁流出。鼻腔检查发现有边缘隆起大如蚕豆和豌豆的新鲜鼻疽溃疡各一块。颌下淋巴腺肿大如鹅蛋，触诊过敏。体温升高（39~40℃），脉搏微弱（52 次），肺听诊不识异常。鼻疽菌素点眼是阳性反应。

诊断：急性鼻腔鼻疽

治疗经过：1957 年 12 月 25 日入院，确诊为初期急性鼻腔鼻疽，当日即开始磺胺噻唑和中药治疗。28 日体温降至正常，精神好转，鼻汁减少，31 日鼻汁不再流出，颌下淋巴腺亦见缩小。以后食欲日渐增加，颌下淋巴腺逐渐萎缩如鸽蛋，硬固无痛。至 1958 年 1 月 13 日停止给予磺胺噻唑，留院观察，不见异常。16 日出院。共计用磺胺噻唑 550.0，中药四剂。治后追访，证明完全恢复劳役能力。

六、体会

（1）磺胺噻唑及时、准确、足量地应用，对于急性活动性鼻疽马有很明显的疗效，然也有招致扰乱及胃肠炎等不良的副作用。但如能随证给予补中益气的中药方剂，即可防止或减轻上述缺点（但仍必须注意胃肠炎的发生），同时并能使患畜体况迅速改善，为缩短疗程提供了有利条件。根据我们的经验：一般急性活动性鼻疽马给以 20 日的疗程，即可达到临床上治疗的目的。又因磺胺噻唑国内可以大量出产，购买方便，价格较廉，它与中药配合的治疗方法治疗一例患马需要医药费 35 元左右，较原碘胺 – 鼻疽菌素（SMT-M）联合疗法可降低 2/3 的成本。

（2）在我国目前鼻疽马广泛存在和农村畜力深感不足的客观情况下，应用这种成本较低简单易行而有效的磺胺噻唑和中药联合疗法，治疗某些有经济价值的活动性鼻疽马，使其获得临床上的治愈，不仅能使行将倒毙的急性活动性鼻疽马恢复其劳役能力，继续为社会主义建设事业服务，同时也具体体现了中西兽医相互学习相互结合的重大意义。

（3）经验证明，应用系统的检疫方法和剖检方法进一步地鉴定临床治愈病例的疗效是一个极其复杂而且短时不易得出答案的问题，我们进行治疗试验的中心目的在于解决生产上存在的问题，也就是在某些行将死亡的急性活动性鼻疽马获得临床上的治愈，在与一般鼻疽马同样的管制条件下，仍继续发挥其劳役能力，故未作系统的鼻疽检疫和病理解剖等科学性的探讨。

七、结语

我们应用磺胺噻唑合中药治愈急性活动性鼻疽马 30 例，其中 27 例获得了临床上的治愈，治愈率为 90%。此种疗法成本较低简单易行，可以广泛试用于现地。

附件二十一　中草药对鼻疽杆菌的体外抑菌试验

张永欣　江锡基　刘大义　肖佩衡
（中国农业科学院中兽医研究所）

　　鼻疽是马属动物常见传染病之一，因为没有菌苗预防，人们都积极寻找治疗此病的有效药物。内蒙古畜牧兽医科学研究所用 11 年时间，从各方面研究证明土霉素对开放性鼻疽马有 87.5% 彻底治愈的疗效。1973 年哈尔滨兽医研究所推广用土霉素防治马鼻疽的呼伦贝尔盟经验。但是，由于土霉素注射的局部反应较重和疗程较长，其实际应用受到限制。我国开始生产强力霉素（长效土霉素）时，我们曾对它寄予很大希望，然而试验证明其疗效和疗程与土霉素基本无异。中草药是祖国宝贵的医药资源，多年来许多学者曾做过中草药对鼻疽杆菌的体外抑菌试验，试图找出治疗马鼻疽的有效方法。我们则着重对草药进行筛选，希望通过体外筛选为进一步作马鼻疽治疗试验提供依据。

一、材料与方法

（一）菌种

　　鼻疽杆菌 C67-28 系农业部兽医药品监察所的冻干菌株，平时保存于 4% 甘油胰胨斜面上。

（二）培养基

　　使用 pH6.8 的 4% 甘油胰胨琼脂。胰蛋白胨是英国 Oxoid 厂出品，批号 2606。每个平皿定量倾入 25 毫升琼脂。

（三）小钢管

　　购自浙江省宁海县白石五金厂。外径 8 毫米，内径 6 毫米，高 10 毫米。

（四）药物

　　草药购于广东省。中药购自甘肃省药材公司。

（五）方法

1. 药液的制备

　　（1）水煎剂　称取生药粗粉 50 克，加适量常水煮沸半小时，用双层纱布过滤，药渣再加水煎煮，如此反复 3 次，合并滤液，测定酸碱度，并观察三氯化铁和明胶反应，如与明胶反应者，继续加明胶至不再产生白色沉淀为止。离心，把上清液浓缩至 20~30 毫升。加磷酸缓冲液 10 毫升及适量 5% 氢氧化钠，校正 pH 值为 7 左右，再加蒸馏水至 50 毫升，即成 100% 的浓度。加热，趁热离心。最后把上清液倒入翻口胶塞瓶内，煮沸 3~5 分钟。备用。

　　（2）醇提液　称取生药粗粉 50 克，加酒精 500 毫升，置于 90 度水浴锅内回流 2 小时，抽滤。如此反复 3 次。合并滤液，浓缩至稀糖浆状。加蒸馏水 100 毫升，然后根据每种药的水煎剂与明胶反应情况，决定是否加入明胶。离心。把上清液倒入蒸发皿中，于 80~90℃

水浴锅内浓缩至 20~30 毫升。加酒精 10 毫升、磷酸盐缓冲液 10 毫升和适量 5% 氢氧化钠，校正 pH7 左右。再加蒸馏水至 50 毫升，即成含 20% 乙醇的提取液。加温。趁热离心，把上清液倒入翻口胶塞瓶内。灭菌 3~5 分钟，备用。

试验中用的不除鞣质和不调整酸碱度的药液，则不加明胶和氢氧化钠溶液。

2. 管碟法试验

（1）菌液 将鼻疽杆菌 C67-28 接种于甘油胰陈斜面，培养 24 小时后以灭菌生理盐水洗脱，用比浊法制成浓度每毫升含 200 亿菌的菌液。

（2）抑菌试验 每个平板加入上述浓度的菌液 0.1 毫升，用曲玻棒将菌液涂抹均匀，待稍干后等距放入 4 个小钢管，其中分别滴入 4 种不同的药液，药液加满后，将平皿盖换成陶土瓦盖，小心移入 37℃恒温箱内，培养 48 小时后取出，测量抑菌圈直径。每种药液同时滴入 4 个不同平板上的小钢管内，抑菌圈的大小是按其四个结果的平均值计算（有些药物为 8 个结果的平均值）。

二、结果

表 1 未经明胶处理和调整酸碱度的药液

药名	抑菌圈（毫米）		药名	抑菌圈（毫米）		药名	抑菌圈（毫米）	
	水煎剂	醇提液		水煎剂	醇提液		水煎剂	醇提液
板蓝根	7.3	12.0	紫金牛	14.0	15.0	百部	0	
地骨皮	0	0	千里光	10.4	11.3	水杨柳	0	0
牛皮滑	7.31	15.8	九节菖蒲	31.8	23.0	大青叶	0	9.3
狼毒	10.0	13.5	石菖蒲	7.8	0	大茶叶	11.4	16.4
一见喜	13.0	0	朱砂根	41.0	30.0	水竹根	0	0
鱼腥草	0	0	醉马草	7.0	7.0	青竹蛇	10.0	14.8
半边莲	14.3	15.0	独角莲	30.5	7.0	猴爪	7.5	13.0
雪见草	10.3	7.0	三叶青	0	0	香藤	1.7	13.0
漏芦	14.5		马钱子	16.5	4.3	鲫鱼胆	18.9	16.5
盘蛇	13.5	26.9	蚤休	15.5	15.3	瞿麦	0	0
连翘	0	0	侧柏叶	7.5	8.0	山豆根	3.7	15.8
茵陈	10.1	11.0	升麻	6.1	17.1	牛筋草	0	0
白附子	7.0	7.5	女贞子	9.3	14.0	没食子	27.0	25.0
五味子	18.3	27.0	丹皮	0	0	麻黄	12.3	0
鸭蛋子	0							

根据表 1，43 味 84 种药液的抑菌结果统计：① 抑菌圈在 20 毫米以上的有独角莲的水煎剂；盘蛇、五味子的醇提液；九节菖蒲、朱砂根、没食子的水煎剂和醇提液。② 抑菌圈在 15~20 毫米的有五味子、马钱子的水煎剂；牛皮消、半边莲、紫金牛、升麻、大茶叶、山豆根的醇提液；蚤休、鲫鱼胆的水煎剂和醇提液。

表2　用明胶除去鞣质，并校正药液酸碱度至中性

药名	抑菌圈（毫米）		药名	抑菌圈（毫米）		药名	抑菌圈（毫米）	
	水煎剂	醇提液		水煎剂	醇提液		水煎剂	醇提液
假菊	11.8	0	樟叶	8.5	5.0	番石榴	2.8	9.8
柠檬桉	15.5	11.8	金樱根	2.5	15.3	无患子	0	0
含羞草	7.5	6.5	水翁花	10.5	12.8	大叶桉	9.3	
白花丹	4.3		蛇舌草	0	3.8	山芝麻	10.8	9.3
木芙蓉	10.5	11.0	紫花地跟	9.8	8.5	称心木	9.8	0
洋金花	9.5	11.5	盐霜柏	7.5	13.5	土荆芥	12.8	5.5
蛇王草	9.3	8.0	枇杷根	8.5	5.8	七叶莲	8.5	2.0
铁包金	8.8	2.0	黑老虎	8.0	6.7	白鹤藤	11.3	0
半枫荷	13.3	0	救必应	11.4	7.0	桃叶	9.8	10.8
金毛狗脊	10.8	11.0	金不换	9.9	5.8	对叶榕	8	0
扭肚藤	8.3	7.8	水蜈蚣	1.8	7.8	木棉花	5.5	10.3
土黄连	18.8	22.0	蚊仔树	8.3	0	木蝴蝶	0	2.5
柚皮	8.8	16.0	冰糖草	7.3	7.5	黑面神	5.3	0
八角枫须根	18.8		海金沙	5.5		阴香	5.3	

从表2中，70味117份药液的抑菌结果统计，抑菌圈在20毫米以上的只有土黄连醇提液一种；15~20毫米的有柠檬桉、土黄连、八角枫须根、马钱子、六耳铃等的水煎剂和金樱根、柚皮的醇提液。

表3　药液去鞣质和校正酸碱度前后的抑菌结果

药名	制剂	抑菌圈（毫米）		药名	制剂	抑菌圈（毫米）	
		处理前	处理后			处理前	处理后
紫金牛	水煎剂	14.0	0	鲫鱼胆	水煎剂	18.9	0
紫金牛	酸提液	15.0	0	鲫鱼胆	醇提液	16.5	0
半边莲	醇提液	15.0	0	朱砂根	醇提液	30.0	0
没食子	水煎剂	27.0	0	五味子	水煎剂	18.3	0
没食子	醇提液	25.0	0	五味子	醇提液	27.0	0
大茶叶	醇提液	16.4	0	山豆根	醇提液	15.8	0
盘蛇	醇提液	26.9	0	马钱子	水煎剂	16.5	15.0
升麻	醇提液	17.1	10.5	独角莲	水煎剂	30.5	0
青竹蛇	醇提液	14.8	0				

从表3结果来看，我们挑出的13味17份未经处理的水煎剂和醇提液，其原来的抑菌圈虽然都比较明显，但用明胶沉淀鞣质和5%的氢氧化钠校正酸碱度后，还保留抑菌作用的只有马钱子水煎剂和升麻醇提液两种，其余药液的抑菌圈均不复现。

三、讨论

抗生素问世后，传染病的治疗进入了一个新的时代，然而随着抗生素的广泛、长期应用，许多病原微生物对其产生耐药性，我们曾证明从奶牛乳房炎分得的金黄色葡萄球菌中有84.38%对青霉素、46.88%对链霉素是不敏感的。加上抗生素的副作用以及对某些传染病

效果不佳，人们的注意力自然就转向植物药了。开始时，研究工作主要集中在筛选上，以后又进行了许多化学分离和鉴定工作。我国中草药的筛选工作主要是在 50 年代后期和 60 年代的前期，学者们先后发现有许多中草药在试管中或琼脂平板上都表现出抑菌或杀菌的能力，但迄今极少见到在动物试验和临床应用上可与抗生素媲美的药物。为何出现这种情况呢？原因是多方面的，但方法学不能不是主要原因之一。目前体外抑菌试验普遍还是沿用琼脂扩散法、纸片法、琼脂打洞法、杯碟法等，但中草药成分比较复杂，药液酸碱度对细菌生长的影响也甚大。在本试验中，我们仅对药液的鞣质和酸碱度稍加处理，试验结果就大不一样：在未经处理的 43 味 84 份药液中，抑菌圈达 20 毫米以上的有 9 份，占试验样品的 10.59%；15~20 毫米的 12 份，占 14.12%。但经明胶处理和调整酸碱度后，在 70 味 117 份药液中抑菌圈达 20 毫米以上的仅有 1 份，只占 0.85%；15~20 毫米的 7 份，占 5.98%，差异非常显著。如果从表 3 的对比结果看，差异就更明显了。朱砂根醇提液和独角莲水煎剂处理前的抑菌圈达 30 毫米以上，而处理后抑菌圈便完全消失。为了验证体外抑菌试验结果，我们还采用抑菌圈达 31.8 毫米的九节菖蒲对仓鼠进行试验性治疗，在用鼻疽杆菌感染动物的同时开始给药，结果无论口服或注射治疗仓鼠，与强毒对照组相比，均不能延长死亡时间。因此，要筛选出在体内有直接抑菌和杀菌作用的中草药，必须首先解决方法学的问题。事实上，有些学者已开始这方面工作的尝试，他们用测定抗生素血液浓度的方法来筛选临床有效的中草药。在研究筛选中草药方法时，应该考虑如何排除影响细菌生长的各种干扰因素，提高抗菌物质的含量以及药物在动物体内的转化、代谢问题。我国中草药治疗传染病已有悠久的历史，远在发现病原微生物之前，我们祖先就用以同疾病作斗争，按理说它的前途是光明的，但要筛选出临床效果能与抗生素媲美的中草药，还必须进行广泛和深入的研究。

附件二十二　试验动物试验性鼻疽治疗的研究

金霉素和土霉素对田鼠和豚鼠试验性鼻疽的治疗试验

李维义

（中国农业科学院哈尔滨兽医研究所）

长期以来，鼻疽曾被认为是一种不治之症，但自磺胺出现以后，形势发生了变化，许多人曾用于治疗鼻疽并获得满意结果。如 Howe 等、Miller 等、岩森秀夫、Fathi 和胡祥璧等都曾先后报告了磺胺类药物对试验动物、人和马及驴鼻疽的治疗效果。鼻疽已不再被认为是不治之症。近年来，抗生素被广泛应用于各种疾病的治疗，但对于鼻疽的治疗则未见诸报告。本文报告金霉素和土霉素对鼻疽菌的抑制试验和对田鼠与豚鼠试验性鼻疽治疗的初步结果。

一、试验材料

1.菌种

R_3 和 R_{28} 都是从鼻疽马体分离出来的鼻疽强毒菌种。菌种在 3% 甘油琼脂斜面上继代保存，定期通过试验动物和驴以保持其毒力。

2.抗生素

金霉素为美国 Lederle 厂生产的口服制剂，每一胶囊含金霉素盐酸盐 250 毫克。土霉素为英国 Pfizer 厂生产的口服制剂，每一胶囊含土霉素盐酸盐 250 毫克。

3.试验动物

田鼠（Cricetulus griseus）购自北京郊区，体重在 20~25 克之间，不分性别和年龄。豚鼠为本所小动物室所繁殖的，全部选用雄性，体重在 450~500 克之间。

二、试验方法

（一）抑菌试验

金霉素用 pH3.5 的蒸馏水稀释至每毫升含 100 微克的浓度，土霉素用生理盐水稀释至每毫升含 100 微克的浓度。然后两种抗生素都用 pH6.8 的甘油肉汤稀释至每毫升含 10 微克的浓度，再用甘油肉汤连续作倍量递减稀释。稀释完毕后分装入小试管内，每管 2 毫升。将菌种 24 小时甘油肉汤培养物的 10^{-2} 稀释液 0.1 毫升（含活菌数约 150 000 个）接种入稀释的抗生素内，充分摇匀后，放 37℃ 温箱内培育 48 小时，每 24 小时观察并记录鼻疽菌的发育结果一次。

（二）动物试验

试验动物感染强毒的剂量和途径，以及开始治疗的日期，都在有关的试验中说明。

抗生素投给方法，田鼠用磨钝了的 18 号针头经口投入胃内，每天两次，每次 0.5 毫升。

豚鼠在第一次试验中用直径 1.5 毫米的胃管经口投入胃内，每天三次，每次 1.0 毫升；第二次试验采用皮下和肌内注射法，每天一次，每次 1.0 毫升。金霉素用蒸馏水稀释，土霉素用生理盐水稀释，都是悬液，用时摇匀。

投药后，田鼠观察一个月，豚鼠观察两个月。在观察期中死亡或期满而生存的试验动物，全部进行剖检和细菌培养。

三、试验结果

（一）试管内抑菌试验

金霉素和土霉素对鼻疽菌的抑菌试验结果如表 1。

表 1　金霉素和土霉素对鼻疽菌的抑菌试验结果

抗菌素	观察时间（小时）	抗菌素的含量（微克/毫升）							
		10	5	2.5	1.25	0.625	0.313	0.156	0.078
金霉素	24	—	—	—	—	—	—	+	+
	48	—	—	—	—	+	+	+	+
土霉素	24	—	—	—	—	+	+	+	+
	43	—	—	+	+	+	+	+	+

注：－表示无鼻疽菌生长；＋表示有鼻疽菌生长。

上述试验结果表明，金霉素和土霉素对鼻疽菌都有抑菌力。观察两天的结果，金霉素每毫升含量为 1.25 微克时即可以抑制鼻疽菌的生长，土霉素则需要每毫升含 5 微克时才有抑菌作用。金霉素的抑菌作用似较强于土霉素。

（二）试验动物治疗试验

本试验共进行了四次前两次用田鼠，后两次用豚鼠。试验结果分述如下。

1. 对田鼠试验性鼻疽第一次治疗试验

田鼠 21 只分为三组。治疗组 10 只，强毒对照组 6 只，金霉素对照组 5 只。治疗组和强毒对照组都是皮下注射强毒 R_3 菌种的 24 小时甘油肉汤培养物 10^{-4} 稀释液 0.1 毫升。强毒注射 24 时后，开始治疗，每只田鼠的金霉素日用量为 0.5 毫克，连续治疗三天。金霉素对照组的剂量和治疗日数与治疗组相同。试验结果如表 2。

表 2　金霉素对田鼠试验性鼻疽的治疗试验

组　别	田鼠只数	金霉素日用量（毫克）	治疗天数	死亡只数	平均死亡天数	观察30天的生存数	生存田鼠剖杀结果	
							病变	检菌
治疗组	10	0.5	3	6	14.1	4	0/4	0/4
强毒对照组	6			6	6.5			
金霉素对照组	5	0.5	3			5	0/5	0/5

从表 2 中可以看到，在观察期中，强毒对照组的田鼠平均在 6.5 天内全部死亡。治疗组的田鼠有 6 只平均在 14.1 天内死亡，显然较对照组的为慢；有 4 只生存，在剖杀后没有发现鼻疽病灶，检菌结果也是阴性，表明这 4 只田鼠的试验性鼻疽已被金霉素治愈。金霉素对照组的田鼠全部生存，说明金霉素的剂量不能引起动物的死亡。

2. 对田鼠试验性鼻疽第二次治疗试验

田鼠 82 只分为 9 组：金霉素、土霉素和强毒对照各一组，金霉素和土霉素各分为三种不同的剂量，即共 6 个治疗组。治疗和强毒对照组都是皮下注射强毒 R_3 菌种的 24 小时甘油肉汤培养物的 10^4 稀释液 0.1 毫升。治疗的剂量分为 0.3、1.0 和 3.0 毫克。强毒注射 24 小时后即开始治疗，连续治疗五天。金霉素和土霉素对照组的日剂量都是 3.0 毫克，也连续投药五天。治疗完毕后观察 30 天，生存的田鼠进行剖检和细菌培养。试验结果如表 3。

表 3 金霉素和土霉素的不同用量对田鼠试验性鼻疽的疗效比较

组别			日剂量（毫克）	田鼠数	治疗天数	死亡数	生存数	生存田鼠剖杀结果	
								病灶	检菌
金霉素	治疗组	I	0.3	10	5	1	9	0/9	0/9
		II	1.0	10	5	1*	9	0/9	0/9
		III	3.0	10	5		10	0/10	0/10
	对照组		3.0	6	5		6	0/6	0/6
土霉素	治疗组	I	0.3	10	5	10			
		II	1.0	10	5	2	8	0/8	0/8
		III	3.0	10	5	2*	8	0/8	0/8
	对照组		3.0	6	5	1*	5	0/5	0/5
强毒对照组				10		10			

注：* 代表死因不明的田鼠数。

上述试验结果表明，金霉素和土霉素对田鼠试验性鼻疽都有疗效。金霉素治疗 I 组的日剂量为 0.3 毫克，10 只田鼠中有 9 只获得治愈。II、III 组的田鼠则全部获得治愈。土霉素治疗 I 组的日剂量也是 0.3 毫克，10 只田鼠虽然全部死亡，但其平均死亡日期较强毒对照组的要延长两天以上。治疗 II 组的日剂量是 1.0 毫克，10 只中有 2 只死亡，3 只获得治愈。治疗 III 组的田鼠则全部获得治愈。对比之下，金霉素的疗效要高于土霉素。

金霉素和土霉素对照的田鼠全部生存；强毒对照的田鼠全部死亡。

3. 对豚鼠试验性鼻疽第一次治疗试验

豚鼠 35 只，腹腔注射强毒 R_3 菌种的 24 小时甘油肉汤 10^{-2} 稀释液 0.1 毫升，注射后第四天选择出现睾丸反应的豚鼠 24 只用做试验。治疗组按金霉素日剂量的不同而分为两组，每组 8 只，余下的 8 只留作强毒对照。另外用 5 只作金霉素对照组。疗程是四天，每天观察豚鼠的睾丸反应消失情况。试验结果如表 4。

表 4　口服金霉素对豚鼠鼻疽性睾丸反应的影响

组别	豚鼠数	日剂量（毫克）	治疗天数	豚鼠睾丸反应消失的时间（日）			
				1	2	3	4
治疗组	8	9	4	1/8	6/8	7/8	8/8
	8	18	4	3/8	4/8	5/8	8/8
强毒对照组	8			0/8	0/8	0/8	0/8

注：分子代表睾丸反应消失的豚鼠数，分母代表用做试验的豚鼠数。

由上述试验结果可以看到，投药后第一天即有部分豚鼠的睾丸反应消失，四天后睾丸反应全部消失，表明了金霉素对豚鼠试验性鼻疽有一定的疗效。但由治疗的第三天开始到治疗完毕，无论是治疗组或金霉素对照组的豚鼠都出现了一系列的临床症状，如食欲减退，毛松而耸立，背拱起，眼凹陷，无神，不爱动，易受惊吓而全身震颤，以后即陆续死亡。剖检时在治疗组可见到睾丸鞘膜间的粘连，并可以从这些部位分离出鼻疽菌，表明虽经过四天的治疗，还不能将鼻疽菌杀死。金霉素对照组的豚鼠除肠胃道充血外，并没有其他明显的病灶，也没有分离出病原菌。强毒对照组的豚鼠则没有发生上述症状。因此，我们认为豚鼠发生上述症状和死亡的原因，主要是由于金霉素中毒所引起的。

观察期满后，治疗 I 组还有一只豚鼠生存，剖杀后没有发现病灶，也没有分离出鼻疽菌，表明已被金霉素所治愈；治疗 II 组有 3 只豚鼠生存，剖检时都有病灶并分离出鼻疽菌。金霉素对照组的豚鼠全部死亡。强毒对照组的豚鼠除一只由于睾丸内注射了两次金霉素计 20 毫克而获得治愈外，其余都死于鼻疽。

豚鼠口服金霉素对试验性鼻疽虽然表现了一定的疗效，可使睾丸反应迅速消失，但因豚鼠易中毒死亡，不能连续长期治疗，因而最后的疗效是不够满意的。由于有一只强毒对照豚鼠在睾丸内注射了 20 毫克金霉素而获得治愈，使我们考虑到皮下或肌内注射也许可以减轻中毒而提高疗效，所以又进行了对豚鼠的第二次治疗试验。

4. 对豚鼠试验性鼻疽的第二次治疗试验

豚鼠 16 只分为治疗和强毒对照两组，强毒对照按注毒的剂量不同而又分为二组，一组与治疗组同样皮下注射强毒 R_{28} 菌种的 24 小时甘油肉汤培养物的 10^{-3} 稀释液 0.1 毫升，另一组则注射 10^{-4} 稀释液 0.1 毫升。在注毒后第 7 天开始治疗，用蒸馏水将金霉素稀释成每毫升含 20 毫克的悬液。第一天腹部皮下注射 0.2 毫升，后腿肌内注射 0.8 毫升，第二天腹部皮下注射 1.0 毫升，第三天因豚鼠出现了金霉素中毒症状而停止治疗，第四天中毒症状减轻，又在腹部皮下注射 1.0 毫升，以后即停止治疗而进行观察。

由于金霉素不易被吸收，在观察期中治疗组豚鼠的注射局部呈现红肿与疼痛，甚至发生组织坏死现象。第 25 天、28 天和 62 天有 3 只豚鼠死亡，剖检时没有发现鼻疽病灶，也没有能够自豚鼠体内分离出鼻疽菌，证实死亡乃是由于其他的原因所引起的。其余 3 只豚鼠在观察期满剖杀时，没有见到鼻疽病灶，也没有分离出鼻疽菌，证明已被治愈。5 只强毒对照 10^{-3} 组的豚鼠中有 3 只死于鼻疽，其余 2 只在剖杀后检查，一只有病灶并分离出鼻疽菌，另一只没有病灶，也没有分离出鼻疽菌。5 只 10^{-4} 组的豚鼠中有 4 只死于鼻疽，余下的一只于剖杀后有病灶并分离出鼻疽菌。试验结果见表 5。

表 5　皮下和肌内注射金霉素对豚鼠试验性鼻疽的疗效

组别	豚鼠数	日剂量（毫克）	死于和感染鼻疽的豚鼠数
治疗组	6	20	0/6
强毒对照 10^{-3} 组	5		4/5
强毒对照 10^{-4} 组	5		5/5

注：分子代表死于和感染鼻疽的豚鼠数，分母代表用做试验的豚鼠数。

上述试验结果表明，皮下和肌内注射金霉素对豚鼠试验性鼻疽有较好的疗效，疗程四天共注射三次即可治愈。

四、讨论

在对田鼠的两次试验性鼻疽的治疗试验中，第一次试验所用的金霉素剂量较大，每天 0.5 毫克，疗程 3 天，结果 10 只田鼠中有 6 只死亡；第二次治疗试验中，金霉素治疗 Ⅰ 组的剂量较小，日剂量是 0.3 毫克，疗程五天，结果 10 只田鼠中仅有 1 只死亡，这一结果表明疗程长短较之剂量大小可能有更重要的意义。

在对田鼠试验性鼻疽的第二次治疗试验中，有 4 只田鼠的死因不明，剖检时没有发现鼻疽病灶，也没有分离出鼻疽菌，临床上也没有发现抗生素中毒的症状。因此，我们初步认为死亡的原因既不是鼻疽的感染，也不是由于抗生素的中毒，而可能是由于其他的原因所造成的。

在金霉素对豚鼠试验性鼻疽的第一次治疗试验中，口服剂量第 Ⅰ 组为每千克体重 18 毫克，疗程 4 天，累积用量为 72 毫克；第 Ⅱ 组的剂量为每千克体重 36 毫克，疗程四天，累积用量为 114 毫克。这两组的豚鼠都发生了中毒症状，并大部分死亡。在第二次的治疗试验中，金霉素皮下和肌内注射的日剂量是每公斤体重 40 毫克，疗程四天，累积用量是 120 毫克，豚鼠虽然也发生了中毒症状，但远较口服者为轻，此一结果表明，豚鼠皮下或肌内注射较口服金霉素可能减轻中毒症状的发生。因此，某些动物如口服金霉素反应过大时，可以考虑改为皮下或肌内注射。本试验由于药物中毒的干扰，以致试验的结果不够理想。不过，就已获得的结果来看，基本上还是能够说明问题的。由于豚鼠易发生中毒，不适于用做试验动物，所以对豚鼠的试验就不再进行了。

试验动物的试验性鼻疽表现为急性经过，早期治疗有较明显的疗效。初步为急性开放型鼻疽病马的治疗开辟了道路。

五、结论

金霉素和土霉素对鼻疽菌在试管内的试验都有抑菌力，金霉素的抑菌力似较强于土霉素。两种抗菌素对试验动物的试验性鼻疽都有较明显的疗效。田鼠感染强毒 24 小时后开始用金霉素进行治疗，疗程五天，日剂量为 0.3 毫克时，可使绝大部分田鼠获得治愈，1.0 毫克时可以全部获得治愈；土霉素日剂量为 0.3 毫克则全部不能治愈，仅可以延长田鼠的死亡时间，10 毫克时可以大部分治愈，3.0 毫克时才可以全部治愈。豚鼠在感染强毒后第四天开始进行治疗，口服日剂量为 9.0 或 18 毫克时，第一天即可使部分豚鼠的睾丸反应消失，连续口服四天，可使睾丸反应全部消失，但豚鼠易中毒死亡。皮下和肌内注射金霉素时，中毒症状有所减轻。豚鼠感染强毒后第七天进行治疗，皮下和肌内注射金霉素，日剂量为 20 毫克，疗程四天，间隔一天，治疗三天即可全部治愈。

附 表

附表1 农业部消灭马鼻疽考核验收情况

省、区、市	随机抽查县	通过考核时间
青 海	湟中、共和	1993 年
辽 宁	黑山	1996 年
新 疆	昭苏、察布查尔	1996 年
河 南	禹州、延津	1996 年
宁 夏	平罗	1998 年
天 津	宝坻	1999 年
吉 林	九台、桦甸	1999 年
黑龙江	青冈、海林	1999 年
山 西	平罗	1999 年
四 川	阿坝、宝兴	1999 年
陕 西	泾阳	1999 年
北 京	延庆	1999 年
内蒙古	新巴尔虎右旗、额尔古纳市	1999 年
甘 肃	合作	1999 年
安 徽	界首	2000 年
江 苏	东海	2000 年
贵 州	安顺	2000 年
河 北	张北、徐水	2000 年
山 东	恒台、济阳	2000 年
云 南	晋宁	2000 年
西 藏	仲巴、普兰	2005 年

附表2　全国各省（自治区、直辖市）消灭马鼻疽基本情况汇总

省、区、市	检疫数（头/匹）	阳性数（头/匹）	发病数（头/匹）	病死数（头/匹）	扑杀数（头/匹）	发病县数（次）
北　京	334653	676	1449	58	1809	131
天　津	907896	1261	1263	65	1126	105
河　北	716544	1600	3065	1640	1290	172
山　西	2396065	3171	4755	1641	1299	229
内蒙古	39130229	627400	627400	—	7347	88
辽　宁	31766575	22129	20065	2909	12612	195
吉　林	20623309	363659	297678	2792	627	403
黑龙江	34257283	4572000	1259418	372598	59624	2765
江　苏	12495	—	593	402	107	42
安　徽	80953	540	659	258	228	63
山　东	1435857	3425	6293	1621	0	299
河　南	5553434	14636	8762	8762	12245	694
四　川	326513	5176	57720	4201	5221	384
云　南	546479	5815	5815	1864	1284	93
贵　州	262042	11	1580	273	854	12
西　藏	454486	230	170	0	238	16
陕　西	2221584	13702	13801	2699	1931	454
甘　肃	6321719	1207	3106	1450	665	128
青　海	4264637	35551	25137	11014	5217	506
宁　夏	432735	5113	1182	1182	3196	125
新　疆	8377750	116320	70333	2226	27512	237
新疆兵团	983877	15691	6936	943	11174	197
总　计	161407115	5809313	2417180	418598	155606	7338

附表 3-1 1949—1980 年全国马鼻疽防控情况汇总

年份	存栏数 （万头/匹）	检疫数 （头/匹）	阳性数 （头/匹）	发病数 （头/匹）	病死数 （头/匹）	扑杀数 （头/匹）
1949	1584	807582	13268	11768	624	25
1950	1703.1	284029	26959	16834	3506	560
1951	1775.5	568217	71558	23933	6250	3038
1952	1957.3	488288	72870	23048	6879	3375
1953	2037.2	656971	62694	20345	5978	3093
1954	2135.6	704928	137969	45796	12671	2439
1955	2143.7	849903	129121	42257	12313	3100
1956	2076.9	1091135	155476	71248	14627	2556
1957	1984.5	1490372	123807	46184	11888	4586
1958	1823.7	2213109	292891	102560	27244	4633
1959	1763.5	3318660	280190	119045	21292	4374
1960	1553.9	4467662	207643	133791	14382	5731
1961	1410.8	3198717	239558	123948	14913	4076
1962	1409.8	2594305	129933	54907	10653	5682
1963	1496.6	3276767	129584	66633	8486	6000
1964	1584.5	3378313	103708	55973	7029	5957
1965	1680.6	3365206	89754	54292	7317	4789
1966	—	1958385	40787	35205	2587	3070
1967	—	1588436	22434	12433	446	2288
1968	—	1307231	13787	6747	358	1653
1969	—	1702359	24231	20278	262	3592
1970	2029.3	5549567	195834	102345	14679	4948
1971	2088.3	2688979	239912	97815	18180	5509
1972	2137.6	3541892	298922	160111	17876	4349
1973	2200.3	4214137	317951	137516	23649	4321
1974	2247.5	4323291	283408	65704	3080	4922
1975	2278	4471976	336660	129551	26748	5042
1976	2274	3903099	314765	112997	27532	4739
1977	2279.2	3752695	269620	92745	23986	2781
1978	2259.4	3708686	277296	91477	24914	3371
1979	2264.1	3844943	221724	81533	18824	3600
1980	2295.6	6809745	224471	95915	17601	6448
小计	54474.5	86119585	5348785	2254934	406774	124647

附表 3-2　1981—2014 年全国马鼻疽防控情况汇总

年份	存栏数 （万头/匹）	检疫数 （头/匹）	阳性数 （头/匹）	发病数 （头/匹）	病死数 （头/匹）	扑杀数 （头/匹）
1981	2371.2	5153704	78209	30379	3122	2940
1982	2444.4	4496559	84573	28930	3368	2697
1983	2484.8	4426042	50491	18631	1817	2432
1984	2573	4308648	53410	22239	1706	2257
1985	2646.8	5014980	56414	12770	1077	1945
1986	2679	5523659	52710	17468	492	690
1987	2678.5	5827325	40407	12597	156	368
1988	2695.8	4979738	20515	9762	46	89
1989	2682.1	3655888	6856	2122	38	600
1990	2686.6	5332994	4604	1566	0	4604
1991	2685.8	4060355	3811	1792	0	3811
1992	2661	4025654	3030	1011	0	3030
1993	2634.3	4110892	2779	869	0	2779
1994	2651.26	2510754	956	749	0	956
1995	2620.45	2041623	794	589	0	794
1996	2293.9	2000505	574	574	0	574
1997	2324.6	1110521	236	198	0	236
1998	2327.8	1437526	87	0	0	87
1999	2293.5	956259	37	0	2	35
2000	2252.3	782373	35	0	0	35
2001	2143.7	693555	0	0	0	0
2002	2078.09	712194	0	0	0	0
2003	2006.45	652961	0	0	0	0
2004	1929.71	463893	0	0	0	0
2005	1877.49	317129	0	0	0	0
2006	1795.09	266186	0	0	0	0
2007	1690.36	95132	0	0	0	0
2008	1650.7	86188	0	0	0	0
2009	1606.21	78856	0	0	0	0
2010	1586.45	47166	0	0	0	0
2011	1578.5	33346	0	0	0	0
2012	1518.87	39223	0	0	0	0
2013	1436.44	25349	0	0	0	0
2014	1411.5	20353	0	0	0	0
总计	129471.17	161407115	5809313	2417180	418598	155606

附表4 2006—2014年全国马鼻疽监测情况统计

省、区、市	2006年	2007年	2008年	2009年	2010年	2011年	2012年	2013年	2014年
北 京	7181	9974	7749	6169	5048	5142	3925	3188	3190
天 津	800	800	800	800	800	1200	1200	1200	1200
河 北	4915	5904	7615	9406	3437	864	860	1400	400
山 西	1620	950	1810	0	0	220	220	220	220
内蒙古	10955	11988	7603	9983	2157	800	800	800	800
辽 宁	146800	11357	2097	8501	4567	2378	13402	9732*	6164
吉 林	7138	7321	6918	6897	6632	200	400	200	360
黑龙江	4218	3586	5076	14562	9428	3874	3874	660	500
江 苏	1028	1008	3626	185	100	500	310	302	224
安 徽	200	200	200	200	200	200	200	200	100
山 东	300	300	300	300	300	60	60	60	60
河 南	20287	2452	4639	0	0	1050	1130	1416	981
四 川	823	817	831	908	954	225	225	225	305
云 南	15333	14881	14934	2360	3263	2453	2403	162	611
贵 州	100	100	100	100	100	100	100	100	100
西 藏	0	0	1526	0	0	0	0	0	0
陕 西	10146	10137	10107	10030	2510	9138	3923	440	178
甘 肃	22000	5203	2000	2000	1000	1000	1309	254	600
青 海	1312	1417	1811	1160	1488	203	1070	1110	510
宁 夏	200	200	200	200	200	200	200	200	200
新 疆	2184	2382	3798	3300	3419	3339	3412	3280	3450
新疆兵团	8646	4155	2448	1795	1563	200	200	200	200
总 计	266186	95132	86188	78856	47166	33346	39223	25349	20353